孩子一读就懂的

物理

趣味物理学

[俄罗斯] 雅科夫·伊西达洛维奇·别莱利曼　著

吴海月　译

北京理工大学出版社

BEIJING INSTITUTE OF TECHNOLOGY PRESS

图书在版编目（CIP）数据

孩子一读就懂的物理.趣味物理学 /（俄罗斯）雅科夫·伊西达洛维奇·别莱利曼著；吴海月译.—北京：北京理工大学出版社，2021.6（2025.4 重印）

ISBN 978-7-5682-9762-2

Ⅰ.①孩… Ⅱ.①雅… ②吴… Ⅲ.①物理学—青少年读物 Ⅳ.① O4-49

中国版本图书馆 CIP 数据核字（2021）第 071047 号

责任编辑：王玲玲	文案编辑：王玲玲
责任校对：周瑞红	责任印制：施胜娟

出版发行 / 北京理工大学出版社有限责任公司

社　　址 / 北京市丰台区四合庄路 6 号

邮　　编 / 100070

电　　话 /（010）68944451（大众售后服务热线）
　　　　　（010）68912824（大众售后服务热线）

网　　址 / http://www.bitpress.com.cn

版 印 次 / 2025 年 4 月第 1 版第 9 次印刷

印　　刷 / 武汉林瑞升包装科技有限公司

开　　本 / 880mm×710mm　1/16

印　　张 / 17.5

字　　数 / 238 千字

定　　价 / 138.80 元（全 3 册）

C O N T E N T S
目录

速度和运动

重力、质量、杠杆、压力

CONTENTS
目录

03 介质的阻力

04 转动和"永动机"

C O N T E N T S
目录

05
液体和气体的性质

06
热现象

CONTENTS
目录

07 光线

08 光的反射和折射

CONTENTS

目录

09 一只眼睛和两只眼睛的视野差别

10 声音和听觉

01

速度和运动

导 读

姜连国

我们所处的世界中，周围有数不尽的东西在运动。确切地说，几乎没有东西是不在运动的。当你在阅读这段话的时候，你的眼睛就在从左到右，又从右到左地扫过一行行文字。在本章中，你将会了解到许多有关运动的内容，包括时间、速度和参考系。运动是物理学的核心概念，速度又是运动的核心概念，而时间是这一切的基础。那么现在，我们就从时间说起。

1.时间

你可能会说：时间？我会不懂时间吗？接下来的内容可能会给你一些新的启发。从我们出生开始，就会发现时间在我们周围，嘀嘀嗒嗒，从不停歇地流逝着。随着我们成长，我们逐渐学会了用钟表看时间，甚至还了解到了日晷、水钟、钟摆等体会时间的工具。在小学五年级下学期，你学到了许许多多用来测量时间的方式。然而这些方式在物理上并不够精确。初中物理八年级上（人教版）中，你将会了解到停表、原子钟等计时工具。相比之下，它们会更加精确，甚至可以把一秒再分成几百、几千份进行测量。我们常用"眨眼间"来形容时间过得飞快，因为我们几乎感觉不到眼睛眨动一下带来的变化。然而，当你把时间分成若干份，眨眼却显得没有那么快了。具体的内容你可以在本章《时间放大镜》一节中读到。

时间的基本单位是秒，用字母s表示。其实对于时间这个说法，在物理学中，是包含两层意思的——时刻和时间间隔。在高中物理必修一（人教版）中，你将会通过坐标轴更直观地发现时刻与时间间隔的区别：时刻就是坐标轴上的一个点，而时间间隔则是坐标轴上的一段。时间的这两层内涵的区分，让物理学变成了一门更加精细的学科。

2.速度

为了比较运动的快慢，我们引入速度的概念。大家都知道，比较运动的快慢有两种方法：相同时间比距离、相同距离比时间。比如赛跑，就是运用了相同距离比时间的方法。在初中物理八年级上册（人教版）中，你将会了解到，物理学中，我们比较运动快慢采用的是"相同时间比距离的方式"，并由此定义了速度：路程与时间之比。速度的基本单位是米每秒，用字母表示即为m/s。进一步地，高中物理必修一（人教版）课本将会告诉你，速度不仅有大小，还具有方向！因此，我们可以把多个速度进行合成，并且不单单是简单的加减法。本章中《地球绕太阳公转何时更快——白天还是夜晚？》一节将站在整个星球的角度上向你介绍速度。

3.参考系

"风吹幡动，一僧曰风动，一僧曰幡动"（出自《六祖大师法宝坛经》），究竟是风动还是幡动？**判断物体运动或静止，我们需要找到一个作为参照的东西。如果在一段时间内，这个物体相对于参照物体的位置发生了变化，那么它就是运动的；如果没有变，我们就认为它是静止的。**在小学三年级下半学期的时候，我们学到了这些知识。进一步地，在八年级上学期，你会知道**作为参照的物体有着它的专属名称——参照物**。因此，在判断物体到底是运动还是静止的，我们要做的第一件事就是选定参照物。以同样速度、同样方向的方式，在稻田上前进的联合收割机和运送水稻的车辆，互相看对方是静止的，但地上的人看却是运动的。你还会在八年级时通过这个例子了解到，**物体的运动和静止是相对的。**

怎么样，现在的你是不是有些迷糊，不知道到底该说一个物体是在静止不动还是在不停运动？其实，大可不必。我们讲的参考系只是严格地相对于物理学的；在日常生活中，虽然我们提倡科学性，但那些约定俗成的事物也没有必要改变。

好了，我们先讨论到这里，我可不能再占用你更多的时间了！这一章的内容里还有许多其他有趣之处，光凭我几句话可说不清楚，就留给你自己去看一看吧！还等什么，你的趣味物理学习之旅，就从这里开始吧！

第1节

我们移动得有多快？

优秀的径赛运动员在赛场上跑完1 500米大约需要3分50秒（1958年的世界纪录——3分36.8秒）。与普通步行速度——1.5米/秒对比一下，需要做一个小小的运算：我们发现运动员1秒内可以跑完7米。然而，前面我们所说的速度是完全没有可比性的：步行者可以长时间行走，连续走几个小时，步行速度可达5千米/时，运动员的快速奔跑则只能维持很短的时间。步兵部队的行进速度是世界纪录保持者的1/3左右；步兵部队每秒走2米，每小时走7 000多米，但是他们相对运动员有一个优势——可以保持长途行走。

将人类的正常步伐与"有口皆碑"的慢吞吞的动物（比如蜗牛或乌龟）对比，那才有趣呢。各种俗语里赋予蜗牛的形象绝对名副其实：蜗牛每秒爬1.5毫米，也就是每小时爬5.4米——只相当于人类步行速度的千分之一！另一种典型的慢性子动物——乌龟，它的速度比蜗牛快一点：平常爬行速度为70米/小时。

与蜗牛和乌龟相比，人类敏捷得多，但是，如果将人类与自然界中并不太快的其他东西相比，那就另当别论了。是的，人类能够轻松赶超大多数平原上河流的流水，相比微风也不会落后太多。但是，相对于每秒飞行5米的苍蝇，人类只有滑着雪橇才能赶上。说到兔子或猎狗，人类就是快马加鞭也难以与其并驾齐驱。想要在速度上与苍鹰比肩，人类大概只能搭乘飞机了。

然而，人类发明了机器，这使其成了世界上速度最快的存在。

　　苏联曾建造了水翼内燃机客船，航行速度可达60～70千米/小时，而人类在陆地上的移动速度比在水中的更快。在某些铁路路段上，苏联旅客列车的行驶速度可达100千米/小时。吉尔-111型轿车（图1）可提速至170千米/小时；"海鸥"牌七座轿车的行驶速度最高可达160千米/小时。

图1　吉尔-111型轿车

　　现代航空速度远胜于上述速度。104型多座班机（图2）在苏联民用航空的众多线路上飞行，其平均飞行速度约为800千米/小时。曾经，摆在飞机设计师面前的任务还是克服"音障"，超越声速（330米/秒，即1 200千米/小时），现在这个任务已经完成了。装有大功率喷气式发动机的小型飞机的飞行速度接近2 000千米/小时。

　　人类建造的航天飞行器能够达到更快的速度。人造地球卫星在浓密的大气层边界附近运行，运行速度约为8千米/秒。发射到太阳系行星的宇宙飞船，其初始速度就已经超过第二宇宙速度（11.2千米/秒，地表附近）。

图2　104型喷气式客机

读者朋友们可以看一看下面的速度表：

项目	米/秒	千米/小时
蜗牛	0.0015	0.0054
乌龟	0.02	0.07
鱼	1	3.6
步行者	1.4	5
骑兵常步	1.7	6
骑兵快步	3.5	12.6
苍蝇	5	18
滑雪者	5	18
骑兵快跑	8.5	30
水翼内燃机客船	16	58
兔	18	65
鹰	24	86
猎犬	25	90
火车	28	100
吉尔-111型轿车	50	170
赛车（纪录）	174	633
104型喷气式客机	220	800
空气中传播的声音	330	1 200
轻型喷气式飞机	550	2 000
地球公转	30 000	108 000

第 2 节

追 赶 时 间

　　早上8点从符拉迪沃斯托克起飞，同一天的早上8点能飞到莫斯科吗？这个问题颇有意义。是的，能到。想要理解这个答案，只需要记住，符拉迪沃斯托克和莫斯科的时差是9小时。如果飞机能够在9小时内从符拉迪沃斯托克飞到莫斯科，那么就可以在飞离符拉迪沃斯托克的时间抵达莫斯科。

　　符拉迪沃斯托克与莫斯科之间的距离约为9 000千米。也就是说，飞机的飞行速度应等于9 000/9=1 000（千米/小时）。这在现代条件下是完全可以达到的速度。

　　要想在极地纬度带"追上太阳"（或者，更准确地说，是追上地球），只需要极慢的速度。当飞机在北纬77°（新地岛）的飞行速度约为450千米/小时，飞行距离等于地球自转时地表上的点在这段时间内移动的距离时，这架飞机上的乘客会感觉到太阳静止了，一直挂在天空中的同一个位置，不会落下。当然，飞机必须朝着地球自转的方向飞行。

　　"追上月亮"更加容易，月球绕地运动速度是地球自转速度的1/29（当然，这里比较的是所谓角速度，而不是线速度）。所以，时速为25~30千米的普通轮船在中纬度带就能"追上月球"。

　　马克·吐温在《傻子出国记》一书中提到了这一现象。从纽约出发，横跨大西洋去亚速尔群岛时，"那是夏季晴朗的一天，夜晚比白天更迷人。我们发现了一个奇怪的现象：月亮每晚总是在同一时间出现在天空的同一位置。最开始我们对月亮这种奇特的规律百思不得其解，后来才明白是怎么回事：我们每小时向东跨过20度，也就是说，正是因为我们这样的旅行速度，才让我们追上了月亮"。

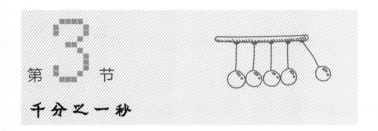

第 3 节

千分之一秒

我们已经习惯用人类的计时标准来计量时间，千分之一秒对我们来说几乎等于零。不久前，我们才开始在现实生活中重视这个极短的时间段。当我们根据太阳高度或影子长度确定时间时，我们甚至无法精确到分钟（图3）。以前，人们认为分钟是微不足道的时间单位，不值得计量。古人生活得悠闲自在，他们发明的计时器有日晷、滴漏和沙漏——上面并没有特意划分出分钟（图4和图5）。18世纪起，表盘上才开始出现分针，19世纪起才出现秒针。

图3　根据太阳在天空中的位置
　　（左图）和影子的长度
　　（右图）确定时间

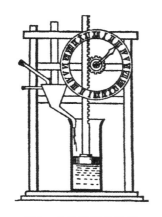

图4　古代使用的滴漏

图5　古老的怀表

千分之一秒内能干什么？能干很多事！千分之一秒内火车能移动3厘米，声音能传播33厘米，飞机能飞大约0.5米，地球绕太阳运转30米，而光就更厉害了——在千分之一秒内能传播300千米。

如果我们周围的小动物能反驳的话，它们可能也不会认为千分之一秒是毫无意义的时间。比如，昆虫完全能感觉到这个时间。蚊子在一秒内能振翼500～600次，也就是说，千分之一秒内蚊子能抬起或放下翅膀一次。

人类不能像昆虫那样快速地移动自己的肢体。我们最快的动作是眨眼，"眨眼间"或"转眼间"这些词就是从这里来的。眨眼这一动作的速度如此之快，我们甚至感觉不到视野有瞬间遮蔽的感觉。但是只有少数人知道，如果用千分之一秒为单位来计量的话，这个极快的动作实际上很慢。经过精准计量，我们发现完成一次"眨眼"的时间平均为2/5秒，也就是400个千分之一秒。眨眼动作可以分解为下列步骤：上眼睑垂下（75～90个千分之一秒），眼睑垂下保持不动（130～170个千分之一秒），上眼睑抬起（约170个千分之一秒）。因此，我们能够看出，"眨眼间"——该词的字面意思——这个时间是相当长的，此时眼睑甚至能够稍微休息一下。如果人类能够感知到千分之一秒的话，我们能够在"眨眼间"捕捉到眼睑完成了两个动作，还有两个动作之间的景象。

如果人类的神经系统能够在这种机制下工作，那么我们可能都不认识周围的世界了。英国作家威尔斯在科幻短篇小说《新型加速剂》中为我们描述了这种情况下眼睛看到的奇怪画面。小说的主人公喝下了奇幻剂，奇幻剂作用于神经系统，使人的感官能够感知速度极快的现象。

下面引用小说中的几个片段：

"你以前看到过窗帘像这样挂在窗户前吗？"

我随着他的视线望出，看见那窗帘的下摆滞留在空中，似乎是被风吹起了一角而没有落下来。

"没见过，"我如实答道，"真是太奇怪了。"

"看这儿。"说着，他便松开了拿玻璃杯的手。

我以为那杯子会掉在地上跌得粉碎，可是它甚至都没有动弹，就浮在了半空中。

"大致说来，"吉本解释道，"自由下落的物体第一秒会下落5米。这个杯子的下落速度也是一样的。不过你所看到的，是它在百分之一秒的时间内未曾落下的情景。[这里需要指出的是，第一个百分之一秒内物体不是下落5米的百分之一，而是5米的万分之一 $\left(公式 s=\dfrac{1}{2}gt^2\right)$，也就是半毫米；第一个千分之一秒总共下落1/200毫米。]由此，你对我的'加速剂'有了初步的认识。"

杯子慢慢地落下，吉本的手在杯子周围划动着……

我向窗外望去，一个"静止不动"的骑车者，身后扬起一阵"凝固"的尘土，正追赶着一辆同样"一动不动"的四轮马车。

我们细细打量着如石化一般的游览车。除了轮子上部、几条马腿、马鞭的末梢以及那个正在打哈欠的车夫的下颌在极缓慢地移动外，其余部分似乎是静止的；坐在车上的人就像雕像一样。

一位先生正在用力展开报纸，想遮挡迎面而来的风，可他却停留在展开报纸的那个动作，而我们却丝毫感觉不到风的存在。

自从药物在我的血液里产生作用后，我说了这么多，想了这么多，又做了这么多，但对于那些人来说，对于整个世界来说，这仅仅是一眨眼的工夫啊！

读者朋友们可能很想知道，现代科学手段能够测量的最短时间段是多少？20世纪初能够测量到的最短时间段是万分之一秒；当今物理学家在实验室内能够测量到的是千亿分之一秒。这个时间与一秒钟的关系，相当于一秒钟和3 000年的关系。

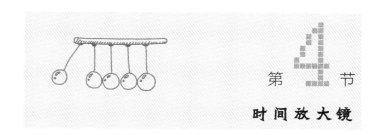

第 4 节

时 间 放 大 镜

威尔斯写《新型加速剂》这本书时，他未必会想到，类似的事情会在现实中发生。当然，威尔斯很幸运，他活到了那一天——他亲眼看到了自己想象中的画面，虽然只是在电影银幕上。所谓时间放大镜让我们在银幕上看到慢镜头展示的各种快速发生的现象。

"时间放大镜"是电影业专用的摄影机。普通摄影机每秒只能拍摄24张照片，电影业专用摄影机每秒拍摄的照片数则比这个数字高很多倍。如果我们把专用摄影机拍摄的照片以24帧/秒的速度投射在银幕上，观众们看到的场景是拉长的，这也是动作的速度会被放慢很多的原因。读者们可能在银幕上见过这种不自然的慢速跳跃和其他被放慢的场景。利用更复杂的设备可以播放得更慢，几乎可以呈现威尔斯小说中提到的情景。

第5节

地球绕太阳公转何时更快——白天还是夜晚？

有一天，巴黎的报纸上刊登了这样一则广告：每个人只要花25生丁[1]，就可以得到既经济又没有丝毫疲惫感的旅行方法。有好事者寄去25生丁，他们都收到了回信，回信中是这样说的：

"先生，请你安静地躺在你的床上，并且请牢记，我们的地球是在旋转着的，在巴黎的纬度——北纬49°上，你每昼夜要跑25 000多千米。假如你喜欢看沿途美好的景致，就请你拉开窗帘，尽情地欣赏美丽的星空吧！"

---

1 生丁是法国辅币，100生丁等于1法郎。

　　这场事端的发起者因为欺诈罪被送上了法庭，法庭判他缴纳罚款。聆听判决后，他却摆出一副矫揉造作的姿态，引用伽利略的名言辩解道：

　　"反正我们确实走了这么远啊！"

　　从一定意义上来说，登广告的人没错。因为地球上的每位居民不仅在围绕地轴"旅行"，还被地球带着围绕太阳高速旋转。公转时，地球带着它的居民每秒移动30千米。

　　因此，更有趣的问题出现了：地球绕太阳公转何时更快——白天还是夜晚？

　　大家可能会觉得这个问题莫名其妙，毕竟地球总是一半是白天，一半是夜晚；那么这个问题有什么意义呢？看起来没有任何意义。但是，事实却不是这样的。毕竟我们不是问整个地球何时转得更快，而是问在浩瀚的宇宙中，我们——作为地球上的居民——何时移动得更快。这当然不是毫无意义的问题。地球在太阳系中有两种转动形式：绕太阳公转，同时绕地轴自转。这两种转动形式叠加在一起，我们在地球的白天或夜晚半边却得到了不的同结果。观察图6，你就会明白，午夜转速要加上地球前进速度，而白天转速正相反——减去地球前进速度。也就是说，午夜地球在太阳系中转得更快，而不是正午。

　　因为赤道点每秒转速约为0.5千米，则在赤道带——中午和午夜的

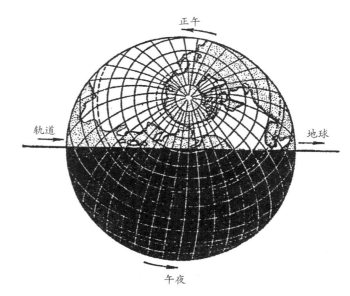

图6　地球上夜晚半球绕太阳公转的速度比白天半球的速度快

速度差可达1千米/秒。懂几何学的读者很容易就能算出，这个转速差在圣彼得堡（北纬60°）会减少二分之一：午夜时分，圣彼得堡地区的居民在太阳系中的转速比正午时分每秒快0.5千米。

第6节 车轮之谜

　　将一张彩纸固定在车轮侧面的轮缘上（或者自行车轮胎上），在汽车（自行车）行驶过程中观察这张彩纸。你会发现一个奇怪的现象：彩纸在滚动的车轮下端时，能明显地看到它；在上端时，彩纸快速闪过，很难捕捉到它的身影。

　　这样看来，车轮上部好像比车轮下部滚动得更快。如果比较某辆马车正在滚动的车轮的上辐条和下辐条，也能观察到类似现象：上辐条好像融合成一片了，下辐条还是根根分明。这不禁又让我们想到，车轮上部好像比下部滚动得更快。

　　其实滚动的车轮上部确实比下部移动得更快。这个事实乍一看令人难以置信，但是经过一番简单的推断我们就能明白了。要知道，滚动的车轮上的每个点都同时完成两个动作：绕车轮中轴转动，同时随着车轮中轴向前移动。这和地球自转和公转的道理一样——两个动作叠加，上、下车轮得到不同的结果。车轮上部的旋转动作要加上前进动作，因为两个动作朝向同一个方向。车轮下部的旋转方向与前进方向相反，所以旋转动作要减去前进动作。这就是为什么以一个固定物体作为参照物，车轮上部的移动速度比下部的快。

我们做一个方便、简单的实验，来帮助大家理解这个现象：

在停放的马车车轮边，将一根木棍插入土中，木棍正好穿过车轮轴心。分别在轮缘上最高点和最低点用粉笔或木炭作标记A和B；标记正好是木棍穿过车轮缘的位置。然后将马车向右滚动一点（图7），使车轮轴与木棍的距离为20～30厘米，观察标记是怎么移动的。我们发现，上部标记A移动的距离明显比下部标记B移动的距离长，B与木棍的距离只有一点点。

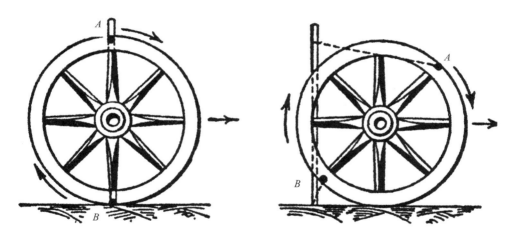

图7　为了证明车轮上部比下部转动得快，对比滚动的车轮上点A和点B与固定木棍的距离

第 7 节

车轮上转速最慢的部分

通过上面的讨论我们知道，滚动的车轮上的所有点的速度并不相同。那么滚动的车轮上哪部分转速最慢？

不难猜到，转速最慢的是当时与地面接触的点。严格来说，车轮上的点与地面接触的瞬间是静止的。

当然，上述理论只针对滚动的车轮，对围绕固定轴转动的车轮来说则不正确。比如，飞轮轮缘的上部点和下部点的转速是一样的。

第 8 节

这个问题不是玩笑

我们来看另一个有趣的问题：有一列从圣彼得堡开往莫斯科的火车，这列火车上是不是有一个点，相对于钢轨来说，是反向行驶的——也就是说，是从莫斯科到圣彼得堡的方向的？

我们发现，任何时候每个车轮上都有这样的点存在。那么，这些点在哪里呢？

你当然知道，火车车轮轮缘的凸出边缘（凸缘）上有这样的点。原来，火车行驶时，凸缘下部的点完全不是向前移动的，而是向后移动的。

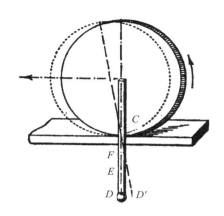

通过下面的小实验，我们能轻松理解这个道理。将一根火柴粘在一个小圆圈上，比如硬币或扣子，使火柴贴紧圆圈半径，然后伸出圆圈边缘。如果用圆圈（图8）顶住火柴边缘上的点C，然后从右向左滚动圆圈，则火柴伸出部分上的点F、E、D不是向前移动的，而是向后移动的。点与圆圈的边缘距离越远，越能明显地看出该点在圆圈滚动时向后移动（点D移动到D'）。

图8　用圆圈和火柴做一个实验：当圆圈从右向左滚动时，火柴伸出部分上的点F、E、D向反方向移动

火车车轮凸缘上的点与我们实验中火柴伸出部分的移动是一样的。

火车行驶时，火车上确实有不是向前而是向后移动的点，现在你应该不觉得奇怪了吧！

确实，这个动作的持续时间远不到1s，但是，无论如何，行驶的火车上确实有反向移动的点，这是颠覆我们以往的认知的。图9和图10就是最好的解释。

图9 当火车车轮从右向左滚动时，其
凸出边缘的下部向右移动，也就是向反
方向移动

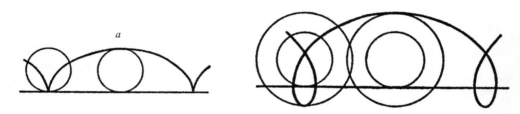

图10 上边的曲线（"旋轮线"）是滚动的车轮轮缘上各点的运行曲线。
下面的曲线是火车车轮突出边缘上各点的运行曲线

第 9 节

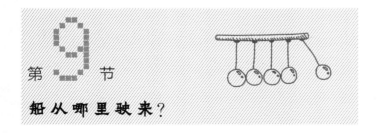

船从哪里驶来？

假如有一艘划桨船在湖面上行驶，图11上的→a表示划桨船的行驶方向和速度。
帆船则横穿湖面驶来，→b表示帆船的行驶方向和速度。如果问各位读者帆船从哪里起航，你肯定立刻就会指向湖岸上的M点。但是如果向划桨船上的乘客提出这一问题，他们则会指向完全不同的点。为什么？

图11 帆船的行驶方向与划桨船垂直。→a和→b表示行驶方向和速度。
划桨船上的乘客会看到什么景象

实际上，划桨船上的乘客不会认为帆船的行驶路线与自己成直角，他们甚至感觉不到自己的行驶方向：在他们看来，划桨船停留在原地，周围的一切在以划桨船的速度前进，只不过是反方向的。所以，对于划桨船上的乘客来说，帆船并不是沿→b的方向行驶，而是沿→a的方向行驶，也就是划桨船的反方向（图12）。帆船的两种运动——实际运动和假想运动——按照平行四边形定律叠加。因此，划桨船上的乘客发现，帆船好像是沿→b和→a组成的平行四边形的对角线行驶。这就是为什么乘客会认为，帆船完全不是从M点出发的，而是从划桨船行驶方向的前方更远一些的N点出发的（图12）。

我们随地球一起自转，会看到行星的光芒，我们判断的光源也完全不准确，就像划桨船上的乘客错误地判断帆船的起航位置一样。所以，我们看到的行星位置要比其实际位置随着地球运动的方向前移了一些。当然，地球自转速度远远低于光速（是光速的万分之一），所以，行星的视移位很小，但是可以通过天文仪器观测到。这种现象被叫作"光行差"。

如果你对类似的问题感兴趣，可以在不改变原题条件的情况下，试着找出下面两个问题的答案：

1）帆船上的乘客看到的划桨船朝哪个方向行驶？

2）帆船上的乘客觉得划桨船驶向何处？

为了得出上述问题的答案，你需要在a线（图12）上画一个速度平行四边形，该平行四边形的对角线表示：帆船上的乘客看到划桨船斜向行驶，好像准备靠岸。

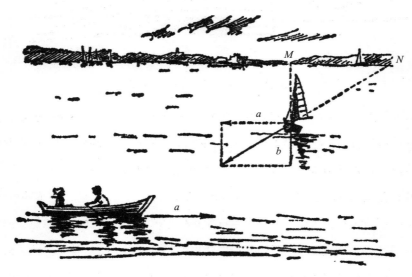

图12　划桨船上的乘客觉得帆船的行驶方向不与自己的路线垂直，
而是斜向行驶——从N点起航，而不是M点

02

重力、质量、杠杆、压力

导 读

姜连国

苹果从树上落向地面，为什么会引起牛顿的注意？阿基米德凭什么能"狂妄"地对世人宣告"给我一个支点，我就能撬动地球"？在马德堡，为什么八匹高壮的马都拉不开两个紧密相吸的半球？重力、杠杆和压力，正是这一切的根源。

1.重力和重心

我们先来了解重力和重心。**由于地球的吸引而使物体受到的力就叫作重力，通常用大写字母G表示**。水往低处流、石块落向地面，都是因为重力的存在。**重力的方向永远竖直向下，均匀作用于物体的各处，但在考虑问题时，可视为作用于一点上，该点则被称为重心。**

形状不同的物体，质量分布情况有所差别，物体重心的位置也不同，比如球的重心就在它的球心上，其他一些几何体的重心则并不与它们的几何中心重合。如果用m表示质量，g表示重力加速度，那么重力的大小就可以用$G=mg$表示。通过精确的实验，我们发现，**同一位置上g的值恒定不变**，也就是说，同一物体在同一位置上的重力是恒定不变的。重力的单位是牛顿，简称牛，用字母N表示。

在本章中，你将在《起立》与《走路和跑步》两篇文章中了解重心这个知识点的相关内容。一个看似正常又轻松的"从椅子上站起来"的实验，为什么会把人难倒，以至于"站起难，难于上青天"？从文章的主题就能看出，这一定和人体的重心有关。至于原因，就要等待你亲自到文章中去发掘了。而在《走路和跑步》一篇中，关于重心的问题从静止状态变为运动状态，将更复杂，也更具有挑战性。

2.杠杆

在本章中，我们还将接触到像撬棍这样的简单机械，涉及我们接下来要了解的内容——杠杆。杠杆上有三个重要的位置：**支点、动力点和阻力点**，这是我们在小学科学（教科版）六年级上册课本中学到的。在本书中，你会进一步了解到，在力的作用下，能绕着固定点转动的硬棒就是**杠杆**。**支点**是杠杆绕着旋转的点；**动力**是推动杠杆转动的力，阻力是阻碍杠杆转动的力；动力臂是从支点到动力作用点的距离，阻力臂是从支点到阻力作用点的距离。**当杠杆在动力和阻力的作用下静止的时候，我们就说杠杆平衡了。**这些知识，你同样能在初中物理八年级（人教版）课本中学习到。

而杠杆还远不止这么简单，你一定听说过"给我一个支点，我就能撬动地球"这句"大话"，可你知道这并不是天方夜谭吗？又或者，你知道甚至人身体中也有很多杠杆来满足我们的日常需求吗？在本章中，《比自己更有力量》这篇文章将为你解开这些谜题。

3.压力

压力，顾名思义，就是垂直于物体表面的力。但是你也许注意到了，人走在厚厚积雪的雪地上会陷进去，划着雪橇，变得更重了，却可以在雪地上随心所欲。明明变得更重了，可为什么没有陷进去？**压力造成的效果截然不同，原因就在于压强不同。压强是物体所受压力大小与受力面积的比值，**数值上等于单位面积上物体所承受的压力，单位是帕斯卡，简称帕。压强越大，压力的效果就会更加明显。你可以在初中物理八年级（人教版）课本中找到以上内容。雪地上奇妙现象的原理在于，脚的面积小于雪橇的面积，所以前者的压强大于后者，导致人直接站在雪地上会陷进去，而有了雪橇却不会了。同样也可以解释为什么锋利的菜刀可以切菜，钝的却不能。《为什么尖锐的物体能刺穿东西？》这篇文章将进一步向你解释压力和压强。

好了，我就说这么多，相信你已经迫不及待了。赶快翻开本书的新一章，探索更广阔的物理世界吧！

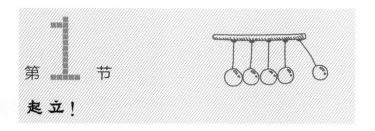

第1节

起立！

如果我对你说："现在你坐在椅子上，并没有被绑住，却站不起来"，你一定以为我在开玩笑。

那好，请你像图13中的人那样坐着：上身坐直，脚不能靠近座椅。现在，请你试着站起来，要记住，不能改变脚的位置，也不能向前探身哦！

怎么样？站不起来吧？如果你不把脚收回来，或者身体不前倾，无论肌肉怎么发力，都无法从椅子上站起来。

要理解为什么会这样，我们需要讨论一些关于整个身体和部分身体平衡的问题。只有当从重心引出的垂直线穿过物体底面范围内时，站立的物体才不会翻倒，所以图14所示的倾斜的圆柱体一定会翻倒。但是如果圆柱体足够宽，从重心引出的垂直线可以穿过其底面范围内，圆柱体就不会翻倒。所谓斜塔——比萨斜塔、波伦亚斜塔甚至是阿尔汉格尔斯克的"斜"钟楼（图15），虽然它们是倾斜的，但都没有倒下，原因之一是它们从重心引出的垂直线没有超过底面范围内；原因之二是它们的

图13　什么样的姿势不能从椅子上站起来？

地基深埋在地下。

图15 阿尔汉格尔斯克"斜"钟楼（根据老照片绘制）

图14 这个圆柱体一定会翻倒，因为从其重心引出的垂直线在底面范围之外

只有从重心引出的垂直线穿过两只脚掌外缘圈出的范围内，站立的人才不会摔倒（图16）。所以一只脚站着很困难，站在钢丝绳上就更困难了：底面面积非常小，垂直线很容易就超出底面的范围了。不知道各位读者有没有发现，老水手们有哪些奇怪的步态？海员一辈子都生活在摇摇晃晃的大船上，从其身体重心引出的垂直线随时都会超出两只脚掌外缘圈出的底面范围，所以他们都养成了一个站立习惯，使身体底面占据尽可能多的空间（双脚分开站立），这让海员能够在摇晃的甲板上保持身体稳定。在坚硬的地面上行走时，也保留了这个习惯。我们还可以举一个反例：保持平衡

的同时，还能维持优美的体态。你是否注意到头顶重物还保持挺拔身姿的人？大家都见过头顶陶罐的优雅女性雕塑。头上顶着重物，头和躯干必须挺直：一点小小的偏斜都会造成从重心（这种姿势的重心位置比一般人提高了不少）引出的垂直线超出底面范围，那样的话，身体平衡就完全被打破了。我们再回到坐着的人起立的实验。坐着的人躯干的重心位于身体内部，靠近脊椎，比肚脐高约20厘米。从重心向下画一条垂直线：这条垂直线穿过椅子下边，脚掌后边。如果人要站起来，这条垂直线就应该穿过两个脚掌外缘圈出的范围之内。

图16 人站着时，从重心引出的垂直线穿过两只脚掌外缘圈出的范围内

也就是说，我们想要站起来，要么胸部前倾，将重心转移；要么向后收脚，使身体支撑移到重心之下。平常我们从椅子上站起来都是这么做的。但是如果不允许我们完成这两个动作其中的一个，就很难站立起来，就像我们在上面的实验中证明的那样。

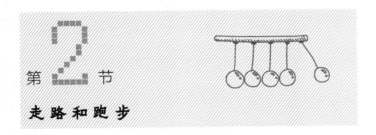

第 **2** 节

走路和跑步

那些人的一生中每天做千万次的事情，我们应该很熟悉了。我们常这么认为，但这种想法却不一定正确。最好的例子就是走路和跑步，这两个动作我们最熟悉不过了。那么，多数人能不能清楚地想象走路和跑步时自己的身体是怎么动的？走路和跑步有什么

区别？我们看一下生理学（本片段引自《动物学讲座》，作者：勃列·贝尔）中对走路
和跑步是怎么定义的。我相信，对于大多数人来说，下面的描述都是耳目一新的。

"假设一个人单脚站着，比如说，用右脚站着。想象一下，他微抬起脚
后跟，同时身体前倾（此时行走的人向前迈步，为支点增加除自身重力外的
大约20千克的压力。因此我们可知，行走的人相比站立的人给地面造成更大
的压力。）"

我们都能想明白，在这种姿势下，从重心引出的垂直线超出脚的底面范围，人会
向前摔倒。但是刚要摔下去的时候，左脚就抬起来了，快速向前移动，而且停在从重
心引出的垂直线的前方，所以垂直线仍然落在两脚支撑点连接线圈出的范围内。于是
就这样恢复了平衡。脚踏在地上，然后迈步，就这样一步一步向前走（图17）。

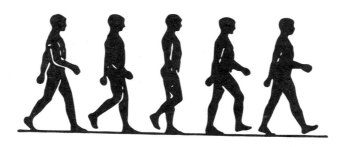

图17　人走路时身体的连续动作

如图18所示，线条（A）表示一只脚，下面的线条（B）表示另一只脚。直线表
示脚踏在地上的时候，弧线表示脚动作（没有支点）的时候。从图中可知，在a时间
段内，两只脚踩在地上；在b时间段内，脚A抬起来了，脚B还站在地上；在c时间段
内，两只脚重新踏在了地上。走路越快，a、c时间段越短（与跑步图20对比一下）。

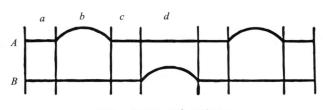

图18 走路时双脚动作图示

　　当然，人也可以停留在极其费力的状态。但是假如他（她）想继续向前走，那么就要让身体更向前倾，让从重心引出的垂直线超过支点范围外，在即将摔倒时重新向前移动脚步，但是已经不是迈出左脚，而是迈出右脚——就这样又走出一步，然后一步一步走下去。所以走路实际上就是不断向前倾倒，又能及时把留在后面的脚移到前面去支撑身体的过程罢了。

　　我们来看一看跑步的本质（图19）。假设第一步已经跑完了。此时右脚还与地面有接触，左脚已经踩到了地上。

图19 跑步时身体的连续动作（有两只脚都离地的时候）

　　从图20中可知，跑步的人有两只脚都飘在空中的时候（b、d、f）。这也是跑步和走路不一样的地方。

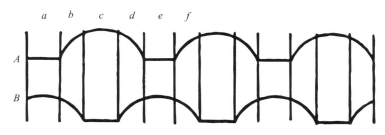

图20　跑步时双脚动作图示（与图18对比看看）

但是如果步子迈得不太小，右脚脚后跟应稍微抬起。因为这个脚后跟稍微抬起的动作使身体向前倾，从而破坏了平衡。左脚脚后跟最先着地，如果左脚的整个脚掌都踩到地上，右脚就完全腾空了。此时左膝本来微微弯曲，但是在股三头肌收缩的作用下伸直了，并在这一瞬间达到直立状态。这样半弯的右脚就可以离开地面向前移动，而且恰好在第二步开始时将右脚脚后跟踏在地上。

此时左脚只有脚趾踩在地上，并且很快就会离开地面，然后左脚也完成了与右脚相同的一连串的动作。

跑步与走路的区别在于：站在地上的那只脚因为肌肉突然收缩而有力地弹起，将身体抛向前方，所以身体能在一瞬间完全腾空。然后身体重新落到地面，重心转移到另一只脚上，这只脚在身体腾空时快速向前移动。因此，跑步是一连串的从一只脚到另一脚的跳跃运动。

人在平地上走路时消耗的能量并不是人们通常认为的等于零，每走一步路，走路的人的身体重心都会抬高几厘米，从而可以计算出，在平地上走路时做的功，约等于将步行者的身体抬高到与走过的路相等的高度时所做的功的1/15。

第3节

如何从行驶的车中跳出？

如果你向某人提出这个问题，得到的答案肯定是："根据惯性定律，应该沿行驶方向往前跳。"那么不妨请对方解释得更详细一些：在这种情况下，惯性定律到底有什么作用？可以想见，对方会自信满满地讲起大道理。但是如果不打断他的话，他自己很快也会迷糊起来：因为按照根据惯性定律，恰恰应该是逆着行驶方向往后跳！

实际上，惯性定律在这个问题上只起到次要作用，主要原因不在于它。如果我们忘记了这个主要原因，那么我们真会得出结论：应该往后跳，无论如何都不是往前跳。

假设你必须从行驶的车中跳出，我们来看一下这个过程中会发生什么。

如果我们从行驶的车中往外跳，我们的身体势必会与车分开，但是身体还保持车的行驶速度（身体的惯性运动），而且还会继续往前移动。这个时候往前跳，不仅不会抵消这个速度，相反，还会加大这个速度。

从这一点可以看出，应该往后跳，而绝不是顺着车的行驶方向往前跳。要知道，向后跳时，跳跃的速度要减去身体由于惯性作用而向前移动的速度，因此，我们的身体能够以较小的力摔倒在地上。

但是，如果我们确实被迫要从行驶的车中跳出，所有人都是顺着其行驶方向向前跳的。这确实是最好的办法，也是经过无数次实践证明的。但是我们还是要敬告读者，不要试图去亲身证明，向后跳是很难完成的哦！

那么，这是怎么回事呢？

我们的解释是：之所以与事实不符，是因为话还没说完。无论向前跳还是向后跳，我们面临的后果都是摔倒在地上，因为上身还在随惯性向前移动，但是脚已经接触到地面，停下来了。虽然向前跳的速度比向后跳的速度还大，但是很重要的一点是，我们要知道，向前摔倒比向后摔倒安全多了。向前摔倒时脚的习惯性动作是向前迈（如果车速很快——会习惯性地跑几步），这样能避免摔倒。这个动作是习惯性的，因为平时我们走路时一直在这样做：上一节中我们已经讨论过了，从力学角度来说，走路是一连串的身体前倾，然后迈开脚步防止摔倒的过程。向后摔倒时，双脚并不会做出这种自救性的动作，所以危险就会大得多。还有一点也很重要，实际上我们在向前摔倒时，可以伸出手臂撑在地上，摔伤情况也会比仰面摔倒轻得多。

所以，向前跳更安全的原因与其说是惯性，不如说是我们自身的习惯。但是，对于不是活物的物体则不适用于这个道理：向车前方扔瓶子，瓶子摔碎的程度会比向后扔严重得多。所以，如果我们被迫带着行李从行驶的车上跳出，应该先向后扔行李，然后自己向前跳。

有经验的人——电车上的售票员和检票员——经常这样跳：面向车行驶方向向后跳。这样跳能达到两种效果：减弱身体的惯性速度，而且防止仰面摔倒，因为跳车人的身体面向了可能跌倒的方向。

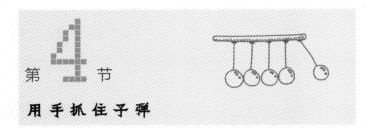

第4节

用手抓住子弹

据报纸报道，帝国主义战争期间，法国飞行员身上发生了一件奇事。在2 000米高空中飞行时，飞行员发现自己的脸旁有一个小东西在移动。他以为是昆虫，就迅速出手抓住了这个东西。结果飞行员却发现，他抓住了……一颗德国制造的子弹！你能想象到他发现是子弹的时候有多惊奇吗？

这简直是传奇人物——敏希豪生男爵[1]的故事在现实中的翻版，据说这位男爵曾经用双手抓住了飞行中的炮弹。

报道中说的飞行员用手抓子弹，并不是不可能发生的事情。

子弹刚射出枪膛时的速度为800～900米/秒，但它不会一直以初始速度飞行。由于空气阻力，子弹会慢慢减速，直到最后乏力时，速度只有40米/秒。飞机也能达到这个速度。也就是说，子弹和飞机以同等速度飞行，是极有可能发生的事情。对于坐在飞机上的飞行员来说，子弹是静止不动的，或者只以微小的速度移动。那么用手抓住子弹就很容易了——尤其是戴着手套的时候，因为子弹在空气中飞行，在摩擦作用下会变得非常热。

---

1 德国故事《吹牛大王历险记》的主人公。

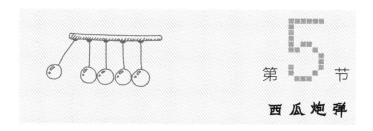

第 **5** 节

西 瓜 炮 弹

　　如果说在已知条件下子弹可以变得毫无威力，那么也可以举出一个反例：以较小速度投掷出的"和平物体"竟会产生极大的破坏力。1924年举行过从圣彼得堡到梯弗里斯的汽车竞赛，农民们看到汽车疾驰而过，为了表示欢迎，将西瓜、香瓜和苹果投向旅客。旅客却无福消受这些无辜的礼物：西瓜和香瓜压凹、弄坏了车身；落到旅客身上的苹果，给旅客的身体造成了严重的伤害（图21）。原因很好理解：投掷出的西瓜或苹果的速度再叠加汽车本身的速度，使这些水果变成了破坏力十足的危险炮弹。不难算出，质量为10克的子弹从枪膛中射出所产生的动能，与扔向时速120千米的汽车的质量为4千克的西瓜在飞行过程中产生的动能几乎相当。在这种条件下，西瓜的击穿威力却完全比不上子弹的威力，这是因为西瓜的硬度比子弹低得多。

　　在高层大气（所谓平流层）中进行高速航空飞行时，飞机的时速可达约3 000千米，也就是与子弹的速度相当的时候，飞行员都会面临方才所说的情况。在这架高速飞行的飞机的航行路线上，每一个掉落的物体都会成为毁掉飞机的炮弹。如果这时从另一架飞机上掉落几颗子弹——即使没有相向飞行，这几颗子弹的威力也不亚于刚从机枪中射出来的：掉落的子弹击中飞机的威力，与从机枪中射出的子弹击中飞机的威力相等。因为在这两种情况下，相对速度一致（飞机和子弹的飞行速度均约为800米/秒），撞击产生的破坏后果是一样的。

图21　西瓜迎面扔向疾驰的汽车就变成了"炮弹"

相反，如果子弹跟随飞机飞行，保持与飞机相等的速度，那么就像我们已经了解的那样，子弹对于飞行员没有危害性。如果两个物体以几乎相同的速度同向移动，那么它们接触的时候是不会产生什么撞击的破坏效果的。1935年，有一个叫博尔晓夫的司机就巧妙地运用了这一道理，使一列有36节车厢的列车没有撞上自己驾驶的列车，从而避免了一场铁路惨剧。当时博尔晓夫驾驶的列车前面有另一列列车在行驶。前面的列车由于蒸汽动力不足而停在了路上；司机带着列车头和几节车厢向前方的站点驶去，其他36节车厢被留在了铁路上。这些车厢下面没有垫上制动滑铁，竟沿着坡道向后滑行起来，滑行速度达到15千米/小时，眼看就要撞上博尔晓夫驾驶的列车了。意识到危险后，机智的博尔晓夫马上停下了自己的列车，然后也向后开动列车，逐渐加速至15千米/小时。由于这一举动，将整列36节车厢安全地承接在自己的列车前方，没有任何损坏。

最后，我们介绍一种利用上文所述的道理发明的装置，这种装置方便在行驶的列车上书写。在行驶的列车上写字是很困难的事情，因为列车经过铁轨接合处时会发生震动，这种震动又不会同时传递到纸上和笔尖上。如果能够使纸和笔同时震动，它们相对于彼此就是静止的，那么在行驶的列车上写字也就不是什么难事了。

这种装置就是图22所示的装置。拿着笔的手系在木板a上，木板a能够在木板b的槽内左右移动；木板b又能在固定在小桌上的木板槽内移动。如图所示，手可以灵活

图22 方便在行驶的列车上写字的装置

移动，完全可以一个字接一个字、一行接一行地连续写下去；木板内的纸受到的每一次震动，都能同时以同样的力传递给拿笔的手。这样一来，在行驶的列车上写字，就像在静止不动的列车上写字一样方便。唯一的不便是，眼睛看到的纸上的字迹是跳动的，这是因为头和手接受的震动不是同时的。

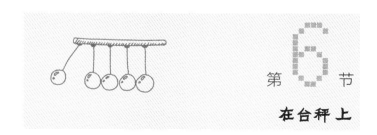

第 6 节

在台秤上

如果你用台秤称体重，只有站在台秤上一动不动，才能准确地称出体重。如果你弯腰了，那么弯腰的一刹那台秤显示的质量就会减小。这是为什么呢？因为弯下上半

身时，肌肉同时会将下半身抬起来，从而减小下半身施加在台秤支点上的压力；相反，如果挺直上半身，肌肉会将上半身和下半身向不同方向拉伸，台秤显示的体重会明显增加，因为下半身对台秤施加的压力增加了。

站在灵敏度高的台秤上，甚至抬个胳膊都会造成示数波动，会使表观体重稍微增加。促使胳膊抬起来的肌肉附在肩上，抬起胳膊时，这块肌肉将肩头和身体向下压，施加在台秤上的压力就增加了；如果把抬起的胳膊停在空中，相反地，肌肉用力，把肩头抬了起来，身体施加在支点的压力减小，减小了对台秤的压力，称出来的体重自然也就轻了。

相反，把胳膊放下这个动作会使台秤的读数偏小，当胳膊完全放下后，读数又会增加。也就是说，把体重理解为施加在支点上的压力，我们在内力的作用下能够增加或减小台秤的读数。

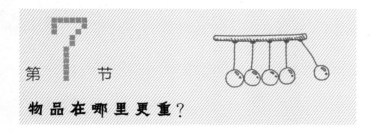

第 7 节

物品在哪里更重？

地球对物体的吸引力随着物体离开地球表面而减小。如果我们把1千克重的砝码提高至6 400千米的高空，也就是使这个砝码与地心的距离等于地球半径的两倍，那么地球引力会减弱至原来的（1/2）^{2}，也就是1/4。在6 400千米的高空用弹簧秤称这个1千克重的砝码，它会变成250克。根据万有引力定律，地球对物体的吸引力，是将物体的全部量力集中在地心，引力与距离的平方成反比。在我们刚才所举的例子中，砝码与地心的距离增加一倍，引力减弱至原来的（1/2）²，也就是1/4。如果把砝码提高至距地面12 800千米的高空，也就是其与地心的距离等于地球半径的三倍，引力将减弱至原来的（1/3）²，也就是1/9，在这个高度称砝码，只有111克，依此类推。

我们自然会产生下面的想法：如果把砝码放到地下，也就是使物体接近地心，我们应该能发现引力增加：砝码在地下的重力会更大。但是这个猜测可不正确：物体离地心越近，重力不仅不会增加，反而会减小。

道理是这样的：随着深度的增加，吸引物质的地球粒子并不是作用于物体的一侧，而是作用于物体各侧（图23）。埋在地下的砝码被砝码下面的粒子向下吸引，同时砝码上面的粒子又将其向上吸引。可以得出，最终起到吸引力作用的只是半径等于

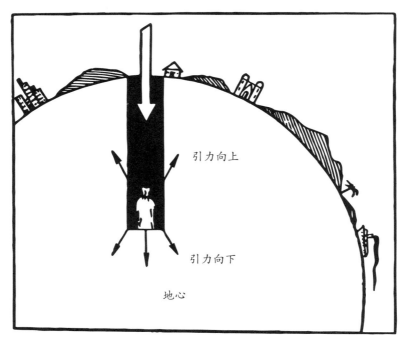

图23　为什么在地下重力反而会减小

地心到物体距离的球体。所以随着深度的增加，物体的重力会快速减小。到达地心时，物体完全失去重力，变成了没有重力的物体，因为周围的地球粒子对物体形成的吸引力在各个方向都是相等的。

所以，物体在地表的重力最大；随着物体离开地面或深入地下，重力都会减小（这个判断基于地球各部分的密度都是均匀的这一假设。实际上，地球密度随着深度的增加而增加。所以在刚开始深入地下的一段距离内，重力会先增加，然后才开始逐渐减小）。

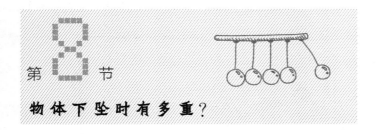

第 8 节

物体下坠时有多重？

当电梯下坠时，你是否感到恐惧？就像是要坠入深渊的那种异乎寻常的轻飘飘的感觉……这就是失重的感觉。电梯刚开始运行时，脚下的地板已经开始下坠，身体却没来得及产生同样的速度，整个人几乎没有压在地板上，体重也会非常小。过了这一瞬间，恐惧的感觉就没有了，你的身体甚至比匀速运行的电梯下落得还要快，整个人压在地板上，也就是说，你的完整体重又回来了。

把砝码挂在弹簧秤的秤钩上，使弹簧秤连同砝码一起快速下坠，观察指针向哪边移动（为了方便观察，将一块软木嵌入弹簧秤的凹槽，观察软木的位置变化）。这时候你就会发现，下坠时，弹簧秤的指针指示的并不是砝码的实际重力，而是很小的重力！如果弹簧秤做自由落体运动，在它下落的过程中观察指针，你会发现砝码在下落时几乎没有重力：指针一直指向零。

就算是特别重的物体，在从高处落下的过程中也会变得完全没有重力，这是很容易理解的道理。物体牵拉悬挂点的力或施加给自己的支点的压力称为物体的"重力"。但是下落的物体不会对弹簧秤的弹簧产生任何拉力，因为弹簧与物体一起落下。物体落下时，不会牵拉任何东西，也不会对任何东西施加压力，因此，问物体下落时的重力，就相当于问物体没有重力时的重力。

早在17世纪，力学奠基人伽利略就提出了下列理论（节选自《关于两门新科学的数学证明》）："我们肩上扛着重物时，因为我们在极力阻止重物落下，才能感觉到它在肩上的负荷。但是如果我们以与肩上的重物同样的速度向下移动，试问重物又怎么给我们施加压力和负担呢？这就像我们用矛刺一个人，而这个人在前面以和我们同样的速度在奔跑，又怎么能刺到他呢？"

下面这个简单的小实验，能够直观地证明我们在上文中做出的判断是正确的。

在天平的一个托盘上放上夹核桃用的钳子，钳子的一边平躺在托盘上，另一边用细线吊在天平的挂钩上（图24）。另一个托盘上放上质量相等的砝码，使两边达到平衡。把燃烧的火柴移近细线，把细线烧断，钳子的另一边会掉在托盘上。

这时候天平会发生什么变化呢？钳子掉下来的过程中，钳子那边的托盘是会落下来、升起来还是保持平衡？

我们已经知道，下落的物体没有重力，从而可以提前给出这个问题的正确答案：放钳子那边的托盘在那一瞬间应该升起来。

图24 说明下落的物体没有质量的实验

实际情况是：在钳子的另一边落下来的过程中，虽然它与下边还是连在一起，但是施加的压力毕竟比静止不动的状态下小一些，因而钳子的重力在那一瞬间减小，托盘自然会升起来。

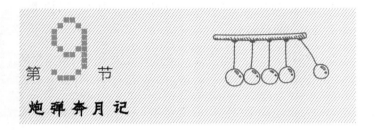

第 9 节
炮弹奔月记

1865—1870年法国出版了儒勒·凡尔纳的科幻小说《炮弹奔月记》，小说中讲述了一个天马行空的想法：把活人装进巨型炮弹车，发射到月球上！儒勒·凡尔纳把自己设计的方案讲得非常逼真，导致大部分读者可能都会产生一个问题：这个想法难道就不能在现实中实现吗？这个问题很值得讨论（我们现在的时代，有能力向太空发射人造地球卫星和航天火箭，所以我们当然知道，航天旅行应该用火箭，而不是炮弹。但是火箭启动后的最后一步也是遵循炮弹运行规律的，所以作者的小说在这里也适用）。

我们首先看一下——哪怕只是理论上——发射出的炮弹能不能永远不落回地球上？理论上有这种可能。实际上，为什么水平发射出的炮弹最终一定会落回地球上？因为地球对炮弹有吸引力，会扭曲炮弹飞行路线：炮弹不是直线飞行，而是向着地球表面曲线飞行，所以早晚会落到地球上。地球表面实际上也是弯曲的，但是炮弹路线更加弯曲。如果减弱炮弹飞行曲线，使其与地球表面的曲线一致，那么这颗炮弹就永远也不会落到地球上！炮弹会沿地球的同心圆飞行。换句话说，炮弹就变成了地球的卫星，相当于第二颗月球。

那么怎么才能使发射出的炮弹以比地球表面更小的曲线飞行呢？只要使它达到足够高的速度就行了。请看图25，图上是地球的一部分剖面。

将大炮装在一座山（高度不论）上，如果地球引力不发挥作用，水平射出的炮弹应该在一秒钟后达到B点。但是地球引力改变了炮弹的路线，在引力作用下，炮弹在一秒钟后到达的不是B点，而是比B点低5米的C点。在接近地球表面的地方，在重力作用下，每个自由落体的物体在头一秒内走过（在真空中）的距离就是5米。如果落下5米后，炮弹与地面的距离等于A点与地面的距离，这就说明炮弹沿地球的同心圆飞行。

现在还需要计算线段AB（图25）的长度，也就是炮弹沿水平方向飞过的路线的长度。这样我们就能知道，炮弹以怎样的速度从炮口发射出去才能永远离开地球？这个计算比较简单：三角形AOB，OA表示地球半径（约6 370 000米）；$OC=OA$，$BC=5$米，因此，$OB=6$ 370 005米。根据勾股定理可得：$AB^2=6\ 370\ 005^2-6\ 370\ 000^2$。

通过计算，得出AB的长度约等于8千米。

因此，如果没有空气，不会对快速飞行造成严重影响，炮弹以每秒8千米的速度从大炮中水平发射出，炮弹就永远不会落到地球上，而是永远围绕地球飞行，就像卫星一样。

如果以比每秒8千米更大的速度从大炮中发射出炮弹——炮弹会飞向哪里呢？天体力学中已经证明，以每秒8千米、9千米、10千米的速度从炮口发射出的炮弹，会围绕地球画椭圆形，初始速度越大，椭圆形拉得越长。如果炮弹发射出的初始速度达到每秒11.2千米，炮弹不再做椭圆形运

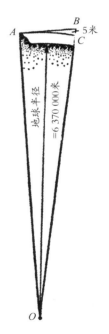

图25　计算要永远离开地球的炮弹的速度

动，而是围绕地球画不闭合曲线——抛物线，会离地球越来越远（图26）。

现在我们可以发现，坐在以足够高的速度发射出的炮弹车里飞向月球，在理论上是可行的。

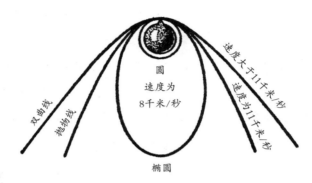

图26　以初始速度8千米/秒及更高速度发射出的炮弹的运行轨迹

前面的讨论指的都是在对炮弹飞行没有阻力的大气中。在现实条件下，大气一定有阻力，会极大地阻碍炮弹达到高速飞行，甚至使高速飞行完全不可能实现。

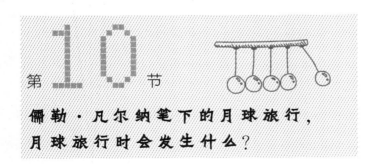

第10节

儒勒·凡尔纳笔下的月球旅行，月球旅行时会发生什么？

读过儒勒·凡尔纳的《炮弹奔月记》的人，一定会对其中的一个片段印象深刻：炮弹车飞过地球和月球引力相等的点，在这个点上所有的一切都是童话般的：炮弹内的所有东西都失去了重力，旅行者们跳一下，就会飘在空中。

这个描述很准确，但是作者却忽略了一点，不只是引力相等的点，在这个点前后也会发生同样的景象。我们不难证明，坐在炮弹车内的旅客和里面的所有东西，从自由飞出的第一刻起就会处于失重状态。

乍一看这是不可能的，但是我相信，你再仔细想一想，就会惊讶于之前为什么没有发现这个大疏忽。

我们继续引用儒勒·凡尔纳小说中的内容。毫无疑问，你应该不会忘记，旅客是怎样把狗的尸体扔出炮弹车，又如何惊奇地发现，狗的尸体并没有掉在地球上，而是与炮弹车一起继续向前飞行。作者准确地描述了这一现象，也做出了合理的解释。我们都知道，所有的物体在真空中都以同样的速度移动：地球引力使所有物体都具有同样的加速度。在这种条件下，无论是炮弹还是狗的尸体，都在地球引力作用下获得了相同的下落速度（相同加速度）。更准确地说，它们从大炮中发射出时获得的速度，在重力作用下会发生相同的减弱现象。因此，炮弹车和尸体的速度在旅行路线上的各个点都是相等的，所以，从炮弹车中扔出的狗的尸体继续跟着炮弹车飞行，一点儿也不会落后。

但是有一点作者没有想到：如果狗的尸体扔出炮弹车外后，不会掉到地球上，那么在炮弹车里面时，它为什么会掉下来呢？要知道，无论内外，作用力都是一样的呀！如果狗的尸体悬空放在炮弹内，那也应该一直飘在空中，因为它与炮弹车的速度应该是完全一样的，也就是说，就与炮弹的相对关系来说，狗的身体一直是静止的。这一道理不仅适用于狗的尸体，也适用于旅客的身体，还有炮弹车内的所有东西：在炮弹车飞行线路上的所有点上，一切人和物的速度都与炮弹车的速度一样，即使悬空，也不会掉下来。比如立在炮弹车厢地面上的椅子，也可以四脚朝天放在天花板上，它同样不会"掉下来"，因为它随着天花板继续向前飞行。旅客可以头朝下坐在椅子上，而且能稳稳地坐在上面，完全不会有跌下来的危险。那么什么力量能使旅客掉下来呢？如果旅客掉下来，也就是掉到地板上，那就说明炮弹车在空间中飞行的速度比旅客快（否则，椅子不会跌向地板）。但这是不可能的：我们知道，炮弹车内的所有东西都和炮弹车拥有相同的加速度。

小说家儒勒·凡尔纳并没有意识到这一点：他认为炮弹车自由飘浮时，里面的东西都受同一引力的作用，继续压在自己的支点上，就像炮弹静止不动时一样。儒勒·凡尔纳忽略的是，如果身体和支点在空间中以由引力（没有其他外力——拉力、空气阻力）造成的同样的加速度飞行，他们就不会互相压着了。

因此，从旅行的第一刻起，气体不再对炮弹车发生作用，旅客没有任何重力，可以自由漂浮在炮弹车内的空中；炮弹车内的其他东西也应该是完全失重的。根据这一特征，旅客能够很容易判断出，他们是在空间中飞行还是继续一动不动地留在大炮中。但是作者却写道，在前半个小时的空间旅行过程中，旅客们还在绞尽脑汁地琢磨：我们到底飞了吗？

"尼科尔，我们在飞吗？"

尼科尔和阿尔丹对看了一眼：他们没有感觉到炮弹在震动。

"说真的！我们到底有没有在飞？"阿尔丹又问了一遍。

"还是静悄悄地躺在佛罗里达的地面上？"尼科尔问。

"还是躺在墨西哥湾的海底？"米歇尔补充道。

如果轮船上的乘客发出这样的疑问，还是有可能的，但是自由飘浮的炮弹上的旅客不应该有这种疑问：因为轮船上的旅客还有自己的重力，但是炮弹车上的旅客不可能没有发现，因为他们已经完全失重了。

这辆富有幻想的炮弹车上本应看到多少奇特的景象啊！这是一个小小的世界，所有物体都失去重力，从手中掉出的东西还停在原地，物体在任何位置都能保持平衡，瓶子倒了水也不会流出来……

第 11 节

用不准的秤准确称重

对于准确称重来说，最重要的是什么？是秤还是砝码？

如果你认为一样重要，那就错了：如果手头有准确的砝码，即使没有正确的秤，也能准确称重。有好几种方法可以在不准确的秤上准确称重。现在我们来讨论其中的两种。

第一种方法：是由我们伟大的化学家德·伊·门捷列夫提出的。首先在天平的其中一个托盘上放上某个重物——放什么都行，只要比要称的物体重就可以了。在另一只托盘上放砝码，直到两个托盘达到平衡。然后在放砝码那一边的托盘上放上要称重的物体，再从托盘上往下拿砝码，直到两边再次平衡。显然，取下的砝码的质量就是要称量的物体的质量；因为现在要称重的物体被同一托盘上的砝码取代了，也就是说，二者具有相同的质量。

这种方法叫作"恒载量法"。它在需要接连称好几个物体的质量时尤其方便：最开始使用的重物可以一直留在托盘内，直到完成所有物体的称重。

第二种方法：以提出这种方法的科学家的名字命名，叫作"博尔达法"。方法如下：将需要称重的物体放在天平的其中一个托盘上，另一个托盘上放沙子或珠子，直到两边达到平衡。然后把需要称重的物体从托盘上拿下来（不要碰沙子），在这个托盘上放砝码，直到两边再次平衡。显然，现在砝码的质量等于它所替换的要称重的物体的质量。因此，这种方法也被称为"替换称重法"。

那么只有一个秤盘的弹簧秤该怎么称呢？我们在这里介绍一种简单的方法，但是必须有准确的砝码——这里不需要准备沙子或珠子。把要称重的物体放入托盘，观察指针指示的质量。然后，把物体取下，往托盘上放砝码，直到指示刚才的示数。显然，砝码的质量就是被它替换的物体的质量。

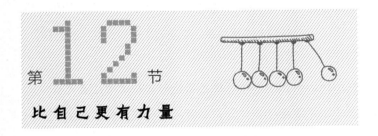

第12节
比自己更有力量

你用手能提起多重的重物？假设你能提起10千克，如果你认为你的手臂肌肉的力量就是10千克，那你就错了：肌肉比这有力量得多！请你观察一下你手臂上所谓肱二头肌的作用（图27）。肱二头肌依附在小臂骨这个杠杆的支点附近，重物压在这个人体杠杆的另一端。重物与支点的距离，也就是与关节的距离，大约是肌肉末端与支点的距离的8倍。也就是说，如果重物质量为10千克，肌肉的牵拉力就是重物质量的8倍。因此，肌肉发出的力量是手臂力量的8倍，肌肉能直接提起80千克的重物，而不是10千克。

我们可以毫不夸张地说，每个人都比自己有力量得多。也就是说，我们的肌肉比我们表现出来的更有力量。

那么手臂这样的构造合理吗？初看好像并不合理，我们看到的是力量无谓的损失。但是想一想古老的力学"黄金法则"：力量上有所亏欠，一定在移动上占便宜。我们就是占了速度的便宜：人类的手臂移动的速度，是手臂所控制的肌肉的移动速度的8倍多。我们体内肌肉的连接方法能够保证四肢快速移动，这对于我们在这个世界上生存来

图27　人的小臂C是第二种杠杆。为点I施加作用力；杠杆支点位于绞合点O；需要克服的阻力（重物R）施加在B点。BO=8IO，肌肉发出的力量，也比重物R大近8倍

说，比有力量更重要。如果人类的手脚不是这种构造的话，那我们一定是动作极缓慢的生物。

第 13 节

为什么尖锐的物体能刺穿东西？

你有没有想过一个问题：针为什么能轻易地刺穿物体？为什么绒布或硬纸板能够

轻易地被细针刺穿，却很难被钝钉子刺穿？细针和钝钉子刺入物体时所用的力应该是一样的。

力确实是一样的，但是压强却不同。用细针刺入物体时，所有的力都集中在针尖上；用钝钉子刺入物体时，同样的力却分散在更大的钉子尖的面积上。因此，当我们的手用同样的力的时候，针的压强比钉子的压强大得多。

大家都知道，20个齿的耙子比同样质量的60个齿的耙子翻地翻得更深。为什么？因为20齿耙的每一个齿的负荷比60齿耙的更大。

说到压强，除了力外，还要注意该力作用的面积。如果我们听说某个人拿到了1 000卢布的工资，那么我们不知道这到底是多还是少，因为需要知道这是一年还是一个月的工资。力的作用也是如此，取决于力是分布在1平方厘米上还是集中在0.01平方毫米上。

人能靠着雪橇在松软的积雪上滑行，如果没有雪橇，双腿就会陷入雪中。为什么？因为滑着雪橇时，身体压力分散在极大的面积上；没有雪橇的话，承压面积就小得多。如果雪橇表面积，比如说，是我们双脚脚掌面积的20倍，那么坐在雪橇上，我们给积雪造成的压力是双脚直接踩在雪上的。松软的雪能够承受第一种压力，但承受不了第二种压力。

根据同样的原理，沼泽地里工作的马，需要在马蹄上套上特制的"靴子"，以增加马蹄的支撑面积，减小对沼泽地面造成的压力，这样马蹄就不会陷入沼泽中。人在某些沼泽地上作业也是这样做的。

人在薄冰上一般会匍匐前进，这样可以将整个身体的压力分散在更大的面积上。

最后再举一个坦克和履带式拖拉机的例子，尽管它们质量极大，但是在松软的土地上通行时却不会陷下去，也是因为将质量分散在更大的支撑面积上。重达8吨以上的履带式车辆对1平方厘米地面造成的压力不超过600克。因此，汽车在沼泽地上运输重物时，都会装上履带。这样的货车，即使运输2吨重的货物，给1平方厘米沼泽地面造成的压力总共也就是160克，因此，它能在沼泽地、泥泞地面或沙地上顺利行驶。

这种大的支撑面积也像针尖的小面积一样，在技术上有很多用处。

综上可知，尖锐的物体就是因为力分散在小面积上才能刺穿东西。也正是这个缘故，尖刀比钝刀切东西更好用，因为力集中在较小的面积上。

可见，尖锐的物体之所以能够用来刺穿物体和切东西，正是因为更大的压强集中在它的尖端和刃上。

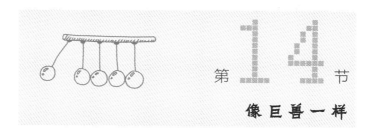

第 14 节

像 巨 兽 一 样

为什么我们坐在小板凳上会觉得硬，但是坐在同样的用木头制成的椅子上却丝毫不感觉硬呢？为什么我们躺在用特别硬的绳子编成的绳床上感觉很软，而躺在钢丝床上却不觉得硬呢？

不难猜出答案。小板凳的凳面是平的，我们的身体只有很小的面积与凳面接触，整个身体的重力都集中在小板凳的凳面上。椅子的凳面则是凹进去的，能够在更大的面积上与人体接触，体重分布在更大面积上，这样单位面积受到的压力就会更小。

因此，这里的问题就在于更均匀地分布压力。我们放松地躺在柔软的大床上时，会把床面压下去，使床面与身体轮廓更契合。此时压力均匀地分布在我们与床面接触的身体部分所占的面积上，所以每平方厘米只承担几克的压力，我们当然会觉得很舒服。

我们用数字来直观地表示这种差别。成年人的身体表面积约为2平方米（20 000平方厘米）。假设此时我们躺在床上，身体约1/4的部分，也就是0.5平方米（5 000平方厘米），与床面接触，压在床面上。假设体重为60千克（成年人的平均体重）。也就是说，每平方厘米分配到的压力只有12克。但是我们躺在硬木板上就不同了，那时身体只有几个小部分与木板接触，与木板接触的身体总面积也不过100平方厘米左右。每平方厘米分配到的压力就高达500克，而不是只有十几克了。这种差别是显而易见的，我们的身体也能马上感受到这种差别，抱怨"太硬了"。

即使在最硬的地方，我们也可以感觉很舒适，只要能够把压力平均分配到更大的面积上。想象一下，你躺在柔软的泥地上，并在泥地上留下身体形状。离开泥地，让它被风干（风干后，泥地会"收缩"5%～10%，但是这里我们假设这种情况不会发生）。等泥地被风干得像石头一样硬时，上面还保留着你之前留下的身体形状，再次躺到这个"坑"中，让身体轮廓完全与"坑"契合。你会感觉像睡在羽绒褥子上一样软，完全没有任何坚硬不适的感觉，虽然从一定意义上来说你确实躺在"硬石头"上。你现在就像罗蒙诺索夫诗中所写的那样，"像巨兽一样"：

> 卧在尖锐的石块上
> 却对坚硬锐利不屑一顾
> 因为伟大力量的堡垒
> 再坚硬也像柔软的泥土一样

然而我们感觉不到坚硬的原因，却不是"伟大力量的堡垒"，而是将身体质量分布在极大的支撑面积上了。

03

介质的阻力

导 读

姜连国

　　一只蚂蚁从高楼上摔下来，它会死吗？答案是否定的。可是人从高楼上摔下来呢？几乎是必死无疑了。难道在下落的过程中，有什么东西在保护着蚂蚁，却无法保护人？那么又是因为什么保护不了人，是人的块头太大了吗？

　　想要解决这个问题，首先我们需要了解一下力是如何影响运动的。科学家艾萨克·牛顿在《自然科学的数学原理》一书中，第一次具体地表述了将力与运动相联系的桥梁——牛顿第一定律、第二定律、第三定律。在这里，我们具体讨论一下牛顿第一定律、第二定律。

1.牛顿第一定律

　　牛顿第一定律即惯性定律，具体表述为：**一切物体在没有受到力的作用时，总保持静止或匀速直线运动的状态**。而惯性定律中的**惯性**，则是指一切物体都拥有的保持运动状态不变的性质。在初中物理八年级下册（人教版）课本中，你将通过跳远运动员起跳前助跑来提升成绩等例子学习到。随着学习的深入，高中物理必修一（人教版）的课本将会告诉你**牛顿第一定律是理想状态下的定律，通过严密的总结归纳和逻辑推理得出的**。也就是说，我们都知道它是对的，却不可能用实验验证。另外，牛顿第一定律还揭示了运动和力的关系——**力不是维持物体运动的原因，而是改变物体运动状态的原因**。

2.牛顿第二定律

　　那么力是如何改变物体运动状态的呢？这里我们就需要介绍牛顿第二定律了——**物体加速度的大小跟它所受到的作用力成正比，跟它的质量成反比，加速度的方向跟作用力的**

方向相同。加速度就是度量物体运动速度改变的快慢的物理量。牛顿第二定律不仅阐述了力、质量和加速度三者数量间的关系，还明确了加速度的方向与力的方向一致。有了牛顿第二定律，我们就能够更进一步理解为什么物体惯性仅与质量有关。也就是说，物体所受到的力不变时，只有物体的质量可以决定物体运动状态变化的难易程度。

3.阻力

有了这些铺垫，我们可以开始讨论开头的那个问题了。**当一种物质存在于另一种物质内部时，后者就是前者的介质**（还有另一种与波动有关的介质的定义，在此不予考虑），**介质会阻挠物体在其中的通行。**就比如说你在水里走路，是不是会感觉比在空气中走路更慢？同样地，物体在空气中也是受到阻力的。**阻力的方向与物体相对于介质运动的方向相反。**汽车、火车和飞机在空气中运动，要受到空气的阻力；轮船、潜艇在水面或水下航行，要受到水的阻力。

这种阻力与物体相对于流体的速度有关。速度越大，阻力越大。雨滴在空气中下落，速度越来越大，所受空气阻力也越来越大。当阻力增加到跟雨滴所受的重力相等时，二力平衡，雨滴匀速下落。也就是说，蚂蚁和人下落，当阻力与重力相等时，就不会再加速了。但此时人的速度是远大于蚂蚁的，也就间接地导致了人与蚂蚁不同的结局。

这种阻力也与物体的形状有关系。头圆尾尖的物体所受的流体阻力较小，这种形状通常叫作流线型。为了减小阻力，轮船的水下部分采用了流线型。而回旋镖之所以在被扔出去后还能回来，也是空气阻力在其中"作祟"。为了向你介绍，本章中专门有《回旋镖》一文向你解释。

这种阻力还与物体的横截面积有关，横截面积越大，阻力越大。跳伞员在空中下降时张开降落伞，凭借降落伞较大的横截面积获得较大的空气阻力，从而安全着陆。通常跳伞员们会在下落一段时间后再开伞。这又是为什么呢？可以读一读本章《跳伞员延迟跳伞》一文来找一找答案。

好了，先说这么多。牛顿运动定律可以说是力学的基石，解决一切力学问题，几乎都需要牛顿运动定律的支撑。可见完全理解它是多么的重要！如果在读完上面的内容，你还有一些疑惑没得到解答，有一些好奇没得到答案，就赶快开始这一章的阅读吧！

第 1 节

子弹和空气

大家都知道空气会阻碍子弹飞行，但是只有少数人确切知道，空气阻力到底有多大。大多数人倾向于认为，像空气这样柔软的介质，我们平常都感觉不到它的存在，对高速飞行的子弹来说，能有多大阻力呢？

但是看一下图28，你就会明白，空气对子弹来说是极大的阻碍。图28上的大圆弧表示子弹在真空中的飞行路线。子弹离开枪膛（以45°角、初始速度620米/秒运行）后，在10千米高度处画出大圆弧，子弹飞行距离约为40千米。在现实条件下，子弹的飞行轨迹只会是较小的圆弧，飞行距离约为4千米。与图上的大圆弧相比，小圆弧都快看不见了，这就是空气阻力造成的！如果没有空气阻力，我们从步枪中射出子弹，子弹飞向10千米高空，然后会在40千米远的地方下起铅雨。

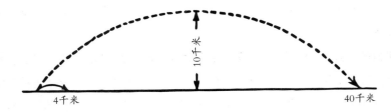

图28　子弹在真空和空气中的飞行。大圆弧表示子弹在真空中的飞行路线。
左侧小圆弧表示子弹在空气中的实际飞行路线

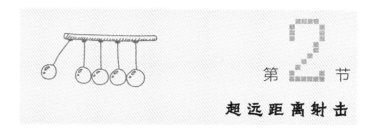

第 2 节

超 远 距 离 射 击

帝国主义战争末期（1918年），法国和英国空军空袭德军成功后，德国炮兵第一次在距离100多千米处向敌人发起射击。德军司令部发明了一种新的炮击法，袭击距前线110多千米的法国首都巴黎。

如图29所示，如果是射角1，炮弹会落到P'点；如果是射角2，炮弹会落到P''点；如果是射角3，射击距离立刻增加数倍，因为炮弹飞到了空气稀薄大气层中。

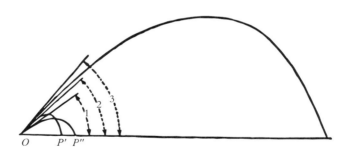

图29　随着远射程炮射角的变化，炮弹飞行距离是如何变化的

这是一种全新的方法，之前从没有人使用过。这是德国炮兵偶然发现的方法。他们用一门大口径炮以极大的射角射击，却偶然发现，一般射程只有20千米的炮弹，却射出了40千米远。原来，以极大的初始速度和极大的射角向上发射打出炮弹，炮弹会到达空气稀薄的高空，那里的空气阻力极小。在这种阻力极小的介质中，炮弹飞出很远，然后急速落向地面。图29直观地展示了，如果改变射角，炮弹的飞行路线会有多大差异。

这一观察结果给德军奠定了设计从115千米远的地方袭击法国巴黎的超远程炮的基础。这门大炮被成功造出来（图30），并于1918年夏天向巴黎发射了300多枚炮弹。

图30　德国"巨型"大炮外观

后来这门大炮被世人所知。这是一个巨型钢筒，足有34米长、1米厚；炮尾部分壁厚40厘米。这门大炮总重750吨。使用的炮弹重达120千克，长1米、厚21厘米。需要装填150千克火药；可以产生5 000个大气压的压力，有能力把炮弹以2 000米/秒的初始速度射出。射角为52°，炮弹的飞行轨迹是一个大圆弧，圆弧最高点距地面40千米，也就是说，已经进入平流层了。大炮与巴黎的距离为115千米，炮弹飞了3.5分钟，其中有2分钟炮弹飞行在平流层中。

这就是世界上第一门超射程炮，是现代超射程炮的雏形。

子弹（或炮弹）的初始速度越大，空气阻力越大：空气阻力的增加与初始速度不是简单的比例关系，而是增加得更快，即与速度的二次方甚至更高次方成比例。至于与速度的几次方成比例，这取决于初始速度的大小。

第 3 节

为什么风筝能飞上天？

你有没有想过，为什么牵着风筝线往前跑，风筝却是往上飞？

如果你能回答出这个问题，你就会明白，为什么飞机会飞，为什么风能带走槭树的种子，甚至能解释回旋镖的奇怪运动原理了。因为这些都是同一种现象。空气本身会给子弹和炮弹的飞行带来极大阻碍，但是也能使轻巧的槭树种子或风筝飞起来，还能使载有数十名乘客的大飞机飞起来。

为了解释为什么风筝能飞起来，我们需要画一张简图。线段MN（图31）是风筝的剖面图。

放风筝的时候，我们用线牵着风筝，由于风筝尾巴的重力，风筝线斜向移动。假设拉风筝线的动作从右向左，用a表示风筝平面与地平线的倾斜角，我们来看一下，拉风筝线时，哪种力作用于风筝？空气当然会阻碍风筝飞行，对风筝产生一些压力。这个压力在图31上用箭头OC表示。因为空气总是垂直向平面施加压力，线段OC与MN成直角。力OC

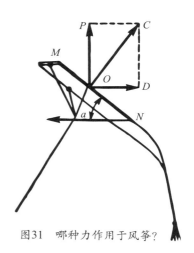

图31 哪种力作用于风筝？

可以分解成两个力，形成所谓力的平行四边形，所以力 *OC* 变成了两个力——*OD* 和 *OP*。其中力 *OD* 向后推动风筝，减小风筝的初始速度。另一个力 *OP* 向上吸引风筝，减小风筝的质量，如果这个力足够大，可以克服风筝质量，将风筝托起来。这就是为什么我们向后拉风筝线时，风筝会向上飞。

飞机也和风筝一样，只是把我们的手的拉力换成了螺旋桨或喷气式发动机的推动力。推动力推动飞机向前飞行，而且与风筝类似的是，推动力同时推动飞机向上飞行。我们在这里讨论的只是这种现象的粗略原理，还有决定飞机能够升空的其他因素。

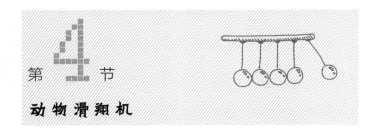

第 4 节

动 物 滑 翔 机

我们看到了，飞机并不像一般人认为的那样，是模仿飞鸟制造的，而是模仿鼯鼠、鼯猴或飞鱼。上面所说的几种动物都有翅膜。它们的翅膜不是用于飞起来的，只是用来完成远跳的动作——用航空术语来说，就是"滑翔降落"。它们的力 *OP*（图 31）不足以完全平衡它们的身体重力，只能减小体重，从而实现从高处远跳而下（图 32）。鼯鼠可以从一棵树顶端跳到 20～30 米以外的另一棵树低处的树枝上。在东印度和斯里兰卡生活着一种大型鼯鼠——袋鼯——和猫差不多大小，它们的翅膜展开时，宽度可达半米。尽管袋鼯身体沉重，但它们的大翅膜能使它跳出 50 米远。巽他群岛和菲律宾群岛等地的鼯猴则能跳出 70 米远。

图32 鼯鼠在飞行中。鼯鼠从高处跳下来，能跳20～30米的距离

第 **5** 节

植物的无动力飞行

植物也常常需要借助滑翔的作用散播果实和种子。有的果实和种子有成束的绒毛（蒲公英、婆罗门参和棉花），这些绒毛有类似于降落伞的作用；有的果实和种子有分支、突起等形式的支撑平面。在针叶树、槭树、榆树、白桦树、白杨树、椴树和许多伞形科植物等上可以看到这种植物滑翔伞。

有一本有趣的书——《植物的生活》（作者：克尔纳·方·马力劳恩），我们来看看其中的一个片段：

在无风的晴天里，很多果实和种子随着垂直气流升到特别高的空中，太阳落山后又重新落到不远的地方。这种飞行不仅是为了将种子散播得更广，也是为了把种子种到陡峭的斜坡和悬崖上突出的地方与缝隙中，因为这些地方种子无法通过其他途径到达。水平流动的气团能够将飘浮在空中的果实和种子带到相当远的地方。

某些植物的"翅膀"和"降落伞"只有在飞行时才与种子连在一起。大翅蓟的种子静静地飘在空中，只有遇到障碍的时候，种子才与"降落伞"分开，落到地上。这也是我们观察到大翅蓟常常长在墙壁和篱笆边的原因。也有一些种子一直与"降落伞"连在一起。

图33和34是一些有"滑翔伞"的植物的果实和种子。

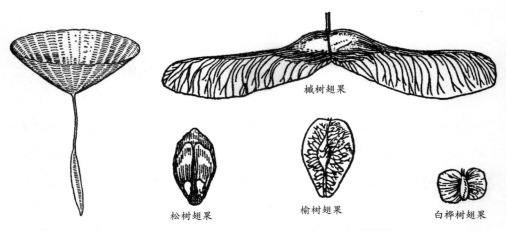

槭树翅果

松树翅果　　　　　　　榆树翅果　　　　　　白桦树翅果

图33　婆罗门参的果实　　　　　　　图34　会飞的植物种子

　　植物"滑翔伞"在许多方面甚至比人类制造的滑翔伞更完善。它们能提起比自身重很多的重物。而且，这些植物"滑翔伞"还有自动稳定能力：如果把素馨的种子倒转过来，它在落下的过程中会自动把凸面朝下；如果种子在飞行时遇到阻碍，种子并不会失去平衡，也不会跌下来，它会平缓地落下来。

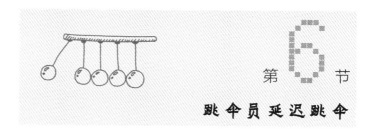

第 **6** 节

跳伞员延迟跳伞

　　讲到这里，就会想到跳伞健将从约10千米高空跳下的英勇形象，而且跳下时不打开降落伞哦！只有下落大部分距离后，他们才会拉动伞环，也就是只有最后几百米是带着降落伞的。

　　很多人认为，不打开降落伞，像"石头"一样跳下来，就像在真空中下跌一样。如果真是这样——人体在空气中落下，和在真空中一样，那么延迟跳伞持续的时间会比现实中短得多，而且最后速度会非常大。

　　但是空气阻力会阻碍下落速度增加。延迟跳伞时，跳伞员的身体速度只在前十几秒内和前几百米内增加。空气阻力随着速度增加而增加，下落速度很快就不再发生变化。下落这个动作从加速运动变成匀速运动。

　　可以通过计算，从力学角度大致说明延迟跳伞的情形。跳伞员加速下坠只出现在前12秒或更短的时间内，这取决于跳伞员的体重。这12秒内跳伞员能落下400～500米，下落速度约为50米/秒。之后，直到打开降落伞前，都是以这个速度匀速下落的。

雨滴从空中落下也是差不多的过程。唯一的区别在于雨滴刚开始从空中落下，速度还在增加这个过程总共持续约一秒钟，甚至更短。所以雨滴的最终速度比延迟跳伞时跳伞员的最终速度小得多——每秒2~7米，主要取决于雨滴的大小。

第7节

回旋镖

这是一种原始武器——是原始发明的技术上最完善的物品——很长时间内专家、学者们对它都很疑惑。确实，把回旋镖扔出去后，它在空中会以奇怪又混乱的轨迹飞行（图35），让大家都感到疑惑不解。

图35 澳大利亚人在狩猎时这么使用回旋镖，便于在袭击猎物的同时掩护自己。
虚线表示的是回旋镖的飞行路线（没打中猎物的情况下）

现在回旋镖的理论已经研究得非常详细了，当时认为的奇迹也不再是奇迹了。我不打算在这里详述回旋镖原理的每一个细节，我们只讨论回旋镖之所以形成这种飞行轨迹，是三个因素互相作用的结果：①刚开始投掷出去；②回旋镖旋转；③空气阻力。澳大利亚人无意中学会了将这三个因素组合起来，他们已经熟练掌握了如何通过改变回旋镖投掷出去的角度、力和方向，来得到自己想要的回旋镖飞行路线。

当然了，每个人练习一段时间后，都能掌握这个技巧。

为了便于在房间内练习，我们需要用纸做一个回旋镖。比如说，我们可以用卡片裁出如图36所示的形状。纸回旋镖每个分叉长约5厘米，宽不到1厘米。用大拇指和食指捏住纸做的回旋镖，用另一只手的拇指和食指弹其中一个分叉的尾部，用的力要保证回旋镖向前方而且稍稍偏上的方向飞出。回旋镖会飞出5米，飞行轨迹是平缓的，有时又很美妙的曲线，如果没有碰上屋里的物品，回旋镖还会落回你脚边。

图36　纸回旋镖和它的投掷方法

如果把回旋镖做成如图37所示的大小和形状，实验会更成功。最好把回旋镖的分叉轻轻拧成螺旋状（如图37的下部所示）。如果再用些技巧投掷，回旋镖会在空中划出复杂的曲线，最后再回到它被投掷出的地方。

回旋镖完全不是我们一直以来认为的那样——是澳大利亚原著居民的独有武器，印度某些地方也使用回旋镖，而且根据古时候遗留下的壁画判断，很久以前回旋镖不过是亚述士兵的普通武器，古埃及人（图38）和努比亚人也很熟悉回旋镖。澳大利

图37　纸回旋镖也可以做成其他
形状（实物大小）

亚回旋镖的特别之处在于——人们把它轻轻地拧成螺旋形。这也是澳大利亚回旋镖能在空中转出美妙的曲线，而且在没有打中物体的情况下，还会再回到投掷者脚边的原因。

图38　古埃及壁画中投掷回旋镖的士兵的形象

04

转动和"永动机"

导 读

姜连国

能源问题是当今时代亟待解决的一个重要问题。如果有一个机器可以在不给予外力的作用下永远自己动下去，那该多好啊！古往今来，无数的人做了无数次的尝试，想要实现这一幻想。然而，幻想终究只是幻想。这一章，你将会通过相关知识的学习和研究，了解为什么这种机器是不可能存在的。为了让你更好地了解后面的内容，我们不妨先来了解一下转动。

1.转动

第一次正式接触到转动这个概念，是在我们小学五年级下半学期的科学课上。我们通过研究地球的自转和公转，对转动有了初步的了解。感觉上转动就是绕着一个轴转圈圈；用科学的语言描述就是，**除转动轴上各点外，其他各点都绕同一转动轴线做不同的圆周运动。圆周运动是转动的一个简化模型**，你将会在高中物理必修二（人教版）课本中学习到，所谓圆周运动，就是**轨迹是圆周或一段圆弧的机械运动**。比如你在游乐园坐摩天轮，坐在包厢里的你，就在做圆周运动。**如果做圆周运动的物体的速度大小不改变，那么我们就说这个物体在做匀速圆周运动**。像前面提到的坐摩天轮的你，做的不仅仅是圆周运动，还是匀速圆周运动。大量实例都表明，**做匀速圆周运动的物体所受的合力总指向圆心。这个指向圆心的力就叫作向心力。**

2.离心现象

在生活中我们常常听到"离心力"这个名词，可是实际在物理学中，"离心力"是不存在的。存在的仅仅是"离心现象"。在高中物理必修二（人教版）中，你将会学习到离心现象。**做圆周运动的物体，由于惯性，总有沿着切线方向飞出去的倾向。** 但是物体没有飞出去，这是因为向心力在"拉"着它，使它与圆心的距离保持不变。一旦向心力突然消失，物体就会沿切线方向飞出去。除了向心力突然消失这种情况外，**当物体受到的所有力合在一起不足以提供所需的向心力时，物体虽然不会沿切线飞去，也会逐渐远离圆心。这种现象就是离心现象。** 本章中《"哈哈轮"》《墨水旋风》《被骗的植物》三篇文章将为你揭开生活中的离心现象的迷雾。

3.能量守恒定律

接下来让我们来聊回开头提出的幻想——"永动机"。想要说清楚为什么永动机永远是一个幻想，就要从能量说起。小学六年级上半学期的科学课上，你就会用到能量。虽然没有对它进行具体阐述，但是在你的心里肯定已经有了一个大概的想法。直到八年级下半学期，你将会学到，**物体能够对外做功，我们就说这个物体具有能量。** 初中物理九年级（人教版）中介绍了能量守恒定律：**能量既不会凭空产生，也不会凭空消失，它只能从一种形式转化为其他形式，或者从一个物体转移到别的物体，在转化或转移的过程中，能量的总量保持不变。能量守恒定律的发现，使人们认识到，任何一部机器，只能使能量从一种形式转化为其他形式，而不能无中生有地制造能量，因此"永动"不可能实现。** 本章中有好几篇文章都在向你介绍历史上人们对制造永动机的各种尝试。乍一看你可能也会觉得它们是可行的，但请你仔细阅读这些文章，找出这些"永动机"的不科学之处，从而获得进步。

曾任中国物理学会理事长的冯端教授指出：除了要为焦耳、亥姆霍兹和迈尔这些做出杰出贡献的科学家树碑立传外，还应建立一个无名英雄纪念碑，其上最合适的铭文将是"纪念为实现永动机奋斗而失败的人们"。这是因为人类在探索自然规律的过程中必然有各种假设，虽然后来发现某些假设是错误的，但正是前人的失败才使后人的思考走上了正确的道路。

第1节

如何辨别熟鸡蛋与生鸡蛋？

如果规定不能敲碎蛋壳，你能判断一个鸡蛋是生的还是熟的吗？力学知识能帮助我们解决这个小问题。

用同样的方式转动生鸡蛋和熟鸡蛋，我们可以进行判断。把实验鸡蛋放到一个平盘内，用两根手指把鸡蛋转起来（图39）。熟鸡蛋（尤其是煮老的鸡蛋）明显比生鸡蛋转得更快、更久。实际上生鸡蛋连转起来都很困难；而煮老的鸡蛋却转得特别快，以至于在我们眼中它转动的身影已经连成一个椭圆球体，它甚至还能尖端朝下自己立起来。

图39　如何转鸡蛋

出现上面所说的现象的原因如下：煮老的鸡蛋在转动的时候是一个整体，而生鸡蛋里面是液体，不会立即接收到转动力，由于惯性原因还会阻碍鸡蛋壳转动——蛋液起到了制动器的作用。

通过观察最后停下的动作也能判断鸡蛋的生、熟状况。如果转动的是熟鸡蛋，用手指碰一下，鸡蛋会立即停下。用手碰一下转动的生鸡蛋，它也会立刻停止，但是如果立即把手放开，它还会再略微转动几下。这里起作用的还是惯性：生鸡蛋的鸡蛋壳已经停下来了，但里面的蛋液还在继续转动；熟鸡蛋里面的蛋清和蛋黄则是和外面的蛋壳同时停下来。

我们再来看一下另外一种实验方法。用橡皮筋沿生鸡蛋和熟鸡蛋的"子午线"把它们套住，再用两条同样的细绳把它们分别吊起来（图40）。拧动细绳同样的次数，然后放开。此时观察立即就会发现两个鸡蛋的区别。熟鸡蛋回到原来的位置后，在惯性作用下，会向反方向转动几圈，然后再转回来——如此反复数次，慢慢地向两侧转动的次数越来越少。生鸡蛋来回转动几下后就会停下来，熟鸡蛋停下来时，生鸡蛋早就不动了，这是因为生鸡蛋里面的蛋液阻止了转动。

图40 如何通过转动吊起来的鸡蛋来区别生鸡蛋和熟鸡蛋

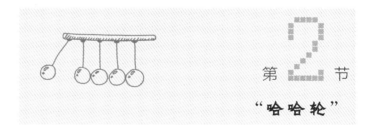

第 2 节

"哈哈轮"

把一把伞打开，伞尖放在地上，转动伞柄，我们很容易就可以让它继续以足够高的速度转动。现在往伞内扔一个球或纸团，球或纸团并不会留在伞内，而是会被抛出伞外。这种作用我们通常错误地称为"离心力"，实际上这只是惯性的作用。因为球或纸团不是沿半径方向被抛出来，而是沿圆周运动路线的切线被抛出来。

公园内的娱乐设施——"哈哈轮"（图41）就是根据这种原理设计出来的。参与游戏的人有机会在"哈哈轮"上亲身体验惯性的作用。一群人登上圆盘，可以随意站着、坐着或躺着。隐藏在圆盘下的发动机将圆盘沿其竖轴匀速转动起来，刚开始很慢，然后越来越快。在惯性的作用下，圆盘上的所有人开始滑向边缘。刚开始大家注意不到这个滑动，但是随着"乘客"离圆心越来越远，转圈的半径越来越大，速度和惯性的作用也会越来越明显。大家无论如何努力，都无法停在原地，只能从"哈哈轮"上被甩下来。

图41 "哈哈轮"——圆盘上的人们被甩到边上

地球的本质和"哈哈轮"差不多，只是面积极大罢了。地球当然不会把我们甩出去，但是地球能减轻我们的体重。赤道上转速最大，赤道上的人的体重由于这个原因，居然能减小1/300。与其他因素（地球扁率）叠加在一起，赤道上的人的体重总共减小0.5%（也就是1/200），所以一个成年人在赤道上的体重比在两极小大约300克。

第 **3** 节

墨 水 旋 风

　　把一个光滑的卡片剪成圆形，中心插上尾部削尖的火柴，我们就做成了一个陀螺（图42）。要使陀螺以火柴削尖的那端为支点转动，不需要掌握特别的技巧，只需要把它捏在手指间，拧动，然后立即放到光滑的地方让它转动就行了。

图42　在转动的陀螺上墨滴会如何扩散

　　可以用这样的陀螺做一个非常有代表性的实验。转动陀螺前，在圆形纸板上滴几小滴墨水。趁墨水还没干，转动陀螺。等陀螺停下来时，观察墨滴的扩散情况：每一滴墨水都呈螺旋线形，所有墨滴组合起来就像一幅旋风图。

墨滴像旋风并不是偶然的。墨滴在圆形纸板上呈螺旋形说明了什么？这是墨滴的运动轨迹。陀螺转动时，上面的墨滴就像"哈哈轮"上的人一样，在惯性的作用下被带离中心，流向圆周的速度比墨滴本身的速度更大的地方，看起来就像圆形纸板从墨滴下跑过去，跑到了墨滴前方，而墨滴落在了圆形纸板后面，从它的半径开始向后退。所以墨滴的运行轨迹是弯曲的，我们在圆形纸板上看到的就是墨滴曲线运动的痕迹。

气流从高气压处流出来（反气旋）或流向低气压处（气旋）也是类似的运动轨迹。可以说墨滴形成的螺旋形是现实中大旋风的缩小版。

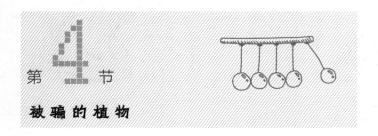

第 4 节

被 骗 的 植 物

快速转动时，离心作用能达到极大的值，甚至可能会超过重力。下面我们来做一个非常有趣的实验，通过实验告诉大家一个普通车轮旋转时会产生多大的"甩力"。我们都知道，幼小植物的细茎总是朝着重力的反方向生长，简单地说，就是向上生长。如果我们把种子种到快速旋转的车轮的轮缘上，它会朝哪个方向生长呢？英国植物学家奈特在100多年以前第一次做了这个实验。我们会观察到一个奇怪的现象：幼苗的根朝着轮缘方向向外生长，而茎则是顺着车轮直径向内也就是向中心方向生长（图43）。

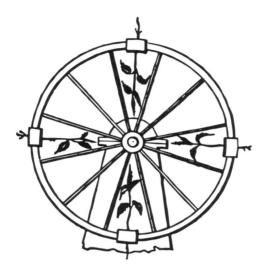

图43 在转动的车轮轮缘上发芽的豆种——茎向着轴生长，而根向外面伸出

我们好像骗了植物：我们用从车轮中心向外的作用力代替了影响植物生长的重力。因为幼苗总是逆着重力方向生长的，所以在实验中它向车轮内部生长，也就是从轮缘向着车轮轴方向生长。我们的人造重力比自然重力更大（从现代引力性质角度来说，这两种力原则上没有区别），所以幼苗在人造重力作用下生长。

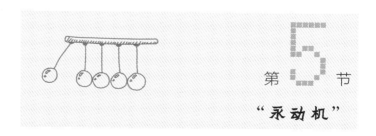

第 5 节

"永动机"

关于"永动机""永恒运动"，不论是其直接含义还是间接含义，我们都没有停

止过讨论，但也不是所有人都明白它们的真正含义。"永动机"——这是一种想象中的机械，能够不间断地自主运动，同时还能做某些有用的功（比如，举起重物）。尽管早就有人不断尝试，却没有人成功地造出这种机器。因为所有的尝试都失败了，这让人们坚信永动机是不存在的，而且催生了能量守恒定律——它已经得到了现代科学的有力证明。至于永恒运动，指的是不做功的不间断运动。

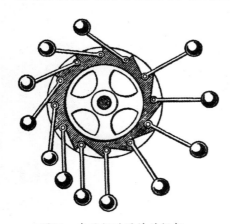

图44　中世纪时设计的假想
"永动轮"

图44是假想的自主运动机械——是"永动机"最古老的设计之一，之后的很长时间里，乃至现在，屡屡受挫的"永动机"狂热爱好者们还会时不时地把它拿出来进行研究。轮边缘固定上末端装有重物的折叠杆。无论轮子处于什么位置，右侧的重物都比左侧的重物离中心更远，那么右侧就能永远拉动左侧，使轮子转起来。也就是说，轮子会永远转下去，大约直到轴磨坏了才会停下。发明家原本是这样设想的。但是，做出了这种机器，它却转不动。为什么发明家的设想在现实中没有实现呢？

原因在于：虽然右侧重物总是离中心更远，但是右侧的重物数量会不可避免地比左侧少。

请看图44，右侧共有4个重物，左侧有8个。这样看来，整个系统是不平衡的，轮子自然转不起来，转动几下后，就会停下来（这个系统根据所谓的力矩定理运行）。

现在已经能够明确证明，不可能造出能够永远依靠自己的力量动下去，并且还能做功的机器。研究"永动机"课题是完全没有希望的。以前，尤其是中世纪时，人们绞尽脑汁地研究和发明"永动机"（拉丁语中叫作perpetuum mobile），花费了大量时间和人力，最终都是一场空。当时，拥有"永动机"甚至比从廉价金属中炼制黄金更具有吸引力。

普希金有一首诗——《骑士时代的几个场面》，其中描写了以贝托尔德为代表的这类幻想家。

　　"什么是perpetuum mobile？"——马丁问。

　　"Perpetuum mobile，"贝托尔德回答道，"就是永恒运动。如果能够找到永恒运动的东西，那么人类的创造能力将不再有边界……你看到了吗？我亲爱的马丁！炼黄金固然是很有吸引力的工作，既有趣，又会带来很大收益，但如果找到了perpetuum mobile……哦！……"

发明家们设计了数百种"永动机"，但它们之中无一能动起来。每一个都像我们举的"永动轮"的例子一样，发明家们总是会忽略这样那样的问题，导致全盘计划最终落空。

还有一个假想"永动机"的模型：将质量大、能滚动的珠子放入轮子内（图45）。发明家设想，轮子上离边缘较近的一侧的滚珠能够凭借自身质量推动轮子转动。

这个设想和图44描绘的假想"永动轮"一样，注定无法实现，原因也是一样的。美国的一家咖啡馆，为了招揽顾客，在店门口摆了一个类似的大轮子（图46）。表面上看起来，这个轮子确实是在沉重珠子滚动的带动下转动的，但实

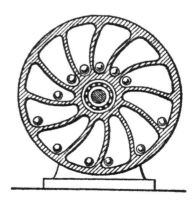

图45　装有滚珠的假想"永动机"

际上它是由巧妙隐藏起来的发动机带动的。类似的假想"永动机"模型还有很多，有一段时间被钟表店摆在店铺的橱窗里招揽顾客，实际上所有的模型都是暗中由电力驱动的。

图46　洛杉矶市（加利福尼亚州）的假想"永动机"，是为了广告效应而建造的

有一次，一台广告"永动机"还给我带来了很多麻烦。我的工人、学生们对它大感好奇，对我列举的"永动机"完全不可能实现的诸多证据起了疑心。看起来珠子确实在滚来滚去，带动轮子转动，把轮子举高，比我的证据更有说服力。他们不愿意相信，假想的力学奇迹是由城市电网输送的电力驱动的。幸亏假日电网不供电，我便建议我的工人、学生们假日再去看看。他们听从了我的建议。

"怎么？看到'永动机'了吗？"我问。

"没有，"他们垂头丧气地回答我，"没看到，它被报纸给挡住了……"

能量守恒定律又重新获得了他们的信任，而且他们会永远信任下去。

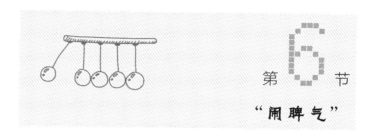

第 **6** 节

"闹脾气"

俄罗斯很多自学成才的发明家，都致力于实现"永动机"这个令人心驰神往的"奇迹"。其中有一个人，是西伯利亚的农民，名字叫亚历山大·谢格洛夫，后来被谢德林化名为"小市民普列森托夫"写到了自己的作品《现代牧歌》中，其中描写了拜访这位发明家的工坊的情形：

小市民普列森托夫三十五岁上下，身体瘦削，面色苍白，有一双沉思的大眼睛，头发很长，一绺一绺地垂到脖子上。他的木屋很宽敞，但是几乎一半都被一个大飞轮占据了，导致我们一行人站在里面略显拥挤。轮子中间是空心的，装有辐条。轮缘是用薄板钉成的，像一个箱子一样，里面是空的，体积很大。在轮缘中空的地方安装了机械，这就是发明家的秘密所在。但是这个秘密也没有多高明，像是装满沙子的沙袋，通过彼此替代来实现平衡。其中一个辐条被一根棒子卡住，使轮子保持静止状态。

"我们听说您把永恒运动定律应用到实践中了？"我问道。

"不知道该怎么说，"他不好意思地回答道，"好像是吧……"

"我们可以看看吗？"

"当然啦！这是我的荣幸……"

他把我们领到轮子边，然后围着轮子转了一圈。看起来前后都只是轮子而已。

"它能转吗？"

"应该是能转的。只要它不耍脾气的话……"

"可能又耍脾气了？"普列森托夫把棒子抽出来——轮子还是纹丝不动。

"又耍脾气了！"他重复道，需要推一下。他双手抓住轮缘，上下推动数次，然后用力推了一下，把手放开，轮子转起来了。最初转得确实相当快又均匀，我听到轮缘内的沙袋撞击轮缘壁，然后又离开轮缘壁的声音，后来转得越来越慢，响起咔嚓声、嘎吱声，最后轮子完全停下来了。

"又开始耍脾气了，"这位发明家不好意思地解释道。他再一次用尽全力转动轮子。但是第二次的结果还是一样的。

"计算时是不是没有考虑摩擦力？"

"考虑了摩擦力……摩擦力算什么？不是摩擦力的问题……有时候它高兴了就转几下，然后突然……耍脾气，固执起来就再也不动了。这都是一些边角废料做成的，如果我用真正的材料制作轮子，应该就不会这样了。"

当然了，问题并不在于"耍脾气"，也不在于有没有使用"真正的材料"，而在于这个机器从想法上就是错的。给它"推力"（推一下）它就转几圈，但是外部推动力被摩擦力耗尽后，轮子就会不可避免地停下来。

第 7 节

乌菲姆采夫的蓄能器

如果只凭外观判断"永恒"运动的话，那就大错特错了。库尔斯克发明家乌菲姆采夫发明的所谓力能蓄能器充分地证明了这一点。这位发明家建造了一座新型风力发电站，里面装上便宜的"惯性"蓄能器——这个蓄能器的构造和飞轮差不多。1920年，乌菲姆采夫建造了蓄能器的雏形，是一个圆盘形的东西，能和滚珠轴承一起绕竖轴旋转，圆盘装在外壳里，外壳抽成真空。如果给圆盘一个很大的外力，让它以每分钟高达20 000转的转速转起来，那么圆盘能够不停地旋转15个昼夜！表面上看来，圆盘能够不借助外力实现长久运动，不善于思考的观察者可能会认为，永恒运动已经真实地呈现在自己面前了。

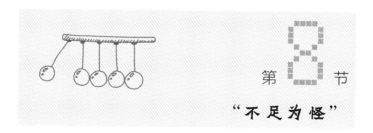

第 8 节

"不足为怪"

很多人无望地陷在"永动机"的发明里，给自己带来了很大的不幸。我知道一个工人，把自己毕生的工资和积蓄都投入了"永动机"模型的制造中，直到最后一贫如洗。他成了"永恒运动"这个不可能实现的想法的牺牲者。尽管他衣衫褴褛，食不果腹，还在请求大家给他投资制作"最后的模型"，因为他坚信"最后的模型"一定能动起来。我们悲哀地发现，他失去了所有，只是因为基础物理知识的匮乏。

但是有意思的是，虽然"永动机"的研究一无所获，但是正因为深刻地了解了"永动机"无法实现，却催生了累累的发明成果。

最好的例子就是斯蒂文。这位著名的荷兰科学家于16世纪末17世纪初发现了斜面上力的平衡定律。这位科学家应该得到比他现有名声更负盛名的地位，因为他有很多重要的发现，直到现在我们还在继续应用：他发明了小数；最早在代数学中使用指数；发现了流体静力学定律，这个定律后来又被帕斯卡重新发现。

他发现了斜面上力的平衡定律，但没有依靠"力的平行四边形"法则，只是借助了如图47所示的图纸。在三棱体上挂一串珠链，上面共有14颗相同大小的珠子。这条链子会发生什么现象呢？下面垂下来的部分能够自己平衡。但是其余两部分呢——还能彼此平衡吗？也就是说：右边的2颗珠子能不能和左边的4颗平衡？当然了，答案是"能"，否则珠链就会永远自动地从右向左滑动。因为一颗珠子滑下来，马上会有另一颗珠子补上它的位置。但是因为我们已经知道，像这样挂着的链子永远也不会自己移动，显然，右边2颗珠子确实与左边4颗珠子达到了平衡。那么这就奇怪了：2颗珠子和4颗珠子的拉力竟然相同。斯蒂文在这个假想的怪事中总结出了非常重要的力学定律。他是这样思考的：两条斜边上挂着的链子，长短不同，质量不同，长链和短链质量的比值等于三棱体长斜边长度和短斜边长度的比

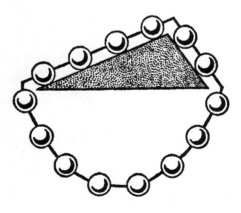

图47　斯蒂文"永动机"

值。由此可得出，我们把用细线串着的两个重物放到两个斜面上，如果它们的质量与两个斜面长度分别成相同比例，那么它们在斜面上是能够彼此平衡的。

在很多情况下，其中一个短斜面是垂直面，由此我们可得出著名的力学定律：为了使物体停留在斜面上而不滑下来，需要在该垂直面方向施加一个力，这个力的大小与物体质量的比值，等于垂直面长度和其高度的比值。

就这样，本着"永动机"是永远无法造出来的出发点，我们在力学上竟然有了重大发现。

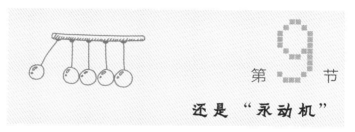

第 9 节

还是"永动机"

请看图48。一条沉重的链条挂在几个轮子上，使链条右半边无论如何都比左半边长。发明家是这样想的：右半边更重，应该会不停地往下掉，从而带动整个机械动起来。实际上是这样的吗？

当然不是。如果力以不同的角度拉动链条，那么重链条可以和轻链条保持平衡。我们来看一下图上的机械装置，左侧链条处于拉直状态，右侧链条是倾斜的，所以虽然右侧链条更重，但还是拉不动左侧链条。因此得不到我们想要的"永恒运动"。

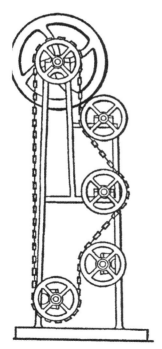

图48 这个机械能"永恒运动"吗？

有一个自诩聪明过人的"永动机"发明家，在19世纪60年代的巴黎展览会上展出了自己的发明。他发明的机械装置由一个大轮子和一些能在轮子中自由滚动的钢球组成。发明家扬言，没有人能让轮子停下来。参观者们一个接一个地试图使轮子停下来，手碰到轮子，轮子停了，但是手松开，轮子又立刻恢复转动。当时没有人猜透，正是人们试图阻止轮子转动的动作才让轮子转起来的。人们向后推动轮子使其停止的动作，恰好是在给这台巧妙隐藏的机械"上发条"。

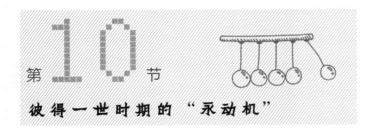

第10节
彼得一世时期的"永动机"

1715—1722年，彼得一世有一批来往频繁的书信被保存至今，书信中讨论的是德国奥菲列乌斯博士发明的永动机。发明家因为自己发明的"永动机"而驰名德国，他同意以天价将"永动机"卖给沙皇。当时博学多识的图书管理官员舒马赫尔，正被彼得一世派到西方去收集珍品，他得知了奥菲列乌斯博士的野心，于是将"永动机"一事禀报沙皇，并就购买问题展开谈判：

"发明家最终的要求是：支付100 000耶菲莫克[1]，一手交钱，一手交货。"

舒马赫尔转述了发明家的话：机器绝对靠得住，没有人能挑出它的毛病来，除非这人道德败坏，然而全世界都充满了这种让人无法信任的恶人。

---

1 耶菲莫克：源于波兰语joachymi，捷克一个铸银块的城市名，俄国因用那种铸块铸币而用该名作为货币单位和货币名称，币值为64戈比的银币。

1725年1月,彼得一世打算前往德国,亲眼看一看已经谈论了许久的"永动机",但是还未来得及出发,这位沙皇就去世了。

这个天才博士奥菲列乌斯到底是什么来头?他所谓的大名鼎鼎的机器又是长什么样子呢?我倒可以说说我所掌握的信息。

奥菲列乌斯的原名叫贝斯莱尔,1680年生于德国,研究过神学、医学、绘画,最后开始研究"永动机",让他名噪一时。在成千上万的"永动机"的发明者中,奥菲列乌斯最有名,也最成功。直到他不久于人世(死于1745年),他还在靠展出机器获得的收入过着富足的生活。

请看图49,这是从古籍中复制出来的图,画的是奥菲列乌斯于1714年发明的机器。你一定看出来了,这个大轮子不仅能够自己转动,同时还能将重物提起到特别高的地方。

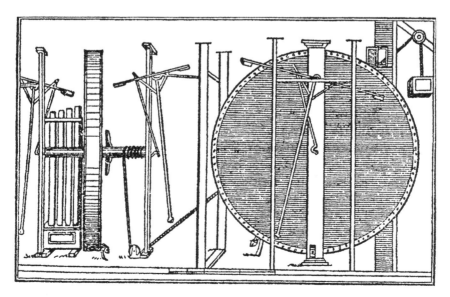

图49 彼得一世未来得及购买的奥菲列乌斯发明的"永动机"(本图复制自一张古图)

这位博士最开始是在集市上展出自己神奇的发明，然后他很快在德国声名鹊起，还得到了强权者的庇护。波兰国王以及之后的黑森·卡塞尔侯爵都对他的发明很感兴趣。黑森·卡塞尔侯爵还将自己的城堡提供给奥菲列乌斯，甚至千方百计地检验机器是否真的能"永动"。

1717年11月12日，机器被放入单独的房间内启动了，然后房间上锁，贴上封条，门口还有两名士兵把守。14天内任何人都不能靠近这个神秘轮子所在的房间。直到11月26日，封条被取下，侯爵带着侍从们进入了房间。猜猜发生了什么？轮子还在以"未见减弱的速度"转动着……把轮子停下来，仔细检查，然后又一次启动。这次是封存40天，房间依旧贴上封条，留有士兵把守。1718年1月4日，封条被取下，评审委员发现轮子还在转动！

侯爵对此还不满意，又做了第三次实验——将"永动机"封闭了整整两个月。两个月后发现轮子还在转动！

侯爵对其极其赞赏，还给发明家颁发了官方证书。证书中写道："永动机"每分钟转50圈，能将质量为16千克的重物提起至1.5米，还能带动炼铁用的风箱和砂轮机。奥菲列乌斯带着证书游历欧洲各国。想必，如果他同意以不低于100 000卢布的价格将机器转让给彼得一世的话，他能获得一笔不菲的收入。

奥菲列乌斯博士发明了了不起的机器的消息迅速自德国传遍整个欧洲。当然，彼得一世也知晓了这个消息，而且表现出强烈的兴趣，极想得到这个"狡猾的庞然大物"。

彼得一世早在1715年就注意到了奥菲列乌斯的"永动机"。自己出国期间，还委托著名外交家安·伊·奥斯捷尔曼近距离了解这台机器。奥斯捷尔曼很快出具了一份详细说明"永动机"的报告，遗憾的是，彼得一世并未亲眼见到这台机器。彼得一世甚至打算邀请奥菲列乌斯以杰出发明家的身份到自己身边任职，还委派当时著名的哲学家赫里斯蒂安·沃尔夫（罗蒙诺索夫的老师）询问他的意见。

他从各地收到了各种荣耀加身的邀请。世界各地的伟大人物对他恩宠有加；诗人们创作颂诗和颂歌，歌颂他神奇的发明。但是也有一些人质疑他的发明只是个巧妙的骗局，有胆大者公开指责奥菲列乌斯行骗，悬赏1 000马克[1]请人揭露他的骗局。在当时的一篇以揭发骗局为目的的讽刺文章中，我们找到了一张图（图50）。在揭发者看来，"永动机"的秘密很简单：藏在后面的人拉动观众看不到的绳子，而绳子缠绕在隐藏在柱子中的轮轴上。

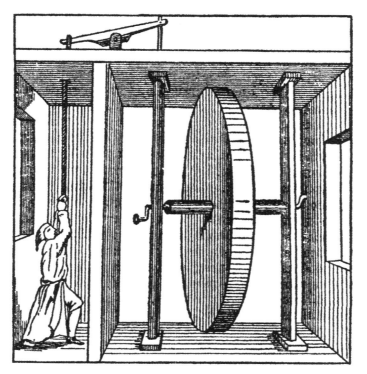

图50　奥菲列乌斯"永动机"的秘密被揭露（本图复制自一张古图）

---

1 德国货币单位。

巧妙的骗局却在一次机缘巧合下被揭穿了：当时发明家同自己的妻子和女仆吵了起来，无意中揭穿了"永动机"的秘密。"永动机"惹出了这么多是非，如果不是因为他们吵架，我们可能直到现在还被蒙在鼓里。原来"永动机"确实是由藏在后面的人悄悄拉动细绳而转动的，拉绳的人就是发明家的弟弟和女仆。

被揭穿秘密的发明家并没有低头认错，他直到临死前还在斩钉截铁地说，他的妻子和女仆是因为恨他才诬陷他的。但是至此他的诚信荡然无存。他喋喋不休地对彼得一世的使者——舒马赫尔指责人们不道德，说"全世界都充满了这种让人无法信任的恶人"。

彼得一世时期，德国还有一台"永动机"闻名于世，它的发明者叫格特纳。舒马赫尔对这台机器是这样说的："我在德累斯顿[1]见到了格特纳先生发明的永动机，尾部灌满沙子，机器是砂轮的样子，能够自己前后转动。但是，照发明者的话来说，机器不能做得太大。"毫无疑问，这台"永动机"也做不到"永恒运动"，充其量是一台花样翻新的骗子机器罢了，绝不是真正的"永动机"。舒马赫尔在写给彼得一世的报告中说的完全正确，法国和英国的科学家"根本就不买五花八门的'永动机'的账，他们认为'永动机'是违反力学定律的"。

---

1 德国萨克森州首府和第一大城市。

05

液体和气体的
性质

导读

姜连国

恭喜你，又完成了一整章的学习！稍事休息后，请再跟我来看看新一章的内容吧！在生活中，我们常常对自己最经常接触的事物视而不见，于不知不觉中忽视它们的一些特别之处，空气和水也不例外。实际上，作为气体的空气和作为液体的水，它们是具有一些奇妙的性质的！准备好了吗，这又将是颠覆你认知的一章！

空气飘在空中，好像虚虚渺渺，不会产生任何作用，也不会有任何作用效果，但是请你仔细想一想，人为什么不能在太空里不穿宇航服行走？又是什么让我们能够用吸管喝上杯子里的饮料？好像都是和空气有些关系。这样看来，空气还是有"力量"的，你说呢？同样地，水也是有"力量"的。

1.压强

我们称空气的力为大气压力，造成的作用效果叫作大气压强。这是我们在第2章已经聊过了的内容。大气压强的产生源于气体所具有的流动性。因此，具有流动性的液体也应该具有相似的性质。在初中物理八年级下册（人教版）书中，你将通过在装满水的塑料瓶上扎孔，水会喷出来的例子学习到，液体的内部是也存在压强的。这个量具体的大小，在同一地点，是由液体的密度和所求压强位置的深度确定的。如果用ρ来代表液体密度、g代表该地点物体所受重力与质量的比值、h代表所求压强位置的深度、p代表该处液体压强的大小，那么该点液体压强的大小可以由公式$p=\rho gh$计算得到。如果你想了解这个公式是如何得来的，可以翻开课本读一读，会发现正是由于液体压强的存在。而且根据公式，越深的地方，压强越大，因此人们可以在浅水的地方自由潜水，却必须穿着抗压潜水服在深海活动（当然，这也是有限度的）。

2.浮力

既然液体压强是存在的，那么液体就一定是能够施力的。这里，我们就来聊一聊浮力。**浸在液体中的物体会受到液体给它们的一个向上的力，我们就称之为浮力**。在小学五年级下半学期的科学课上，你就会通过一系列的实验初步了解影响浮力大小的因素。通过用弹簧测力计比较物体浸在水中和在外面时对弹簧测力计的拉力的大小，你在八年级下半学期时会再次量化地研究浮力。通过这个实验，你会发现，**物体所受浮力的大小与物体浸在液体中的体积以及液体的密度相关**。另外，通过测量把一瓶水压入一个装满水的水盆前后水盆质量的变化，可以得到与几千年前阿基米德相同的发现，即阿基米德原理：**浸在液体中的物体受到向上的浮力，浮力的大小等于它排开的液体所受的重力**。

对于与液体有着相似性质的气体，阿基米德原理也是适用的。也就是说，物体在空气中也是受到浮力的，这个浮力的大小与物体排开的空气的重力大小相等。有一个经典的问题——用一个秤称量一吨木头和一吨铁，哪个更重？理性的答案是一样重。然而再理性一点——一吨铁更重。结合我们刚刚说到的思考一下。想好了，就看看本章中《一吨木头和一吨铁》这篇文章，看看你想的是否正确。

3.液体的表面张力

说了这么多液体内部的事情，我们来聊聊液体表面的事。向一杯几乎已经满了的水中，一滴一滴地继续滴入水。从侧面观察，你会发现水在溢出来之前，有一个水面高于杯面，凸了出来的阶段。就像是有一张网牢牢地锁住了想要"逃走"的水滴们。在物理学中，这张"网"确实存在，我们称之为表面张力。**液体表面具有收缩趋势，使液体表面绷紧的力，就是表面张力**。肥皂泡、泡沫等薄薄一层却不会破裂的"膜"，就是表面张力的"杰作"。本章中有许多篇文章都在讲表面张力，为你介绍了表面张力的各种存在形式。

怎么样，是不是没有想到我们生活中最常见的气体和液体竟会有如此神奇的一些性质？别急，关于它们，你还有太多东西没有学习到呢！哈哈，其实只要用物理学的眼光看待世界，世界上的许多东西都将给你带来新的认知。好了，我先说这么多，更多的内容就在本章中，需要你自己翻开书去读一读。

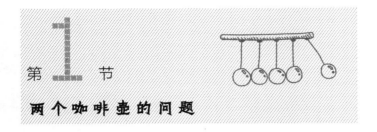

第 **1** 节
两 个 咖 啡 壶 的 问 题

如果你面前摆着两个同样粗的咖啡壶（图51）：一个高，一个矮，那么哪个容量更大呢？

图51　哪个咖啡壶能倒入更多的液体？

大多数人可能会不假思索地说，高的咖啡壶比矮的咖啡壶能盛得更多。但是如果往高咖啡壶里倒入液体，可能只倒至壶嘴那儿就不能倒了——再倒的话，液体就流出来了。因为两个咖啡壶的壶嘴一样高，所以矮咖啡壶和高咖啡壶盛的液体一样多。

这很好理解：咖啡壶和壶嘴就像一个连通的容器，液体应该在同一水平面上，尽管壶嘴里的液体比壶里的液体轻得多。如果壶嘴不够高，我们倒液体的时候，是无论如何也不能倒满的，液体会溢出来。一般来说，咖啡壶壶嘴都会做得比壶顶更高一些，这样即使壶身稍稍倾斜，里面的液体也不会洒出来。

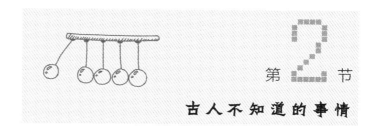

第 2 节

古 人 不 知 道 的 事 情

罗马的居民直到今天还在使用古人建造的水道，罗马奴隶建造的水道太坚固了。

但是说到指挥水道工程施工的罗马工程师，他们的知识水平就不敢恭维了，显然他们掌握的物理基础知识严重不足。请看图52，这是从博物馆收藏的古图中复制出来的。我们可以看到，罗马水道不是埋在地下，而是架在很高的石柱上。为什么要这么做呢？难道像现代施工一样把管道埋在地下不是更简单吗？当然更简单了，只是那个时代的罗马工程师对连通器的原理的认识还很模糊。他们担心用极长的管子连接的各个水池，水无法在一个水平面上。如果管道顺地势敷设在地下，某些管段的水就会向上流——而古罗马人担心水不会向上流，所以他们通常让整条水道均匀地向下倾斜（要做到这一点，有时需要拐个弯，或者需要建造拱形支柱）。有一条古代罗马水道，叫作阿克瓦·马尔齐亚，全长100千米，然而管道两端的直线距离却只有50千米。因为他们不了解物理学的基本定律，居然多建了50千米的石砌体！

图52　古罗马的水道设施（最初的样子）

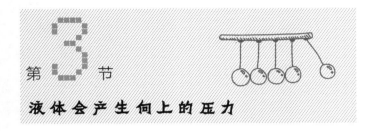

第3节

液体会产生向上的压力

从没学过物理学的人也知道，液体能向下施加压力，压向容器底部、侧面和侧壁。但是说到液体也能向上压，很多人应该不会相信。一个再普通不过的玻璃灯罩能帮我们证明，这种压力确实是存在的。从厚纸板上剪下一个圆形纸片，圆形纸片的大小以能盖住灯罩口为宜。把圆形纸片贴在玻璃灯罩上，像图53那样放入水中。如果怕圆形纸片在水里掉了，可以用细线穿过圆形纸片的中心，用手指提住线。等玻璃灯罩沉入一定深度时，你会发现，圆形纸片自己就能贴在灯罩口，不需要借助手指的力量，也不需要借助细线的拉力——水自下而上施加的压力，把圆形纸片托住了。

我们甚至还能测出这个向上的压力的大小。小心地向玻璃灯罩里倒水，等玻璃灯罩里的水位与容器里的水位齐平时，圆形纸片就会掉下来。也就是说，水自下而上压向圆形纸片的压力被灯罩内的水柱自上而下的压力平衡，这个水柱的高度等于圆形纸片在水下的深度。液体对任何浸在其中的物体所产生的压力定律都是如此。著名的阿基米德定律所说的物体在液体中的重力"损失"，也是由此而来的。

图53　用一个简单的方法证明液体能产生向上的压力

如果手上有几个形状不同，但罩口一样的玻璃灯罩，我们就能检验与液体有关的另一个定律了：液体对容器底部施加的压力只和底部面积及液面高度有关系，与容器形状完全无关。检验过程如下：把这几个玻璃灯罩沉入水中至同一深度，事先在灯罩上的相同高度处贴一个纸片。你会发现，无论如何，纸片都会在灯罩内的液面到达同一高度时脱落（图54）。也就是说，不同形状的水柱所产生的压力是一样的，只要它们的底部面积和液面高度相同。请注意，这里重要的是高度，而不是长度，因为较长的倾斜水柱与较短的垂直水柱对底部造

图54　液体对容器底部施加的压力只和底部面积及液面高度有关系（图中所绘的是检验这个规律的方法）

成的压力是一样的，只要它们的液面高度相同（在底部面积相等的情况下）。

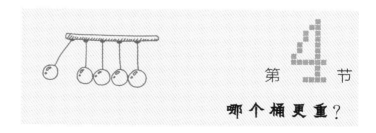

第 4 节

哪个桶更重？

在天平的一边放一个装满水的桶，另一边放一个完全一样的装满水的桶，但是桶中浮着一个木块（图55）。哪个桶更重？

我曾向各式各样的人提过这个问题，也得到了完全矛盾的答案。一些人认为，浮

着木块的桶更重，因为"桶里除了水，还有一个木块"；另一些人则认为第一个桶更重，"因为水比木块更重"。

但是这两个答案都不正确，两个水桶应该一样重。第二个桶中的水确实比第一个桶中的要少，因为漂浮的木块占了一部分体积。但是，根据浮力定律，任何漂浮的物体，沉在水中的那一部分排开的液体（重力）与这个物体的重力相等。所以天平两边应该是平衡的。

图55　两个桶完全一样，也都装满水，其中一个水桶上浮着一个木块。天平的哪一边会沉下来？

现在请解答另外一个问题。我把盛有半杯水的水杯放在天平的一边，水杯旁边放一个小砝码，然后往另一边加砝码，直到两边平衡。这时候我把水杯旁边的小砝码扔到水杯里，天平会发生什么变化呢？

根据阿基米德定律，水中的小砝码会比它本身的重力更小一些。这么说来，有水杯的那一边会升起来。然而实际上天平两边还是平衡的。这又怎么解释呢？

水杯中的小砝码排开了一部分水，使水杯中水面的高度上升了，因此水向杯底施加的压力也增加了，所以水杯底部受到了与砝码所损失的重力相等的附加力。

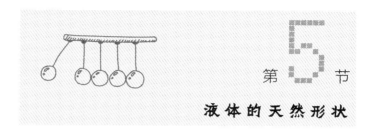

第 5 节

液体的天然形状

我们一般会认为，液体没有自己的固有形状，但是这种想法是不对的。任何液体的天然形状都是"球形"，只是平常重力作用会阻碍它保持这种形状。如果液体没有装在容器里，那么它会变成薄层形状四处流散；如果装在容器里，它会变成和容器一样的形状。如果把液体放入相同密度的其他液体中，根据阿基米德定律，液体会"损失"掉自己的重力，它变得没有重力，这时候液体才会呈现出自己天然的球形。

橄榄油会漂浮在水中，在酒精中却会沉下去，所以我们可以用水和酒精按比例制成溶液，使橄榄油既不会浮起来，也不会沉下去。用注射器向溶液中注入少许橄榄油，我们会观察到一个奇怪的现象：橄榄油在溶液中会呈现一个圆形大水滴的形状，既不浮起来，也不沉下去，而是静止地悬在那里（为了使球体形状不变形，实验中应该使用平壁容器，或者也可以使用任何形状的容器，但是将这个容器放入装满水的平壁容器中）（图56）。

做这个实验的时候一定要细致耐心，否则得到的就不是一个大油滴，而是几个小球形。当然，如果实验过程中在稀释的酒精中出现了几个小油球，那也挺有意思的。

我们的实验还没有结束。用一根细长的木棒或金属丝探入油滴中心，并搅动，油球也会跟着转动（如果把一片浸油的小纸板圆片放入旋转轴，使整个圆片都留在油滴中，那么实验效果会更好）。搅动过程中，刚开始油滴会变扁，几秒钟过后，大油滴中会分离出一个圆环（图57）。圆环由很多小部分组成，这些小部分不是没有形状的片段，而是新的球形油滴，它们组成圆环形状围绕中心油滴转动。

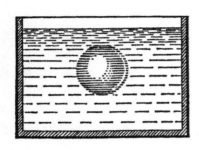

图56　橄榄油在装有稀酒精溶液
的容器中变成球形，不浮起，也
不下沉（普拉图实验）

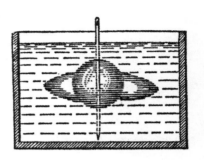

图57　如果用一根细棒探入酒精
中的油滴中心，并快速搅动，油
滴中会分离出一个圆环

　　第一个做这个具有启发意义的实验的人是比利时物理学家普拉图。上面描述的实验过程是普拉图实验的经典版本，其实还有另一个更简单而且效果一点也不差的版本。把一个小杯子用清水洗净，装入橄榄油，将这个小杯子放入大杯子的底部。接着小心地向大杯子中注入酒精，使小杯子整个沉入酒精中。然后用小汤勺沿大杯子的内壁小心地加入一点水。小杯子中的橄榄油液面会向上凸起，凸起程度逐渐增加，加入足够多的水后，橄榄油完全从小杯子中升起来，形成一个极大的球体，悬浮在酒精与水的混合液里面（图58）。

　　如果没有酒精，可以用液体苯胺代替橄榄油来做实验。液体苯胺在常温下比水重，而在75～85 ℃下比水轻。把水加热，使苯胺可以悬浮在水中，苯胺在水中也会形成球形滴。在室温条件下，苯胺滴在盐水中也能保持平衡（邻甲苯胺是一种深红色液体，在24 ℃的时候，与它所沉入的饱和盐水的密度一致）。

图58　简化的普拉图实验

第6节

为什么铅弹是球形的？

现在我们已经知道，任何液体在不受重力影响的情况下，都呈现自己的天然形状——球形。再回忆一下前文说过的下落的物体会失重的特征，假设物体最开始下落时空气阻力可以忽略不计（雨滴只在最开始下落时速度快，半秒钟后就变成匀速下落：雨滴质量与空气阻力平衡，空气阻力随着雨滴下落的速度增加而增大），所以想象一下，下落的物体应该也是球形的。事实上，掉下来的雨滴确实是球形的。而铅弹就是凝固的熔融铅滴，工厂里生产铅弹的方法也是利用了这一原理：让铅滴从很高的高处落下来，掉到冷却水中，凝固成铅弹。利用这种方法，铅弹能够凝固成正球形。

这样铸造的铅弹叫作"高塔铅弹"，因为是从铅弹铸造塔的顶部落下凝固而成的（图59）。铅弹铸造厂的高塔是金属结构，高达45米；顶部是铸造室，内设熔化锅炉，塔底是一个大水池。铸好的铅弹还需要经过挑选和修饰。熔融铅滴在下落过程中就已经凝固了，水池只是为了减小铅弹下落的冲击力，避免变形（直径大于6毫米的铅弹，需要采用另一种方法铸造）。

图59　铅弹铸造厂的高塔

第 7 节
"没有底"的高脚杯

向高脚杯内倒水，直到杯子完全装满水。高脚杯旁边散落着一些大头针。说不定装满水的高脚杯中还能再放一两根大头针呢，试试看吧！

一边把大头针投入水中，一边数放了几根。把大头针投入水中时要极其小心：小心地把针尖探入水中，然后轻轻地把手放开，不能施加推力或压力，以免水被震洒。一根、两根、三根大头针沉入杯底了——水位没有丝毫变化。十根、二十根、三十根……水还是没有溢出来。五十根、六十跟、七十根……整整一百根大头针躺在杯底，高脚杯中的水仍然没有溢出来（图60）。

不仅水没有溢出来，甚至水面也没有很明显地高出杯沿。继续往水里放大头针。二百根、三百根、四百根大头针投进了杯子中，还是没有一滴水溢出来，但是现在能明显看出水面抬高了，高出了杯沿少许。原来这个奇怪的现象的谜底正是藏在水面高起这一点中。即使玻璃上只沾了一点点油污，其也很难沾水了。而这个高脚杯的杯沿，就像我们平常使用的其他容器一样，不可避免地会在用手拿的时候沾上手指上的油脂。于是水沾不到杯沿上，而水又被大头针排出高脚杯，于是就形成了凸起。我们眼睛看到的凸起并不多，但是如果计算一下一根大头针的体积，再与杯口水面凸起的体积对比一下就会明白了。一根大头针的体积只是水面凸起体积的几百分之一，所以"装满水"的高脚杯中还能有地方容纳几百根大头针。杯口越大，能放入的大头针数量越多，因为有更大的地方容纳水面凸起。

图60　向装满水的高脚杯
内投入大头针的实验

为了使这个道理更加一目了然，我们来做一个计算。大头针长约25毫米，直径约0.5毫米。针身圆柱体的体积可以根据已知的几何公式（$\pi d^2 h/4$）计算出来，即等于5立方毫米。加上针头的帽，大头针的总体积不超过5.5立方毫米。

现在我们来计算凸出杯沿的水的体积。高脚杯杯口直径为9厘米，即90毫米，于是杯口面积约等于6 400平方毫米。想一下，凸起的水层厚度仅为1毫米，那么6 400立方毫米几乎是大头针体积的1 200倍！也就是说，装满水的高脚杯还可以容纳1 000多根大头针！实际上，只要往水中投入大头针的时候保持小心谨慎，甚至可以放入1 000根大头针，那时我们会看到大头针占满了整个杯底，甚至高出杯口了，但是水还是一滴都没有溢出来。

第 8 节

煤油的奇怪特性

凡是用过煤油灯的人，大抵都会烦恼于它的特性：往煤油灯内装满煤油，然后把外壁擦干净，但是一个小时之后再看，外壁又沾满了煤油。

这是因为你没有把煤油灯加油口的塞子旋紧，而煤油本来就很想冲出玻璃罩，此时就会顺着加油口悄悄地爬到煤油灯的外壁上。如果想要断绝这种烦恼，就要把加油口的塞子拧得尽可能紧一些。

煤油"会爬"的特性在使用煤油（或石油）驱动的轮船上会带来更多烦恼。如果不采取适当的措施，这种轮船运不了任何货物，除非是运煤油或石油。因为煤油这种液体，会通过任何微不可见的小缝隙从油箱里"爬"出来，不仅会沾满油箱的金属外壁，还会"跑"得到处都是，甚至沾到乘客的衣服上，让所有东西都染上这种难以消除的气味。与这种"恶势力"作斗争的尝试往往毫无效果。英国幽默作家杰罗姆就在他的中篇小说《三人同舟》中毫不夸大地描写过煤油的这种特性：

"我不知道有什么东西比煤油更能四处渗流的。我们本来把煤油放在船头，它却从船头渗到了船尾，而且给沿途的所有东西都染上了煤油的气味。它向下透过甲板，渗入水中；向上飘入空气，直冲云霄，毒害了生命。有时又会从西面刮起煤油风，当然，也有可能从东面、北面和南面刮来，但是不管它是从冰雪覆盖的北极吹来，还是诞生于滚滚黄沙的沙漠，风总是带着煤油的气息向我们扑面而来。傍晚它的气息贬损了落日的美妙，连月光都散发出煤油味……我们把船停在桥边，去城里逛逛，但是可怕的气味追随着我们，好像整个城市都被煤油浸透了。"（当然了，实际上只有旅行者的衣服染上了煤油味。）

煤油这种可以浸润容器外壁的特性使我们生出错觉，好像煤油能穿透金属和玻璃似的，实际上并不是。

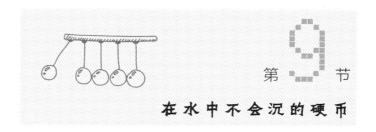

第 9 节

在水中不会沉的硬币

硬币不会沉入水底，这不仅出现在童话故事中，现实中也会发生。只要做几个简单的小实验，你就会明白了。我们的实验从最小的东西——针开始。让一根针浮在水面上似乎是不可能的事情，但是这并不难做到。在水面上放一片卷烟纸，用纸托住针，然后用另一根针或大头针轻轻地把纸边按入水中——从纸边慢慢到中间，全部按入水中，当卷烟纸全部湿透后，它就会自己沉入水底，此时针还漂浮在水面上（图61）。拿一块磁铁放在杯壁旁边，与针同高，我们甚至能控制针在水面上的游动。

手法练熟了之后就可以不用卷烟纸了。用

图61 漂浮在水面上的针（图上方是直径为2毫米的针的剖面和深入深度为两倍针的直径的水中的准确情形；图下方是利用卷烟纸使针漂浮在水面上的方法）

手指捏住针的中间部分，在距水面一点点距离处把针水平放下。

除了针以外，还可以使用大头针（直径不能超过2毫米）、小巧的扣子或者小巧的平面金属物件进行实验。都练熟了之后，就可以试试让硬币漂浮在水面上了。

上面所说的金属物件之所以能够漂浮在水面上，是因为它们被我们拿在手里时，沾上了手上留下的一小层油脂，就很难沾到水了。由此，漂浮在水面上的针把周围的水面压凹了，我们甚至能看到水面被压凹的情形。水的表面想要恢复原样，就会向上给针施加压力，这样就把针托起来了，使针不沉下去。根据浮力定律：针自下而上被推开的浮力等于被针排开的水的重力，如果给针涂一层油，它能更轻松地漂浮在水面上。涂上油的针即使直接放在水面上，也不会沉下去。

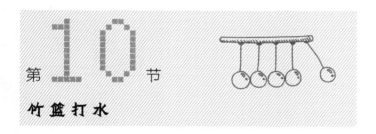

第 10 节

竹 篮 打 水

竹篮打水不只出现在童话故事里，物理学知识能帮助我们实现那些通常认为不可能做成的事情。做这个实验需要取一个直径约为15厘米的筛子，筛孔不能太小（约为1毫米）。把筛网浸入熔化的石蜡中，然后把筛子从石蜡中取出来：金属丝上覆上了一小层肉眼几不可察的石蜡。

筛子还是那个筛子——它还有大头针能自由通过的小孔，但是现在你能用它来打水了（就是字面意思上的"打水"）。用这样的筛子能盛相当高的一层水，而不会漏出透筛孔，只需要装水的时候小心些，避免筛子受到震动即可。

为什么水不会漏出来呢？因为石蜡不沾水，水在筛孔处形成了向下凸起的薄膜，正是这层薄膜托住了水（图62）。

这种浸了石蜡的筛子还可以放在水面上，不会沉下去。也就是说，筛子不仅能打水，还能漂浮在水面上。

这个不可思议的实验还能解释很多我们已经习以为常，以至于不会去

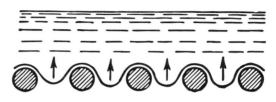

图62　为什么水不会从浸了石蜡的筛子中漏出去

思考其背后原因的现象。给木桶和船涂上树脂、给塞子和套管抹油、给所有需要做成不透水的物件刷油漆或者其他含油物质，以及用橡胶处理织物——所有这些都和把筛子浸入石蜡中的目的一样。这些事情本质上都是一样的，只是用筛子打水比较不寻常罢了。

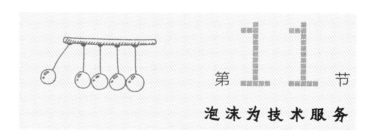

第 11 节

泡沫为技术服务

针和硬币漂浮在水中的实验，与矿冶工业中的矿石"选矿"[1]很像，即为了增加矿石中有用组分的含量。有很多种选矿方法，我们这里要讲的是其中最有效的一种——矿石浮选法。在其他方法均不能达到目的的情况下，这种方法依然能够成功应用。

---

1 就是把有用矿物从矿石中分离出来。

　　浮选（即浮起）的本质如下：把碾得很碎的矿石盛入装有水和油的槽内，油能在有用矿物粒子表面形成薄膜，让粒子不会沾水。用力搅拌槽内混合物，通入空气，会出现大量细小的气泡——泡沫。此时外面包裹一层薄油膜的有用矿物粒子与气泡外层接触，粘在气泡上，随着气泡升起来，就像大气中的氢气球把吊篮吊起来一样（图63）。杂石粒子则不会被油包裹起来，不会粘在气泡外层上，仍旧留在水中。还有一点应该指出的是，气泡体积比有用矿物粒子的体积大得多，因此气泡的浮力足以带着固体粒子升起来。结果，有用矿物粒子几乎全部随着泡沫升到了液体表面。剥掉泡沫之后，把有用矿物粒子送去进行进一步处理——这样就得到了所谓的精矿，其中所含的有用矿物含量要比原始矿石的高几十倍。

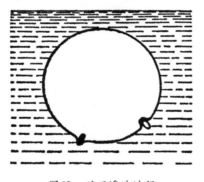

图63　矿石浮选过程

　　如今，矿石浮选技术已经取得了长足发展，只要选择合适的混合液体，就可以从任意成分的矿石中把有用矿物和杂石区分开来。

　　矿石浮选技术不是从理论中发展出来的，而是通过对偶然现象的仔细观察造就的。这是19世纪末美国女教师（凯莉·埃弗森）的经历，当时她正在清洗之前装过黄铜矿石的袋子，袋子已经染上油污，结果她发现黄铜矿有粒子随着肥皂沫浮起来了。这大大推动了矿石浮选法的发展。

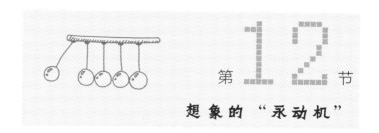

第 12 节

想象的"永动机"

很多书中把这样一台机器（图64）作为真正的"永动机"：容器中装入油（或水），最开始灯芯将油吸到上面的容器中，然后再通过其他灯芯吸到更高的容器中；最上面的容器上有一个口供油流出，油落到轮子的叶片上，带动轮子转起来。从轮子上掉下去的油重新被灯芯吸到上面的容器中。这样一来，油又流出浇到轮子上，一直不停，轮子就这样永远地旋转下去……

如果畅想这个"永动机"的作者能够把理论付诸实践的话，他就会发现，不仅轮子转不起来，而且一滴油也吸不到上面的容器中！

这个道理不难理解，即使不把"永动机"造出来，也能想象得出来。事实上，为什么发明家认为在被吸到灯芯曲折部分后，油能从上面流下来呢？如果毛细吸引力真的克服了重力，通过灯芯把油吸上来，那么，也正是毛细吸引力会把油阻在湿了的灯芯中，让油漏不出去。退一万步讲，在毛细吸引力的作用下，油

图64　永远不可能实现的"永动机"

被吸到了"永动机"最上面的容器中，那么，把油吸上来的灯芯又会把油送回下面的容器中。

这台假想"永动机"让我想起了另一台水力"永动机"，那是1575年意大利机械

师脱拉达·斯泰尔发明的。我们在这里讲一下这个有趣的设计（图65）。螺旋升水泵转起来，把水升到上面的槽里，一股股水流从槽里流出来，冲到水动轮叶片上（从右向下）。水轮转动磨刀石，同时通过一排齿轮带动螺旋升水泵，螺旋升水泵再把水升到上面的槽里。升水泵带动水轮，水轮又带动升水泵，如此往复！如果这类机械能够成真的话，我们像下面这样做会更加简单：把一条绳子穿过滑轮，绳子两端系上质量相同的砝码，这样一来，一个砝码落下来的话，可以带动另一个砝码升起来，第二个砝码再从高处落下来，带动第一个砝码升起来。这不就是"永动机"了吗？

图65　可转动磨刀石的水力"永动机"的古老设计

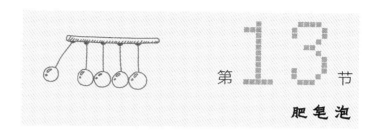

第13节

肥皂泡

你会吹肥皂泡吗？这恐怕并没有想象中的那么简单。不了解肥皂泡之前，我觉得吹肥皂泡不需要什么技巧，但是了解之后就会发现，想要吹出又大又漂亮的肥皂泡，是一门艺术，需要反复练习才行。那么，像吹肥皂泡这种没有意义的事情，真的值得去做吗？

日常生活中吹肥皂泡这样的事情的确不太受人关注，起码聊天时不会把它当作多么值得称赞的事情去聊。但是在物理学家看来，肥皂泡却有很大价值。"吹出肥皂泡，"伟大的英国科学家开尔文曾写道，"再仔细观察肥皂泡，你会发现即使花费毕生时间去研究它也不够，总能不断从中学习到物理学知识。"

确实如此，肥皂泡那层薄薄的膜上流淌着梦幻般的色彩，这些色彩让物理学家能够测出光波波长。而研究这层脆弱的膜的张力，可以发现粒子间力的相互作用规律，也就是内聚力。如果没有内聚力，这个世界上除了极细的灰尘，再也不会有别的东西存在了。

下面介绍一些关于肥皂泡的小实验，这些小实验并不能解决多么重要的问题，只是趣味横生的消遣，能让我们更加了解吹肥皂泡的艺术罢了。英国物理学家波依斯的《肥皂泡》一书中详细描地述了各种各样的肥皂泡实验。有兴趣的可以去详读这本书，我们在这里只介绍其中几个最简单的实验。

可以用普通洗衣皂（洗手的香皂不太合适）水吹肥皂泡。如果愿意深入研究的话，我建议使用纯橄榄皂或杏仁皂，这样的肥皂水最适合吹出又大又漂亮的肥皂泡。把一块这样的肥皂小心地放入冷水中，直到取得适当浓度的肥皂水。最好使用洁净的雨水或雪水，最不济也要使用放凉了的开水。为了让吹出的肥皂泡能够更持久，最好向肥皂水中加入1/3的甘油（根据肥皂水的体积决定甘油量）。用一个汤勺刮掉肥皂水表面的泡沫和小气泡，事先把一根细陶管里外沾上肥皂，然后伸入肥皂水中。用一根长约10厘米、尾部切成十字花的麦秸秆吹，能吹出更大、更漂亮的肥皂泡。

按照下面的过程吹肥皂泡：把细管伸入肥皂水中，保持管口竖直，使细管末端形成一层液膜，再小心地吹出肥皂泡。因为从嘴里吹出的气比房间内的空气轻，所以吹出的肥皂泡能向上飘。

如果能顺利吹出直径约为10厘米的肥皂泡，说明肥皂水的浓度很合适，否则还要再往肥皂水中添加肥皂，直到能吹出这样的肥皂泡为止。但是这样还不够。吹出肥皂泡后，用手指蘸肥皂水，再把手指戳入肥皂泡内，如果肥皂泡不破，说明可以进行下一步实验了；如果肥皂泡破了，那么还要再往水中加入一些肥皂。

做实验的时候动作要缓慢、小心，有耐心；光线要充足，不然就看不到肥皂泡上的五光十色了。

下面再介绍一些有趣的肥皂泡实验。

实验一：包住花朵的肥皂泡。往盛菜的盘子或茶具的托盘上倒一些肥皂水，使其有2～3毫米厚；在盘子中间放一朵花或一个小花瓶，用玻璃漏斗盖上。然后慢慢提起漏斗，向漏斗的细长嘴里吹气，吹出肥皂泡来，等肥皂泡足够大了，将漏斗倾斜，就像图66那样，把漏斗下的肥皂泡放出来。这时，花朵就被包裹在透明的半圆形肥皂泡形成的罩子里了，上面流散着彩虹般的光彩。

还可以用小雕像代替花朵，把雕像的头罩上肥皂泡（图66）。事先在雕像的头上滴一些肥皂水，等吹出大肥皂泡后，把细管伸入大肥皂泡内，在雕像头顶吹出一个小肥皂泡。

实验二：套娃肥皂泡（图66）。像前文说的那样，用麦秸秆吹出一个大肥皂泡。然后把麦秸秆全部伸入肥皂水中，只有要放入嘴里的那一端保持干燥，然后把麦秸秆小心地穿入第一个肥皂泡的中心，再把麦秸秆慢慢往回拉，拉到离第一个肥皂泡边缘不远的地方，用这种方法在第一个肥皂泡中吹出第二个肥皂泡，再用同样的方法在第二个肥皂泡中吹出第三个肥皂泡，依此类推。

花朵上的肥皂泡

包裹住小花瓶的肥皂泡

大肥皂泡中的小雕像头上的肥皂泡

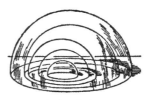

套娃肥皂泡

图66 肥皂泡实验

实验三：用肥皂泡膜做一个圆柱体（图67）。这个实验需要用到两个金属丝圆环。先在下面的圆环上放一个普通的球形肥皂泡，然后把第二个沾上肥皂水的圆环从上面贴近肥皂泡，再把第二个圆环往上提，把肥皂泡拉长，直到拉成圆柱体。有意思的是，如果你把上面的圆环提得特别高，高度大于圆环周长的话，上一半圆柱体会缩小，另一半圆柱体胀大，然后就分裂成两个肥皂泡！

图67　如何让肥皂泡变成圆柱体

图68　空气被肥皂泡的薄膜挤出来

肥皂泡的薄膜总是处于张力作用下，压向肥皂泡内包裹的空气。把吹出肥皂泡的漏斗口移近烛火，你就会发现，那层薄薄的膜的力量可不小，烛火会明显偏向一侧（图68）。

把肥皂泡从温暖的室内移到温度较低的地方，还能观察到有趣的现象：肥皂泡的体积明显变小；相反，如果把肥皂泡从寒冷的地方移到温暖的地方，它会明显胀大。原因就在于肥皂泡内空气的热胀冷缩。比如，泡泡在−15 ℃时体积为1 000立方厘米，那么它从寒冷的地方移入温度为15 ℃的室内，它的体积应增加$1\,000 \times 30 \times 1/273 \approx 110$（立方厘米）。

还有一点值得分享给读者朋友们，我们一般认为肥皂泡保存不了多久，这种想法不完全正确。如果妥善照顾肥皂泡，它能保存几十天。英国物理学家杜瓦（他因研究空气液化而闻名于世）把很多肥皂泡放在一个特制的瓶子中，小心地清除瓶子里的灰尘，避免干燥和空气的震动，在这种条件下，他成功地把一些肥皂泡保存了一个月，甚至更久。美国人劳伦斯把肥皂泡放在玻璃罩里，保存了好几年。

第 14 节

什么东西最薄?

大概很少有人知道,肥皂泡的薄膜是我们肉眼可见的最薄的东西之一。我们形容一个东西细或者薄时,会说"像头发一样细""像纸一样薄",但这些东西跟肥皂泡的薄膜比起来,就小巫见大巫了。肥皂泡的薄膜的厚度只有头发和纸张的1/5 000。如果把人的头发放大200倍,头发约有1厘米粗,但是把肥皂泡的薄膜也放大200倍,它的截面还是很难看清。需要再放大200倍,肥皂泡的薄膜在我们眼中才呈现出一条细线。如果把头发再放大200倍(也就是放大40 000倍!),头发有2米多粗。图69直观显示了肥皂泡的薄膜和一些细小物体的对比关系。

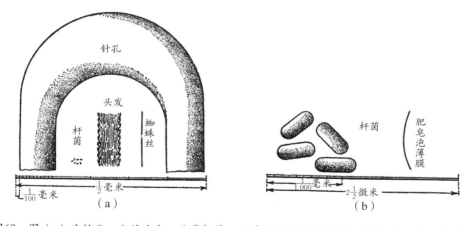

图69 图(a)为针孔、人的头发、流感杆菌、蜘蛛网的丝放大200倍后的样子;图(b)为流感杆菌和肥皂泡薄膜放大40 000倍后的样子

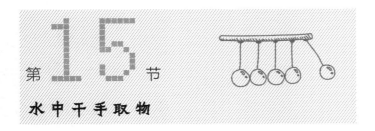

第15节

水中干手取物

把一枚硬币放入大的平底盘中，往盘子里倒点水，水以能淹没硬币为宜，这时候让你直接用手把硬币拿出来，但手不能沾水，你能做到吗？

这个看似不可能完成的任务，其实只要借助杯子和燃烧的纸就能解决。把纸点燃，放入杯子内，迅速地让杯子底朝上扣在硬币周围的盘子上。纸燃烧完之后，杯子里都是白烟，盘子里所有的水被自动吸入杯子里。此时硬币自然还留在原地，只要等它干了，你就能手不沾水地把它拿出来了。

是什么力量把水吸到杯子里，又让水维持在一定高度呢？这就是大气压。燃烧着的纸使杯子里的空气温度升高，空气的压力因此上升，部分气体被排出杯子。纸燃烧完之后，空气重新变凉，压力随之降低，外面的空气压力就把盘子里的水赶到杯子里面去了。

也可以用火柴代替纸，把火柴插到软木塞上，如图70所示，也能得到一样的结果。

图70　倒扣在盘子上的杯子如何把盘
子里所有的水吸进去

　　关于这个古老的实验，我们时常听到甚至读到对其原理的不正确的解释（第一次介绍和正确解释该实验的人是古代拜占庭约生于公元前1世纪的物理学家斐洛）。大体的解释是"燃烧了氧气"，因此杯子里的气体减少了。这个解释完全是错误的。主要原因就是空气变热了，跟燃烧着的纸消耗了部分氧气一点关系都没有。得出这个结论，首先是因为，这个实验完全可以不用烧着的纸，只是在沸水中烫一下杯子也可以。其次，如果不用纸，而用沾了酒精的棉球的话，棉球比纸燃烧得更久，能把空气烧得更热，水甚至能升到杯子一半的地方；但是我们知道，氧气只占整个空气体积的1/5呀！最后，应该指出的是，即使"燃烧"了氧气，还是会生成二氧化碳和水蒸气，二氧化碳能够溶解在水中，但是水蒸气还会继续存在，占据氧气腾出的体积。

第16节

我们怎样喝水？

　　什么？难道这个问题有什么值得思考的吗？当然值得了。我们把盛水的杯子或汤勺靠近嘴巴，然后把水"吸"进嘴里。但是我们已经习以为常的这个"吸水"的动作，还是需要解释一下其中的道理的。为什么水能进入口腔？什么东西在吸引它？原因就是：我们在喝水时肺部扩张，口腔里的空气减少，压力下降，在外部空气压力的作用下，水进入压力更低的地方，这样水就进入我们的口腔里了。喝水的情形与连通管里液体的情形一样，如果我们把其中一根管的上方的空气抽走一部分，在大气压的作用下，这根管中的液体会上升。相反，如果用嘴堵住瓶口，那么你无论怎么用力，都不能把瓶子里的水"吸"到嘴里，因为口腔里的空气压力与水上方的空气压力是一样的。

因此，严格来说，与其说我们用嘴喝水，不如说我们用肺喝水，因为肺部扩张才是水能流进嘴里的原因。

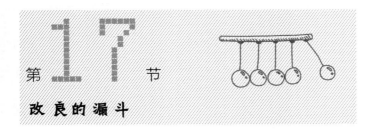

第 17 节

改良的漏斗

试过用漏斗往瓶子里倒液体的人都知道，需要时不时地把漏斗提起来一点，否则，液体就不能从漏斗里漏下去了。这是因为瓶子里的空气找不到流出的出口，产生的压力就把液体阻在漏斗里了。当然，开始也确实会有一点儿液体流下去，这是因为瓶子里的空气被液体压力压缩得体积小了一点儿。但是被压缩的空气会产生更大的弹性，足以用自身的压力平衡漏斗里液体的重力。那么把漏斗稍微提起一点儿就很好理解了，我们给被压缩的空气寻到了通向外面的出口，空气跑出来后，液体又重新开始往下流了。

所以最实际的办法是把漏斗的细管外面做成瓦楞的样子，这样可以避免漏斗紧紧地贴合瓶口，可以留出一些缝隙，以便瓶子里的空气跑出。

第18节

一 吨 木 头 和 一 吨 铁

有一个开玩笑的问题大家经常听到：一吨木头和一吨铁更重？一般大家都会不假思索地说：一吨铁更重，总会引起周围人一阵哄笑。

如果回答一吨木头比一吨铁更重，大家就会笑得更大声了。这个回答看起来毫无道理，但是，严格来说，这才是正确答案！

阿基米德定律不仅适用于液体，还适用于气体。空气中的每个物体都会"失去"一部分重力，失去的这部分重力就等于物体体积挤占的空气重力。

木头和铁当然也逃不过阿基米德定律，它们在空气中都会失去部分重力。要得出它们真实的重力，就需要加上损失的重力。所以，在这个问题中，木头的真实重力等于一吨木头+木头的体积所占的空气的重力；铁的真实重力等于一吨铁+铁的体积所占的空气的重力。

但是一吨木头的体积比一吨铁的大得多（大约是铁的16倍），所以一吨木头的真实重力大于一吨铁的真实重力！更准确地说，在空气中，一吨木头的真实重力，要大于一吨铁的真实重力。

因为一吨铁的体积为1/8立方米，而一吨木头的体积大约是2立方米，即它们挤占的空气重力差约为2.5千克。也就是说，一吨木头实际上比一吨铁重2.5千克！

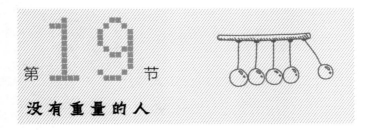

第19节
没有重量的人

很多人从小时候起都有过这样的梦：要是比羽毛轻就好了，最好比空气还轻（一般认为羽毛比空气轻，但这是不正确的，羽毛不仅不比空气轻，甚至比空气重几百倍。羽毛之所以能够飘起来，只是因为它的表面积极大，空气阻力与它的重力比起来显得极大罢了），这样就能逃脱讨厌的引力的束缚，自由地飞起来，飞到任何想去的地方。但是这样想的时候一般都忽略了一点——人之所以能够在地球上自由行走，是因为人体比空气重。实际上就像托里拆利[1]说的那样："我们生活在大气海洋的最底层。"如果我们真的做了什么手脚，让自己的身体轻了上千倍，变得比空气还轻，那我们应该能飘到空气海洋的表层。这时发生在我们身上的事情就像普希金在《骠骑兵》中描写的那样："我喝光了一整瓶，不管你信不信——但是我突然像羽毛一样向上飘了。"我们能飘起几千米高，一直飘到云层里，直到上升到云层里稀薄空气的密度等于我们身体的密度的地方为止。自由地在大山、峡谷上空遨游的梦想肯定是要落空的，因为如果脱离了引力的束缚，我们就会成为另一种力量——大气流的俘虏。

作家威尔斯把这种不寻常的情形写进了他的一本科幻小说中。讲的是一个极度肥胖的人，他千方百计想要减肥，而这本小说的主角正好有一个神奇的药方，可以使胖子摆脱多余的体重。胖子向他要了药方，服了药，但是主角去拜访这位胖子朋友的时

---

1 意大利物理学家、数学家（1608—1647）。

候，发生的意外情况使他大吃一惊。他敲了敲房门：

半天都没人开门。我听到了转动钥匙的声音，然后派克拉夫特（胖子的名字）的声音响起来：

"请进。"

我转动门把手，打开了门。当然了，我以为可以看见派克拉夫特站在门后。

可是您猜怎么着？根本没有他的身影！屋子里凌乱不堪：盘子和饭菜胡乱地放在书本和文具中间，几把椅子翻倒在地，派克拉夫特不见踪影……

"我在这呢，老兄！把门关上。"他说道（图71）。我这才找到他，原来他挂在门角落里的天花板下边，就好像有人把他给粘到了天花板上。他一脸愤怒和惊恐。

图71 "我在这呢，老兄！"派克拉夫特说道

"要是一个不小心，那么你，派克拉夫特先生，你会掉下来，摔断脖子。"我说。

"我要是掉下来就好了。"他说道。

"您这个年纪和体重，怎么能做这么高难度的运动呢……但是话说回来，您是怎么做到能挂在那里掉不下来的？"我问道。

这时候我突然发现，他完全不是挂住，而是飘在了上面，就像吹起来的气球一样。

他开始发力，努力地离开天花板，沿着墙壁向我爬过来。他抓住墙上挂着的一幅画的画框，画框被抓得活动了，他又向天花板飞去，然后"砰"的一声撞在天花板上。这时候我才明白，为什么他身上肘臂、膝盖和边边角角的地方都沾上了白灰。他重新费劲全力地试图抓住壁炉降下来。

"那个药，"他气喘吁吁地说，"太好使了。我的体重几乎全没了。"

我这才恍然大悟。

"派克拉夫特！"我说道。"毕竟您只是需要治疗肥胖症，但是您总是管这个叫体重……您待在那儿别动，我来帮您。"说话间，我抓住这个可怜虫的手，把他拉下来了。

他开始在房间里跳来跳去，试图稳当地站在一个地方。这幅画面简直太好笑了！就好像在狂风中飘摇，但是又试图稳定下来的帆船一样。

"这张桌子，"可怜的派克拉夫特已经跳得疲惫不堪，他说道，"特别结实沉重，你能不能把我塞到那下面去……"

我把他塞到那张桌子下面。但是在桌子下面，他还是在摇来摆去，像一个被拴起来的气球，一刻也停不下来。

"有一件事您得清楚，"我说道，"您可不能出门，那您非得飞到高空里不可……"

我告诉他，他得想办法适应现在的这个新处境。我暗示他可以学会在天花板上用手走路，这应该不是什么难事。

"我没法睡觉。"他抱怨道。

我给他出主意，他完全可以在床的铁丝网上固定一个软褥子，把褥子下面的所有东西用带子系起来，把被子和床单系在侧面。

我们在房间里给他放了架梯子，把饭菜放在书柜上。我们还想出了一个绝好的办法，让他能随时落到地板上来：很简单，把《大英百科全书》放在打开的书柜的最上一层。胖子只要够到其中两卷，拿在手里，就能落到地上来了。

我在他的房子里待了整整两天，用小钻和小锤子给他做了各种各样趁手的工具：装了一条铁丝，让他能按铃叫人，还有各种这类方便生活的东西。

我坐在壁炉旁，他挂在自己最喜欢的天花板的角落里，正在把土耳其地毯钉到天花板上，这时候我脑中闪过一个念头。

"哎呀，派克拉夫特！"我喊道，"我们完全用不着做这些！你在衣服里垫一层铅衬，问题不就都解决了吗？"派克拉夫特差点儿喜极而泣。

"买一张铅板垫到内衣里。鞋子也装上铅底，手里拎个整块铅做的旅行箱，齐活了！那时候你就不用被困在房间里，你都能到国外去旅行了。而且就算发生轮船遇险也不怕了，因为那时候你就脱掉一部分衣服或所有衣服，你就能在空中飞来飞去了。"

小说中这个情节的描写，乍一看好像完全贴合物理学定律。但是小说中还有一些情节我们不能苟同。最大的问题就是，就算胖子失去了自己的体重，他也飘不到天花板上去！

根据阿基米德定律，派克拉夫特要想"飘"到天花板上去，他的衣服、口袋里装的所有东西都得比他庞大的身躯排开的空气轻才行。如果你还记得，我们的体重大约等于同等体积的水的质量，那么就不难计算出人体排开的空气的质量。成年人的体重一般是60千克，同等体积的水也是60千克，而通常空气的密度基本是水的1/770，也就是说，我们人体排开的空气约为80克。就算派克拉夫特再怎么胖，他恐怕也不会超过100千克，那么他身体排开的空气不会超过130克。难道他的衣服、鞋子、钱包和身上的各种小零碎加起来还没有130克吗？肯定会超过130克。这样看来，胖子肯定能留在地板上，只是站不稳罢了，但是无论如何也不会"像拴起来的气球"那样飘到天花板上去。派克拉夫特只有脱得精光，才能真的飘起来。穿着衣服的他应该像被绑在跳球上的人一样，肌肉稍一使力，轻轻一跳就能升到很高的地方。如果赶上无风天，又会慢慢地落到地上。

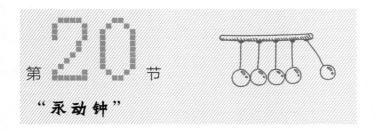

第20节 "永动钟"

我们在这本书中已经研究了好几种想象中的"永动机"，也解释了把它们发明出来的尝试有多不靠谱。现在我们来讨论一下"不花钱"的动力机，也就是说，不需要我们特别照顾，就能长时间工作的动力机，因为它能从周围环境中获取源源不断的能量。大家应该都见过压力计吧，压力计有水银的和金属的。大气压发生变化时，水银压力计的汞柱顶端会升起或降下，而金属压力计的指针会随着大气压的变化而摆动。18世纪时，一位发明家利用压力计的这种升起和降下的运动能够带动时钟机械的原理，发明了一座"永动钟"。这座钟不需要任何发条就能发动，而且无休止地向前走。著名英国机械师和天文学家弗格森看见了这个有趣的发明，是这样评价它（1774年）的：

　　"我参观了上面说的时钟，它是被巧妙设计的压力计中的汞柱升起和降下带动的，无法预想它什么时候能停下来，因为时钟里积累了足够的能量，即使把压力计拆下来，积蓄的能量也能够支撑时钟继续再走一整年。坦白地说，通过我对这座钟的仔细观察，它是我见过的设计和制造最精巧的机械装置。"

　　遗憾的是，这座钟未能流传到现在——它被抢走了，至今下落不明。但是还保存着那位天文学家设计的结构图（图72），所以如果有心，还可以把"永动钟"复制出来。

　　这座时钟中设置了一个大型水银气压计。一个玻璃罐挂在框架上，玻璃罐中倒插着一个长颈瓶，这两个容器中一共装了150千克左右的水银。两个容器是相对活动的，通过设计精巧的杠杆系统，大气压升高时，使长颈瓶下降，玻璃罐升起；大气压下降时，使长颈瓶升起，玻璃罐下降。两个容器升起和下降的动作使小巧的齿轮始终向同一个方向转动。只有大气压完全没有变化时，齿轮才静止不动，但是这个时候，事先提起的重锤落下所积蓄的能量还能带动时钟继续向前走。让重锤提升的同时，又能通过它落下带动机械运转，这不是件容易的事。但是古时候的钟表匠极具发明才能，顺利地解决了这个问题。原来大气压波动积聚的能量明显高于需要的能量，也就是说，重锤提起比落下快得多，所以需要制作一个特殊装置，使重锤提高到最高点时，能够自己落下来。

　　这里我们很容易发现，"不花钱"的动力机与"永动机"有重大的、原则性的区别。"永动机"发明者想象中的

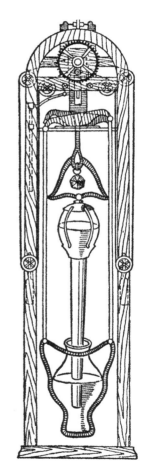

图72　18世纪"不花钱"的动力机

机器动能是"无中生有"的，"不花钱"的动力机则是从周边汲取能量。在我们列举的"永动钟"的例子中，"永动钟"从四周大气中吸收能量，大气能量则来源于太阳光。实际上，"不花钱"的动力机和真正的"永动机"一样有利可图，只是它的构造费用远高于它所创造的能量价值（大多数情况下都是如此）罢了。

06

热现象

导 读

姜连国

翻到这一页的你，是否已经完成了前五章有趣物理知识的学习，准备好进入另一个物理世界的小天地中探索了呢？在本章中，让我们来探索一个具体可感的领域，一个我们在日常生活中随时随地能用皮肤和大脑体会到的物理"元素"：热。

1.热胀冷缩

具体到生活中，我们常常见到的"热"的具体表现往往就是温度的变化——就比如我们都知道的冬寒夏炎的自然规律。可是想不到吧，"热"的力量可远比让我们感到炎热或寒冷要巨大和神奇得多。简单的温度变化就能够影响到现实世界中事物的大小，让事物的尺寸发生巨大的变化。**当天气炎热，气温较高时，物体膨胀；而当天气严寒，气温降低时，物体将会发生收缩**——这就是我们曾在小学五年级下册的课本中学习过的热胀冷缩原理。正是由于这个原理，钢铁制成的无比坚韧的十月铁路在每年冬天都会被看不见的"温度小贼"偷走近300米的长度；同样的大盗会在冬日访问列宁格勒-莫斯科通信线路，偷走数百米昂贵的通信线路；相同的，埃菲尔铁塔也会在这位扒手的光顾下减少整整12厘米的高度。而这些盗窃行为最终都不会受到惩罚，这是为什么呢？相信你能分别在本章中的《十月铁路什么时候比较长——夏季还是冬季？》《不会受到惩罚的盗窃行为》和《埃菲尔铁塔的高度》中找到答案。

2.热传递的方式

在"热"相关的知识中，我们还将进行其他的探索。比如，"热"这种能量是如何在物体之间传递的呢？学习了本章内容你就会知道，热的传递方式一共三种：**通过直接接触**

传导热量的"**热传导**"、通过中间介质（比如空气或水）的流动而传热的"**对流**"，以及以电磁波的方式向外发射热能的"**热辐射**"。以上的知识都是我们在小学五年级下册中学到过的，而在这一章中，你将通过《皮袄暖和吗？》和《我们脚下的土地是什么季节》深入对它们的理解。至于这些知识点具体是如何在文章中得到体现的，就要由你亲自发现了。

3.物态变化

而热量的传递和变化给物质形态带来的变化，又如何能被我们忽视呢？我们最先认识到的就是水随着温度变化而产生的三态变化，这在小学三年级上册中就有所涉及。而关于其他物质的三态变化，我们知道，**固态、液态和气态是物质最常见的三种状态**。在一定条件下，物质会在各种状态之间变化。物态变化常常伴随着热量的转移。这些都是我们即将在本章中学习到的，来自初中物理八年级上册（人教版）的知识。为什么纸做的锅可以使水在其中沸腾而自己却不燃烧？为什么冰是"滑"的？神奇的冰锥又是在怎样形成的？这些都将在本章中的《纸做的锅》《为什么冰是滑的》和《关于冰锥的问题》这三篇文章中向你揭秘。

4.密度

当然了，我们在本章中即将学到的物理知识不止这些。接下来，让我们探究物体的一些本质。**物体的致密程度，也就是密度，是对特定体积内的质量的度量，等于物体的质量除以体积，可以用符号ρ表示**。物体受热胀冷缩的影响，体积发生改变的同时，密度也发生了改变。这些我们将会在初中八年级上册（人教版）物理课本中学习。

如果我们想要用冰块的凉意冰镇物体，使物体降温，我们应该怎样放置冰块和待冰镇的物体？是冰块在上？还是将物体置于冰块上？为什么即使窗户紧闭着，我们也能感觉到风的吹拂？又是什么样的力量使得纸片轻而易举地在针尖上旋转起来。也许通过我寥寥几语你并不能清晰地了解到这些现象的具体情况和原理，不过没关系，在本章中，《放在冰上面还是冰下面》《为什么窗户紧闭还是感觉有风》《神秘的转纸》这几篇文章，将能够初步解决你的疑惑。

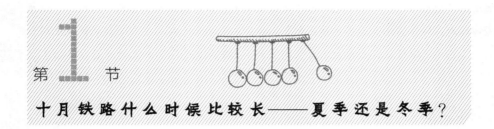

第1节
十月铁路什么时候比较长——夏季还是冬季？

对于"十月铁路有多长？"的问题，有人回答：

——平均长度为640千米，夏季比冬季长300米左右。

这个出人意料的答案并不像它看起来那么不合理。如果把连续钢轨长度称为铁路长度，那么铁路长度确实是夏季比冬季长。不要忘了，钢轨受热会伸长——温度每升高1℃，钢轨会伸长1/100 000。在骄阳似火的夏季，钢轨温度可能达到30~40℃或者更高；有时钢轨甚至会被太阳炙烤得烫手。而严寒的冬季，钢轨温度又会降至–25℃或更低。如果取冬、夏两季的温差为55℃，那么用钢轨总长640千米乘以0.000 01，再乘以55，得出约等于1/3千米。通过上面的计算，我们能够知道，实际上莫斯科和圣彼得堡之间的钢轨夏季会比冬季伸长1/3千米，也就是300米左右。

但是这并不是说两地之间的距离增加了，只是所有钢轨总长增加了。这是因为钢轨并没有连续、紧密地一根一根接在一起：钢轨之间留有缝隙，这是为了使钢轨在受热时能自由伸长（如果钢轨长8米，0℃时两根钢轨间的缝隙为6毫米，那么需要将钢轨温度升高到65℃，这个缝隙才能完全消失）。铺设电车钢轨时，由于技术条件的限制，无法留出接缝。但是这一般不会造成钢轨变形，因为电车钢轨埋在地下，温度变化没有那么大，而且固定钢轨的方法本身也阻止钢轨向侧面弯曲。但是在极其炎热的天气里，电车钢轨也会弯曲，看起来就像图73（从照片复制而来）那样。我们的计算表明，夏季炎热的天气里，钢轨会比特别寒冷的天气里长，十月铁路的钢轨长度实际上夏季比冬季长300米。

图73　炎热天气中电车钢轨弯曲的情形

　　炎热天气里，铁路钢轨偶尔也会发生胀弯。火车在坡道上行驶时，会把钢轨带着前进（有时甚至能带着枕木一起前进），因此，坡道上钢轨的缝隙通常会消失，一根一根钢轨会紧紧地连在一起。

第2节
不会受到延罚的盗窃行为

　　还是在圣彼得堡–莫斯科这条线路上，每个冬天都会有数百米昂贵的电话线和通信线消失得无影无踪，虽然大家都知道让电话线和通信线消失的罪魁祸首是谁，但是没有人会为此担忧。当然了，您也一定知道是谁干的：这个小偷就是——严寒的天气。就像我们前面说的钢轨那样，热胀冷缩的道理也同样适用于电线，唯一的区别就在于，铜电话线受热膨胀时会伸得更长，是钢轨的1.5倍。但是电话线可没有一点缝隙，因此我们完全可以相信，圣彼得堡–莫斯科的电话线冬季比夏季短500米。每个冬天的严寒都会偷走500米左右的电话线，但是并没有扰乱电话或电报的正常工作，而且温暖的季节到来后，还会把"偷走"的电话线给还回来。

　　但是冷缩如果不是发生在电话线上，而是发生的桥上的话，那就不太妙了。我们来看看1927年报纸上对桥发生冷缩的报道：

　　"法国遭遇了一连数天的前所未有的大严寒，巴黎市中心塞纳河上的大桥损坏严重。大桥的铁质骨架遇冷收缩，桥面上的方砖隆起碎裂。桥上的交通只能暂时中断。"

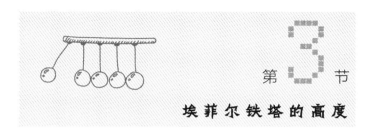

第 3 节

埃菲尔铁塔的高度

如果现在再问你，埃菲尔铁塔有多高？你在回答"300米"之前，一定会问一句：

"在什么天气中，冷天还是热天？"毕竟这么大的铁建筑不会在任何温度下都保持一个高度。我们知道，温度升高1 ℃，长300米的铁杆伸长3毫米。温度升高1 ℃，埃菲尔铁塔也大约增高这么多。在巴黎，晴朗温暖的天气中，这座铁塔的温度可达40 ℃，阴凉的雨天，它的温度又会跌到10 ℃，冬季温度就更低了，能跌到0 ℃，甚至 – 10 ℃以下（巴黎很少出现严寒天气）。可见温度波动范围能达到40 ℃或者更高。也就是说，埃菲尔铁塔的高度可以伸缩3×40=120（毫米），也就是12厘米。

直接测量甚至能发现，埃菲尔铁塔对温度变化的反应比空气更敏感：它比空气热得快，冷得也快。如果阴天突然出太阳，它会比空气更早做出反应。我们用一种特制的镍钢丝测量埃菲尔铁塔的高度变化——无论温度怎么变化，这种镍钢丝几乎保持自己的长度不变。

总之，炎热天气中埃菲尔铁塔的高度比冷天高出12厘米左右。

第 **4** 节
从 茶 杯 到 水 表 管

有经验的家庭主妇，在往杯子里倒茶之前，为了防止杯子破裂，总会往杯子里放一个茶匙，最好是银茶匙。是生活的经验教会她们这么做的。那么这其中包含什么道理呢？

我们需要先弄清楚：倒热水时，杯子为什么会裂开？

原因就在于玻璃受热膨胀不均匀。热水倒进杯子里，不会马上把杯壁全部烫热，而是先把内壁烫热，这时候外壁还来不及烫热。内壁受热膨胀，外壁体积却还没有发生变化，从内壁产生的压力压向外壁，玻璃杯就被胀裂了。

不要以为你买的是厚玻璃杯，就不会有胀裂的危险了。其实厚杯子在受热时最不结实，它比薄杯子更容易裂开。这很好理解：薄杯子更容易烫热，杯子内外壁能更快地达到温度均匀，从而发生同样程度的膨胀，但是厚杯子的外壁显然就没那么容易烫热了。

选择薄玻璃杯时，还有一点也很重要：不仅要选择侧壁薄的杯子，最重要的是杯底要薄。因为往杯子里倒热水时，杯底被烫得最热，如果杯底很厚，不论杯壁有多薄，都容易裂开。这也是有厚厚的圆底的玻璃杯和瓷碗容易被烫裂的缘故。

玻璃容器越薄，越能放心大胆地把它加热。化学家们就是使用这种特别薄的玻璃器皿，往里装上液体，直接放到酒精灯上加热到沸腾，也不用担心它们碎裂。

当然了，最理想的还是受热时完全不会膨胀的容器。石英在受热时膨胀程度很小。由透明石英制成的厚容器，无论怎么加热，也不会裂开。甚至可以放心大胆地把烧得炽热的石英容器放入冰水中，根本不用担心它会裂开（石英容器适合在实验室中使用，还因为它熔点很高：石英在1 700 ℃高温下才会软化）。这多多少少也是因为石英的导热度也比玻璃大得多。

不仅快速加热时玻璃杯会破裂，急速冷却时也会发生这种情况。原因就在于遇冷收缩不均匀：遇冷时，玻璃杯的外壁最先收缩，给还没来得及遇冷收缩的内壁造成极大的压力。因此，装有滚烫果酱的玻璃罐子不能马上放到极冷的地方，或者浸入冷水中，等等。

我们再回到往杯子里放茶匙的问题。茶匙是怎么对杯子起到保护作用的呢？

只有在一下子很快就往杯子里倒滚烫的开水时，杯子内外壁受热才会有很大的差别。如果倒的是温水，则不会给内外壁受热造成很大差别，也就不会对杯子各部分产生强大的压力，因而温水不会使玻璃杯破裂。那么，往杯子里放茶匙又会怎么样呢？热水倒进杯底，在烫热玻璃（不良热导体）之前，把部分热度传给了热的良导体——金属，这样热水的温度也就降下来了，变得温热，对玻璃杯也就几乎没有什么威胁了。再继续往杯子里倒热茶，杯子就没有破裂的危险了，因为之前杯子已经被烫热了一些。

总而言之，杯子里的金属茶匙（如果茶匙很大就更好了）能够缓和杯子被不均匀烫热的情形，从而避免杯子破裂。

但是为什么用银茶匙更好呢？这是因为银是热的良导体，银茶匙能比铜茶匙更快地吸走热水的热度。回想一下，如果在倒入热茶的杯子里放着一柄银茶匙，那么这把银茶匙是不是特别烫手？根据银茶匙的这个特点，我们甚至能准确地判断出茶匙的材质：铜茶匙并不烫手。

玻璃器壁因为受热不均匀，导致膨胀不均匀，从而可能发生破裂，这种情形不仅发生在茶杯上，还威胁着蒸汽锅炉的重要部分——水表管（用于测量锅炉中的水位高度）的完整性。水表管内壁直接接触热蒸汽、热水，它受热膨胀的程度比外壁高，而且内部的蒸汽和水还会对内壁产生极大压力，使水表管更容易破裂。为了避免发生这种情况，生产时会用两种玻璃管制作水表管的内外壁，这样内壁的膨胀系数比外壁小一些。

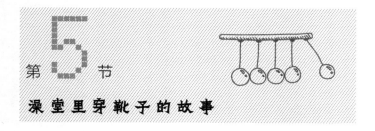

第5节

澡 堂 里 穿 靴 子 的 故 事

"为什么冬季昼短夜长，而夏季昼长夜短呢？冬季昼短，跟其他看得见的和看不见的东西一样，是因为遇冷收缩，而夜长是因为点了灯火，遇热膨胀的缘故。"

这个可笑至极的说法来自契诃夫的小说《顿河畔的退伍士兵》，你一定会笑话这个荒谬的论调。但是嘲笑这种"科学"论调的人，自己也经常创造出很多不合理的理论。很多人都听说过甚至读到过在澡堂里穿不进靴子的故事，说洗完澡后脚套不进靴子里，是因为"脚被烫热了，体积胀大了"的缘故。这个著名的例子简直就是热胀冷缩理论中的经典论调，但其实人们给出了完全不正确的解释。

首先，洗澡时人体温度几乎不会升高。人在洗澡时体温升高一般不会超过1 ℃，最多不会超过2 ℃（在蒸浴床上）。人体能够很好地平衡外部环境的温度变化影响，将自身的温度维持在一定水平。

而体温升高1 ~ 2 ℃，人体体积胀大的程度极小，脚穿在靴子里肯定感觉不出来。人体部位，不管软硬，其受热膨胀系数都不超过几万分之几。也就是说，脚掌的宽度和胫骨的粗细总共胀大也不过百分之几厘米。难道靴子在缝制时能精确到0.01厘米——几乎相当于一根头发丝的厚度吗？

当然了，洗澡后脚不好套进靴子里确实是不争的事实。但是原因却不是受热膨胀，而是脚充血、外皮肿胀、皮肤湿润等，总之，跟受热膨胀没有任何关系。

第6节　"神仙显灵"是怎么回事？

古希腊机械师亚历山大城的海伦，他也是海伦喷泉的发明者，给后世留下了两种巧妙的方法，是埃及祭司用来欺骗民众，让他们相信神灵是确实存在的方法。

图74所示是一个空心的金属祭坛，祭坛下面是隐藏在地下的机构，能够带动庙门打开。祭坛设在庙外。祭坛内点火，祭坛里面的空气受热，向隐藏在地下的容器中的水施加压力，将容器里的水压入水管，排到一个桶中，桶落下来，带动机械转动，进而打开庙门（图75）。观众自然大感惊讶，完全没想到地下还隐藏着装置，只看到了"神仙显灵"的画面：只要祭坛里点起火，庙门就在"祭司的祈祷声中"自动打开了……

祭司创造的另一个骗人的"神仙显灵"现象，如图76所示。祭坛内烧着火时，空气受热膨胀，把下面油箱里的油压入藏在祭司像里面的管子里，油就能"神奇"地自动倒进火焰中了……但是只要控制这个祭坛的祭司偷偷地拔掉油箱盖上的木塞，油就会不再流出了（因为多余的空气从木塞孔中跑掉了），祭司就是用这招对付吝啬呈贡祭品的信徒。

图74　揭秘埃及祭司的"神仙显灵"：祭坛内点火，庙门打开

图75　祭坛内点着火时，庙门自动
　　　打开的装置图

图76　古时候另一个骗人的"神仙显灵"现
　　　象：油自动倒进祭坛里的火焰中

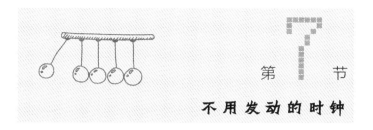

第 7 节

不用发动的时钟

我们在前面已经讨论过利用大气压变化的原理制造不用发动的时钟（更准确地说，是无须专门上发条的时钟），在此我们再来研究一下类似的自动钟，只不过这种自动钟利用了受热膨胀原理。

时钟机械图如图77所示。时钟的主要部分是长杆Z_1和Z_2，这两根长杆是由特殊金属合金制成的，具有很高的受热膨胀系数。长杆Z_1抵在齿轮X的齿上，当长杆受热伸长时，会推动齿轮稍微转动。长杆Z_2抵在齿轮Y的齿上，当长杆遇冷缩短时，会推动齿轮Y与齿轮X朝同一个方向转动。两个齿轮装在同一个轴W_1上，W_1转动时，带动一个更大的齿轮转动，这个更大的齿轮上装了很多勺子。勺子转到下边装有水银的槽中时，舀取槽中的水银，再把水银带到上边，水银从上边流向左边的齿轮，左边的齿轮上也装了很多勺子，把这些勺子都装满水银后，在重力作用下，勺子里的水银带动齿轮转动，再带动绕在齿轮K_1（与更大的齿轮装在同一个轴W_2上）和K_2上的链条KK'，齿轮K_2转动时，就会拧紧时钟的发条。

那么水银从左边齿轮的勺子里流出来后去哪了呢？水银沿斜槽R_1重新流回右边的齿轮，之后再开始新一轮的流动。

正如我们所见，只要长杆Z_1和Z_2伸长或缩短，这个机械装置应该是可以动起来的，而且不会停下来。如果要发动时钟，只要周围空气温度交替升降就行了。而且实际上也正是这样，我们不需要特别关照时钟：周围空气温度发生的任何变化都能使长杆伸长或缩短，这样一来，就总能缓慢但不停歇地拧紧时钟的发条弹簧。

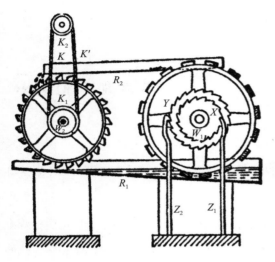

图77 能够自己发动的时钟

这类时钟能叫作"永动机"吗？当然不能。确实，只要零件不磨损，时钟就能永远走下去，但是它的动力来源是四周空气的热能。时钟一点一点地蓄积热膨胀功，然后不断利用热膨胀功推动指针向前走。这是"不花钱"的动力机，因为它不需要我们关照，也没有什么消耗。但是这类时钟的能量不是无中生有的：它的能量源头是照耀大地的太阳热能。

我们再介绍一种类似的能自行发动的时钟，如图78和图79所示。这个时钟的主要部分是甘油，空气温度升高时，甘油受热膨胀，提起一个小重锤，重锤落下时，带动时钟的机械装置。因为甘油在 −30 ℃时才凝固，在290 ℃时才沸腾，所以这种时钟适合装在城市广场和其他开阔场地上。温度变化2 ℃，就能带动时钟向前走。人们造出一台这样的时钟，试验了一年之久，期间人们连一个手指头都没有碰过它，它却一直走得很顺畅。

如果根据这样的道理造出更大的动力机来，是不是能带来很大的经济利益呢？乍一看，这类"不花钱"的动力机应该是很经济的才对，但是我们通过计算，发现结论全然不同。发动一台普通时钟走一个昼夜，总共需要大约1/7×9.8焦的能量。

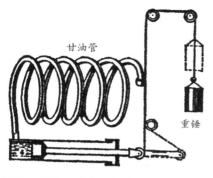

甘油管

重锤

图78 另外一种自行发动时钟的示意图

图79 时钟底座内藏有甘油管的
自行发动时钟

我们知道1马力等于735瓦，那么这台时钟的功率为1/45 000 000马力。也就是说，如果我们把第一种时钟的长杆或第二种时钟的零件算作一分钱的话，这种动力机做1马力的功需要耗费1分×45 000 000=450 000（元）。

花近50万元才能做1马力的功，这种"不花钱"的动力机也太贵了吧……

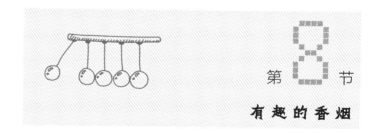

第 8 节

有 趣 的 香 烟

烟盒上放着一支燃着的香烟（图80），香烟的两端都在冒烟。但是过滤嘴那端冒的烟向下沉，另一端冒的烟却向上升。这是为什么呢？一支香烟的两端冒出的烟本该是一样的才对。

没错，冒出的烟确实是一样的，但是香烟燃着的那一端把四周的空气烧热了，形成了上升气流，是这股气流带着烟雾颗粒上升的。而从过滤嘴那端流出的空气和烟，则已经冷却了，不会再上升。因为烟雾颗粒的密度比空气的大，烟粒自然会下沉。

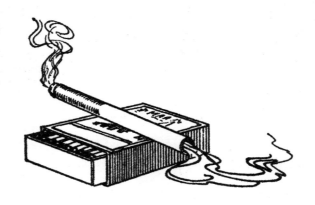

图80 为什么香烟一端冒出的烟上升，而另一端下沉呢

第9节

在开水中不融化的冰块

取一根试管，装满水，再往试管里放一块冰块，为了使冰块不漂浮在水面上（冰块的密度比水的小），放一粒铅弹、一个铜圆等压住冰块，让它沉在水底，但是不要让冰块与水完全隔离。然后把试管放在酒精灯上加热，要让火焰只烧在酒精灯的上部（图81）。很快水就开始沸腾了，升起一团团蒸汽。但是奇怪的是，试管底部的冰块却没有融化！我们好像在表演一个小小的魔术：冰块在开水里没有融化……

图81　试管上部的水已经沸腾，下面的冰块却没有融化

　　答案不难猜到，试管底部的水完全没有沸腾，还是凉的，只有试管上部的水沸腾了。我们表演的根本不是"开水中的冰块"，而是"开水下方的冰块"。水受热膨胀，变得更轻，不会沉到下面去，只会留在试管上部。热水流动和各层混合也只发生在试管上部，没有影响下部。热量只有通过水的导热性传到下部，但是水的导热系数是很小的。

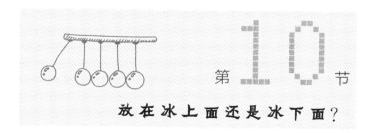

第10节

放在冰上面还是冰下面？

　　烧水的时候，我们会把锅放在火上，而不是放在火的侧面。这么做是完全正确的，因为空气被火烧热，变得更轻，从四周升上去，绕着锅升起来。

因此，把要加热的物体放在火焰上方，可以有效地利用热源的热量。

但是如果我们想要用冰块冷却一个东西，又该怎么做呢？很多人还是习惯地把冰块放在待冷却物体的下面，我们举个例子，把热牛奶罐子放在冰块上面。这种做法可不太恰当，要知道，冰块上方的空气被冷却，会向下沉，原来的位置就被温暖的空气置换了。由此我们可以得出实际的结论：如果想要冷却饮料或食物，千万不要放在冰块上面，而是要放在冰块下面。

我们详细地解释一下其中的道理。如果把装水的容器放在冰上，那么冷掉的只有最下面的水，其余的水依旧被没有冷却的空气围绕着；相反，如果把冰块放在容器顶盖上方，就能更快地冷却容器里的水了。最先冷掉的上层的水会向下沉，原来上层水的位置会被从下层流上来的温水取代，直到所有水都冷却（在这种情况下，纯净水不会被冷却到0 ℃，而只能冷却到4 ℃，在4 ℃下，水的密度最大。而且在实际生活中，也不要把饮料冷却到0 ℃）。另外，冰块周围冷却的空气也会向下沉，把容器包围起来。

第11节

为什么窗户紧闭还是感觉有风？

我们常常会发现，即使把窗户关严，不留一丝缝隙，还是能感觉到有风在吹。这看似很奇怪的现象，其实却没有什么好奇怪的。

房间里的空气几乎没有静止不动的时候，总是会有看不见的气流，这是空气遇热和遇冷造成的。空气遇热会变得稀薄，也就是会更轻；遇冷则相反，会变得更稠密，也更重。暖气片和炉子周围的空气被烧热，变得比较轻，被冷空气挤得向上升，一直升到天花板上；冰凉的窗户和墙壁周围的空气被冷却，变得更重，就会沉下来，沉到地板上。

我们用一个小孩子玩的气球，可以很容易地发现房间里的空气流动情况。在气球上绑一个小东西，让气球不会飘到天花板上去，而是在空气中自由飘荡。把气球放在烧得很热的炉子旁边，气球被看不见的气流带动着在房间里飘荡：从炉子那里升到天花板上，再飘到窗户旁边，再从窗户旁边落到地板上，最后回到炉子旁边，然后再重新沿这个路线在房间里飘荡。

冬天窗户紧闭，外面寒冷的空气根本没法透过缝隙吹进来，我们却还能感觉到有风，尤其是脚底下，就是这个原因。

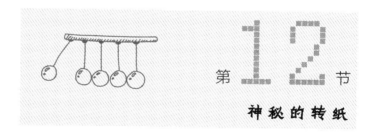

第 **12** 节

神 秘 的 转 纸

把一张薄烟纸裁成长方形，沿横竖两条中线对折，然后打开，两条折线的交点就是纸片的重心所在。现在把纸片放在一根针的针尖上，使针尖正好顶着纸片的重心。

这时候纸片能够保持平衡，因为它的支点在自己的重心上。此时只要有一点小小的风，纸片就会开始绕针尖旋转。

目前来看，这个小东西并没有什么神秘感。但是把手靠近纸片，就像图82那样，马上就能发现它的神秘所在了。手要小心地靠近纸片，不要让手带起的风把纸片吹落。这时候奇怪的现象出现了：纸片开始旋转，开始很慢，然后越转越快。如果把手移开，纸片就会停止旋转；再把手靠近，纸片又旋转起来。

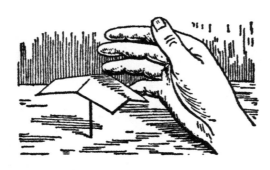

图82　为什么纸片会旋转

在19世纪70年代，这个神秘的现象一度被很多人认为是人体具有某种超自然能力的证明。神秘的信徒拿这个现象佐证他们的模糊学说——人体能发出神秘力量。但是这个现象产生的原因并没有什么超自然的地方，而是再简单不过：人的手是有温度的，手掌下方的空气受热升起来，向上流动到纸片上，让纸片转起来，就像众所周知的灯上烧"纸蛇"的实验一样，而且纸片被折过，它会有一点儿倾斜。

细心的人可能会发现，纸片总是向同一个方向旋转——从手腕沿手掌转到手指。这是手上各部分的温度差造成的：手指末端温度总是比手掌的低，所以手掌旁边会形成更强的上升气流，给纸片造成比手指热度形成的气流更强的冲击。

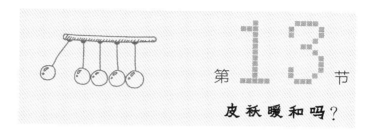

第 **13** 节

皮袄暖和吗？

如果有人告诉你皮袄根本不暖和，你会怎么说？你肯定会以为这个人是在开玩笑。但是如果他通过一系列实验证明了呢？比如说，可以做一个这样的实验：用温度计测量室内温度，然后把温度计裹进皮袄里，几个小时以后把温度计拿出来，你会发现，温度计显示的温度一点儿也没有升高，原来是多少度，现在还是多少度。这就能说明，皮袄并不会给人带来温暖。而且，你甚至可以证明，皮袄还能冷却东西。取两个冰袋，一袋裹在皮袄里，另一袋直接放在房间里。直接放在房间里的冰袋融化后，打开皮袄，你会看到这个冰袋几乎还没开始融化呢！也就是说，皮袄不仅不会传递热量给冰袋，甚至还能保持冷却，让它的融化过程变慢！

要怎么反驳呢？怎么推翻这个说法呢？完全没办法推翻。如果"暖和"这个词指的是"传递热量"的话，皮袄确实不会让人暖和起来。灯、炉子、人体都能给人温暖，因为它们都是热源。但是皮袄，从这个意义上来说，不会给人带来温暖。它不会把热量传递给我们，只会阻止人体的热量流失。这也是温血动物（自己的身体是热源）穿皮袄比不穿觉得更暖和的原因。但是温度计无法产生热量，所以我们把它裹在皮袄里，它的温度不会变化。冰块裹在皮袄里，能更长久地保持自己的低温，因为皮袄是极差的热导体，能够减缓外面空气的热量接近冰块。

从这个意义上来说，积雪就像皮袄一样，能保持大地的温暖。积雪与其他的粉末状物体一样，属于不良热导体，它阻止热量从被它覆盖的土壤中跑出去。如果用温度计来测量，会发现被积雪覆盖的土地的温度常常比裸露的土地高10℃左右。

因此，关于"皮袄暖和吗"这个问题，皮袄只是帮助我们自己给自己温暖。更准确地说，是我们温暖了皮袄，而不是皮袄温暖了我们。

第14节
我们脚下的土地是什么季节？

如果地面上是夏天，那么地底下，比如说地面以下3米深的地方，又是什么季节呢？你觉得那里也是夏天吗？那你就错了。地面和地下并不是我们平常想象的那样是一样的季节。土壤的导热性非常差。圣彼得堡的市政把水管道埋在地下2米处，即使是冬天最冷的那几天也不会冻裂。地面发生的温度变化，传导到地下的过程非常缓慢，而且传到更深的地下，需要更长的时间。比如说，我们在俄罗斯的斯卢茨克做过一个实验，在地下3米深处直接测量，最热的时候的到来比地面延迟76天，而最冷的时候的到来则比地面晚108天。这就说明，如果地面上最热的一天是7月25日，那么地下3米深处则在10月9日迎来最热的一天！如果地面上最冷的一天是1月15日，那么地下3米深处则在5月才会到来！至于更深的地方，这个延迟的时间更长。

越往下，温度变化不仅会延迟，还会减弱，到了一定深度，温度完全不会发生变化了：在长达数百年的时间内，这个地方都保持同一个温度不变，这也就是这个地方所谓的全年平均温度。巴黎天文台的地窖里，地下28米深处有一支温度计，还是拉瓦锡放在那里的，已经有150年的时间了，但是在这150年的时间里，它甚至都没有稍微波动一下，一直指向同一个温度（11.7℃）。

因此，我们脚下的土壤中从来都与地面不是同一个季节。如果地面是冬天，那么地下3米深的地方还是秋天呢，当然了，并不是之前地面上经历的那种秋天，而是指温度和缓下降的秋天。如果地面上是夏天，那么地底下还踩在冬季严寒的尾巴上呢！

这个道理对生活在地下的动物（比如金龟子的幼虫）以及植物的地下部分的生存具有重要意义。我们对下列情形的发生应该也没什么可奇怪的了：树木根部细胞只在最冷的半年内繁殖，根部所谓形成层组织在整个温暖季节里几乎停止发育，这与地面上的树干部分的发育情况正相反。

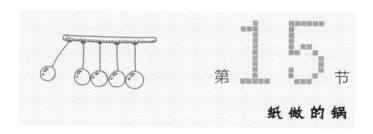

第 **15** 节

纸 做 的 锅

请看图83：在装满水的纸锅里煮鸡蛋！"纸一定会燃起来，然后水漏下来把酒精灯浇熄"，你一定会这样说。但是如果你用厚羊皮纸和铁丝（铁丝牢牢地固定在羊皮纸上）试着做这个实验，你就会相信，纸完全不会被火点燃。原因就在于，水在开口的容器中只能加热到沸腾的温度，也就是100℃，所以加热的水具有很高的比热容，它能够吸收纸的多余热量，不让纸的温度明显高出100℃，也就是让它达不到能够燃烧的温度（最好用一个小纸盒来做这个实验，纸盒形状如图84所示）。即使一直被火舌舔舐着，纸也烧不起来。

图83 用纸做的锅煮鸡蛋

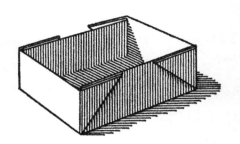

图84 用于煮沸水的纸盒

我们还会遇到这种情况，如果不小心把空壶放在火上烧，则壶底的焊锡会被熔化。原因很简单：焊锡比较容易熔化，只有装上水，才不会有温度过高的危险。所以，焊锡的锅不能不放水而空烧。有一种老式的机关枪，也是通过烧热里面的水来防止枪筒熔化的。

我们还可以把铅块放在卡片纸做成的小盒子里熔化。需要注意的是，让火舌只舔舐直接与铅接触的那块卡片纸，因为金属是比较好的热导体，能快速吸走纸上的热量，不让纸的温度过高，使温度不足以让纸燃烧起来。

下面这个实验（图85）也很简单：把细纸条紧紧地缠在粗铁钉或铁条（最好用铜条）上，缠成螺丝钉那样，然后把它们放到火上去。虽然火焰不停舔舐着纸条，但在粗铁钉或铁条烧红之前，纸不会燃起来。这个实验能成功，是因为金属具有良好的导热性；如果用玻璃棒做这个实验，就不会成功了。图86是类似的实验，将"烧不起来"的棉线紧紧地缠在钥匙上。

图85　烧不起来的纸

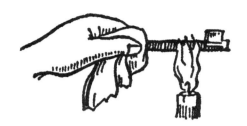

图86　烧不起来的棉线

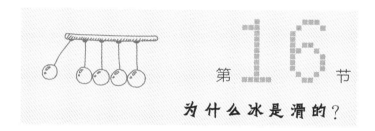

第 16 节

为什么冰是滑的？

在擦得光滑的地板上比普通的地板上更容易滑倒。这种情形就好像在冰上一样，也就是说，光滑的冰面比凹凸不平的冰面更滑。

但是如果你曾经在凹凸不平的冰面上拉过雪橇或滑过冰，你就会发现，跟我们想象的完全不同，在凹凸不平的冰面上拉雪橇或滑过冰比在光滑的冰面上更省力！这是因为压强增大时，冰的融点会下降。

我们来看看，我们乘坐雪橇或溜冰时会发生什么。我们穿着溜冰鞋站在冰上时，我们的双脚只支撑在冰刀与冰接触的很小的面积上。我们的体重全压在这么小的面积上。回忆一下讲过的压强，你就会明白，溜冰的人对冰面产生了极大的压强。冰在更大的压强下，会在较低的温度下融化。比如，冰的温度是 −5 ℃，溜冰鞋产生的压强会使与溜冰鞋接触的冰面的融点降低5 ℃以上，于是，这部分冰就会融化（理论上可以计算出，为将冰的融点降低1 ℃，需要每平方厘米大约130千克的压强。那么雪橇或溜冰的人能对冰产生这么大的压强吗？如果将雪橇或溜冰的人的质量分布在滑木或冰刀上，那么质量就极小了。这证明滑木的整个表面并没有全部紧贴在冰面上，只有很小的一部分贴在冰面上）。然后会怎么样？溜冰鞋的冰刀和冰面之间形成了一小层水，溜冰的人自然就能滑起来了。脚移到另一个地方时，也会发生相同的情形。滑冰者脚下的冰都会变成一小层水。自然界中存在的所有物体中，只有冰有这种性质。

现在我们再回到光滑或凹凸不平的冰面哪个更滑的问题上。我们已经知道，同一物体支撑的面积越小，产生的压强越大。那么什么时候人对支撑面产生的压强更大呢？是在光滑的还是凹凸不平的冰面上？当然是在凹凸不平的冰面上产生的压强更大，因为此时冰刀只是支撑在少许的冰面凸起上。对冰造成的压强越大，冰面融化得越多，冰面会变得更滑（这只是针对冰刀足够宽的情况。如果冰刀较窄，会切进冰面凸起里，这种情况就不适用了——因为运动的能量都消耗在切割冰面凸起上了）。

日常生活中的众多其他现象，也可以用较大压强下冰的融点降低来解释。因为冰的这个特性，双手用力地将两块冰捏在一起，松手后两块冰就冻在一起了。打雪仗时小孩子团雪球，也是无意识地利用了冰粒（雪粒）的这个特性：用手捏雪粒，降低了雪粒的融点，松手后就冻成了雪球。堆雪人时滚的雪球，也是利用了冰的这个特性：雪球下部与地面接触，因为重力的作用而压在地面上的雪上，雪球下部融化，沾上更多的雪，然后冻在一起。你现在肯定明白了，为什么天气极冷的时候，只能用手团成松散的雪球，滚的雪球也不大。人行道上，行人的脚踩来踩去，雪粒逐渐结成冰：雪花受压后冻成了一整块的冰。

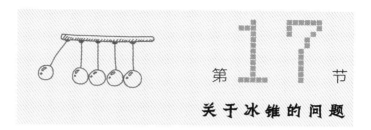

第 17 节

关 于 冰 锥 的 问 题

你有没有思考过一个问题，我们经常看到的挂在屋檐上的冰锥是怎么形成的？

冰锥是在哪种天气下形成的呢？是温暖的天气还是寒冷的天气？如果是在温暖的天气里形成的，那么，在零度以上的温度下，水怎么能结冰呢？如果是在寒冷的天气里形成的，那么屋檐上的水又是哪里来的呢？

你看，这个问题可不像一开始以为的那么简单。要形成冰锥，需要同时具备两种温度：一种是零度以上，让积雪融化；一种是零度以下，让水结冰。

实际情况是这样的：屋顶上的雪在太阳光的照射下，升到零度以上，融化的水从屋檐边上流下来，但是因为屋檐下边的温度在零度以下，水在这里冻成冰。

想象这样的画面：这是阳光明媚的一天，温度只有 $1 \sim 2 \, ℃$。太阳光照耀着大地上的一切。但是太阳光是斜着照射下来的，不会把大地晒得很热，地面上的积雪没有融化。但是屋顶有斜面，太阳光不像照到地面上那样倾斜，而是要直一些，以近乎直角的角度照在屋顶上。我们知道，太阳光与被照射的平面形成的角度越大，被照射的物体被晒得越热（太阳光线的照射作用与这个角度的正弦值成正比。在图87所示的情况下，屋顶上的雪受到的热量是地面的雪的2.5倍，因为sin60°大约是sin20°的2.5倍），这也是屋顶斜面被晒得更热，屋顶上的雪能融化的原因。融化的水流下来，从房檐边一滴一滴地滴下来。但是房檐下的温度低于零度，流下来的水滴在蒸发的作用下温度降得更低，所以在房檐下结了冰。第一滴水冻成冰了，第二滴水流下去，也冻成了冰，然后第三滴……慢慢地形成了一个小冰球。再一次出现这种天气时，冰锥还能变长，最后形成挂在屋檐下的冰锥，就像地下溶洞里形成的钟乳石一样。仓库和不生火的民房的屋檐也是因此才出现这种冰锥的。

图87　倾斜的屋顶被太阳光晒得比地面更热（图中数字表示的是阳光照射角度）

我们看到的范围更大的现象也是由于这种原因产生的：各个气候带和四季在温度上的差别，很大程度上跟太阳的入射角的变化有关系（这不是全部原因，另一个重要的原因是昼长不一样，也就是太阳照射大地的时长不一样。其实，这两个原因基于是同一个天文事实：地轴倾斜于地球绕日公转的轨道面）。冬季太阳与地球的距离和夏季的一样，太阳与极地及赤道的距离也一样（距离上有一点儿小区别，可以忽略不计），但是太阳光与赤道附近地面形成的角度大于两极，而且这个角度夏季还比冬季大。这就造成赤道和两极、夏季和冬季的白天的温度有极大区别，因此，也使整个自然界在生活上有显著区别。

07

光线

导 读

姜连国

本章将要学习和探索的内容不仅吸引人，还十分的"耀眼"——聪明的你一定意识到，我说的是双关语了，对吗？那么我们即将面对的主题是不是很清晰了？不错，就是明亮、美丽的"光"！没有光，我们似乎举步维艰，几乎什么都做不成。白天我们在阳光的照射下享受生活，又在黑暗中依靠光明前行。可是对于光，其实远比我们自己想象的陌生：你知道光是怎么传播的吗？光又有什么特别的性质呢？通过接下来的两章，你将对光产生全新的认识。

1.光源

能够自己发光的物体叫作光源，这是你在小学五年级上半学期的科学课上就会学习到的知识。蜡烛、太阳、灯泡甚至是萤火虫的尾巴，都是光源。光是沿直线传播的，这也是为什么我们会有影子，因为我们的身体挡住了一部分光线。光传播的速度是30万千米每秒，简直快到不敢想象！

在以前，照相是一件奢侈的事，只有权贵的人才能负担得起。那么普通百姓又是如何留下自己的回忆的呢？就是利用影子！在《捉影》这篇文章中将会向你介绍，利用影子，人们发明出了一种新的方式来留下纪念——影像画。利用影子，你还可以变魔术！不妨开动脑筋，或许你自己就能设计出一个魔术来！在本章《鸡蛋里的鸡雏》一文中就介绍了其中的一个魔术。如果你感兴趣，甚至可以自己动手试一试！

2.光速

光在不同的介质中，传播速度也是不同的。在气体中普遍快于在液体中，又普遍快于在固体中。当然了，由于光速实在是太快了，即使是在固体中传播，你也可能感受不到它变慢了！**真空中的光速是宇宙中最快的，达到了每秒钟299 792 000米的速度。在物理学中，我们将光在真空中的速度记为**c。在空气中，光速近似于c；在水中，光速约为$\frac{3}{4}c$；在玻璃中约为$\frac{2}{3}c$。由于光的传播太快了，我们在地球这个小小的环境中根本感受不到光传播的过程，然而当我们放眼于宇宙，在距离非常非常大的时候，光速就显得没有那么快了，光传播的过程也就能被我们感受到了。比如太阳，由于日地距离太大，太阳光传到地球需要几分钟的时间。也就是说，我们现在看的太阳放出的光芒，都是太阳在几分钟之前发出的光芒。在《关于日出的问题》这篇文章中，你将会了解到更多有关我们看到的太阳光的内容。

3.光的直线传播

在有雾的天气，我们看到透过树丛的光束是直的；从汽车前灯射出的光束是直的；电影放映机射向银幕的光束也是直的，这些现象说明，光在空气中是沿直线传播的。实验表明，光在水、玻璃中也是沿直线传播的。空气、水和玻璃等透明物质叫作介质，**光在同种均匀介质中沿直线传播。**

在一张纸上扎一个小孔，在纸的一侧放一支点燃的蜡烛，另一侧放上另一张白纸。你会惊奇地发现，后面的那张白纸上映出了蜡烛的影子，而且是反着的。这就是小孔成像原理，是我国古代思想家墨子和他的弟子首次发现的。你将在初中物理八年级上册（人教版）的课本中学习到。把它进行扩展，就是本章中《滑稽的照片》所讲述的内容了，也就是"进阶版小孔成像"。至于具体是如何"进阶"的，进阶后有什么不同，这些问题就留给你自己在文章中寻找答案吧！

总之，在本章中，我们不仅会学到很多知识，还将遇到一些简单的光学实验。在这种时候，我建议你不要拘泥于书本，盲听盲信教材或文章的内容，而要亲自动手，尝试着完成实际实验的操作。毕竟，质疑精神永远是科学殿堂中一颗最耀眼的明珠，也唯有如此，我们才能得到真正有说服力的结论。让我们用"纸上得来终觉浅，绝知此事要躬行"共勉，继续在物理的天空中展翅翱翔吧！

第1节

捉影

> 影子啊，黑色的影子，
>
> 谁能够不被你追上？
>
> 谁能够不被你超越？
>
> 只有你，黑色的影子，
>
> 不会被捉住、被拥抱！
>
> ——涅克拉索夫

我们的祖先不仅会捕捉影子，还从影子中得到了切实的好处：利用影子画出了"影像"——人体轮廓的剪影。

现在我们每个人都能用照相机给自己或者亲近的人照相。但是18世纪以前的人们还没有这么幸运，他们需要邀请画家给自己画像，这项服务非常昂贵，只有少数人才支付得起。这也是影像流行的原因，当时的影像和现代的照片一样流行。影像就是捕捉到并固定下来的影子。影像是用机械方法得到的，这与现在用照相机拍照正相反。我们用光照相，我们的祖先却利用没有光——影子得到自己的影像。

影像的画法如图88所示。画像的人的头需要转到某一个角度，使他（她）的影子有突出的轮廓，然后用笔把影子的轮廓描绘下来。最后将这个轮廓涂上墨水，剪下来贴在一张白纸上，影像就画好了。

图88 古老的影像法

　　要是愿意的话，还可以利用特殊的仪器——放大尺把影像缩小（图89）。

图89 缩小影像

　　你不要以为这种简单的黑色轮廓显示不出这个人的相貌特点。相反，一幅成功的影像有时候能跟人的原貌非常相像。

图90 席勒的影像（绘于1790年）

影像画的这个特点——轮廓简单，又与原貌非常相像——引起了一些画家的兴趣，这些画家开始利用这种方法创作整幅的图画、风景等。影像画逐渐形成了一个流派。图90所示是席勒的影像。

"影像"这个词取自18世纪中叶法国一位财政大臣的姓，他叫埃奇颜纳·德·西路埃特。这位大臣当时曾极力号召奢侈成风的国民理性消费，批评国民不应该在图片和图像上花费大量钱财。人们就风趣地把这种便宜的影像叫作"Silho"（西路埃特）。

第2节
鸡蛋里的鸡雏

你可以利用影子的特性，给小伙伴们表演一个有趣的魔术。拿一张浸过油的纸，张贴在方形纸板中间剪出的孔洞上，作为屏幕。屏幕后面放两盏灯，观众则坐在另一侧——屏幕前面。先点亮一盏灯，比如说左边那盏灯。

在点亮的灯和屏幕之间放一个椭圆形的纸板，这个纸板用铁丝座托住，这时屏幕上就会出现一个鸡蛋的影像（此时右边的灯还没点亮）。你可以告诉观众们，你要打开"X射线透视机"了，能够透视鸡蛋内部的情形……看见鸡雏了！观众果然一下子就看到鸡雏的影像出现在屏幕上，只见鸡蛋的影像边缘亮起，中间清晰地描绘出了一只鸡雏的影像（图91）。

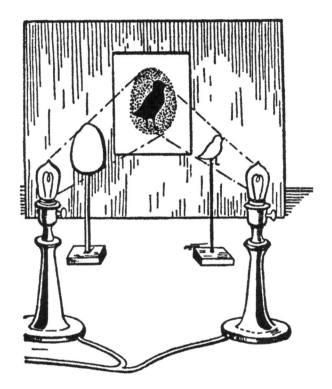

图91　假想的X射线透视照片

这个魔术很好揭秘：你点亮了右边那盏灯，而右边那盏灯的前面放着一个剪成鸡雏形的纸板。一部分椭圆形的影子被右边那盏灯照亮，而"鸡雏"的影子正是打在了这部分椭圆形的影子上，所以"鸡蛋"边缘比中间部分亮。坐在屏幕另一边的观众看不见你的动作，自然不会怀疑。所以如果观众本身不具备物理学和解剖学的知识的话，可能真的以为你把X光透射到了鸡蛋里。

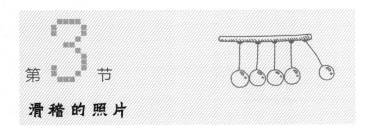

第3节
滑稽的照片

很多人都不知道，照相机可以不用放大玻璃（镜头），只通过小圆孔就能拍出照片来。只是用这种方法拍出的照片不太清晰罢了。这种没有镜头又能使照片发生有趣变形的相机中，还有一种叫作"狭缝"相机。狭缝相机中不是使用小圆孔，而是用两条交叉的狭缝来代替。相机前端部分有两块小木板，一块木板上是竖直的狭缝，另一块木板上是水平的狭缝。如果两块木板紧贴在一起，拍出的照片和小圆孔相机一样，也就是说，照片没有失真。但是如果两块木板之间有一定的距离（这两块木板是活动的），拍出的照片就完全是另外一副样子了，照片会呈现出一种滑稽的形态（图92和图93）。简直就是滑稽画，而不是照片。

图92　用狭缝相机拍出的滑稽照片——照片被横向拉长了

图93　用狭缝相机拍出的滑稽照片——照片被竖向拉长了

照片出现这种失真的情况该如何解释呢？如果把水平狭缝放在竖直狭缝前端（图94），光线从物体D上的竖直线（十字形）透过水平狭缝C时，与透过简单的小孔是一样的，竖直的狭缝基本不会改变光线的路径。因此，映在毛玻璃A上的竖直线的影像，它的大小取决于毛玻璃A与隔板C之间的距离。

如果狭缝的位置保持不变，物体水平线映在毛玻璃上的影像就完全不同了。光线顺利通过第一个（水平）狭缝，在到达竖直的狭缝B前没有发生交叉。光线穿过竖直的狭缝，与穿过小圆孔一样，把影像映在毛玻璃A上，这个影像的大小取决于毛玻璃A与第二块隔板B的距离。

简单地说，如果把狭缝板像图94那样放，竖直线相当于只通过前面那条狭缝（C），而水平线正相反，只通过后面那条缝（B）。因为前面的狭缝与毛玻璃A之间的距离比后面的狭缝更远，所以物体在毛玻璃A上的影像在竖直方向上应该比水平方向上放得更大，即物体的影像好像被竖向拉长了一样（图93）。

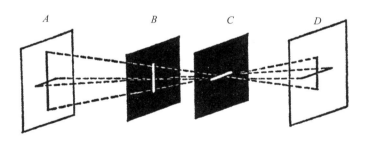

图94　为什么狭缝相机会拍出失真的照片

相反，如果把两条狭缝的位置对调一下，得到的就是水平方向被拉长了的影像（图92）。

那么把两条狭缝斜着放，就能得到完全不同的扭曲的影像，这就很好理解了。

这种照相机不仅能用来拍出滑稽照片，还能用于更加严肃、实际的目的，比如可以用来制作建筑装饰图案、地毯的花纹和墙纸的图案等，总之，可以得到随意向某个方向拉长或压缩的图案和花纹。

第 4 节

关 于 日 出 的 问 题

假设你在5点钟看到了日出，但是大家都知道，光不是瞬时到达的，而是需要经过一定时间，光才能从光源到达观测者的眼睛，所以这里可以提出一个问题：如果光能瞬间到达，我们会在几点钟看到日出？

光从太阳到达地球要走8分钟。假设光能瞬间到达地球，那么我们应该能提前8分钟看到日出，也就是在4点52分看到日出。

但是让很多人没想到的是，这个答案完全不正确。要知道，太阳"升起来"，实质上是地球从没有太阳光照到的地方转到了被太阳光照到的地方。所以，即使光的传播是瞬间的，我们也还是会在与原来考虑光传播所需的时间的相同时间——5点钟看到日出。

如果考虑"大气折射"，结果更加出人意料。折射使光线在空气中的路径发生弯曲，让我们能在太阳从地平线升起的实际时间之前看到日出。但是如果光的传播是瞬间的，则不会发生弯曲，因为折射是光在不同介质中传播速度不同造成的。没有折射的话，观测者看到日出的时间会比考虑光传播所需时间更晚一些。这个时间差取决于观测地点的纬度、空气温度等条件，基本上在2分钟到数天或更长时间（极地纬度）

的范围内波动。这就出现了非常有趣的悖论：光瞬时（无限快）传播时，我们看到日出的时间竟比不瞬时传播的时间更晚！

　　但是如果你用天文望远镜观测太阳边缘的某个凸起（日珥）的话，就是另一回事了：光瞬时传播的话，确实会早8分钟看到这个凸起。

08

光的反射和折射

导 读

姜连国

在上一章中，我们学习了有关光的基本概念。我们之所以能看到各种东西的样子，其实正是因为有光在物体表面发生反射，进入了我们的眼睛，这就是光对我们的意义。在本章中，我们将专注于光的两个最经典的现象——反射和折射。

1.光的反射定律

什么是反射呢？这在小学五年级上册的《科学》课本中曾经有所初涉。**光的反射就是指光射到两种不同的介质时，便有部分光自界面射回原介质中的现象**，常常发生在桌面、水面以及其他许多物体的表面。在反射现象中，经过入射点并垂直于反射面的直线叫作法线。对于光的反射来说，有一条定律永远成立，也就是光的反射定律：**在反射现象中，反射光线、入射光线和法线都在同一平面内；反射光线、入射光线分别位于法线两侧；反射角等于入射角。**

2.镜面反射和漫反射

光的反射并非只有一种，而是根据其入射的平面的状况而分为两类。**镜面很光滑，一束平行光照射到镜面上后，会被平行地反射。这种反射叫作镜面反射。** 而看上去很平的白纸，如果在显微镜下观察，可以看出实际是凹凸不平的。**凹凸不平的表面把平行的入射光线向着四面八方反射。这种反射叫作漫反射。**

这样听我叙述，你也许会觉得没什么，但实际上光的反射对我们来说远比你想象的重要得多——我们能够看见不发光的物体，就是因为物体反射的光进入了我们的眼睛。也正是由于桌椅、书本等物体会对照射到其上的光线产生漫反射，我们才可以从不同方向看到它们。

3.平面镜成像

光的反射在我们的生活中有一个最常见的应用：镜子，在物理中则被称为平面镜。平面镜成像有一些特点：**其所成像的大小与物体的大小相等，像和物体到平面镜的距离相等，像和物体的连线与镜面垂直。**听了这么多理论，再看看文章，你就会发现反射现象的神奇与不凡了。有了它的帮助，士兵们可以靠"隔墙视物"探查敌情，魔术师们可以让一颗头开口说话……《隔墙视物》《"砍掉的"头还会说话》会带你前去一探其中奥秘。

4.光的折射定律

学习过光的反射现象，接下来我们来思考一种更复杂的光的现象——**光的折射，指光从一种介质斜射入另一种介质时传播方向发生改变，从而使光线在不同介质的交界处发生偏折的现象。**这些知识将作为高中学习的预告，出现在初中物理八年级上册（人教版）中，而在高中物理选择性必修一（人教版）中，我们将继续深入学习光的折射定律：**折射光线与入射光线、法线处在同一平面内，折射光线与入射光线分别位于法线的两侧；入射角的正弦与折射角的正弦成正比。**其中入射角的正弦与折射角的正弦之比与入射角、折射角的大小无关，只与两种介质的性质有关。这些知识，你将在《光为什么折射，如何折射》这篇文章中更详细地知悉。

5.生活中的折射现象

回归到日常生活中，光的折射在许许多多的自然现象中都有体现。就比如说神秘、美丽的海市蜃楼现象实际上就是光在密度不均匀的大气中折射产生的影像，这一点你将在《关于海市蜃楼的新旧资料》中学习到。

我可不能说再多来向你"剧透"了。还等什么，赶快翻开本章，继续深入光的奇妙世界吧。

第1节

隔墙视物

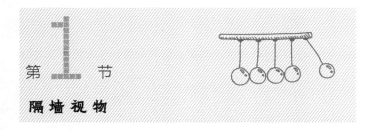

19世纪90年代，大街上到处都在卖一种有趣的小玩意儿，这个小玩意儿有着响亮的名字——X射线机。我记得，那时我还是个小学生，第一次把这个充满巧思的小东西拿在手里时，觉得特别神奇：那根管子能穿透不透明的物体，看到它里面有什么东西！

我借着这个小玩意儿，不仅试着透过厚纸板，还隔着真正的X射线机都透不过的刀锋，看到了周围的东西。这个小玩意儿的奥秘并不怎么高深，你看看图95上画的那根管子的原形，马上就能知道是怎么回事了。原来管子里面装了四面倾斜成45°的小镜子，把光线反射好几次，使光线能绕过不透明的物体，看到后面的东西。

图95　所谓的X射线机

类似的仪器在战争时期也得到了广泛应用。战士们坐在战壕里，通过这种叫作"潜望镜"的仪器（图96），不把头探出来也能观测敌人的动向，这样就能免受敌军炮火的攻击。

光线从进入潜望镜到进入观测者的眼睛所走的路径越长，仪器里看到的视界越小。要想扩大视界，需要安装一系列光学玻璃。但是玻璃会吸收一部分透入潜望镜的光，从而影响观测者观测到的物体的清晰度。这也限

图96　潜望镜

制了潜望镜的高度，20米已经接近潜望镜的极限高度了。如果潜望镜高于20米的话，观测者看到的视界就太小了，画面也不清晰，尤其是在阴天的时候。

潜水艇上的人员也是通过潜望镜观测准备发起攻击的舰船的。他们用的潜望镜是一根长长的管子，管子末端伸出水面。这种潜望镜比陆地上用的复杂得多，但是原理都是一样的：光线从装在潜望镜伸出水面部分的平面镜（或三棱镜）反射过来，沿着管子向下反射，最后落到观测者的眼里（图97）。

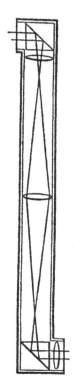

图97　潜艇上的潜望镜示意图

第2节

"砍掉的"头还会说话

一些流动的"博物馆"和"陈列馆"经常展示这项"奇事"。外行的人会觉得非常神奇：你会看到一张小桌子，上面放着一个盘子，盘子上是……一颗活生生的人头，这个人头能眨眼睛，能说话，还能吃东西！小桌子下面根本没有地方可以把人的身体藏起来。虽然你不能走近去看，因为小桌子周围围着围栏，但是你还是可以清楚地看见，小桌子下面什么都没有。

如果你去看这种"奇事展"，试着往小桌子下空着的地方扔一个纸团，马上就能把这个奥秘揭示出来：纸团被……镜子弹回来了！即使纸团没能扔到桌子那里，也能通过纸团发现镜子的存在，因为镜子里映出了纸团的影子（图98）。

图98　"砍掉的"头的秘密

在四个桌腿之间装上镜子，桌子下边看起来就是空的了。当然，只有镜子里不会映射出房间里的其他东西或观看的群众的时候，才不会露馅。这也是为什么举行这项展览时，房间里都是空的，墙壁完全一样，地板刷成单一的颜色，没有花纹，而且要求观看的群众与镜子保持足够远的距离。

这个秘密简直简单得可笑，但是在你探

究到奥秘所在之前，也会为这个"怪象"想破头。

有时候准备一些道具，这个魔术的效果会更好。魔术师先展示一张空桌子：桌子的下面和上面都是空的。然后从舞台上拿过来一个盖着的箱子，暗示大家箱子里藏着那颗"没有躯干的活生生的人头"（实际上箱子是空的）。魔术师把这个箱子放在桌子上，打开面向观众那边的箱面，一颗会说话的人头展示在众人面前。这时大家一定会目瞪口呆。各位读者可能已经猜到了，桌面有一部分是活动的，这个活动的部分把桌面上的孔洞盖起来，一个人坐在桌子下的镜子后面，当魔术师把没有底的空箱子放在桌上的时候，人头从桌上的孔洞中伸出来。这个魔术还有很多表演方式，我们就不一一列举了。如果读者朋友们看到了，就请自己去思考其中的奥秘吧！

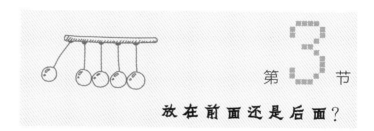

第 3 节

放在前面还是后面？

许多日常生活中常见的事情，很多人却做得不合理。前面我们已经说过，有人不会用冰冷却食物：应该把要冷却的食物或饮料放在冰下面，而不是放到冰上面去。就连镜子这种普通得不能再普通的东西，也不是所有人都会用的。想要把镜子里的自己看得更清楚，照镜子时，有人会把灯放在自己身后，为了"照亮自己在镜子里的影像"，殊不知要照亮的本应该是照镜子的人才对！但是恐怕很多女人都是这样照镜子的。我们的女读者们照镜子时，肯定知道把灯放在自己前面。

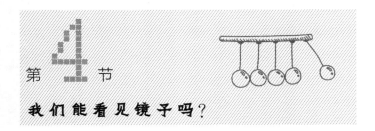

第 4 节

我们能看见镜子吗?

还有一个证据,也能证明我们对普通的镜子认识还很不足:虽然大家每天在照镜子,但你了解镜子吗?恐怕大部分人都不是很了解。

如果有人认为镜子是可以看得见的,那他(她)就错了。一面光洁干净的镜子是看不见的。能看得见的只有镜框、镜子边缘和映照在镜子中的物体,但是镜子本身是看不到的。如果镜子上没有污迹,我们就看不见它。一切反射面——与漫射面不同——本身是看不到的(漫射面指的是把光向各个方向散射出去的表面。我们一般把反射面叫作磨光面,把漫射面叫作磨砂面)。

用镜子玩的所有花招、魔术和幻觉——就像我们说的那个关于人头的魔术——都是建立在镜子是看不见的这个道理上,看得见的只有映照在镜子里的物体。

第 5 节

我们照镜子时看见的是谁?

"看见的当然是我自己啊,"很多人都会这样回答,"我们在镜子里的影像简直就是我们自己的翻版，所有细节都完全一样。"

我们来确认一下是不是真的一模一样。假如你的右脸颊上有一颗痣，但是在镜子里看到的是，你的右脸颊很干净，但是左脸颊上却冒出了原本没有的斑点。你把辫子向右梳，镜子里的你的辫子却是梳向左侧。你的右眉毛比左眉毛高，而且更加浓密，但是镜子里的人却是左眉毛比右眉毛高且浓密。你在坎肩的右边口袋里装着一块怀表，夹克的左边口袋里放着记事本，但是镜子里的人却与你的习惯不同：他的记事本放在夹克的右边口袋里，怀表放在坎肩的左边口袋里。注意看镜子里怀表的表盘（图99）。你的怀表从来不会这样：表盘上的数字，无论是位置还是形状，都不同寻常。比如，数字8的样子——Ⅲ，我们在现实中是不会这样写的；8点却在4点的位置，12点完全不见了；6点后面是5点；等等。除此之外，镜子里表针的走动也不走寻常路。

最后，镜子里的人还有一个身体上的不足，在这一点上你更加自由：他是个左撇子。他用左手写字、缝东西，用左手吃饭。你抬起右手跟他打招呼的话，他挥动左手回应你。

而且镜子里的人到底有没有文化，也很难界定。他的文化水平有别于常人。如果他手里拿着一本书，你恐怕连一行字也读不下来。他用左手写的字，字迹潦草，你可能一个字也不认得。

这个试图处处模仿你的人就是这样的！而你却觉得他的外貌跟你一模一样……

图99 你在镜子里看见的怀表的样子

开个玩笑：如果你认为照镜子的时候，看见的是你自己，那你可就看错了。大多数人的脸、身体和衣服都不是严格对称的（虽然我们一般不会发觉）：右半边与左半边并非完全一样。镜子里把我们右半边的特点都挪到左半边，左半边的特点挪到右半边。所以镜子中站在我们面前的人，是跟我们自己完全不同的人。

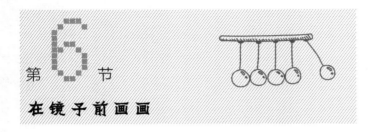

第 6 节

在镜子前画画

镜子里映出的像与原物不一样，在下面这个实验中更能明显地看出来。

在镜子前摆一张桌子，上面放一张纸，请试着在纸上画一个图形，比如说，画一个长方形和它的对角线（图100）。但是画的时候不能看着自己的手，只能看着映在镜子里的手的动作。

你会发现，这么简单的任务竟然无法完成。多年里，我们的视觉已经跟动作的感觉达成了协调。镜子破坏了这种协调，因为手在镜子里的动作，在我们眼里完全变了样。多年形成的习惯与每个动作相对抗：你想向右画一条线，手却是向左画的，如此等等。

如果不是画简单的图形，而是试着在镜子前画更加复杂的图形，或者对着镜子写点什么东西，你会发现一些更加意想不到的怪事：不论画出的还是写出的，都是十分滑稽的、乱七八糟的东西。

吸墨纸上印的字也跟镜子里的一样，是反的。看着吸墨纸上的字迹，试着读一读。即使字迹很清晰，你大概也认不出哪怕一个字：字都不同寻常地向左倾斜，最主要的是，笔画顺序和你平时养成的习惯完全不同。但是把纸拿到镜子边，让纸与镜子成直角，你会发现所有的字都跟平常见到的字一样。镜子让原本反着的字又反转了一遍，就正过来了。

图100 在镜子前画画

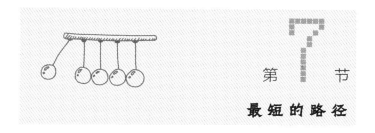

第 7 节

最短的路径

我们知道，光在同一个介质中是沿直线传播的，也就是沿最短路径传播。但是如果光不是从一点直接到另一点，而是通过镜面反射到另一点，同样是选择最短的路径。

现在我们对光的路径进行追踪。图101上的字母A表示光源，直线MN线是镜面，线ABC表示光线从蜡烛到眼睛C的路径。直线KB垂直于直线MN。

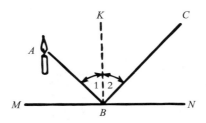

图101　反射角2等于入射角1

　　根据光学定律，反射角2等于入射角1。知道了这一点，就能很容易证明，从A到C（经过镜面MN反射）的所有可能的路径中，ABC最短。为了证明ABC最短，我们对比ABC和ADC（图102）。从A点画出直线MN的垂直线AE，延长该垂直线，使其与光线CB的延长线在F点相交。连接点F和点D。首先证明，三角形ABE和三角形FBE全等。这两个三角形都是直角三角形，有公共直角边EB，而且角EFB和EAB相等，因为它们分别等于角2和角1。由此得出，AE=EF。由此可知，直角三角形AED和直角三角形FED全等，它们的两条边AD和FD自然也相等。

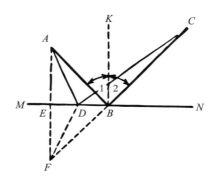

图102　光反射时选择最短路径

因此，我们可以用相等的路径CBF替换路径ABC（因为AB=FB），用路径CDF替换路径CDA。对比CBF和CDF的长度，可知直线CBF比折线CDF短。由此得出，路径ABC比ADC短，这正是我们需要证明的！

如果反射角等于入射角，无论D点在哪里，路径ABC总是比路径ADC短。也就是说，光线在光源、镜面和眼睛之间的所有可能路径中，确实选择了最短、最快捷的路径。著名的希腊机械师和数学家亚历山大城的海伦早在2世纪就指出了这种情况。

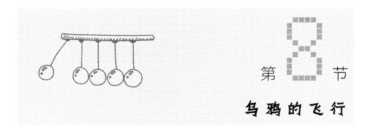

第 8 节

乌 鸦 的 飞 行

学会在我们前面讲过的类似情况下找到最短路径，可以解决一些难解的问题。举一个此类问题中的例子。

树枝上站着一只乌鸦，树下的空地上撒着谷粒。乌鸦从树枝上飞下来，衔起谷粒，再飞到栅栏上。这里的问题是，它在什么地方衔起谷粒，会使它的飞行路径最短（图103）。

这个问题和我们前面研究的光线问题差不多，所以不难给出正确答案：乌鸦应该像光线那样飞，才能使飞行路径最短。也就是说，让角1等于角2（图104）。我们已经看出来了，乌鸦这样飞，飞行路径最短。

图103　关于乌鸦的题目：找到飞到栅栏的最短路径

图104　解答关于乌鸦的题目

第 **9** 节

关于万花筒的新旧资料

大家都知道一个好玩的叫作万花筒的玩具（图105）：里面有一撮色彩缤纷的碎片，经过两面或三面平面镜反射，能形成非常美丽的图案，只微微地转动一下万花筒，图案就能千变万化。虽然万花筒是很流行的玩具，但是很少有人真正去想过，万花筒中到底能形成多少图案。假如你手里拿着的万花筒里有20个玻璃碎片，每分钟变化10个图案。到底需要多久，才能看完所有图案？

无论你的想象力如何天马行空，也无法回答这个问题。要想把藏在这个小小玩具里的所有变化全都看一遍，大概要等到海枯石烂了。因为要想把所有的图案都变化一遍，至少需要5 000亿年！要在超过5 000亿年的时间里一直转动万花筒，才能看完所有图案！

万花筒里无穷无尽、永恒变化的图案，很早就引起了装饰艺术家的注意。毕竟不论他们的想象力如何丰富，与万花筒无穷无尽的发明才能比起来，还是差得很远。万花筒能在顷刻间创造出非常美丽的图案，完全可以成为壁纸图案和各种布料花纹的灵感来源。

现在，万花筒这种东西恐怕无法引起大家的兴趣了，但是100年前它刚问世的时候，让广大群众赞叹不已。人们纷纷写散文和诗歌赞美它。

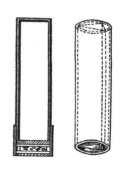

图105　万花筒

万花筒是1816年在英国发明出来的，一年半以后就传到了俄国，在俄国受到了赞美和欢迎。寓言作家伊兹迈依洛夫在《善意者》杂志上发表了一篇文章（1818年7月），就是讲万花筒的，其中对它是这样描述的：

看了万花筒的广告，我想方设法搞到了这个神奇的小玩意儿——

我向里面看去——我看到了什么？

在各种图案和星星之间

我看到青玉、红玉和黄玉，

还有绿宝石和金刚钻，

还有紫水晶和珍珠，

还有珍珠贝——所有珍宝一下子出现在眼前！

只要用手轻轻转动一下——

啊，我的眼前又展开了新的画卷！

不仅是诗歌，即使在散文里也无法确切地描绘出万花筒里千变万化的图案。只要用手轻轻转动一下，图案马上发生变化，各不相同，应接不暇。多么迷人美妙的花纹啊！如果能够把它们绣在布上就好了！但是又要到哪里去找颜色如此绚烂的丝线呢？看万花筒是闲来无事最好的消遣了，比玩无聊的游戏有趣多了。

有证据表明，万花筒早在17世纪就流传开了。不久后在英国得到翻新和改良，仅仅两个月就从英国流传到了法国。一位法国富豪定做了价值20 000法郎的万花筒。之所以这么贵，是因为他放弃了平常使用的各种颜色的碎玻璃，而是叫人把珍珠和宝石放进去了。

然后，伊兹迈依洛夫又讲了关于万花筒的趣闻，最后他在文章结尾拾起了落后的农奴时代特有的忧郁情怀：

皇家物理学家和机械师罗斯披尼，以制造优质的光学仪器而闻名于世，他制作的万花筒只卖20卢布。毫无疑问，这玩意儿的粉丝比喜欢他理化讲座的人可多多了，遗憾和奇怪的是，善良的罗斯披尼先生竟没能从他的理化讲座中得到任何好处。

很长一段时间里，万花筒都只被人们当作一种有趣的玩具，直到今天，才得到了切实的应用——我们利用它绘制图案和花纹。后来发明了一种仪器，可以把万花筒里的图案拍成照片。这样一来，我们能够通过机械方法创造出各种各样的图案了。

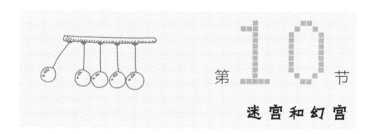

第 **10** 节

迷宫和幻宫

如果把我们缩小到碎玻璃那么大，被装进万花筒里，我们会是什么感受呢？实际上有一种方法可以做这个实验。如果参加了1900年的巴黎世界博览会，就能体验到这种神奇的感觉了。当年的博览会上有一个叫"迷宫"的房子获得了巨大的成功，这个房子就是一个大万花筒，只是不能动罢了。迷宫是一个六角大厅，每面墙上都是一块巨大、光洁的镜子。每个角都装有柱子和檐板，檐板与天花板连接在一起。观众走进大厅，好像淹没在无边无际的大厅和柱子里，迷失在和自己一模一样的人群里。他们从四面八方围拢着观众，延伸到目光不可及的地方去。图106上，用横线阴影表示的是经过一次反射的大厅，经过二次反射后，得到了垂直于横线阴影的竖线阴影，也就是又增加了12个大厅；三次反射后，又增加了18个大厅（斜线阴影）。每次反射后，大厅数量也相应增加。最后大厅的总数由镜子的光洁程度和六边形大厅内两面相对的镜子的平行程度决定。实际上，经过12次反射的大厅还能分辨出来，也就是说，总共能看见468个大厅。

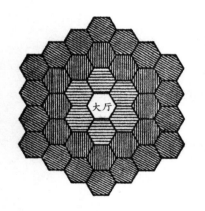

图106　中央大厅的墙面经过三次反射，得到了36个大厅

熟知光反射定律的人，都能解释产生这种"奇观"的原因：大厅里有三对平行的镜子，有十对放在角落里的镜子，所以大厅能被反射这么多次也就不奇怪了。巴黎世界博览会上还有一座"幻宫"（图107），它能带来更加惊奇的光学效果。"幻宫"的建造者将无穷无尽的反射与整个画面的瞬间变化结合起来，他们就像建造了一座移动的大型万花筒，把观众装在了里面。

"幻宫"里画面的变化是通过下列方式得到的：将镜墙在与墙角有一定距离的地方进行竖直切割，使形成的角落能够围绕柱轴旋转。从图108可以看出，角落1、2、3分别有三种形式的变化。现在想象一下，标有数字1的角落

图107　幻宫

带有热带森林的布景（图108），数字2是阿拉伯风格的大厅布景，数字3则是印度庙宇布景。

转动隐藏的机械，就能使墙角转动，热带森林会变成庙宇或阿拉伯风格的大厅。所有"奇观"的秘密都建立在简单的物理学现象——光的反射基础上。

图108　"幻宫"产生原理

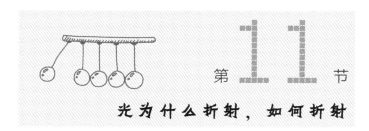

第11节

光为什么折射，如何折射

光线从一个介质进入另一个介质时会发生折射，很多人都认为这是大自然脾气古怪的缘故。不能理解为什么光线在新介质中不能保持原来的方向，而是选择了曲折的路线。光线从一个介质进入另一个介质的情形，我们可以用军队在容易走的和不容易走的土地交界处的行进情况来比喻。这样解释后，就能明白了。19世纪著名的天文学家和物理学家赫歇耳关于行军的问题是这么说的：

"设想有一队士兵正在行军，他们要走过两种不同的地形：一种是平坦易走的路；另一种是崎岖难行的路，在这种路上不可能走得很快。假设行军队伍的正面与两种路的分界线成一定角度，所以士兵到达分界线不是同时的，而是有早有晚。每个士兵跨过分界线后，都不会走得像之前那样快，也不能与还在平整道路上行走的其他人保持一条直线，就会慢慢落后于别人。因为每个士兵在跨过分界线后，走路都一样困难。如果士兵们保持队形不散，还继续依着队形前进，那么跨过分界线的那部分人不可避免地落后于还没跨过分界线的人，因此，在分界线交点处形成一个钝角。又因为士兵必须踏步前进，不能抢先，每个士兵只能跟着新队伍前进，与新队伍成直角。跨过分界线时，走过的路有了新的特征：第一，与新队伍垂直；第二，与速度没有减慢时的行进距离的比值，等于新的行进速度与原有的行进速度的比值"。

我们可以把规模缩小，用一张桌子直观地表示光的折射。在桌子的半边盖上桌布（图109），轻轻抬起桌子，使桌子倾斜，让一对牢牢装在共有轴上的小轮子（比如，可以从坏了的玩具汽车或其他玩具上拆下来）从桌子上滑下来。如果轮子的滚动方向与桌布的边缘成直角，则不会发生线路弯曲的情况。这符合光学定律：垂直于介质分界面的光线不会发生弯曲。如果小轮子的滚动方向与桌布边缘形成一定程度的倾斜，轮子的路线会在桌布边缘处发生弯曲，也就是说，会在不同行进速度的介质之间的分界处发生弯曲。很容易发现，从桌子上速度较快的一部分（没有盖桌布的部分）过渡到速度较慢的一部分（盖桌布的部分）时，路线方向（"光线"）接近于"入射垂直线"；反之，则偏离这条垂直线。

图109 解释光的折射现象的实验

在这里我们要做出重要的结论，来揭示这种现象的实质：折射是由于光线在两种介质中速度不同造成的。速度差越大，折射程度越大。表示光的折射程度的所谓折射率，正是两种速度的比值。如果你读到过，从空气过渡到水时的折射率等于4/3，那么你就会知道，光在空气中的行进速度大约是在水中的1.3倍。

因此，我们在这里得出光传播的另一个特点：如果发生反射，光传播会沿最短的路径进行；如果发生折射，则会选择最快的路径（除了这条折射路径，其他方向都不能使光线如此快速地到达"目的地"）。

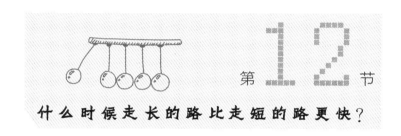

什么时候走长的路比走短的路更快？

但是，难道曲折的路线可以比直线更快地到达目的地吗？是的，如果在不同部分行进速度不一样，那么确实是走曲折的路线更快。设想一下，一位村民住在两个火车站之间，离其中一个车站更近一些。要想更快到达较远的车站，他先骑马向反方向走，奔向较近的车站，在那里坐上火车，再驶向目的地。要说路程最短，那么应该选择直接骑马奔向目的地。但是最佳的路线确实是先骑马，再坐车，走比较长的路线，因为这样走更快。

我们不妨再看一下另一个例子。骑兵要从A点把一份情报送到C点的司令部那里（图110）。A点与司令部之间隔着沙地和草地，两种土地的分界线是直线EF。马在沙地上走的速度只有草地上速度的一半。骑兵应该选择哪条路径，才能在最短的时间内到达司令部呢？

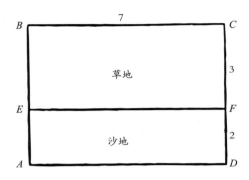

图110 关于骑兵的题目，找到从A到C的最短路线

第一眼看去，最快的路径应该取A点到C点的直线。但是这样想是错的，我也不相信会有骑兵选择这条路径。在沙地上骑马速度很慢，所以最明智的做法是让难走的沙地越短越好，走过沙地的路径倾斜程度越小越好。当然啦，这样选择的话，第二条的草地路径就会相应延长。但是因为草地上的骑马速度是沙地上的两倍，路径长一些还是有好处的，总体来说，选择这条路线，可以在最短时间内到达目的地。换句话说，骑兵的路径应该在两种土地的分界线处发生曲折，使草地上走的路径与分界线垂线形成的角度，比沙地上走的路径与分界线垂线形成的角度更大。

懂得几何学的人，可以利用勾股定理算出直线AC确实不是最短的路径。如果采用图110所示的地形宽度和距离，那么沿折线AEC（图111）走的话，能更快到达目的地。

如图111所示，沙地宽2千米，草地宽3千米，BC距离7千米。所以，根据勾股定律计算可知，AC全长为$\sqrt{5^2+7^2}=\sqrt{74}\approx8.60$（千米）。AN是沙地上的路线，在图上很容易看出来，等于总长的2/5×8.60（千米），也就是3.44千米。因为在沙地上骑马速度只有草地上速度的一半，因此在沙地上走3.44千米需要的时间与在草地上走6.88千米一样。直线AC的混合线路总长等于8.6千米，相当于在草地上走12.04千米。

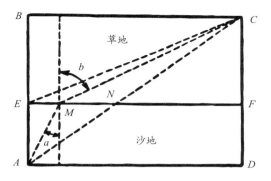

图111 解答关于骑兵的题目：最短路径为AMC

将折线AEC也换算为在草地上的距离。AE=2千米，相当于在草地上走4千米。$EC=\sqrt{3^2+7^2}=\sqrt{58}=7.61$（千米）。整条折线AEC等于4+7.61=11.61（千米）。

因此，"最短"的直线相当于在草地上走12.04千米，而"较长"的折线则相当于在草地上走11.61千米。这样看来，"较长"的路径比"较短"的路径短12.04－11.61=0.43（千米）。

但我们选的还不是最快的路径。勾股定理表明，最快的路径（这里我们要请三角学来帮忙了），应该使角b正弦与角a正弦的比值等于草地上的速度与沙地上的速度的比值，也就是2：1。也就是说，选择的方向，应该使sin b等于sin a的2倍。所以，应该把两种土地之间的分界线挪到点M，点M与E的距离等于1千米。$\sin b = 6/\sqrt{3^2+6^2}$，$\sin a = 1/\sqrt{1^2+2^2}$，$\sin b / \sin a = $（$6/\sqrt{45}$）/（$1/\sqrt{5}$）=2，也就是正好等于速度的比值。

换算为"草地路程"又是多少呢？我们来计算一下：$AM=\sqrt{2^2+1^2}$，相当于在草地上走4.47千米。$MC=\sqrt{3^2+6^2}=6.71$（千米）。整条路径长4.47+6.71=11.18（千米），也就是比直线路线短860米，而我们已经知道直线路径等于12.04千米。

这下你看到了，在本题条件下，走折线有多大的好处了。光线正好选择了这条最快的路径，因为光的折射定律特别适合解答数学问题：折射角正弦（正弦的定义如图112所示）与入射角正弦的比值，等于光线在新介质中的速度与原有介质中的速度的比值。这个比值等于光在两种介质中的折射率。

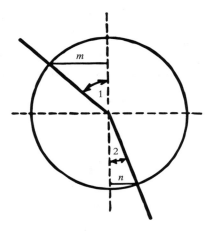

图112　什么是正弦？m与半径的比值就是角1的正弦，n与半径的比值就是角2的正弦

把光的反射和折射特点统一到一条定律中，我们发现，光线在各种情况下都选择最快的路径，也就是遵循物理学中的"最快到达的原理"（费马原理）。

如果介质是不均匀的，它的折射能力逐渐发生变化，比如，大气就属于这种介质，在大气中也遵循最快到达的原理。天体射出的光线在大气中发生少许曲折，在天文学中叫作"大气折射"的，也遵循这个原理。大气的密度向下层逐渐变大，光线在大气中发生的弯曲是凹向地面的。光线在高层的时间更长，因为那里大气密度小，光线走得更快，在"速度较低"的下层走过的时间较短，总体来说，会比直线更快到达目的地。

最快到达的原理（费马原理）不仅适用于光学现象，声音的传播以及一切波状运动也遵循这个原理，无论波状运动属于哪一类。

　　你一定想知道波状运动的这个特性该怎么解释。我在这里引用现代杰出物理学家薛定谔[1]的说法。他从我们已经熟悉的士兵行军的例子出发，来说明光线在密度逐渐发生变化的介质中的传播情形。

　　"假如，"他写道，"为了保持队伍整齐，士兵手里都紧握着一根长杆子。对他们下达命令：全体跑步前进！如果地面的特点逐渐发生变化，比如最开始右翼移动得比较快，然后左翼跟上去，队伍正面自然转到了左翼。我们发现队伍行进的路线不是直线，而是曲线。这条路线完全适应地面的情形，在时间意义上能够最快到达目的地。这是很好理解的，因为毕竟每个士兵都在以最大的速度前进。"

第13节

新时代的鲁滨孙

　　如果你看过儒勒·凡尔纳的小说《神秘岛》，那么你一定对流落到荒岛上的主角如何在没有火柴和火镰的情况下取火印象深刻。鲁滨孙是利用闪电劈着树木取火的，但是儒勒·凡尔纳笔下的新时代的鲁滨孙却不是利用偶然现象取火的，而是依靠自己作为工程师的机智和扎实掌握的物理定律知识。你一定记得，那位天真烂漫的水手潘克洛夫在打猎回来后，看到工程师和记者坐在熊熊燃烧的火堆前那惊讶的样子吧！

---

[1] 是薛定谔获得诺贝尔奖（1933年）后，在斯德哥尔摩发表获奖感言时所说。

"但是是谁点着的火呢？"——水手问道。

"是太阳。"史佩莱如此回答。

记者并没有开玩笑。让水手惊奇不已的火堆，确实是太阳点着的。他简直不敢相信自己的眼睛，惊讶得都忘了问一下工程师。

"那么，你是随身带着放大镜喽？"水手终于想起询问工程师了。

"没带，但是我做了一个放大镜。"

他把自己做的放大镜拿给水手看。这只是简单的两块玻璃，是工程师从自己和史佩莱的手表上拆下来的。他在两块玻璃中间装上水，然后把玻璃边缘用泥土粘起来，这样就得到了一个真正的放大镜，用放大镜把太阳光聚在干燥的苔藓上，工程师就成功地取到了火。

我想，读者朋友们一定很想知道，为什么要往两块玻璃中间灌满水：难道灌入空气就不能聚光了吗？

确实不能。玻璃内外两个表面是平行的（同心球面），物理学知识告诉我们，穿过这样两个表面中的介质时，光线几乎不会改变自己的方向。然后穿过第二层同样的玻璃，光线也不会发生折射，这样是不能把太阳光聚起来的。要想把太阳光聚在一点上，就要在两层玻璃中间灌入某种透明物质，这种透明物质需要使光线发生比在空气中更大的曲折。儒勒·凡尔纳小说中的工程师正是这样做的。

装满水的普通玻璃瓶，如果它是球形的，也能起到像放大镜那样聚焦取火的作用。古时候的人就已经知道了这个道理，而且他们发现作为放大镜的瓶子里的水还是凉的。有这样的事情发生过，装满水的玻璃瓶放在窗台上，甚至点燃了窗帘、桌布，还灼烧了桌面。从前药店的柜台上总是摆上一个盛满有颜色的水的大圆玻璃瓶，用来做装饰，但是正是这个装饰用的玻璃瓶有时会引来灾难，它能把摆在附近的易燃的物品点燃。

一个装满水的小圆瓶就能烧沸玻璃里灌入的水：只需要一个直径约为12厘米的小圆瓶就可以了。如果小圆瓶直径为15厘米，聚焦点处的温度能达到120 ℃。用这样的装满水的小圆瓶，能够很容易地点燃香烟，就像玻璃做成的放大镜一样。罗蒙诺索夫在《玻璃的用途》一诗中就描述过这个现象：

> 我们用玻璃聚太阳光取到了火焰
>
> 满足地效仿着普罗米修斯。
>
> 咒骂着那无稽谎言的卑劣，
>
> 用天火吸烟，哪里会有罪孽！

但是需要指出的是，水透镜的点火作用，比起玻璃透镜来差得多。这是因为，第一，光在水中的折射程度比在玻璃中小得多；第二，水吸收了极多红外线，红外线在加热物体这个方面可是起着很大的作用呢！

早在古希腊时期就已经发现了玻璃透镜的点火作用，那时距发明眼镜和望远镜还有1 000年之久呢。阿里斯托芬（古希腊诗人）在著名的喜剧《云》中有关于玻璃透镜取火的描述：

> 索克拉特问了斯特列普吉亚德一个问题："如果有人写了一个债券，说你欠他五个塔兰币[1]，你要怎么毁掉这个债券呢?
>
> 斯：我已经想到要怎么消灭债券了。这个方法，你听了也会称赞它很高

---

1 古币名。

明的。你一定见过药店里用来点火的透明漂亮石头吧?

索:"点火玻璃?

斯:正是。

索:然后怎么做呢?

斯:在见证人写债券的时候,我就站在他后面,把太阳光聚到债券上,

把它烧化⋯⋯"

为了解释得更明白一点,我要告诉大家,阿里斯托芬生活的古希腊时期是在涂蜡的木板上写字的,这种蜡遇热就化啦。

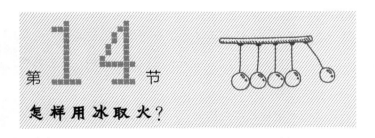

第14节
怎样用冰取火?

冰也可以用作透镜的材料,然后用来取火,但是要求冰相当透明。这时冰是用来折射光线的,所以它本身温度不会升高,也不会融化。冰的折射率只比水的小一点,如果我们能用灌满水的球取火,那么用冰做成的透镜也能取火。冰透镜在儒勒·凡尔纳的《哈特拉斯船长历险记》一书中曾对主人公的生活起到了很大的作用。旅行者们丢失了火镰,没法生火,而当时的环境是恐怖的零下48 ℃,在如此艰难的情况下,克劳波尼博士就是在冰透镜的帮助下取火的。

"太倒霉了。"哈特拉斯船长对博士说。

"是啊！"博士回答道。

"我们连一台望远镜都没有，有一台望远镜也好从上面拆下透镜来，就能取火了。"

"我知道，"博士回答道，"很遗憾，我们没有望远镜，太阳光很强，要是有透镜的话，就能烧着火绒了。"

"那怎么办呢？我们只能生吃熊肉填饱肚子了。"哈特拉斯说道。

"是啊，"博士若有所思地说道，"但那是走投无路的情况。现在我们还没到那一步……"

"你想到了什么？"哈特拉斯好奇地问道。

"我有一个主意……"

"什么主意？"水手长惊喜地叫道，"如果你有了主意，那我们就有救了！"

"不知道能不能成功。"博士犹豫不决。

"你到底想到了什么办法？"哈特拉斯问道。

"我们没有透镜，但是我们可以自己做一个。"

"怎么做？"水手长感兴趣地问道。

"用冰块磨出透镜来。"

"难道你真的打算……"

"为什么不呢？只要把太阳光聚到一个点上就行了。只为了这个目的的话，冰对我们来说就是最好的水晶玻璃啊。但是最好有一块淡水冰，淡水冰更加坚固，也更透明。"

"如果我没看错的话，那块冰，"水手长指向百步开外的冰块，"看它的颜色，应该是你说的淡水冰。"

"你说得没错。朋友们，拿上斧头，我们去取冰。"

三个人向那块冰走去。确实是一块淡水冰。

博士吩咐砍下一块直径一英尺[1]的冰来，用斧头把它砍平。然后用小刀精修，最后用手慢慢磨，就得到了一块透明的透镜，好像是用上好的水晶玻璃做成的。太阳光极明亮。博士用冰透镜迎着阳光，把光聚焦在火绒上（图113）。几秒钟后，火绒就燃起来了。

图113 博士把太阳光聚焦在火绒上

儒勒·凡尔纳的小说并不都是幻想：早在1763年，英国就有人成功地用一个极大

---

1 英尺=0.304 8米。

的冰透镜把木头点燃了。从那时起，不止一次做过冰透镜的实验，都成功了。当然了，用斧头、匕首和"纯手工"（还是在零下48℃的严寒下）做出透明的冰透镜是相当困难的。其实可以用更简单的方法做出冰透镜：把水倒入形状合适的碗中，冻起来，然后把碗稍稍加热一下，从碗里拿出已经成形的透镜（图114）即可。

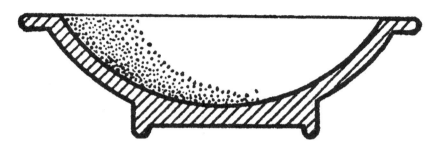

图114　用于制作冰透镜的碗

做类似的实验时，不要忘了实验条件。只能在晴朗寒冷的天气下，在露天的地方做这个实验，在屋里的窗玻璃后面可不行：玻璃吸收了大部分太阳光，能够透过窗玻璃的太阳光很少，不足以得到很高的温度。

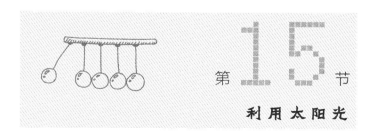

第 15 节

利 用 太 阳 光

再做一个在冬季很容易做成的实验。在沐浴着太阳光的雪面上，放两块同样大小的布，一块白色，一块黑色。过一两个小时再去看，你会发现，黑色的那块布已经陷入了雪中，而白色的那块还留在雪面上，没有下陷。很容易找到其中的原因：黑布下的雪融化得更厉害，因为黑布吸收了大部分照射在它身上的太阳光；白布则正相反，它把大部分太阳光都反射出去了，所以受到的热量比黑布少得多。

为美国独立而奋斗的富兰克林，作为物理学家，因为发现了闪电而闻名于世，他第一次做成了这个极有意义的实验：

"我在裁缝那里拿了几块不同颜色的布，"他写道，"里面有黑色、深蓝色、浅蓝色、绿色、紫红色、白色的方布，还有各种其他颜色和不同色调的方布。在一个阳光明媚的早晨，我把这些布放到了雪面上。过了几个小时再去看，相比其他颜色的方布，黑色方布受热最多，它已经在雪里陷得很深了，深得太阳光都照不到它了；深蓝色的方布陷得和黑色方布差不多深；浅蓝色的方布则陷得浅得多；其他颜色的方布陷得很浅，颜色越浅，陷得越浅；白色方布还留在雪面上，完全没有陷下去。"

"一个道理，我们要是从中不能得到什么好处的话，又有什么用呢？"他感叹道，并继续写道，"难道我们从这个实验中不能总结出下面这个道理吗？炎热的季节穿黑色的衣服并不合适，最好穿白色的衣服，因为黑色在太阳光的照射下，会给我们的身体带来极多的热量，再加上我们本身要活动，也会产生热量，那么热量就太多了。难道男男女女们不应该在夏天戴白色的帽子，以免太热而中暑吗？……再往后想，难道涂黑的墙壁不能在白天吸收太阳热量，然后晚上还能保有一定的热量，以免房里的东西被冻坏吗？难道细心的观察者们不能想到多多少少有一些价值的别的问题吗？"

这个结论确实在实践中得到了非常有益的应用，1903年德国派出的南极科考队乘坐的"高斯号"轮船的经历就是最好的证明。轮船冻在了冰里，所有常规的方法都没能把船解救出来。人们使用了炸药和锯子，总共只消掉了几百立方米的冰，船还是出不来。这时候人们开始寻求太阳的帮助：人们在冰面上铺开了长2千米、宽10米的黑灰和煤屑，这条"黑带"从轮船延伸到最近的宽阔冰缝。当时南极正好是夏天，连续很多天天气都很好——太阳很烈，白昼极长，于是，太阳光就做到了炸药和锯子都没有做到的事情——人们铺成的"黑带"里的冰终于融化了，轮船终于破冰而出。

第 16 节

关于海市蜃楼的新旧资料

可能大家都知道海市蜃楼出现的物理学上的原因。沙漠里的酷热把沙子烤得炽热，让沙子有了镜子的特性，这是因为接近沙子的下部空气层被烤得灼热，密度比上层低得多。这样很远处的物体射出的倾斜光线，在到达沙子附近稀薄的空气层时，路线发生了曲折，被像镜子一样的稀薄空气层向上折射了，落到人的眼睛里，就好像在极大的入射角下，被镜子反射出的景象一样。观测者仿佛看到了沙漠里的水面展现在自己面前，水面上倒映着岸边的景物（图115）。

更准确地说，炽热的沙地上方被烤热的空气层，并不是像镜子一样反射光线，而是像从水底向水面上看。这里发生的不是简单的反射，而是物理学中所谓的全反射。想要发生全反射，光线必须以极斜的角度射入这部分稀薄空气层——要比我们在图115上画的更斜，否则无法超过光入射的"临界角"，也就不能发生全反射了。

图115　沙漠里的海市蜃楼是怎样出现的

　　我们还发现了这个理论中容易引起误解的另一点。我们前面所做的解释，指的是密度更大的空气层在稀薄空气层的上方。但是我们已经知道，密度更大、更重的空气会向下沉，将下面的稀薄空气挤到上方。那么海市蜃楼形成的必要条件——密度大的空气在稀薄空气的上方是怎么做到的呢？

　　原因很简单。密度大的空气在稀薄空气的上方，这在不流动的空气中是不可能实现的，但是在流动的空气中却有可能发生。被烤热的空气并不是静止不动的，而是连续向上升，马上又被新的空气层取代，新空气层又被烤热。这种替换不断发生，炽热的沙地上方总是有稀薄的空气层，虽然不是同一层空气，但是对光的折射来说又有什么区别呢？

　　我们所说的这类海市蜃楼，古时候就已经被人们熟知了。在现代气象学中叫作"下现蜃景"（与"上现蜃景"不同，"上现蜃景"是由于上层大气中的空气稀薄使光线发生反射而形成的）。大多数人都以为，这种典型的蜃景只能在南方沙漠的灼热空气中看到，北方是没有的。

但事实上，我们这里（俄罗斯）也能看到下现蜃景，尤其是炎热的夏季，在柏油马路这种深色的能够吸收更多太阳光的地方。灰暗的马路仿佛被洒了一层水，反射出远方的物体。这种海市蜃楼的光线行进路径如图116所示。如果细心观察的话，就会发现这种现象并不像我们想的那样罕见。

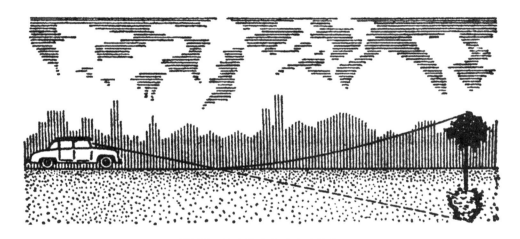

图116　柏油马路上的海市蜃楼

还有一种海市蜃楼，叫作"侧现蜃景"，这种蜃景，一般人甚至完全不知道有它的存在。一位法国作者曾经描写过这种情景。这位作者走近堡垒炮台时，他发现炮台平整的混凝土墙面突然变亮了，就像一面镜子，将周围的景观、土地和天空反射出来。再走几步，他在炮台的另一面墙上也发现了这种变化，就好像粗糙的灰色墙面突然被打磨光滑了一样。当时天气非常炎热，墙面被烤得炽热，这也是墙面变得像镜面的原因。图117中是炮台墙面（F和F'）的位置和观察者（A和A'）的位置。原来，墙面被阳光烤得炽热，也是能看到海市蜃楼的。这种现象甚至能用相机拍下来。

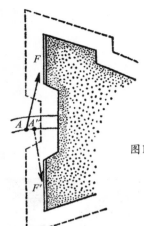

图117　观察到海市蜃楼的炮台平面图（从A点看，墙面F就像镜子
一样；从A'点看，墙面F'就像镜子一样）

图118中显示的是炮台墙面F（左侧），原本墙面粗糙，然后变得光亮（右侧），就像一面镜子一样（这是从A'点拍摄的）。左侧照片是普通的灰色混凝土墙，照不出站在墙边的两名士兵的身影。右侧照片上还是这堵墙，大部分墙面都有了镜子的特性，把墙边的士兵的身影投进了墙面。当然了，反射光线的并不是墙面本身，而是墙边的灼热空气层。

图118　粗糙的灰色墙面（左侧）
突然像被打磨光滑了一样，能够
照出人影来（右侧）

夏日炎热的天气中，注意观察大型建筑物灼热的墙面，看看有没有海市蜃楼的现象发生。毫无疑问，只要留心观察，看到海市蜃楼的机会还是有很多的。

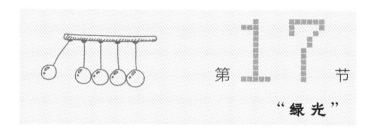

第 **17** 节

"绿光"

　　你欣赏过海上落日吗？毫无疑问，大家应该都看过。那么你有没有一直观察落日，直到最后一秒，直到落日的上缘与地平线相接，然后消失不见呢？你可能也观察过。那么在天空无云、完全澄澈的日子里，你有没有发现灿烂的落日在发出自己最后一缕光芒的那个瞬间的景象呢？一定是没有的。那么下次请你试一试，一定要在具备这样的条件的天气里，不放弃地观察到最后一刻，那时候你看到的不是落日的最后一缕红光，而是绿光——妙不可言的绿光。这道绿光的美妙没有一位画家能在自己的调色板上调出，就连大自然也无法在多彩的植物和澄碧的海水中创造出。

　　儒勒·凡尔纳《绿光》这部小说中年轻的女主角，就是因为读到英国报纸上刊登的这则短文，激发了她极大的兴趣，于是她开始到处旅行，目的只有一个——亲眼看一看这道绿光。根据作者的讲述，这位年轻的苏格兰女孩最终也没有达到目的，没能看到这种大自然的美景。但是这种现象确实是存在的。绿光可不是传说，虽然很多传说都与它有关。怀着长久的耐心捕捉到绿光后，每一个热爱大自然的人都会赞叹它的美丽。

第 18 节

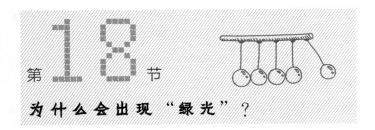

为什么会出现"绿光"？

　　如果你能想起来透过三棱镜看物体时的情形，就能明白"绿光"出现的原因了。请做以下实验：把一张纸粘在墙上，将一个三棱镜平放在眼前，使宽边向下，透过三棱镜观察这张纸。你会看到，首先，这张纸的位置比它的实际位置高了很多；其次，纸的上边显示出蓝紫色，下边则显示出黄红色。纸张抬高是因为光的折射，而纸边出现颜色则是因为玻璃的色散作用，即玻璃对不同颜色的光的折射程度不同。紫光和蓝光折射程度最高，所以我们在纸的上边看到蓝紫色；红光的折射程度最弱，所以纸的下边显出了红色。

　　为了让读者朋友们更好地理解之后的解释，我需要多说几句颜色的问题。三棱镜把白纸发出的白光分解成色谱上的所有颜色，从而在白纸上显示出各种颜色，它们按照折射程度排列，而且有一部分彼此重叠。所有颜色重叠在一起的部分，在我们眼里是白色的（色谱颜色的总和），但是白纸上边和下边显示出了未重叠的颜色。著名诗人歌德就做了这个实验，但是他没能理解实验的意义，认为自己发现了牛顿关于颜色的理论的错误，于是写了《论颜色的科学》一文，但是整篇文章都是颠倒是非的文字。我想我们的读者应该不会犯歌德这样的错误，也不会期待三棱镜能给物体增添更多色彩。地球的大气层对于我们的眼睛来说，就是一个大型的底朝下的空气三棱镜。我们看向地平线上的太阳时，实际上是透过空气三棱镜看太阳。太阳圆盘的上缘显示出蓝绿色，下缘显示出黄红色。太阳在地平线以上时，圆盘中间灿烂的光芒遮住了边缘弱得多的色边，我们完全看不到这些颜色。但是日出最开始的那一刻和日落最后一刻，圆盘隐藏在地平线以下，我们就能看到上缘的蓝边了。蓝边是两重颜色：上面是蓝色，下面是蓝光和绿光混合成的天蓝色。如果地平线附近的空气完全干净透明，我们可以看到蓝边——"蓝光"。但是蓝光时常被大气散射，就只剩下绿边了，这就是"绿光"现象。大多数情况下，大气是浑浊不清的，蓝光和绿光会被这样的大气散射——那时候就什么色边也看不到了，只看到太阳像一个红色火球，落到山那边去了。

普尔科沃天文台的天文学家季霍夫曾经专门研究过"绿光"，他发现了能够看见"绿光"的一些征兆。"如果太阳落山时呈现红色，肉眼直接去看也不会刺眼，那么可以肯定地说，绿光不会出现。"原因很好理解：太阳呈现红色，说明蓝光和绿光被大气严重散射，也就是太阳圆盘上边缘的色边都消失了。"相反，"季霍夫继续写道，"如果太阳落山时，原本的黄白色改变得比较少，而且看起来非常刺眼，那么就很有可能看到绿光。但是这里有一个条件很重要，地平线看起来必须是一条没有毛边的直线，没有不平整的地方，没有森林、建筑物等遮挡。这些条件通常在海上容易具备，所以海员们对绿光并不陌生。"

所以说，要想看到"绿光"，必须在天空非常澄净的时候观察日落或日出。位于南方的国家的天空往往比我们这里要更澄净一些，所以看到"绿光"的频率更高一些。很多人在儒勒·凡尔纳小说的影响下，认为"绿光"是非常罕见的现象，实际上，如果坚持追寻的话，早晚能看到这个美景。甚至有人用望远镜捕捉到过美丽的绿光。两位阿尔萨斯的天文学家对于自己的观察是这样描述的：

在太阳完全落山前，还能看见大部分像波浪一样颤动着的、轮廓清晰的圆盘，环绕着绿色的镶边。太阳还未完全落山时，这个绿色镶边肉眼是看不到的。只有太阳完全消失在地平线上时才能看到。使用大约100倍的望远镜可以清楚地观察这个现象：绿色镶边在太阳落山前10分钟内就可以看到了，它镶在圆盘上边，圆盘下边是红色镶边。最开始镶边宽度极小，随着太阳下落而越来越宽。绿色镶边上方时常可以望到绿色凸起，在太阳逐渐消失时，绿色凸起仿佛沿着圆盘边缘攀爬到最顶点，有时甚至与镶边割裂开来，继续闪耀几秒才消失（图119）。

图119 长时间观察到的"绿光"（观察者在山后看到"绿光"持续了5分钟。右上方是望远镜看到的"绿光"。太阳圆盘的形状不规则。太阳在位置1时，光芒非常炫目，观察者用肉眼看不到太阳的绿色边缘。太阳落到位置2时，光芒减弱，肉眼能看见"绿光"。）

"绿光"一般只持续1～2秒。但是在特殊情况下，它出现的时间能更长一些。曾经有人看到"绿光"持续了5分多钟！太阳从远方的山头落下，快速行走的观察者看到了太阳圆盘的绿色边缘，好像沿着山坡缓缓滑动。

　　日出时，当太阳上缘刚开始从地平线上露头时，观察"绿光"也是很有意义的事情。因为这驳斥了对日落时出现"绿光"的其中一种猜想——有人认为"绿光"是光学对眼睛的欺骗，是日落时灿烂的光线闪到眼睛而出现的错觉。

　　太阳并不是唯一能发出"绿光"的天体。有人曾经观测到，金星在落下时也发出这种"绿光"。

09

一只眼睛和两只眼睛的视野差别

导 读

姜连国

太好了，我们又见面了！这么说，你一定已经在光的世界里经历了一番奇幻的旅程，学到了很多新知识吧！我为你感到高兴，也已经准备好和你一起进入下一段趣味横生的探索了！在即将到来的这一个章节中，我们不必走得太高太远，就让我们研究研究自己身边——准确地说，我们自己吧。仍然着眼于光学的领域，我们身上就有个最神奇的器官，蕴含着无数精彩纷呈的光学知识和理论，也是一台最精密的光学仪器。那就是，我们的心灵之窗——眼睛。

1.我们是如何看到物体的

在开始了解自己的眼睛之前，先让我们看看人类是如何和自己的眼睛合作的。就像在《没有照相术的时代》中所讲述的故事一样，早在我们真正了解我们的眼睛之前，人们就已经习惯于在大脑的配合下完成图像的捕捉与记录了。也是在后来人类才渐渐了解到，在我们的眼睛中有无数的部件。其中，眼球好像一架照相机，**晶状体和角膜相当于构成了一个凸透镜，把来自物体的光会聚在视网膜上，形成物体的像**。视网膜上的感光细胞受到光的刺激产生信号，视神经再把这个信号传输给大脑，我们就看到了物体。**眼睛通过睫状体来改变晶状体的形状：当睫状体放松时，晶状体比较薄，远处物体射来的光刚好会聚在视网膜上，眼睛可以看清远处的物体；当睫状体收缩时，晶状体变厚，对光的偏折能力变大，近处物体射来的光会聚在视网膜上，眼睛就可以看清近处的物体。**

2.近视眼和远视眼

眼睛也会受到损伤，其中最常见的就是近视眼和远视眼。**近视眼只能看清近处的物**

体，看不清远处的物体，这是因为晶状体太厚，折光能力太强，或者眼球在前后方向上太长，因此来自远处某点的光会聚在视网膜前，到达视网膜时已经不是一点而是一个模糊的光斑了。利用凹透镜能使光发散的特点，在眼睛前面放一个合适的凹透镜，就能使来自远处物体的光会聚在视网膜上，这正是近视镜的原理。类比近视眼，你可以尝试一下自己解释远视眼的成因，并想象远视镜的镜片形状。而当人的年纪增长时，眼睛也会老化。这时候，眼睛睫状体对晶状体的调节能力减弱，太近、太远的物体都看不清楚。这些知识原本会在初中物理八年级上册（人教版）课本中学到，我们将在本章中提前进行了解。

通过这些叙述，也许你还不能理解为什么说我们的眼睛是最神奇、最精密的光学仪器，不过没关系，不如先来学学这些和视觉有关的小技巧吧。比如说，该怎样看一张照片才能最好地捕捉到其所有的特点和细节，让照片在我们眼中栩栩如生呢？什么是合适的角度？什么是合适的距离？《看照片的艺术》和《把照片放在多远的地方看比较合适？》会告诉你答案。可别以为这里说的只是照片啊，其实说的是我们用眼睛视物的技巧。有的时候，我们对物体或画面的立体程度要求更高，希望更全面、更立体地看清楚事物的全貌，这可能吗？不用担心，就像《我们的天然立体镜》和《用一只眼睛和用两只眼睛看》中所言，我们的眼睛是足够神奇的设备，可以帮助我们对事物产生立体的视角，同样地，文章中也会教你具体的做法。

现在你应该相信眼睛真的是非常伟大的光学仪器了吧？不过，可别高兴得太早，你可知道眼睛也并非永远准确的？正如任何仪器一样，眼睛也会犯错误。一些特殊的图形与线条、光照与颜色都可以欺骗你的视觉，让你得出与事实不同的结论。在本章其余的文章中，你将在这个方向进行学习和探索，至于这些文章的名字，我就不一一列举了。

第 1 节

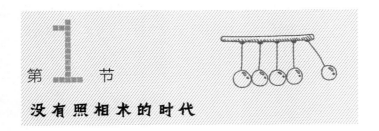

没有照相术的时代

如今照相术深入了我们生活的方方面面，我们对它已经习以为常，以至于完全无法想象，我们的祖先，即使是离开我们还不久的祖先，在没有照相术的年代是怎么生活的。狄更斯在《匹克威克外传》中做了令人印象深刻的描述，告诉了我们100年前英国的一个国家机构是怎样画出一个人的外貌的。故事发生在主人公匹克威克被送到债务监狱之后。

匹克威克被告知，他应该要坐下，等着别人给他画像。

"——给我画像吧！"匹克威克喊道。

"我们会给你画像的，先生，"胖狱卒回答道，"我们这里可都是画像能手呢，您应该知道的。一会儿工夫就画好了。坐下吧，先生，不要拘束。"

匹克威克接受了邀请，坐下来，山姆（匹克威克的仆人）对他耳语说，狱卒所说的"画像"是一种形象的说法：

"先生，狱卒是要观察您的脸，把您和其他犯人区别开来。"

画像开始了。胖狱卒漫不经心地看了看匹克威克，第二名狱卒坐在匹克威克的对面，细细地打量他的脸，第三名狱卒则跑到匹克威克面前，脸对脸地研究他的面部特征。

最后，画像完成了，匹克威克被告知，他可以进到监狱里面去了。

更早以前，这种用记忆画的"像"就是一个人各部分"特征"的清单。如果你看过普希金的《鲍里斯·戈都诺夫》，一定记得沙皇的命令里提到格里高利·奥特列比耶夫是怎么说的："他身材短小，胸脯宽阔，两只胳膊不一样长，蓝眼红发，颊额各有一颗痣。"在我们现代，只要附上一张照片就全都解决了。

第 2 节

什么事情很多人都不会做？

照相术最开始出现在我们的生活中，是在19世纪40年代，那时的拍照技术叫作"达盖尔银版照相术"（根据它的发明者达盖尔的名字命名）——把照片拍在金属板上。这种拍照方法有一个不便之处，就是被拍的人要在照相机前坐很长时间——长达几十分钟……

圣彼得堡的物理学家魏恩贝尔格博士曾经说过，就为了拍一张银版照片，在照相机前坐了整整40分钟！而且这种照片还不能复制。

但是当时的人们觉得不需要画家就可以得到自己的像这件事非常新奇，甚至是神奇的，所以一开始并不相信这种技术。一本旧时的俄国杂志（1845年）曾经讲过一个令人难忘的情景：

很多人直到现在都不愿意相信，银版照相术真的能把他本人的像拍出来。有一次，一位衣冠楚楚的人跑到照相馆拍照。照相师傅请他坐下，校正了玻璃，装了一块板子，看了看表就出去了。店主在屋里时，这个人还纹丝不动地端坐着。但是店主前脚走出门，这位拍照的先生就觉得自己没有必要乖乖地坐在那里了，站起身，闻了闻鼻烟，把银版（照相机）前后左右看了一遍，眼睛凑近玻璃看了看，摇了摇头，嘴里说着"真是个奇怪的东西"，然后开始在屋子里踱起步来。

店主回来后，吃惊地站在门边，对他叫道：

"你在干什么呢？我不是说过，你要端坐在椅子上吗？"

"我是坐着的呀。你走了我才站起来的。"

"我走了你也应该坐在那里。"

"我为什么要平白无故地坐在那里呢？"

读者朋友们肯定以为，关于照相，我们现在已经不会闹出这样的笑话了。但是即使是现在，大多数人仍然没有完全了解照相术，比如说，很少有人知道拍好的照片要怎么看。你一定会说，这有什么不会的，把照片拿在手里看就是了。但是看照片并不是这么简单的事，这就跟我们日常生活中总会接触的其他东西一样，虽然很熟悉，但是我们却不知道怎么正确对待。大多数摄影师、摄影爱好者和专业人士——更别提普通群众了——看照片时用的不是完全正确的方法。照相术已经问世一百多年了，然而我们很多人还不知道应该怎么看照片。

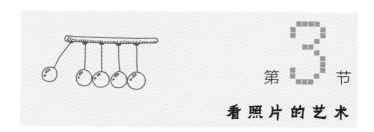

第 **3** 节

看 照 片 的 艺 术

照相机的结构本身就是一只大眼睛：照相机毛玻璃上显示的像的大小，取决于镜头与被拍物体之间的距离。照相机在底板上成的像，是我们用一只眼（注意，是一只眼睛！）在镜头上看到的样子。由此可知，如果我们想要在照片上得到与现实相同的视觉印象，我们应该：

1）只用一只眼睛看照片。

2）把照片放在合适的距离处观看。

不难理解，用两只眼睛看照片时，我们必然把照片看成平面的图画，而不是有远有近的图画。这是由我们的视觉特性决定的。我们在看一个立体的东西时，两只眼睛的视网膜上呈现的画面是不同的，右眼看到的与左眼看到的完全不同（图120）。正是因为两只眼睛看到的画面不一样，物体在我们眼里才是立体的：我们在意识里会把这两种不一样的印象统一成有凹有凸的立体形象（大家都知道，立体镜就是根据这个道理制作的）。如果摆在我们面前的是一个平面的物体，比如说一面墙，我们两只眼睛得到的就是完全一致的视觉印象。因为两只眼睛看到的像都一样，我们在意识里就知道这是一个平面物体。

现在你应该明白了，用两只眼睛看照片是犯了多大的错误了吧？用两只眼睛看，就是在告诉我们的意识，这是

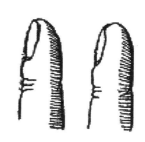

图120 把手贴近脸，左眼和右眼看到的手指的样子

一个平面图画！我们把原本应该用一只眼睛看的照片，交给两只眼睛看，妨碍了我们去看照片本应给我们看到的东西。照相机拍出的那么完善的照片，由于我们的疏忽大意，就被破坏了。

第 4 节

把照片放在多远的地方看比较合适？

第二个规则也同样重要——把照片放在合适的距离处观看，否则就破坏了正确的画面。那么这个距离应该是多少比较合适呢？要想得到对照片的完整印象，需要在一个视角下看照片，这个视角应该和相机镜头在毛玻璃上"看见"画面的视角一致，或者也可以说，和镜头"看见"被拍物体的视角一致（图121）。由此可以知道，照片与眼睛的距离和原物与镜头的距离之比，应该等于图像与原物的尺寸之比。换句话说，应该把照片放在与镜头焦距等同的距离处。

图121　照相机中角1等于角2

如果我们注意到，大多数非专业照相机的焦距是12～15厘米，我们就会明白，我们从来没有把照片放在正确的距离处观看：正常人眼睛的明视距离（25厘米）几乎是前面说的那个普通焦距的两倍了。挂在墙上的照片看起来也是平面的，因为我们总是在比较远的距离处观看。

　　只有近视的人（还有能看见近距离的东西的小孩子们）用正确的方法（用一只眼睛）看普通照片时，才能达到这种满意的效果。他们把照片放在距眼睛12～15厘米的地方，看到的就不是平面画面了，而是像在立体镜里看到的立体画面。

　　读者朋友们，我相信你们现在一定同意我的说法了。大多数情况下，由于我们的无知，并没有看到照片应有的全部效果，只是在徒劳地抱怨着照片呆板无趣。这是因为我们没有把眼睛放在与照片合适的距离处，而且是用两只眼睛看照片，要知道，照片原来是要用一只眼睛看的啊！

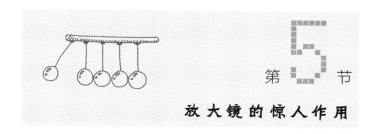

第 5 节

放 大 镜 的 惊 人 作 用

　　我们前面解释过，近视的人更容易把平面的照片看出立体感来。那么有正常视力的人怎么办呢？他们不能在离眼睛非常近的地方看东西，但是他们可以让放大镜来帮忙。透过能放大两倍的透镜看东西时，有正常视力的人很容易就能得到近视的人看照片时的视觉效果，也就是说，可以不必使眼睛过分紧张，就能看出照片的凹凸感和远近感。这时候获得的印象与我们从很远的地方用两只眼睛看获得的印象区别极大。用这种方法看普通的照片，几乎能得到立体镜的效果。

　　现在我们明白了，为什么我们用一只眼睛透过放大镜看照片时，能看到凹凸的立体感了。这个事实大家都知道，但是很少听到就这个现象的正确解释。

曾有位读者关于这个问题写信给我：

"再版时您可以讨论一下这个问题：为什么透过普通的放大镜看照片能看出立体感来？我的意见是，关于立体镜的所有复杂解释，都是经不起批评的。与立体镜理论不相符的是，用一只眼睛往立体镜里看，看到的还是立体的。"

读者现在肯定明白了，任何事实都不能动摇立体镜的理论。

玩具店里售卖的一种叫"画片镜"的玩具，也是基于这个理论才得到有趣的效果的。这个小东西里被放入了一张或一组风景照片，用一只眼睛透过里面的放大镜观看，就足以看出立体感了。一般还会把照片中前面的物体单独剪出来，放在照片前面——我们的眼睛对近处的东西的立体感是很敏感的，对远处东西的立体感就比较迟钝——这样一来，"画片镜"里的图片的立体感就更加明显了。

第 6 节

放 大 照 片

能不能拍出不用放大镜，用正常视力的眼睛就能看出立体感的照片？完全可以，只需用一台有长焦距镜头的照相机就行了。读了前文的解释之后，大家应该都明白了，用焦距为25~30厘米的镜头拍出的照片，就可以在正常距离处看出立体感了（当然，要用一只眼睛看）。

还可以拍出从远处用两只眼睛看，也能看出立体感的照片。我们已经讲过，两只眼睛看到完全一样的画面，会在意识里将这个画面自动合成为平面画面。但是这个感觉随着距离的增加而快速减弱。实践表明，用焦距为70厘米的镜头拍出的照片可以直接用两只眼睛看，不会损失这种立体感。

但是使用长焦距镜头也有不方便的地方，所以可以使用另一种方法：把用普通相机拍出的照片放大。放大后，看照片的正确距离也相应增加了。如果把用焦距15厘米的镜头拍出的照片放大4~5倍，在距离60～75厘米处用两只眼睛看照片，就可以得到想要的效果了。放大后，照片上会有一些模糊不清的地方，但是从远处看也不明显，不会妨碍我们获得立体感的印象，从立体感这个层面上来说，这样的照片无疑是成功的。

第 **7** 节

电 影 院 里 最 好 的 座 位

经常光顾电影院的人可能会发现，电影里的某些画面有着不同寻常的立体感：人物好像从后面的背景中钻了出来，呈现异常凸出的状态，甚至让人忘了还有幕布的存在，好像看到了真实的景色或者舞台上活的演员。

这种画面的立体感与影片本身的性质没有关系，而是与观众坐的位置有关。虽然影片是用焦距很小的摄影机拍摄的，但是放映时在银幕上放大了很多倍——大约100倍，所以可以从远处（10厘米×100=10米）用两只眼睛看电影。我们看电影的时候，眼睛与画面成一定角度时，才能得到最大程度的立体感。这个角度应该等于摄影机"看向"被拍摄的实物时的角度。那样的话，我们面前就能呈现非常自然的、活灵活现的画面了。

怎么找到这个最有利的视角对应的距离呢？首先，要选择正对银幕画面中心的位置；其次，座位和银幕的距离与银幕上画面宽度的比值，应该等于镜头焦距与影片宽度的比值。

一般会使用焦距为35毫米、50毫米、75毫米、100毫米的摄影机拍摄影片，选择哪种焦距具体取决于拍摄的对象。影片标准宽度是24毫米。比如，使用焦距为75毫米的镜头，计算公式如下：

（所求的距离/画面宽度）=（焦距/影片宽度）=75/24

因此，要求观众座位与银幕的最佳距离，只需要把画面宽度乘以3就好了。如果银幕上的画面宽度等于6步，那么观看这部影片最好的位置是距银幕18步的地方。

为了增加电影画面的立体度而实验各种方案时，不要忘了这一点：由于前面所说的原因造成的画面不立体，不要轻易归因于实验对象。

第 8 节
给画报读者的建议

被打印在书里和杂志里的照片，当然也和原始照片具有一样的性质：如果从适合的距离处用一只眼睛看打印在书页上的照片，同样能获得立体感。因为不同的照片是由不同焦距的照相机拍出来的，需要试着找到看照片的合适距离。捂上一只眼睛，拿着照片的手伸出去，让照片与视线垂直，用睁开的那只眼正对着照片的中心。慢慢把照片移到眼前，要一直看着照片不间断，你很容易就能找到使照片呈现最佳立体效果的位置。

很多照片并不十分清晰，平常看过去是平面的，但是如果用前面所说的方法去观看，就能看出照片的远近和凹凸感，而且照片也更清晰了。这样看的话，时常能看到照片上的水光和其他立体形象。

其实很多简单的事实却很少有人了解，虽然我们在这里讨论的道理在半个世纪以前的畅销书中都已经讲过了。我们在卡尔本德的《大脑生理学原理》（这本书早在1877年就出版了俄语译本）一书中读到了关于看照片的描述：

> 用一只眼睛看照片，效果简直太棒了，物体呈现出极强的立体感。其他特点也让照片更加栩栩如生。这种方法主要适合看死水的照片——也就是平常条件下，照片上颜色最暗的部分。如果用双眼看水的照片，水面看起来很高，但是如果用一只眼看，就能发现水面极清澈，甚至能看到水底。还可以看到水面反光的不同程度，比如青铜色和象牙色。想要更容易地辨别出照片上的物体是用什么材料制成的，就要用一只眼睛看，而不是两只眼睛。

这里还要注意一点：如果说放大照片能让照片更加生动的话，那么把照片缩小，就会得到相反的效果。缩小照片确实会让画面更加清晰明朗，但是我们看过去发现它是平面的，没有远近感和凹凸感。前面我们已经讲了很多，原因自然已经很明了了：照片一缩小，就像是用焦距更小的镜头拍出来的，而普通的焦距本来就够小的了。

第 9 节

看 画

我们前面所说的看照片的方法，在一定程度上也适用于看画家用手画的画：看画也需要站在适当的距离处。只有这样，你看到的画面才有远有近，画也不是平面的，而是有层次感和凹凸感。也是用一只眼睛看比用两只眼睛看效果更好，尤其是看尺寸较小的画的时候。

"我们很早就知道了，"英国心理学家卡尔本德对于看画的问题在《大脑生理学原理》这本书中这样写道，"画家画的画，上面的远近景、光线、阴影和所有细节都与现实中被描绘的事物完全一致，如果用一只眼睛仔细看画，画面看起来生动得多，用两只眼睛看就得不到这种效果了。如果我们透过一根管子看画，把画周围的所有东西都隔绝在外，这种生动和立体的效果会更强。从前对这个现象的解释都不正确。""我们用一只眼睛看，比两只眼睛看的效果更好，"贝肯说道，"因为用一只眼睛看的时候，我们的心灵只集中在这一点上，产生了更大的力量。"

实际上，我们站在适当距离处用两只眼睛看画，只会觉得画是平面的。但是我们只用一只眼睛看画时，大脑很容易产生远近、光线、阴影等印象。这时候，只要我们集中精神观看，画面就会很快呈现出立体感，甚至能达到真实景色的效果。画面的立体效果主要取决于画上描绘的事物的准确程度……最好用一只眼睛看画，主要是因为，睁开一只眼睛时，大脑可以自由、任意地对画面进行解释，因为没有任何东西能强迫大脑把画看成平面的。

为一幅大大的画拍一张小照片，常常能得到比原画更立体的照片。如果你想起下面这个道理来，就能明白这是为什么了：画一缩小，原本很远的适当的看画距离，这时候也跟着缩小了，所以照片在近距离处就能看出凹凸感来。

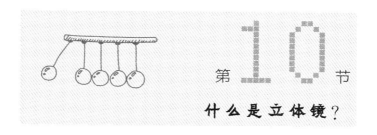

第 10 节

什 么 是 立 体 镜？

现在我们从图面转到立体的东西上来。在此问自己一个问题：为什么我们看物体是立体的，而不是平面的呢？毕竟像反射在视网膜上应该都是平面的呀！究竟是什么原因使物体在我们眼里成立体的像，而不是平面的像呢？

这里有好几个原因起作用。首先，物体各部分明暗不同，能让我们感知到它的形状。其次，物体各部分与眼睛的距离也不同，我们的眼睛感受远近不同的各部分时，眼球受到的张力不同。平面图上的各部分与眼睛的距离是一样的，而立体物体的各部分远近不同，要想将这个立体的物体看得更清楚，眼睛要做不同的"调光"。但是这里起最大作用的是，两只眼睛看同一个物体时，看到的画面是不一样的。轮流用左眼和右眼看某个近处的物体，就能明白这个道理了。右眼和左眼看到的物体一定是不同的，这是因为两眼看到的画面不同，我们在意识里分析这种差异，才让我们感知到立体的像。

现在我们面前摆着同一个物体的两张图画：左边那张是左眼看到的这个物体的样子，右边那张是右眼看到的样子。如果用左眼看左边的画，用右眼看右边的画，那么我们看到的就不是两张平面的图画（图122），而是一个有凹凸感的、立体感的物体，甚至比我们用一只眼睛看到的实体更加立体。我们需要通过一台仪器看这两张画，才能达到融合的效果，这台仪器就是立体镜。老式立体镜是通过镜子把两张图融合在一起的，新式立体镜则使用凸面三棱镜：凸面三棱镜折射光线，让我们在意识里把光线延长，使这两张图重叠在一起。立体镜的原理非常简单，但是这么简单的仪器居然能实现这么大的作用！

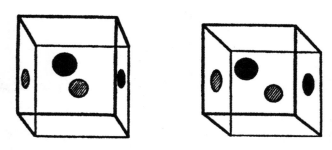

图122　左眼和右眼看到的上面有斑点的玻璃立方体

大多数读者应该看过各种情景和景观的立体照片，还有一些人可能在立体镜里看过研究立体几何学所用的立体图形。因为大家或多或少都知道立体镜的应用，我们在下文中就不再赘述，只研究很多读者可能并不了解的东西。

第 11 节
我 们 的 天 然 立 体 镜

我们可以不用借助某种仪器也能看立体图画，只需要训练眼睛用适当的方法看图就行了。训练眼睛后，也能取得与立体镜一样的效果，唯一的区别是，用眼睛看的画面没有放大。惠斯登发明立体镜之前，正是用这种自然法看立体图画的。

下面我给大家展示一系列的立体图画，按照从易到难的顺序排序，这些图画我们可以不用立体镜而是裸眼观看。经过一系列练习后就能成功观看了，但是并不是所有人都能看到立体图画（即使使用立体镜），比如斜眼或习惯只用一只眼看东西的人；还有一种人要经过长时间的训练才能看到。年轻人大约练习15分钟就能很快学会这个技能了。

我们从图123开始，图上是两个小黑点。用眼睛凝视小黑点之间的空隙，在这个过程中不要把眼睛移开。看的时候，要下意识地努力看，仿佛想要看到图背后更远处的东西一样。很快两个小黑点就变成了4个，仿佛每个小黑点都分裂出了第二个。然后两边的小黑点飘得更远，中间的两个小黑点则慢慢靠近，最后融合在一起。用同样的方法看图124和图125，当图125上的两个图形融合在一起时，你仿佛看到了一根延伸出去的管子的内部。

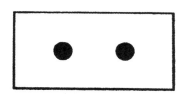

图123　眼睛凝视黑点之间的空隙——
几秒钟后，两个黑点融合成一个

图124　眼睛凝视两个图形之间的空隙处，
直到看到它们融合，然后继续下一个练习

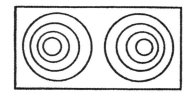

图125　当这两个图融合到一起后，你仿
佛看到了一根延伸出去的管子的内部

　　练习到这种程度后，就可以看图126了，这里你看到的是悬空的几何物体；图127
应该是石头建筑的长廊或隧道；在图128中应该能看到透明的玻璃鱼缸；图129展现在
你面前的是一整幅图——海上风光。

　　学会这样用眼睛直接看左右两幅图，相对来说比较简单。

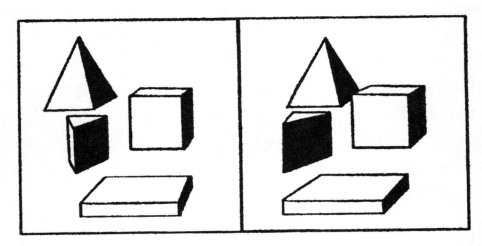

图126　这四个立体图形融合时，看起来好像悬在空中

图127　延伸向远方的长廊

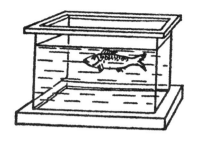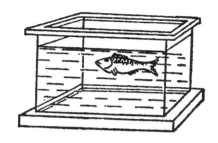

图128 鱼缸里的鱼

图129 立体的海上风光

我认识的很多人都在经过一些练习后，在很短的时间内掌握了这项技能。戴眼镜的近视患者和远视患者，不用摘掉眼镜，直接像平常看图那样看就行了。当然，要试着把图画拿远或拿近，找到合适的距离。但要记住，做这项练习时，一定要保证光线充足，这样能更快地达到训练目标。

学会不用立体镜看我贴出的这些图画后，你就可以用掌握的技能去看别的立体照片了，完全不用借助立体镜。下文中的立体图画，也可以试着直接用眼睛去看。不过，不要过分沉迷于这项训练，以免眼睛疲劳。

如果你经过练习也没有掌握这项技能，手头又没有立体镜，那么可以借助远视眼镜的镜片——在纸板上剪出两个圆孔，把两个镜片贴在这两个圆孔上，使你只能通过这两个镜片去看，然后在两幅图之间放一个隔板，一个简易的立体镜就做成了。

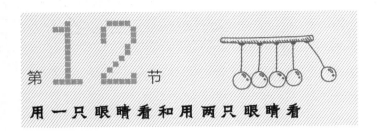

第 **12** 节

用一只眼睛看和用两只眼睛看

图130左上方的照片中是三个药瓶，大小好像都一样。无论你看得多仔细，也找不出三个药瓶的大小有什么差别。但是确实有差别，而且差别很大。之所以药瓶看起来大小是一样的，是因为与眼睛或与照相机的距离不同：大瓶比小瓶离得远些。那么这三个瓶子中，到底哪个近一些，哪个远一些呢？光简单地看图是看不出来的。

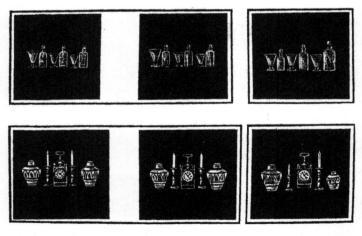

图130 左边的图是两只眼睛看到的，右边的图是从立体镜中看到的

然而，这个问题很好解答，我们可以用立体镜或刚才学到的看立体图的方法，那样你就能清楚地看到，这三个瓶子中，左边的瓶子比中间的瓶子远，中间的又比右边的远。瓶子的实际大小如右边的图所示。

图130下边的图更有意思。图中有两个花瓶、两支蜡烛和一座钟。两个花瓶和两支蜡烛大小看起来完全是一样的，但实际上它们的大小有很大差别：左边的花瓶几乎是右边花瓶的两倍大，左边的蜡烛比钟和右边的蜡烛低得多。用立体看图法来观察的话，马上就能发现产生这种错觉的原因：这些东西并没有摆成整齐的一排，而是有远有近：大的东西摆得更远，小的东西则更近。

这样看来，"两只眼睛"看立体图的效果要好于"一只眼睛"。

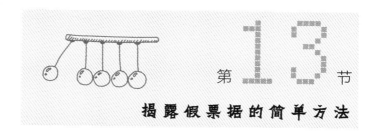

第 **13** 节

揭 露 假 票 据 的 简 单 方 法

有两张完全一样的图画，比如两个完全一样的黑色方块。把这两张图画放到立体镜下面去观察，我们看到的只有一个方块，而且这个方块和两张图画上的方块没有任何不同。如果每个方块中心都有一个白点，那么在立体镜下观察时，白点当然也是在方块上。但是如果其中一个方块上的白点稍微偏离中心一点点，我们就能看到意想不到的效果了：立体镜中还是能看到这个白点的，但是却不是在方块上，而是在方块的前面或后面！只要两张图有细微的差别，在立体镜下就能看出凹凸的立体感来。

根据这个道理，我们可以用简单的方法辨别假的银行票据和文件。把怀疑是假的票据和真票一起放进立体镜，就能辨别出假票据了。无论假票据做得多么精细，哪怕一个字母、一条画线有极细微的差别，也能马上被我们的眼睛捕捉到，因为这个字母或画线会孤零零地出现在其他背景的前面或后面。

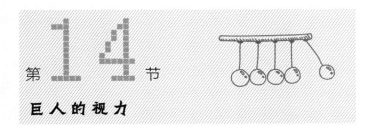

如果一个物体离我们非常远，在450米开外，那么以我们两眼间这么小的距离，是看不出那么远的东西有什么立体感的，所以远处的建筑、山峰、景色在我们眼里都是平面的。也正是因为如此，天上的星星在我们看来都一样远，虽然月球比行星离地球近得多，而行星又比恒星近得多。

总的来说，离我们超过450米远的东西，我们的眼睛对它就完全丧失了感知到立体的能力，它在我们的左眼和右眼看来是一样的，因为两眼之间的距离只有6厘米，这与450米比起来也太过渺小了。在这种条件下拍下来的两张照片，是完全一样的，即使放在立体镜下，也看不出立体感来。

但是这个道理是很有用的：从两个点的位置处给远处的物体拍两张照片，这两个点之间的距离要大于两眼之间的标准距离（6厘米）。把这两张照片装进立体镜里观看，我们看到的景色就是两眼间距比平常大得多的时候看到的样子。这也是拍实体风景照的诀窍所在。一般我们用放大镜看这种风景照，能看到跟实物差不多大小的景色，那种效果是非常惊人的。

读者大概已经想到了，我们完全可以制造一个双筒望远镜，透过双筒望远镜直接看实体风景，而不是在照片上看。这种叫作立体望远镜的仪器确实存在。这种望远镜上的两个镜筒的距离比标准眼距大得多，两边的像透过反光棱镜落到我们的眼睛里（图131）。如果双眼向这样的两个镜筒里望去，这种感觉很难用语言形容——实在太不同寻常了！整个大自然都变了一个样子。远处的山峰变得高低起伏，树木、悬崖、建筑、海上的轮船——一切东西都变得凹凸有致，好像散落在无垠的空间中，而不是像平面的布景一样。你可以直接看到远处的轮船是怎样动的，而用普通望远镜观察，看到的轮船是静止不动的。童话里的巨人看到的大地上的景色，应该就跟我们在立体望远镜里看到的一样。

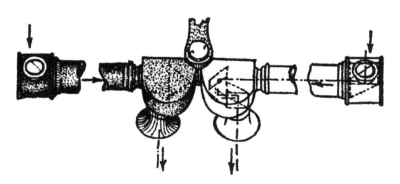

图131　立体望远镜

如果望远镜能放大10倍，两个目镜之间的距离是人眼间距的6倍（6.5×6=39（厘米）），那么用这样的望远镜看到的立体效果，是直接用眼睛看的6×10=60（倍）之多！也就是说，即使物体远在25千米之外，也能看出它有明显的立体感。

这种望远镜，对于土地测量员、海员、炮兵、旅行者来说，是不可替代的帮手，尤其是有刻度的望远镜（立体测距镜），更加有用，能够用来测量距离。

棱镜望远镜也有这种效果，因为它的两个目镜之间的距离比标准眼距大（图

132）。但是用来看电影的望远镜则相反，目镜之间的距离比较小——用来减弱立体感，为了让舞台上的布景更真实一些。

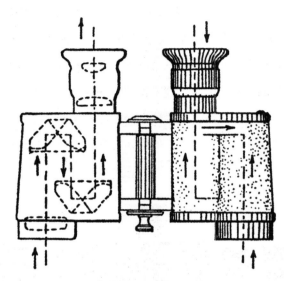

图132　棱镜望远镜

第 **15** 节

立 体 镜 里 的 星 空

　　如果我们把立体望远镜对着月球或者其他天体，我们看不到任何立体效果。这是当然的了，因为天体与我们的距离，即使对于立体望远镜来说，也是过分大了。两个目镜的距离是30～50厘米，这怎么能与地球和天体的距离相比呢？即使能造出两个镜筒间距为数十或数百千米的望远镜，我们用它观察离我们数千万千米远的星体，也看不出任何立体效果。

这里我们还要再一次请求实体照片的帮助。比如说，我们可以先在夜晚拍一张星体照片，然后再在第二天白天拍一张。虽然这两张照片是在同一个地点拍摄的，但是就太阳系来说，却是完全不同的地点，因为一昼夜间地球已经自转了数百万千米了，因此前后拍出的两张照片自然也不一样。把照片放到立体镜下观察，看到的就不是平面的像，而是立体的像了。

我们可以利用地球公转，从相距极远的两个点处拍下同一天体的照片，这就是实体照片。把自己想象成一个巨人，有一颗巨大的头，两眼间距有数百千米之遥，你就能理解天文学家利用天体的实体照片能得到多么不同寻常的效果了。

我们现在可以利用立体镜寻找新的行星——就是那些在火星和木星轨道之间转动的许多小行星。不久前发现这样一颗小行星还是靠碰运气的小概率事件，现在我们在不同的时间对着星空的同一位置拍照，再把这两张照片放到立体镜中去对比，如果有一颗小行星在其中一张照片上的话，马上就能把它"揪出来"，因为这颗行星会从背景中凸显出来。

立体镜不仅能发现点的位置的区别，还能辨别出亮度的不同。这给天文学家寻找所谓的变星提供了便利，因为变星会周期性地改变自己的光芒大小。如果在两张星空照片上，某颗行星异乎寻常的亮，那么立体镜立刻就会为天文学家把这颗改变自己光芒的星星指出来。

第16节

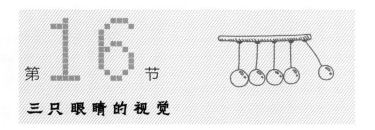

三只眼睛的视觉

不要以为我们这里说的第三只眼睛，像《上尉的女儿》[1]里激动的伊万·伊格纳季耶维奇口中的第三只笨耳朵那么滑稽："他骂你猪头，你就骂他笨耳朵，一来二往（骂到第三次笨耳朵）——就绝交了。"我们在此说的是用三只眼睛看东西的问题。

用三只眼睛看东西？难道我们还能再长出一只眼睛不成？

我们说的正是三只眼睛能看到什么的问题。科学并不能给人第三只眼睛，但是科学让我们有机会体验一下，如果有第三只眼睛，看到的东西是怎样的。

如果一个人只有一只眼睛，他完全可以看实体照片，而且能够得到他原本无法直接体验的立体的感觉，只需要把照片投影到银幕上，让原本给左、右两只眼睛看的照片在银幕上快速交替。双眼正常的人左、右眼同时看照片，那么独眼的人就需要看快速交替的照片，效果都是一样的，因为照片在快速交替中也融为一体，就像两只眼睛同时看照片一样。我们看电影时，有时会在电影中看到异常凸起的画面，除了前述原因外，还有一部分原因是：如果照相机拍照时有轻微抖动，那么拍出的照片是不完全一样的，在银幕上快速交替播放这样拍下来的照片时，照片在我们的意识里就融合成一个立体的像了。

但是如果双眼正常的人一只眼睛看两张快速交替的照片，另一只眼睛看从第三个

---

1 普希金作品，首次出版于1836年。

地点拍摄的第三张照片。换句话说，为同一个物体在三个不同的地点拍摄三张照片，就能达到用三只眼睛看的效果。其中两张照片快速交替，给一只眼睛看。快速交替时，两张照片已经融合成了一个复杂的立体的像，这个立体的像再叠加另一只眼睛看第三张照片时形成的第三个像，这时候我们虽然只用两只眼睛看，但是得到的像却是用三只眼睛看东西时才有的。这时候的立体感达到了非常高的程度。

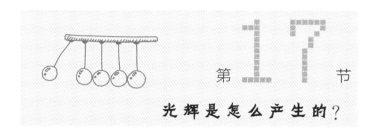

第17节

光辉是怎么产生的？

图133上的立体图片是两个多面体：一个是白底黑色图形，另一个是黑底白色图形。如果在立体镜里看这两张图片，会看到什么？

图133　多面体立体镜下的照片。在立体镜中看时，两张图片融合在一起，
看起来好像是黑色背景上闪着亮光的水晶一样

实在不好判断。我们来听听赫尔姆霍茨是怎么说的：

如果一张图画上的平面图是白色的，另一张图画上的平面图是黑色的，那么这两张图片融合在一起时，就呈现出一种光辉，即使两张图片都印在粗糙不平的纸上也是一样。结晶体模型的立体图（也是用这种方法做出来的）给人留下的印象，仿佛它是用散发光辉的石墨做成的。用这种方法做出的立体照片，水面、树叶等都像能发光一样，效果非常好。

伟大的生理学家谢切诺夫所著的《感觉器官的生理学·视觉》，即使到现在也没有过时，里面对这种现象做了非常合理的解释：

把不同明暗程度或不同颜色深浅的表面放到立体镜下融合起来的实验，告诉了我们观察发光物体的实际条件。那么实际上粗糙表面和发光（打磨光滑的）表面有什么区别呢？粗糙表面把光散射到各个方向，所以无论从哪个方向去看，眼睛感受到的都是一样的明暗程度。发光的表面则只把光反射到某个固定的方向，所以人用一只眼睛看向这个表面会收到很多反射来的光线，另一只眼睛却几乎没有收到任何光线（这个条件正是白色与黑色表面立体融合在一起的情况）。看向发光的表面时，观察者的双眼之间得到的反光是不同的（也就是说，一只眼睛得到的反光多，另一只眼睛得到的反光少），这是不可避免的。

读者可以看到，利用实体法看到的立体光辉能够证明，在两张图片的立体融合中，经验起着主要作用。视觉器官在经验的主导下，对某种东西有固有的印象，这时候视野的冲突，能把两只眼睛看到的差异合成为某个实际看到的熟悉的东西。

因此，我们能看到光辉的原因（至少是其中一个原因）在于：左眼和右眼感受到的图片明暗程度不一样。如果没有立体镜，恐怕我们很难发现其中的原因。

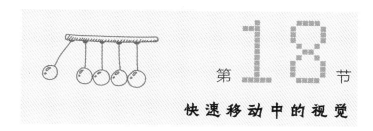

第 18 节

快 速 移 动 中 的 视 觉

前面我们说过了，同一个物体的不同照片在我们眼前快速交替，能够形成有凹凸感的立体像。

这里面有一个问题：是不是只有眼睛不动，图片快速交替才能产生这种效果？那么，图片不动，眼睛快速移动，能不能达到这个效果呢？

其实这样做也能得到立体的效果。很多读者应该都发现了，在快速行驶的火车上拍摄的影片，给人一种异乎寻常的立体效果，完全不输立体镜中看到的效果。坐火车或汽车时，如果留心观察窗外的风景，就能对这种印象有一个深刻的认识：这样看到的景色非常立体，远近分明。眼睛不动时，产生立体效果的极限距离是450米，但是眼睛快速移动时，这个距离明显增加，远远大于450米。

我们从高速行驶的火车车厢里向外看到的景色，给我们留下十分生动、愉悦的印象，不正是这个原因吗？我们从窗口看出去，远的地方仿佛在后退，我们从沿地平线铺开的景色中清楚地感受到了大自然的宏伟壮观。我们乘着高速行驶的汽车经过森林时，也是一样的——由于同样的原因，每棵树、每根树枝、每片树叶都像从背景中凸出来一样，个个分明，并没有像眼睛不动时那样融为一体。

当我们坐车在山区高速行驶时，用眼睛直接观察整个地形，会发现山坡和谷地高低分明，错落有致。

只有一只眼睛的人也能体验到这种感受，上面描述的一切感觉对他来说都是新鲜的，是从来没有看到过的。我们在前面已经说过了，想要获得立体观感，完全不需要像平常认为的那样，一定要用两只眼睛同时看向不同的图片。只要不同的图片非常快速地交替且能够融合在一起，那么用一只眼睛看也能获得立体观感。

证明我们前面所说的现象非常简单，只要坐火车或汽车时稍微留心观察就行了。如果你细心观察，还会发现另外一个惊人的现象，关于这一点多弗在100多年前已经写过了（已经忘了的东西，可以算作新体验）：近处的物体闪过窗口时，看起来好像缩小了。这个现象产生的原因和立体视觉的就完全不同了。当我们看向极快移动的物体时，我们会错误地判断它的远近。如果一个物体离我们很近，我们会下意识地认为，它的实际大小应该比我们看到的更小才对。这个解释也是赫尔姆霍茨提出来的。

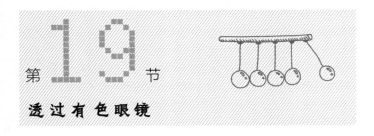

第 19 节
透过有色眼镜

如果透过红色玻璃看白纸上写的红字，看到的是一片平整的红色背景，一点儿字的痕迹都看不到。因为红字与红色背景融为一体了。透过红色玻璃看白纸上写的蓝字，能清楚地看到红色背景上的黑字。为什么蓝字变成了黑字呢？很好理解：红色玻璃透不过蓝光（正是因为只能透过红光，玻璃才是红色的），所以有蓝字的地方看不到光的存在，也就变成了黑色。

"凸雕"的作用正是以彩色玻璃的这种性质为基础的。"凸雕画"就是用特殊方法印出来的画，看起来有立体效果。凸雕画中有两张图片，分别给右眼和左眼看，当再用两只眼睛同时看时，这两张图片就融合起来了。这两张图片使用的颜色不同，分别是蓝色和红色。

要想从这两种颜色中看出黑色的立体图像，使用特制的有色眼镜（左镜片是蓝色，右镜片是红色）就行了。右眼透过红色玻璃看到的是黑色图像，左眼透过蓝色玻璃看到的是红色图像。就像透过立体镜一样，每只眼睛看到了不同的图像。

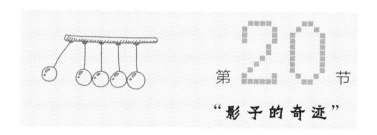

第 20 节

"影子的奇迹"

电影院里时常展现的"影子的奇迹"，也是同样的道理。

"影子的奇迹"指的是，移动的物体在银幕上投下的影子，在观众（戴着双色眼睛）看来是一个立体的像，好像向银幕前面凸起一样。这是因为两种颜色的玻璃融合在一起，达到了立体效果。如果要把某个物体的立体像投射到银幕上，那么要把这个物体放在银幕和并列放置的红、绿光源之间，这样银幕上就会出现两种颜色的影子——红色和绿色，两种颜色的影子有一部分是重合的。观众并不是直接看向影子，而是透过红色和绿色平面玻璃看的。

现在我们来解释一下，在什么条件下能得到凸出于银幕平面的立体形象。"影子的奇迹"带来的效果令人非常震撼：有时候觉得被扔出的物体直接向观众飞来，有时候又觉得巨型蜘蛛悬空向观众爬过来，让观众不由自主地惊声尖叫，害怕得转过身去。这里边并没有什么奥妙，看图134就明白了。左边两个分别表示绿灯和红灯；P和Q表示放在灯和银幕之间的物体；$p_绿$和$q_绿$表示的是物体印在银幕上的影子；P_1和Q_1是透过绿色和红色玻璃片观看的观众看到的两个物体的位置。当道具"蜘蛛"在银幕后从Q点移动到P点时，在观众看起来，好像是蜘蛛从Q_1点爬到了P_1点。

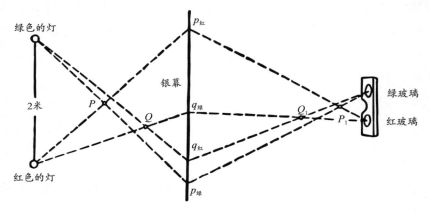

图134　解密"影子的奇迹"

总的来说，银幕后的物体接近光源，投在银幕上的影子变大，造成了物体走向观众的错觉。观众觉得从银幕上飞向自己的东西，其实是反方向移动的——从银幕向后移向光源。

第 **21** 节
意想不到的颜色变化

　　基洛夫群岛上的圣彼得堡中央文化休息公园里有一个"趣味科学宫"，里面的一系列的实验非常受观众欢迎。房间的一个角落里布置得和客厅一样。观众能在这里看到罩有深橘色套子的家具，盖着绿色桌布的桌子，桌子上放着盛有红色果汁和花朵的玻璃瓶，书架上摆满了书，书脊上有各种颜色的字。起初用普通的白色灯光打在这些东西上，然后转动开关，把白光变成红光。这时候客厅里发生了意想不到的变化：家具变成了粉红色，绿色桌布变成了淡紫色，果汁像清水一样没有颜色了，花朵也全都变成了别的颜色，书脊上的字消失得无影无踪……

　　再一次转动开关，把角落里的灯光调成绿色——客厅的面貌再一次变得认不出来了。

　　所有这些变化都很好地证明了牛顿关于物体颜色的学说。物体颜色学说的实质是，物体表面呈现的颜色，并不是它吸收的颜色，而是它反射的颜色，也就是落入观察者眼睛里的颜色。牛顿的同胞——英国著名物理学家廷德尔关于这个学说是这样说的：

　　　　我们给物体打上白光时，物体呈现红色是因为吸收了绿光，而呈现绿色则是因为吸收了红光，在这两种情形下，其余的颜色都显现出来了。也就是说，物体是用相反的方法得到自己的颜色的——显现的颜色不是加上了什么，而是减去了什么。

绿色桌布之所以在白光下呈现绿色，是因为它能反射绿光和光谱上接近绿色的颜色，其他的光反射得很少，大部分都被桌布吸收了。如果给这块桌布打上红紫混合光，桌布几乎只反射紫色，吸收大部分红色，眼睛看到的就是淡紫色了。

客厅角落里其他的颜色变化也是这个原因。比较神秘的只是果汁为什么变成无色的了，为什么红色液体在红光下变成无色的？这是因为，装有果汁的玻璃瓶放在白色餐巾上，而白色餐巾铺在绿色桌布上。如果把玻璃瓶从餐巾上拿下来，马上就会发现，玻璃瓶里的液体在红光下不是无色的了，而是变成了红色。只有放在纸巾上，果汁才是无色的。纸巾在红光下是红色的，但是我们由于习惯，而且把它与深颜色的桌布进行对比，继续把它看成白色的。因为玻璃瓶里液体的颜色与被认成白色的餐巾是一样的，我们不由自主地把果汁看成了白色，它在我们眼里已经不是果汁了，而是无色的水。

可以用更简单的方法做上面的实验：找几块有色玻璃，透过玻璃看周围的物体就行了。

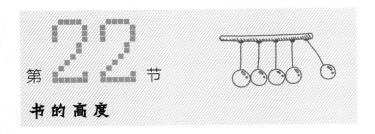

第 **22** 节

书的高度

如果你的朋友手里拿着一本书，你可以让他用手指向墙壁，告诉你如果把书贴墙立在地板上，它的高度会到墙壁的哪里。等他指定了高度后，把书立在地板上看一看：朋友指的高度居然比书的实际高度低了一半！

如果不让朋友弯腰去指高度，只是口头描述一下书的高度到墙壁的哪里，实验的效果就更好了。不仅可以用书做这个实验，还可以用灯、帽子以及我们平常可以平视的东西。

为什么朋友把书的高度指错了呢？那是因为，我们顺着物体的长度看过去的时候，所有的物体看起来都比实际尺寸要小。

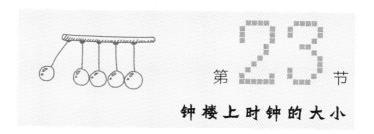

第 23 节

钟楼上时钟的大小

你朋友在估计书的高度时犯的错误，我们在确定放得非常高的物体的大小时也会犯。我们在确定钟楼上时钟的大小时犯的错误尤其典型。我们当然知道，这种时钟很大，但是我们想象的它的大小还是不及它的实际大小。图135所示是伦敦威斯敏斯特大教堂顶上的时钟，现在卸下来放到马路上了。

图135　威斯敏斯特大教堂的钟楼上
时钟的大小

行人与它相比，简直就是一只小甲壳虫。再看向远处的钟楼，你一定不敢相信，钟楼上那个小孔是怎么装得下这么大的时钟的。

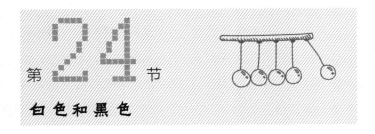

第 **24** 节

白色和黑色

请从远处看图136，然后告诉我：下面的黑点和上面任意一个黑点之间的空白处能放多少个一样大小的黑点——4个还是5个？你一定会这样回答：放4个嫌少，放5个嫌多。但是如果我告诉你，空白处正好能放3个黑点，不能再多了——你一定无法相信。拿一张小纸条或圆规量一下，你就能发现自己确实错了。

黑色部分看起来比同样大小的白色部分更小，这种错觉叫作"光渗现象"。这种现象出现的原因是我们的眼睛的构造并不完善，就像一台并不完全符合严格的光学要求的光学仪器一样。眼睛折射的介质在视网膜上成的像，并没有正确校准的照相机在毛玻璃上成的像那么清晰，这是由于"球面像差"作用，每个光亮的轮廓都环绕着一圈浅色的镶边，这圈镶边落在视网膜上时，尺寸会放大。所以浅色部分在我们看来比同样大小的深色部分更大。

图136　下面的黑点和上面任意一个黑点之间的空白看起来比上面两个黑点外缘之间的距离大，其实这两个距离是一样的

伟大的诗人歌德对大自然有极敏锐的洞察力（尽管他算不上是思维缜密的理论物理学家），关于这个现象，他在自己的《论颜色的科学》中是这样说的：

深色东西看起来比同样大小的浅色东西要小。如果同时看黑底上的白点和白底上同样直径的黑点，黑点看起来大约比白点小1/5。如果把黑点放大1/5，那么它们看起来就一样大了。相较于其他阴暗的部分，新月看起来占了直径更大的那一面。同一个人穿深色衣服比穿浅色衣服显瘦。从边框的地方看灯，会发现边框好像少了一块。对着烛火看一把尺子，会看到尺子正对烛火的地方好像缺了一块。日出和日落时，地平线上好像凹下去了一块。

歌德的这些观察都是对的，但是有一点需要解释，白点好像比同样大小的黑点大出一定比例，但是这个比例没有确切数值，是随着我们看黑点和白点的距离的增加而增加的。现在我们就来看一下为什么会这样。

把图136拿得离眼睛远一些，空白部分比较大的错觉更加强烈了。这个现象的解释是，白色镶边的宽度总是保持不变的，如果近距离观察，镶边把白色部分变大

图137　从一定距离处看过去，白色圆点好像变成了六边形

10％，那么离得远时，物体变得更小了，这个附加的镶边给人的感觉已经不是加大10％了，而是30％，甚至50％。这种现象是由眼睛的构造造成的。图137的奇怪特性也能解释眼睛的这种特性。把图137拿近了看，看到黑色背景上有很多小白点。但是把图拿到2～3步开外的地方再看，如果你视力极佳的话，可以拿到6～8步远的地方，白点的形状就会发生明显的变化：你看到的就不是白点，而是白色的六边形了，就像一个蜂巢一样。

用光渗现象解释这个错觉，我并不是完全同意，因为我发现虽然光渗现象不是把黑点变大，而是缩小，但是从远处看白底黑点的图片，黑点也会变成六边形（图138）。需要说明的是，现在对视觉错觉的解释并不十分完善，大多数错觉还完全没有找到答案。

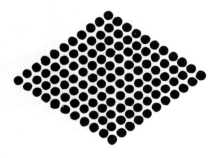

图138　从远处看过去，白底上的黑色圆点好像变成了六边形

第 **25** 节

哪 个 字 母 更 黑？

图139让我们有机会认识眼睛的另一个不完善之处——像散现象。如果用一只眼睛看，这四个字母看起来并不是一样黑，指出哪个字母最黑后，接着从侧面看向图片，这时候发生了意想不到的变化：最黑的那个字母变灰了，另一个字母变成最黑的了。

图139　用一只眼睛看，会感觉其中一个字母比其他字母更黑

实际上四个字母都是一样黑的，只是字母里面的阴影线方向不同。如果我们的眼睛的构造和玻璃透镜一样完善的话，阴影线的方向不会影响字母的黑度。但是我们的眼睛对不同方向的光线折射的感受程度并不一样，因此我们没办法把竖直线、水平线和斜线看得同样清楚。

很少有人的眼睛是没有这些缺点的，有些人的像散达到了极严重的程度，严重影响了视力，降低了敏锐程度。如果他想要把东西看清楚的话，需要戴上特制的眼镜。

我们的眼睛还有其他有局限性，但是制作光学仪器的技师能够帮助我们弥补这些缺点。著名的赫尔姆霍茨关于眼睛的这些缺点是这样说的："要是光学技师给我做出有这些缺点的仪器，我一定会用最严厉的词句批评他工作不用心，会把仪器退回去，还要提出抗议。"

除了已知缺点引起的错觉外，我们的眼睛还会受到很多欺骗，这些欺骗完全是其他原因产生的。

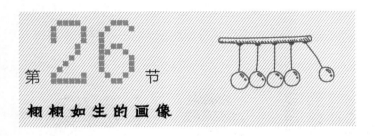

第26节 栩栩如生的画像

大家应该都看过一些神秘的画像，画像上的人不仅像在直直地盯着我们，而且眼睛也在追随着我们，我们的头偏向哪边，画上的人就看向哪边。这种画像的特点很早就被发现了，对很多人来说都很神秘，一些神经质的人甚至被它吓得惊慌失措。果戈理在《画像》一文中生动地描写了这种情况：

> 那双眼睛一直盯着他，好像除了他，根本不想看旁的东西一样……画像略过周围的一切，直直地盯着他，好像要盯进他的身体里……

关于画像上的眼睛的这种特点（《画像》里也提到了），有很多迷信传说，但是答案却很简单，只是视觉的欺骗性在作祟罢了。这样的画像上，瞳孔都是画在眼睛的正中央。因此，当我们看向这个人的眼睛时，觉得他是在直直地盯着我们。当他向我们的旁边看过去的时候，他的瞳孔和整个虹膜在我们看来好像不在眼睛中间了，而是向旁边偏了一些。我们站在画像侧面的时候，瞳孔当然没有改变位置，还是留在眼睛的正中央，而且整张脸的位置也没有改变，在我们看起来，自然觉得画像好像转过头来盯着我们了。

　　某些图片的其他神秘特点也是这个原因：一匹马向我们迎面跑来，无论我们站在图片的哪一边，马都在迎面向我们跑来；一个人用手指着我们，他伸向前边的手好像一直在指着我们似的；等等。图140就是这样一个例子。这种图片经常用于宣传和广告。

图140　神秘的画像

　　如果仔细思考产生类似错觉的原因，就会明白这里面没什么好奇怪的，而且正相反，如果图片没有这种特点，那才奇怪呢！

第27节

插进纸里的线条和其他视觉欺骗现象

图141上画着一些大头针，第一眼看上去没什么特别的。但是请你把书抬高到与眼睛齐平的位置，闭上一只眼睛，只用一只眼睛看这些线条，使眼睛从整根针上滑过（眼睛要放在这些直线的延长线相交的那个点上）。这样看就会发现，大头针不是画在纸上，而是像插进纸里去了一样。把头略略转向一边，这些大头针好像也向头偏向的一侧倾斜了。

图141　一只眼睛（闭上另一只眼睛）凑近这些线的延长线相交的一点，你会看到这些大头针好像都插进纸里去了。轻轻地把纸从一边移到另一边，这些大头针看起来就像在摆动一样

产生这种错觉的原因是透视定律：图上的线条的画法，正是我们用上述方法看过去的时候，竖着插入纸中的大头针投影到纸上的样子。

我们经常被视觉欺骗，但这不能只看作视觉的缺点，它也有有利的一面，虽然我们经常把有利的一面忘记了。如果我们的眼睛不会被欺骗，那么美术也就不存在了，我们也失去了欣赏造型艺术的能力了。画家正是巧妙地运用了视觉的缺陷。"一切绘画艺术的基础正是在于这种欺骗性。"18世纪的天才科学家欧勒在他著名的《有关各种物理资料书信集》中写道：

> 如果看到的所有的东西都是真实的，也就没有艺术（美术）的存在了，就跟我们瞎了一样，艺术家也就白白地浪费了自己在调色上的所有天赋。我们只会说：这个板子上是一块红斑，这里是一块蓝斑，这里是一块黑斑，这里是几条白色的线。所有东西都在同一个平面上，在它上面看不出任何距离的差别来，而且也看不出来它像任何一个东西。无论在纸上画什么，在我们看来都像是写在纸上的信一样……眼睛如此完善，我们却丧失了每天欣赏艺术给我们带来的满足感和愉悦感，这将是多么遗憾的事情啊！

存在很多种类的光学欺骗现象，收集起来甚至能出一整套错觉示例画册。其中有很多是大家习以为常的，少部分是大家不太熟悉的。

我们在这里引用几个大家不太熟悉的光学欺骗的例子。图142和图143上的背景都是网格状图案，它能带来非常特殊的效果：眼睛绝不会告诉你，图142中的几个字母是直的。如果告诉你图143中的图案不是螺旋形的，你肯定更不相信了。直接试验一下才能相信自己看错了：用铅笔尖沿着疑似螺旋线的一条分叉画一画，你会发现它是个圆形，没有向前也没有向后延伸。用圆规量一量，我们才能相信，图144中的直线AC并不比AB短。图145~图148产生错觉的原因，请读图下的说明。图147所产生的错觉严重到什么程度呢？我给大家讲一件小事：这本书有一次再版时，出版商得到锌版的校样后，竟然认为锌版没有做好，想要把它退回制版厂，要把白色条纹中间的小灰点去掉，那时我恰好走过去，向他解释了，他才明白。

图142 字母是直的

图143 这个图上的曲线看起来是螺旋形，但其实它们都是圆形。
这很容易判断，把笔尖移到线上自己画一画就知道了

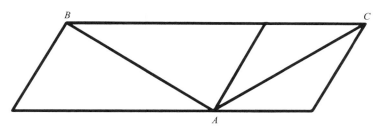

图144 AB和AC的长度相等，虽然AB看起来更长

图145 穿过条纹的斜线，
看起来歪歪扭扭的

图146 白色和黑色方块大小一样，
白色圆和黑色圆的直径一样

图147 白色条纹的交叉处，有灰色小点好像在闪动
一样。实际上整个条纹都是白色的，拿一张纸把旁
边的一排黑色方块盖住就行了。这就是反差的结果

图148 黑色纹线交叉处出现
了灰色圆点

第28节

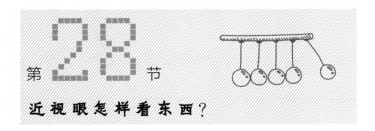

近视眼怎样看东西?

患近视的人不戴眼镜时,视力会很差,那么患近视的人不戴眼镜时看到的东西到底是什么样的呢? 关于这一点,视力正常的人并不太了解。因为患近视的人相当多,所以描绘他们看到的世界是很有益处的。

首先,患近视的人(不戴眼镜)时常看不到清晰的轮廓,所有东西在他们看来都只是模糊的轮廓。有正常视力的人看向一棵树,能分辨出树叶和树枝,在天空的背景中清晰地显示出来。但是患近视的人只能看到轮廓模糊的一团梦幻般的绿色的东西,一些细枝末节是完全看不出来的。

患近视的人看人脸,比视力正常的人看到的更年轻,更有吸引力。因为脸上的皱纹和小斑点他们是看不见的。有着深红色皮肤(自然或人为)的人,在患近视的人看来是柔和的粉色。我们总是惊讶于我们认识的人为什么会那么幼稚,判断人的年龄总能比实际年轻20岁;审美也很奇怪;面对面谈话时总直勾勾地盯着别人的脸,非常不礼貌,好像想要在别人的脸上研究出什么似的……所有的这一切,都只是因为他近视罢了。

"贵族学校里,"普希金的朋友——诗人杰利维格回忆道,"禁止我戴眼镜,所有的女同学在我眼里都非常漂亮,直到毕业我才明白,并不是这样的!"

患近视的人（不戴眼镜）跟你说话时，他完全看不清你的脸，在任何情况下他看到的都不是你真实的样子，他只能看到一个模糊的影像。再过个把小时他在路上碰到你，他已经不认识你了，这也没什么好奇怪的。大部分患近视的人不是通过外貌认人的，而是通过声音，视力上的缺陷催生了听觉的灵敏。

患近视的人晚上看到的景象也很值得研究。在夜晚灯光的照射下，所有光亮的东西——路灯、台灯、被照亮的窗户等——在患近视的人眼里都放大了，变成了没有形状的明亮的斑点、深色的像是蒙上了一层雾气的影像。路灯在患近视的人看来是两三个大光点，把街道上的其他东西都遮起来了。他们看不见驶过来的汽车，看到的只是两个明亮的光点（前照灯），光点的后面是黑漆漆的一片。

夜晚的星空在患近视的人眼里，也远不是视力正常的人看到的样子。患近视的人只能看到少量的星星。月亮对他们来说非常大，也非常近。新月在他们看来有着奇妙的、梦幻般的轮廓。

所有的这些物体失真和尺寸放大的假象都与近视眼的结构有关。患近视的人的眼睛比较大，所以它折射光线的地方不是在视网膜上，而是在视网膜前端。到达眼底的视网膜的光线，是被散射过后的光线，自然就形成了模糊不清的影像。

10

声音和听觉

导 读

姜连国

前面你已经学习到了许多关于眼睛和视觉的物理小知识，可是在我们自己的身体上还有太多的奥秘等待被发现。那么下一步，我们来切换到另一个感知器官——关于耳朵和听觉。在进入章节之前，让我们先来了解一些有关耳朵听到的东西——声音的知识。

1.声音的产生与传播

声音，是由物体振动产生的。我们声音的强弱可以用音量来描述，它的单位是分贝（dB）。声音以波的形式传播，当它遇到物体时，会使物体也开始振动。这样，声音就通过各种物质，从一个地方传播到了另外一个地方。因此，一般情况下，声音在固体、液体、气体中的传播速度是逐渐减小的。这些内容你将在小学四年级上半学期的科学课上学到。我们在初中也将会对声音进行进一步的学习。除此之外，正如八年级上册物理（人教版）中所指出的那样，声速的大小不仅跟介质的种类有关，还跟介质的温度有关。

2.声音的反射

声音在传播的过程中如果遇到障碍物，就会被反射。我们对着远处的高墙或山崖喊话以后听到的回声，就是反射回来的声音。当障碍物离人较远时，发出的声音会经过比较长的时间（大于0.1 s）回到耳边，人们也就能把回声与原声区分开，回声就会非常明显。在已知声速的情况下，我们甚至可以通过测量发出原声至听到回声的时间间隔而得到距离。《用声音代替量尺》一文说的就是这件事。在一些人类不方便到达却又想知道距离的情况下，比如测量海的深度时，由于海水中声音传播的速度是一定的，并且较快，我们也可以利用回声测深仪这个工具测量出还有多深。详细的方法你将在《海底的回声》一文中有所了解。

3.声音的音调

有人说话的声音听起来尖锐刺耳，有的人说话听起来低沉浑厚，这些不同便体现在声音高低的不同上。声音的高低可以用"音高"来描述，它的单位是赫兹（Hz）。这是小学的说法。初中时介绍的则是物理学中的说法——音调。**物体振动得快，发出的音调就高；振动得慢，发出的音调就低**。可见发声体振动的快慢是一个很重要的物理量，它决定着音调的高低。物理学中用物体每秒钟振动次数的来描述物体振动的快慢，这个量有着它的专属名词：频率。它决定声音的音调：**频率高，则音调高；频率低，则音调低。频率的单位为赫兹，简称赫，它的符号是Hz**。如果一个物体在1 s的时间内振动100次，它的频率就是100 Hz。也就是说，在小学里我们学到的音高，实际上就是物体振动的频率的具体体现。炎热的夏季里蚊虫经常在我们耳边嗡嗡作响，这"嗡嗡"的声音实际上就是蚊虫的翅膀在飞行过程中不断扇动，也就是一种振动，而发出的声音。如果你留心过这些声音（当然，很少有人会去仔细听，都是把它们扇开），你会发现不同蚊虫的翅膀发出的声音还存在差别呢！在《昆虫的嗡嗡声》中，作者就仔细地研究了这些细微、又惹人厌的小东西发出的声音。

4.我们是如何听到声音的

最后，声音存在于自然，我们人类又是如何听到声音的呢？在生物课上你会学到人们感知声音的基本过程：外界传来的声音引起鼓膜的振动，这种振动通过一系列的传导，最终传递给大脑，我们也就听到了声音，这是通过耳朵听到声音的方法。我们通过耳朵听到声音，往往可以大致辨别声音是从哪里传来的，但如果一个人有一只耳朵聋了，他就失去了这项技能。这就是双耳效应，是人们依靠双耳间的音量差、时间差和音色差判别声音方位的效应。本章中《蟋蟀在哪里叫》一文对此有所介绍。

听了我的讲述，你是否对本章的内容增加了一些好奇，又是否想到了许多有价值的问题呢？想要找到你渴望的答案，可不能纸上谈兵，还是要靠你亲自到文章中去发现！

第1节

怎样寻找回声？

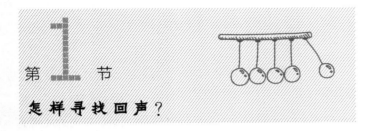

> 没有人见过它，
>
> 但都听过它，
>
> 没有身体，却是活的，
>
> 没有舌头——却能喊出声来。

——涅克拉索夫

　　美国幽默作家马克·吐温的一篇小说中讲过一个幽默的小故事，讲的是故事的主人公收集东西造成的悲剧。猜猜他收集的是什么，收集的居然是回声！这个怪人沉迷于购买所有能发出多倍回声或者其他美妙回声的土地。

　　他最初在乔治亚州买回声，这里的回声能重复4次，然后跑到麦里兰去买6次回声，又到美恩去买13次回声。之后买的是堪萨斯州的9次回声，然后是田纳西州的12次回声。田纳西州的回声很便宜，因为这个地方需要修理：有一部分岩壁崩落了。他认为他可以修得很好，但是揽下这个工作的建筑师却没有让回声加倍的工作经验，最终把这里搞坏了，修理后，这里只适合给聋哑人住了……

当然了，这只是一个小笑话。但是在地球上不同的角落确实存在能重复多次的回声，尤其是山地地区，其中有些地方远近闻名。

我们列举一些有名的回声地。在英国的伍德斯托克，回声能清晰地重复17个音节。

格伯士达附近迭连堡城的废墟能将回声重复27次，但是自从它的一面墙被炸毁后，它就变成了哑巴。捷克斯洛伐克的亚德尔士巴哈附近有一个圆形断岩，在一定的地点，能把7个音节重复3倍，但是在离这个地点几步远的地方，即使是枪弹的射击声也不会产生任何回声。在米兰附近的一座城堡（现在已经不存在了）曾经听到过更多次的回声：耳房窗户传出的射击声，产生了40～50次回声；大声说话，能有30次回声。

找到能清晰重复一次回声的地方并不是一件容易的事情。在苏联要找到类似的地方相对容易一些。有很多被森林环绕的平原，森林中有很多空地，试着在森林的空地上大喊一声，让林墙反射出清晰或不清晰的回声。

山地的回声跟平原的不同，有很多种类，但是出现的频率反而更低。在山里听见回声，比在森林环绕的平原更难。

你马上就能明白，这到底是为什么了。回声是声音碰到某种障碍物被反射回来的声波，与光反射一样，"声线"（声波传播的方向）入射角等于它的反射角。

现在想象一下，你站在山脚下（图149），反射声音的障碍物比你站的位置高，比如在 AB 这个地方。很容易看出来，沿线段 Ca、Cb、Cc 反射

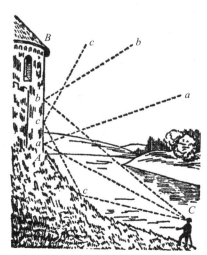

图149　没有回声

的声波，并没有进到你的耳朵里，而是沿aa、bb、cc方向散到广阔的空间里去了。

如果你站在与障碍物齐平的位置，或者稍高于障碍物（图150）。声音沿Ca、Cb方向向下走，沿折线$CaaC$或$CbbC$在地面上反射1次或者2次后，回到你的耳朵里。如果你和障碍物之间的地面位置更低，能更加清楚地反射回声，就像凹面镜一样。相反，如果点C和点B之间的地面凸起，回声会很弱，甚至完全到不了你的耳朵里：这种地面像凸面镜一样，把声线散射出去了。

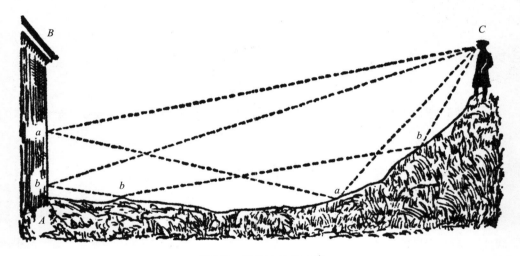

图150　清楚地反射回声

在不平整的地面上找回声，需要用到一些技巧。需要找到一个有利的地方，还要知道怎么把声音"召回来"。不能离障碍物太近，要让声音走很长的一段路，否则回声回来得太早，会与原声重合在一起。我们知道，声音每秒传播340米，所以站在距障碍物85米的地方，我们会在发出声音半秒钟后听到回声。

虽然回声是"一切声音在空旷处的反应"，但是不是所有声音的回声都是一样清楚的。"野兽在茂密的森林里嚎叫，吹响号角，打雷的轰隆声，姑娘在山丘后唱歌"，产生的回声各不相同。声音越尖细，回声越清晰。最好用拍巴掌的方式找回声。找回声时，人声就不太合适了，尤其是男声，女人和孩子的声音声调更高，产生的回声会更清楚。

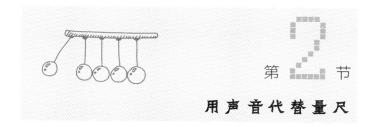

第 2 节

用声音代替量尺

知道声音在空气中的传播速度，我们就可以利用声音判断与无法到达的物体的距离。儒勒·凡尔纳在《地心旅行》这本书中写过类似的故事。两个地下旅行者——教授和他的侄子——走散了。最后，他们在远处听到了彼此的声音，他们之间发生了如下对话：

> "叔叔！"我喊道。
>
> "怎么了，我的孩子？"过了一会儿，我听到了叔叔的声音。
>
> "第一件事，咱俩离得有多远？"
>
> "这很容易知道。"
>
> "你的表还能走吗？"
>
> "能。"
>
> "把表拿在手里。喊一声我的名字，开始喊的时候准确地记住秒针的位置。我重复一遍我的名字，你听到我的声音后，马上看秒表走到了哪里。"

"好的。那就是说，我发出声音到听到你的声音之间走过的时间的一半，就是声音传过来需要的时间。你准备好了吗？"

"准备好了。"

"注意！我要喊你的名字了。"

我把耳朵贴在墙上。刚听到叫"阿列克谢"（侄子的名字）的声音传到我的耳朵，我立刻重复了一遍，然后等着。

"40秒，"叔叔说道，"也就是说，声音传到我这里需要20秒。因为声音每秒走1/3千米，也就是说，我们之间的距离大约是7千米。"

如果你明白了这个片段中所说的内容，那么你就能独立地解答出下面这个问题了：我在看到远方的火车冒出白色蒸汽后，过了1.5秒后听到了汽笛声，火车离我有多远？

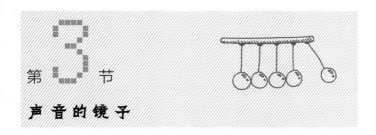

第 3 节
声 音 的 镜 子

森林、高墙、建筑物、山峰——所有这些能反射回声的障碍物，都是声音的镜子，它们像平面镜反射光一样反射声音。

声音的镜子不仅有平面的，还有曲面的。声音凹面镜和反光镜一样，可以把"声线"集中在自己的焦点上。

　　找两个深底的盘子，做下面这个实验。把其中一个盘子放在桌子上，在盘子上方几厘米的地方，用手拿着一块怀表。把另一个盘子侧着贴近耳朵边，就像图151中的那样。如果怀表、耳朵和盘子的位置找准了的话（经过几次试验后就会成功），你能听到怀表的嘀嗒声，仿佛是从你耳朵边的那个盘子里发出来的。如果闭上眼睛，这种错觉会更加强烈：简直无法只通过声音来判断怀表到底拿在哪只手里——是左手还是右手？

图151　反射声音的凹面镜

　　中世纪古堡的建筑师们时常创造出这种声音怪象：把半身像放在声音凹面镜的焦点上，或者放在巧妙隐藏在墙壁里的传声管的末端。图152是从16世纪的古书中复制下来的，可以清楚地看到这个脑洞大开的装置：拱形天花板把传声管收集到的外面的声音传播到半身像嘴边，隐藏在建筑里的大型传声管把院子里的各种声音传播到大厅里靠墙放着的石制半身像嘴边，来访者走进大厅，好像听到大理石在窃窃私语或低声吟唱。

图152 古堡里的声音怪象——会说话的雕像（该图片复制自1560年出版的一本古书）

第**4**节
剧院大厅里的声音

经常光顾各种剧院和音乐厅的人应该很了解，大厅的音质有好有坏。有的大厅里，即使坐得很远，演员和乐器的声音也能清楚地传到耳朵里；有的大厅则不然，即使坐得很近，听到的声音也不清楚。这种现象的原因在美国物理学家伍德的《声波及其应用》里讲得很清楚：

"建筑物里发出的任何声音，在声源结束发声后还会走很长时间，经过多次反射后，它会在房间里环绕数次，这时候后面的声音又响起来了，观众经常无法按顺序捕捉到这些声音，听起来就是混乱的。比如，一个声音能持续3秒钟，演讲的人以每秒3个音节的速度说话，那么与声波对应的就是9个音节，这9个音节在房间里一起传播，就造成了完全的混乱和噪声，使观众无法理解演讲人所说的内容。

"这时演讲人应该一字一顿，用较低的声音演讲，然而往往这个时候他还会提高声音，噪声就更大了。"

不久前，建造一座很好地符合声学要求的剧院还是幸运的偶然事件，现在已经找到了不让声音持续时间太长（所谓交混回响），以免破坏听觉效果的办法。办法就是建造一个能吸收多余声音的表面。最好的吸音装置是打开的窗户（就像最好的吸光装置是小孔一样）。一平方米打开的窗户甚至被用作吸音的计量单位。作为吸音装置的观众——虽然吸音能力只有打开的窗户的一半——吸音效果也不错：每个人都能吸收约半平方米打开的窗户的声音。一位物理学家说得很对："观众吸收演讲者的演讲词"，这里说的是字面上的意思，所以空旷的大厅对于演讲者来说很不利，这也是字面上的意思。

如果吸音吸得太多，也会造成不好的听觉体验。首先，过度吸音会把声音减弱；其次，把交混回响降低到一定程度，声音听起来断断续续，让人觉得很枯燥。所以，既要避免长时间的交混回响，也不能让交混回响的时间太短。最佳的交混回响时间，对于不同的大厅来说是不一样的，应该在设计每座大厅时单独确定。

剧院里还有一个东西，从物理学角度来说也很有意思：提词厢。你是否注意到，所有剧院的提词厢都是同一个形状。这是因为提词厢本身是一个物理装置。提词厢的拱形相当于反射声音的凹面镜，能达到双重效果：一是抑制声波从提词厢的声音传到观众席，二是让声波被舞台上的人听见。

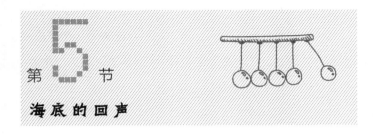

第5节

海底的回声

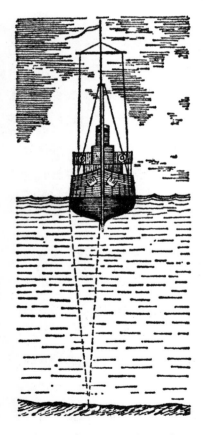

图153 回声测深仪的作用示意图

很长时间里，人们并没有从回声中得到什么好处，直到发现了一种测量方法：利用回声测量海洋深度。这个方法是偶然发现的。1912年，"泰坦尼克号"巨轮撞上冰山沉没，几乎葬送了满船的人。自那以后，为了防止发生类似的惨剧，人们试着在大雾中或夜晚航行时，使用回声探查轮船前方是否有冰山。事实证明，这个方法并不管用，但是人们无意中发现了回声的其他用途：通过海底反射声音测量海洋深度。这个想法取得了成功。

图153是这个装置的简图。轮船一侧舱内接近底部的地方放一个弹药包，燃烧时发出激烈的响声。声波穿过水层，到达海底，再经海底反射回来，带来回声。回声被装在船底的敏感仪器接收。精准的时钟计量声音出现和接收回声之间的间隔。知道声音在水中的传播速度，很容易计算出与反射障碍物的距离，也就是海洋深度。

这个装置叫作"回声测深仪"，它带来了测量海洋深度的大变革。从前使用的测深仪只能在轮船不动时测量，而且需要相当长的时间。测深绳从它缠绕的轮子上放下来，这个过程是相当慢的（150米/分钟），把它拉上来同样很慢。用这种方法测量3千米的水深，需要45分钟。用回声测深仪几秒钟就能完成，而且轮船还能照常航行，测量的结果也更加可靠、精准——测量误差不会超过1/4米（对应的时间间隔误差不超过1/3 000秒）。

如果说精确测量较大深度，对于海洋学有重要意义的话，那么快速、可靠和精准地测量浅水深度，则对航海起着不可估计的作用，因为这样可以保证航海安全：利用回声测深仪，轮船可以大胆、迅速地向岸边驶去。

现代回声测深仪使用的不是普通声音，而是强度非常大的"超声波"，人耳是无法捕捉到超声波的，它的频率高达每秒钟数百万次振动。这种超声波是安装在快速交变电场中的石英片（压电石英）振动产生的。

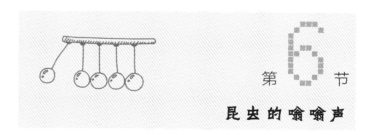

第 6 节

昆虫的嗡嗡声

为什么昆虫经常发出嗡嗡声？大多数昆虫都没有这种能发声的器官。只有在昆虫飞行时才能听到嗡嗡声，来源很简单：是昆虫每秒钟扇动数百次翅膀产生的。昆虫的翅膀就是一个振动片，我们知道任何振动片快速振动到一定程度（每秒钟超过16次），就能产生一定高度的音调。

现在你知道人们是用什么方法知道某种昆虫每秒振翅的次数了吧！通过昆虫发出的音调的高低就可以判断出，因为每个音调都对应一定的振动频率。利用"时间放大镜"（见第1章），就能确定每只昆虫的振翅频率几乎是不变的。昆虫调节飞行时，改变的只是振动的大小（振幅）和翅膀倾斜度。只有在寒冷的时候，振翅频率才会增加。这也是为什么昆虫在飞行时发出的音调是不变的……

我们已经知道，比如，苍蝇（飞的时候发出F大调音）每秒钟振翅352次；山蜂每秒振翅220次；蜜蜂采花蜜前飞的时候发出A大调音，每秒钟振翅440次，采蜜后飞行时，每秒钟只振翅330次（B大调）；振翅频率较低，甲虫飞行时候发出的音调也比较低。蚊子则正相反，每秒钟振翅500~600次。为了让读者朋友们对昆虫的振翅频率有一个更深的认识，我要告诉你们一个事实：飞机的螺旋桨平均每秒钟只转约25转。

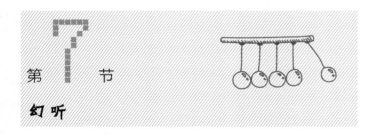

第 7 节

幻听

如果我们由于某种原因，觉得某个很轻的声音离我们不近，而是很远的话，就会觉得这个声音大得多。类似的幻听我们经常遇到，只是往往没有注意罢了。

美国科学家威廉·詹姆斯在他的《心理学》一书中讲了自己"幻听"的故事：

有一天深夜，我坐在书桌前看书，突然房顶传来一阵奇怪的声音，然后又马上没声音了，过了一分钟，这个声音又响起来了。我走到大厅里，想要仔细听听这个声音，但是它又听不到了。我刚回到房间里坐下，拿起书来，又响起了这个恼人的、强烈的声音，就像暴风雨来临前的声音一样。这个声音好像从四面八方传来，令我极度不安。我又跑到大厅里，这时声音又消失了。

我再一次回到房间里，我突然发现，这个声音是睡在地板上的小狗的打鼾声！……

非常有意思的是，自从我知道了声音的来源，我再怎么集中精力听，也无法重现刚才的幻听了。

读者在生活中肯定会碰到很多这样的例子。我本人就不止一次碰到过。

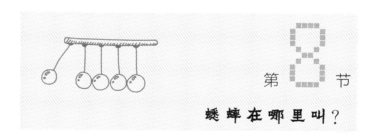

第 8 节

蟋蟀在哪里叫？

我们经常误判的并不是发声物体的距离，而是发声物体所在的方向。

我们的耳朵能很好地分辨枪声是从左边还是右边传来的（图154）。

但是如果声源位于我们的前方或后方，耳朵就经常无法判断它的位置了（图155）：枪声在前方响起，听起来经常觉得像是从后方传来的。

在这种情况下，我们只能根据声音的强度判断枪声的远近。

图154 枪声是从哪里传来的，是左边还是右边

做一个实验，应该能给我们很多启示。让你的朋友蒙着眼睛坐在房间里，请他安静坐好，不要转头。然后把两枚硬币拿在手里，互相敲击，这个时候一定要站在他的正前方或正后方，正对着他两眼之间敲响硬币。让他猜猜硬币响声的位置。结果令人难以置信：声音从房间的一个角落响起来，你的朋友却指向了完全相反的方向！

如果你离开他的正前方或正后方，走到他的侧面去，他就不会老是指错方向了。这里的原因很好理解：这时声音靠近你朋友的其中一只耳朵，这只耳朵听到的声音更早，也更响，因此能够准确地确定声音的源头。

这个实验也解释了，为什么很难发现草丛里的蟋蟀在哪里叫。蟋蟀的叫声距你只有两步之遥，在小路的右边。你看向右边，但是却什么也没看见，声音已经跑到左边去了。再把头转向左边，但是声音好像又从另一个地方传过来。你转头转得越快，这个看不见的"音乐家"蹦跶得越欢。实际上，蟋蟀一直躲在同一个地方，它的飘忽不定只是你的想象罢了，是幻听的结果。你的

图155 枪声是从哪里传来的

错误在于你转头了，把头正对着蟋蟀的位置。我们已经知道了，在这种情况下，很容易错判声音的方向：蟋蟀的叫声明明在正前方，你却错误地以为在正后方。

由此得出一个有实际意义的结论：要想确定蟋蟀的叫声、杜鹃的歌声以及这种从远方传来的声音来自哪里，不要把脸对着这个声音，相反，要侧对着这个声音。我们所说的"侧耳倾听"，正是要根据它的字面意思去做。

第 9 节

声 音 的 怪 事

当我们咀嚼面包干时，我们听到非常大的咔嚓声，但是坐在我们旁边的也在吃面包干的人，却只发出很小的声音。他是怎么避免发出很大的声音的？

其实，我们吃面包干时，只是在我们自己听来，耳朵里的声音很大，坐在我们旁边的人听到的声音是很小的。这是因为，颅骨的骨骼与一切坚硬的东西一样，能非常好地传导声音，声音在致密的介质里会增大很多倍。嚼面包干的声音通过空气传导到别人的耳朵，只是很小的声音，但是通过坚硬的颅骨骨骼传导到我们自己的听觉神经时，就变成了相当大的噪声。还有一个类似的例子：把怀表表盘咬在牙齿中间，然后牢牢地用手指堵住耳朵，你会听到沉重的敲击声——怀表的嘀嗒声增强了很多倍。

据说贝多芬耳聋以后，就是用一根棒子来听钢琴的声音的——他把棒子的一端抵在钢琴上，另一端叼在牙齿中间。很多内部听觉还未损坏的聋人，也都能伴着音乐跳舞，这是因为音乐经过地板和他的骨骼可以传导到他的听觉神经。

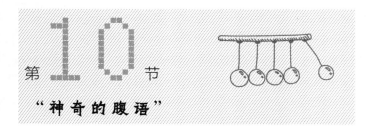

第 **10** 节

"神奇的腹语"

腹语表演者给我们创造的"奇迹",建立在我们前文所讨论的听觉特点的基础上。

"如果有人在屋脊上行走,"甘普森博士写道,"我们在屋里听到的是很低的私语声。随着他向房顶边缘走去,私语声变得越来越弱。如果我们坐在房子的某个房间里,我们的耳朵完全无法告诉我们说话人所发出的声音的方向和距离。但是随着声音的变化,我们的意识会得出结论,说话的人正在走远。如果这个嗓音还告诉我们,它的主人正在屋顶上行走,那我们更会相信这个判断是正确的了。如果有人和这个好像在屋外的人说话,而且这个人还回应了,我们的错觉达到了顶峰。"

腹语者正是在这种条件下表演的。当轮到屋顶上的人说话时,腹语者就小声嘟囔着说;轮到腹语者自己说话时,他就用平常说话时的饱满、清晰的嗓音说,这样可以突出与另一个嗓音的对比。腹语者与他"假想的同伴"说话的内容和有来有往的对话,让我们的错觉更加强烈。这个听觉欺骗里唯一的缺点是,屋外的人"假想的嗓音"实际上是腹语者自己发出来的,也就是"假想的同伴"说话的方向是假的。

还要指出一点,腹语者这个叫法并不太合适。腹语者必须向观众隐瞒一个事实,当轮到"假想的同伴"说话时,其实是他自己在说话。腹语者为此借助了各种手段。他试图通过各种动作把观众的注意力从自己嘴唇上移开。侧过身子,把手放在耳朵边,做出倾听的样子,他使用各种手段遮挡自己的嘴唇。如果没法把脸藏起来,他会试图让嘴唇尽量少动。嘴唇的动作隐藏得非常好，这才使一些人认为，腹语者的声音是从身体深处发出来的，"腹语者"这个称呼由此而来。

因此，假想的神奇腹语，完全依赖于我们无法准确判断声音的方向和与说话者的距离。一般情况下，我们只需要大致判断就行了，但是如果把我们放到完全不熟悉的环境和声音条件下，我们在判断声源时就会犯极大的错误。观看腹语表演时，虽然我完全知道这是怎么回事，但难免还是会产生错觉。

孩子一读就懂的

物理

趣味力学

［俄罗斯］雅科夫·伊西达洛维奇·别莱利曼　著

黄雯　译

北京理工大学出版社

BEIJING INSTITUTE OF TECHNOLOGY PRESS

图书在版编目（CIP）数据

孩子一读就懂的物理. 趣味力学 /（俄罗斯）雅科夫·伊西达洛维奇·别莱利曼著；黄雯译 . —北京：北京理工大学出版社，2021.6
（2025.4 重印）

　ISBN 978-7-5682-9762-2

　Ⅰ . ①孩… Ⅱ . ①雅… ②黄… Ⅲ . ①力学—青少年读物
Ⅳ . ① O4-49 ② O3-49

　中国版本图书馆 CIP 数据核字（2021）第 071048 号

责任编辑：王玲玲　　　文案编辑：王玲玲
责任校对：周瑞红　　　责任印制：施胜娟

出版发行 / 北京理工大学出版社有限责任公司

社　　址 / 北京市丰台区四合庄路 6 号

邮　　编 / 100070

电　　话 /（010）68944451（大众售后服务热线）
　　　　　（010）68912824（大众售后服务热线）

网　　址 / http://www.bitpress.com.cn

版 印 次 / 2025 年 4 月第 1 版第 9 次印刷

印　　刷 / 武汉林瑞升包装科技有限公司

开　　本 / 880mm×710mm　1/16

印　　张 / 13

字　　数 / 177 千字

定　　价 / 138.80 元（全 3 册）

CONTENTS
目录

01 基础力学

02 力与运动

CONTENTS
目录

03 重力

04 坠落与投掷

05 圆周运动

06 碰撞

C O N T E N T S

目录

C O N T E N T S
目录

09 阻力与摩擦力

10 大自然中的力学

01

基础力学

导 读

姜连国

我们周围到处都是运动的物体：马路上奔驰的汽车、天空中翱翔的鸟儿、树叶间徐徐的微风、餐厅中走动的人影……就连我们脚下的这颗蔚蓝星球，也在一刻不停地运动。是什么驱动着这一切？又是什么促使它们从静止转而运动或从运动恢复静止？实际上，这一切都与力有关。而在本章中，你将对力学有一个基本的了解，并且了解到运动与力的关系。

1.参考系

什么是运动，什么又是静止？判断运动和静止，我们需要找到一个作为参照的东西。**如果在一段时间内，这个物体相对于参照物体的位置发生了变化，那么它就是运动的；如果没有变，我们就认为它是静止的。**在小学三年级下半学期的时候，我们学到了这些知识。那么用一个鸡蛋去碰撞另一个鸡蛋，到底是谁碰谁？想一想，好像论定两个鸡蛋到底是哪一个在运动是很困难的。那么读一读《鸡蛋与宇宙中的相对论》一文，你一定会有所启发。更进一步，在八年级上学期，你会知道那个作为参照的物体有着它的专属名称——参照物。**因此，在判断物体到底是运动还是静止的，我们要做的第一件事就是选定参照物。**随着你对物理学学习的深入，高中物理必修一（人教版）课本还会告诉你，参照物的另一个名称是参考系。在描述一个物体的运动时，参考系可以任意选择。但是，选择不同的参考系来观察同一物体的运动，其结果会有所不同。《会飞的木马》一文，就教给你如何在地面上假装自己骑了一匹会飞的马。

2.牛顿运动定律

确定了物体到底是运动还是静止后，我们进入下一个问题——物体的运动和力之间有什么关系？物理学家艾萨克·牛顿提出了三条定律阐述经典力学中的基本规律。在本章中，我们重点讨论第一定律和第三定律，分别是关于惯性和作用力与反作用力的。

在本章中，《如何理解惯性定律》是第一篇介绍牛顿运动定律的文章。惯性定律即**牛顿第一定律，具体表述为：一切物体在没有受到力的作用时，总保持静止或匀速直线运动的状态**。而"惯性定律"中的**惯性**，则是指一切物体都拥有的保持运动状态不变的性质。随着学习的深入，高中物理必修一（人教版）的课本将会告诉你**牛顿第一定律是理想状态下的定律，是通过严密的总结归纳和逻辑推理得出的**。另外，牛顿第一定律还揭示了运动和力的关系——**力不是维持物体运动的原因，而是改变物体运动的原因**。因此，就像《全速前进的列车》一文中所说，让静止的列车启动比让正在行驶的列车继续行驶更困难。**定律里表述的"静止"和"匀速直线运动"，都是在理想状态下运动状态不变的状态。**

《作用力与反作用力》是本章中第二篇介绍牛顿运动定律的文章。在初中物理八年级下册（人教版）课本中介绍了一个生活中的例子：提水桶时，不仅我们施力了，我们的手也能感受到水桶向下拉。通过这个例子你将了解到，**物体之间力的作用是相互的**。物体之间相互作用的这对力，通常叫作**作用力与反作用力。作用力与反作用力同时存在、相互依赖**。其中任意一个都可以被叫作作用力，另一个则被叫作反作用力。那么它们的大小和方向有什么关系呢？大量事实表明，**两个物体之间的作用力和反作用力总是大小相等，方向相反，并且作用在同一条直线上**。这就是牛顿第三定律，也解释了为什么你打别人一下，你的手也会疼。如果你还有些茫然，不妨看看《小艇的奥秘》这篇文章，它用小艇靠岸时拉绳子的例子将作用力与反作用力更具体地描绘了出来。

这些文字实在太过简略，应该不足以满足你的好奇心和求知欲吧。如果想要了解更多有关力学的知识，仅仅读一读这些文字还不够。你需要真的沉浸到本章的内容中，认真钻研探索，但这同时将是一个无比愉快的过程。我们闲话少说，赶快进入新一章的阅读中去吧！

第1节

鸡蛋与宇宙中的相对论

美国《科学与发明》杂志曾提出过这样一个问题：左手和右手分别拿一个硬度相同的鸡蛋，用其中一个鸡蛋去撞击另一个，撞击的部位一致，哪一个鸡蛋会被撞破呢？是主动撞击的那一个，还是被撞击的那一个？（图1）关于这个问题，众说纷纭。

杂志认为，主动撞击的鸡蛋破损的概率更大。因为蛋壳表面是拱形，拱形物体的拱外部分承受压力的能力很强，所以鸡蛋壳能够承受的来自外部的压力要比来自内部的强得多。在撞击发生时，被撞击的鸡蛋只需承受来自外部的压力，而主动撞击的鸡蛋，不仅要承受来自外部的另一个鸡蛋的压力，还要承受来自自身的蛋黄和蛋清从内部施加的压力，这种拱内的压力，对鸡蛋壳来说更为致命。

当年的报纸大量转载这个问题之后，各种不同的声音纷至沓来。

有人认为，主动撞击的那个鸡蛋一定会破；也有人认为，主动撞击的那个鸡蛋不一定会破。初看这两种观点似乎都合乎情理，然而最终事实证明，这两种结论都是不正确的。其实，大家在说"主动撞击的鸡蛋"的时候，强调的是这个鸡蛋处于运动的状态，而"被撞击的鸡蛋"则是指这个鸡蛋处于静止的状态。然而事实上，要说清楚这两个鸡蛋哪个动，哪个不动几乎是不可能的，因为动或不动还要看究竟是相对哪一种物体而言。

图1　哪一个鸡蛋会被撞破

　　如果是相对于地球而言，那么两个鸡蛋的"静止"和"运动"本身就很难确定。因为在宇宙中根据参照物的不同，地球有数十种不同的运动方式。被撞击的鸡蛋和主动撞击的鸡蛋都会随之做不同的运动，谁也说不清到底哪一个鸡蛋运动得更快。就算翻遍所有的天文学资料，确定了两个鸡蛋的运动方式及速度大小，也没有什么用。因为，整个宇宙中的星球都在做着相对运动。在银河系中确立的运动状态，参照其他星系又完全不同了。

　　如你所见，一个关于鸡蛋的问题就将我们引向了浩瀚的宇宙。尽管我们还没有找到问题的答案，但是星球的运动令我们明白了这样一个真理：如果说一个物体在运动，一定得说明是相对于哪个物体在运动。只要是运动，都会涉及两个物体的相互接近或相互远离。两个相互撞击的鸡蛋在接近，我们可以说这两个鸡蛋在相互运动。而碰撞的结果不是我们认为哪一个鸡蛋在运动或者哪一个是静止的就能决定的。

　　300多年前，伽利略首次提出了匀速运动状态和静止状态的相对性原理。这个相对性原理与爱因斯坦的相对论并不矛盾，因为爱因斯坦的相对论的提出是从爱因斯坦那个年代的研究视角对伽利略的相对论进行了补充和发展。要想了解爱因斯坦的相对论，我们需要先弄清楚伽利略的相对性原理才可以。

第2节
会飞的木马

上一节我们提到，由于参照物的不同，我们没有办法确定一个物体到底是静止的还是运动的。我们通常说的"一个物体以均匀的速度运动"和"一个物体静止，但它周围的物体都在匀速运动"二者其实没有什么区别。严格来讲，应该表达为：一个物体与周围环境在做相对运动。这个思想不限于从事力学和物理学研究的人才能掌握。人们熟知的西班牙作家塞万提斯3个世纪之前就曾将这一相对性理论融入自己的戏剧作品《堂吉诃德》中，该作品描写了一位骑士与他的侍从被人捉弄骑木马的滑稽故事。塞万提斯并没有读过伽利略的著作，但令人惊奇的是，运动的相对性原理却被描绘得活灵活现。戏剧中如此写道：

"骑上这匹马吧，只要动一下这个开关，你就能去任何你想去的地方。但是为了防止因为飞得太高而头晕，你必须将眼睛蒙起来。"人们对骑士堂吉诃德说道。

堂吉诃德蒙上眼睛并触动了开关。

周围的一切都让他和侍从相信自己已经在凌空飞翔。

"我发誓，我从来没有骑过如此平稳的马，就像是在平地上行走，风迎面吹来，周围的一切都在快速地向后移动。"他对自己的侍从说。

"是的！高空的风强劲而有力，我感觉像一千只风箱鼓的风向我吹来。"侍从说道。

　　他们不知道的是，事实上确实是有几台风箱正对着他们在吹，给他们营造出了正在飞翔的错觉。

　　塞万提斯戏剧中所描写的木马，是现在许多展馆和公园里的木马的原型。从《堂吉诃德》的小故事中我们发现，运动和静止并不是那么容易区分的。相对地面来说，木马是静止的，而相对风来说，木马又是运动的。参照物不同，事物的运动状态也不同。

第 3 节

常 识 与 力 学

　　许多人习惯将事物对照着来看，比如天对地、水对火。这种相对我们暂且不论。不过，当我们在行驶的列车上进行一些日常生活行为时，却很少有人关心列车是相对什么在运动，又是相对什么处于静止状态。很多人对列车行驶过程中是列车在运动的说法深信不疑。如果你告诉他，不是列车在动，而是铁轨在动，是周围所看到的景物在向相反的方向运动，那你一定会听到很多质疑的声音。

　　首先，列车司机就不会同意。他平时是在为自己驾驶的蒸汽机车做保养，又不是给铁轨做保养，消耗他添加的燃料的也是蒸汽机车，而不是铁轨或者周围环境。机车的运动包含了他的劳动成果。

这个说法乍一看好像很有道理，甚至无懈可击。但我们现在想象一下，将铁轨铺设在赤道上，而列车向西行驶。由于地球自西向东自转，这时列车消耗的燃料也只能减缓列车向东运动的速度。列车司机如果想让列车真正向西行驶，必须将车速控制在每小时2 000千米以上，这是地球自转赋予铁轨的速度。

其实匀速运动和静止的说法本就值得推敲，著名的物理学家、爱因斯坦的相对论的反对者勒纳德写道：

> 对于一辆匀速运动的列车来说，没有任何证据能够证明它到底是在运动还是保持静止。任何时候物质世界中都不会有绝对的运动或静止，只有两个物体间的相互运动。

第 **4** 节

船 上 对 决

我们可以构建这样一种情景，来证明相对性原理的局限性。设想一下，在一艘正在行驶的船上有两位射手，双方都用各自的武器指向对方（图2），这两个射手是否处于严格意义上的完全一致的环境之中？站在船头的射手会不会抱怨自己的子弹没有船尾的射手的飞得快？

当然，由于在海面上运动的关系，相对于海，与船的行驶方向相反的子弹或许会比与船的行驶方向相同的子弹慢一点，但这并不会影响双方射出的子弹飞向各自的目标。因为在匀速运动的船上，船头射来的子弹减慢的速度和船尾射来的子弹增快的速度都会被它们目标的移动速度抵消，从而使两颗子弹同时抵达各自的目标。

即对子弹的目标来说，两颗子弹的运动状态和在静止的船上并无不同。

图2　谁会先射中对方

值得注意的是，上述情况只有在匀速直线行驶的船上才能发生。

下文我们将适当引用**伽利略**著作中的一小段内容——这本著作第一次提出了经典相对性原理：

伽利略·伽利雷（1564—1642），意大利物理学家、数学家、天文学家及哲学家，科学革命中的重要人物。被誉为"现代观测天文学之父""现代物理学之父""科学之父"及"现代科学之父"。

假设你和朋友现在同在巨轮甲板下宽敞的船舱中，如果船在匀速运动，那么你们将没有办法判断这艘船到底是在运动还是保持静止。在运动的船舱中跳远，跳出的距离会和在静止的船舱中一样；不论船运动的速度有多快或有多慢，都不会影响这个距离；向船头的方向跳或者向船尾的方向跳的时候，也不会影响这个距离；在船尾跳出的距离和在船头跳出的距离同样是相等的；和朋友互相投掷东西时，从船尾向船头方向扔和从船头向船尾方向扔所需要的力气是一样的。就连苍蝇在运动的船舱中飞行的时候，都跟在静止的船上没有区别。

现在我们明白了经典相对性原理的一个重要的规律，那就是在一个封闭的体系中，无论这个体系保持静止，还是匀速运动，对体系之内物体的相对运动都不会产生任何影响。

第5节

风洞实验

我们会发现，有时在实践中用经典相对性原理中的运动代替静止或者静止代替运动来解释问题都是非常有效的。为了研究飞机或者汽车的空气阻力，我们常常将运动和静止的概念进行转化，将飞机或者汽车看作静止，将空气看作在运动。具体的做法是，在实验室中建一个通风的管道，将飞机或汽车放入其中，用于研究空气对飞机或者汽车在运动过程中所产生的阻力，得到的结果与现实生活中的完全相符。只不过在现实生活中，是飞机和汽车在加速运动而空气静止不动。这就是著名的风洞实验。

莫斯科的风洞实验室外观呈八角形，长50米，工作部分的直径长达6米（图3）。

多亏了它的大尺寸，使它不仅可以进行简化模型的实验，还能够对真正有螺旋桨的飞机或者一整台汽车进行实验。

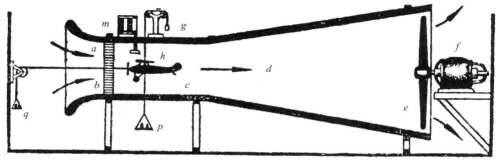

图3 风洞实验室横截面剖面图

实验原理：电动机f的螺旋桨将空气吸入管道，通过p、g、m装置研究空气流动对飞机的阻力，悬挂的装置q叫作飞机秤，用来平衡气流作用在飞机上的力。

第 **6** 节

全速前进的列车

在国外，科学家将经典相对性原理运用到了铁路运行系统中，并取得了喜人的成绩。比如在美国和英国，煤水车[1]就经常在列车行进过程中补充水。那么这一神奇的

---

1 煤水车是蒸汽机车装载煤、水、油和存放机车工具及储备物品的处所。使用加煤机和推煤机的机车，加煤机的原动机、减速装置、输煤装置及推煤机等，也都安装在煤水车上。

动作是如何实现的呢？原来，科学家发现，垂直地将一个皮托管[1]的弯曲部分放入流水中，并让下端管口的方向与水流的方向相对（图4）。这时水通过下端管口进入水管并在管中达到一定的高度H，这时的高度取决于水流的速度。水流越快，高度就越高；水流越慢，高度就越低。列车工程师将这一现象运用到煤水车上。他们将煤水车上的皮托管下端探到蓄水池中，利用列车运动的速度使管中水位上升，从而成功地用列车的运动代替了水流的运动，使水管和水流的运动状态实现了相互转换。

图4　一边全速前进一边补水的列车

在铁轨间修建长水槽，并从煤水车上放下引水的弯管。左上角为流水中静止的皮托管；右上角为在静止的水中运动的皮托管。

如此一来，只需在列车经过的车站铁轨间建造一个长蓄水槽，列车就算不停车，也能达到给煤水车补充水的目的。

1 皮托管是用来测量流体（如空气、水等）速度的装置，管上端笔直、下端弯曲，于18世纪由法国工程师H. 皮托发明，故名"皮托管"。

以这种独特的方式上升的水流到底能够升多高呢？根据应用流体力学的相关定律，水在皮托管中上升的高度取决于水流的速度。因此，用来计算这个高度的公式可以写为：

$$H = \frac{v^2}{2g}$$

其中，v表示水流的速度；g表示重力加速度[1]，通常重力加速度取值为9.8米/秒[2]。我们在这个实验中，列车运动带动列车上的皮托管运动，而蓄水池中的水静止，所以这里我们将列车的速度代替水流的速度进行计算，取一个合理的速度——36千米/小时，也就是10米/秒。因此，水的高度可以表示为：

$$H = \frac{v^2}{2g} = \frac{10^2}{2 \times 9.8} \approx 5 （米）$$

如此一来，无论煤水车上消耗掉了多少水，我们都能通过这种方式补充回来。

第 7 节

如 何 理 解 惯 性 定 律

在我们详细地论述了相对运动之后，有必要再浅析一下产生相对运动的原因——力的作用。首先要强调的是力的作用的独立性，它定义为：作用在物体上的力产生的

---

1 重力加速度：在地球上同一地点做自由落体运动的所有物体，尽管具有不同的质量，但它们下落过程中的加速度的大小和方向是完全相同的。这个加速度称为"自由落体加速度"，它是由物体所受的重力产生的，也称为"重力加速度"，通常用字母g来表示。在没有明确说明的时候，g取9.8 m/s[2]。

效果，不取决于物体的是静止的还是因惯性运动的，也不受其他作用在物体上的力的影响。

这便是牛顿三定律中的牛顿第二定律，其中牛顿第一定律为惯性定律，牛顿第三定律为作用力与反作用力。

在接下来的一章中会给大家详尽探讨牛顿第二定律，在这里我们先简单介绍。该定律建立在物体速度变化的基础上，物体的速度变化与加速度及发生速度变化的时间长短有关。加速度与速度的大小无关，与所受外力的合力大小成正比，与物体的质量成反比，其方向与外力的合力的方向相同。这个定律可以用公式表达为：

$$F = ma$$

这里的 F 表示作用在物体上的外力，m 表示物体的质量，a 表示物体的加速度。这三个变量中，最难理解的就是物体的质量，人们经常将其与物体的重力混淆。其实，物体的质量和重力是两个完全不同的概念。质量是物体的固有属性，它和作用在物体上的力一起决定了物体的加速度。由上述公式可见，作用在物体上的力不变的情况下，物体的质量越大，获得的加速度就越小。

而牛顿三定律中的惯性定律，虽然与我们熟知的一些概念相悖，但是确实是三大定律中最好理解的[1]。然而，有些人却将其完全理解错了，比如，一个典型的错误表达是：物体将维持其运动状态，直到有外部原因破坏这种状态。这个表述将物体的运动状态看作物体自身的属性，并认为没有物体会无缘无故地改变自己任何的运动状态。真正的惯性定律并不是和物体的所有运动状态都有关系，它只针对静止和匀速直线两种运动状态，具体表达为：

---

[1] 惯性定律与人们习惯的概念相悖的地方是，该定律的定义是：一个物体在没有外力影响的情况下会一直静止或一直做匀速直线运动；而人们平常的观点是：一个物体运动是靠作用在物体上的力来维持的，一旦这个力消失，物体的运动就会停止。

　　所有物体会一直保持静止或匀速直线运动状态，直到受到一个外力作用，改变其静止或匀速运动的状态。

　　这意味着，物体将：

　　（1）由静止状态变为运动状态；

　　（2）由匀速直线运动转为非匀速直线运动或曲线运动；

　　（3）运动开始中止、减缓或者加速。

　　这时我们就可以推断出有外力作用在物体之上。

　　如果这三种情况在物体的运动中都没有观察到，那么我们就可以得出结论：这个物体上没有外力的作用——无论这个物体运动得多快。

　　我们应该清楚地知道，做匀速直线运动的物体，不受任何外力的作用（或者作用在这个物体上的力被平衡掉了）。这个定律从根本上将现代力学现象从本质上与古代和中世纪思想家（伽利略之前）的观点区别开来。在这一点上，日常思维和科学思维显得迥然不同。

　　惯性定律还向我们解释了，为什么相互静止的两个物体间的摩擦在力学中被称为摩擦力。摩擦力的作用并不是促使某种运动的出现，而是阻碍或者减缓物体的运动，这种力是通过对已存在的运动或其他力造成的运动趋势的阻碍作用而显现的，被称为"被动的力"，有别于能使物体运动的"主动的力"。

　　还要强调的一点是，静止不是绝对的。坚固的房子里的房间，我们很难将其取出，而房子中的人，只需要一个小小的理由，就可以从房子中出来。自然界中的物体并不是那个坚固的房子，正相反，它们更像是那个可以自由运动的人，维持着高频的运动，即使能够让自己运动的力微乎其微。"物体是绝对静止的"这种说法是不合理的，实际上，物体无时无刻不在运动。

物理学和力学教科书中不少关于惯性定律的误解都是由"绝对"一词引发的。

在学习以及正确理解牛顿第三定律——作用力与反作用力的过程中，想必读者朋友们也会有不少困难，而这正是我们接下来将要阐释的问题。

第8节

作 用 力 与 反 作 用 力

要想将门打开，我们就需要去拉动门把手。手臂的肌肉不断收缩，将门拉向自己身体的方向。很明显，在这种状况下，有两个力作用在门和我们身体之间，一个力作用在门上，一个力作用在我们身体上。当然，如果门不是拉开的，而是推开的，同样也有两个力分别作用在门上和我们身体上。

这里我们关注的只是肌肉的力，然而我们需要明确的是，相互作用的产生并不会取决于力的性质。当一个物体对另一个物体有力的作用时，另一个物体一定会对它有大小相等，方向相反的力，力学上为了更清楚地区分这两个力，将其称为作用力与反作用力。

这就是牛顿第三定律，它告诉我们自然界中所有的力都是成对出现的。所有表现出来的力，一定有一个与它大小相等，反向相反的力，而且它们必定于两点间发生作用，使其相互接近或彼此分开。

观察图5中的P、Q、R这三个作用在气球上的力，P是气球的浮力，Q是人的牵引力，R是地球对物体的引力。每一个力看起来都是单独存在的，但这只是表象。实际上这三个力都有与之大小相同、方向相反的力。也就是说，存在与气球的浮力P方向相反的力P_1（图6），与人的牵引力Q相反的力Q_1，与地球对物体的引力R相反的是物体靠近地心时对地心的引力R_1，因为在地球吸引物体下落的同时，该物体同样对地球产生了吸引。

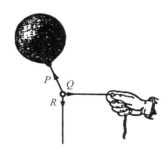

图5　P、Q、R三个力的反作用力在哪里呢

还有非常重要的一点：我们询问绳子拉开1千克物体所用的力多大，与我们询问10戈比[1]邮票的价格一样毫无意义。因为这个问题的答案还是：1千克的力[2]。绳子用1千克的力拉开物体与拉开物体时绳子中有1千克的张力，其实是一个意思。但是我们应当明白，在自然界的所有力中，并非只有作用力和反作用力大小相同，方向相反。如果在分析问题时忽略这点，也会犯很多错误。

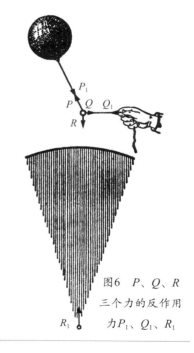

图6　P、Q、R三个力的反作用力P_1、Q_1、R_1

---

1 戈比是俄罗斯最小的货币单位。

2 1千克的力，指1千克物体所受到的重力，现在它已经不是法定单位了。

第 9 节
两匹马与弹簧秤

两匹马各用100千克的力往相反的方向拉动弹簧秤（图7），弹簧秤表盘上的数字会显示多少呢？

图7　每匹马用100千克的力拉弹簧秤

关于这个问题，很多人会不假思索地说100千克+100千克＝200千克。其实，这是不正确的。每匹马都用100千克的力向相反的方向拉，弹簧秤只显示100千克，而不是200千克。

因此，在马德堡半球实验[1]中，实验者用8匹马与另外8匹马向相反的方向拉，作用在这两个半球上的力，我们不应该单纯地认为共有16匹马的力。事实上，如果没有正向的8匹马的力的作用，剩下反向的8匹马的力在实验中也无济于事。有一边8匹马

---

1 1654年，德国马德堡市市长于神圣罗马帝国的雷根斯堡（今德国雷根斯堡）为了证明大气压的存在而进行的一次实验。如果将两个金属半球合在一起并抽空其中的空气，这时大气压会将两个半球紧紧地压在一起，需再用16匹马的力才能拉开，因此这个实验也被称为"马德堡半球实验"。

实际上充当了用来固定的墙的作用。如果两个方向的马群用的力相同，那么作用在两个半球上的力将会是一个方向的马群用的力。

第 10 节

小 艇 的 奥 秘

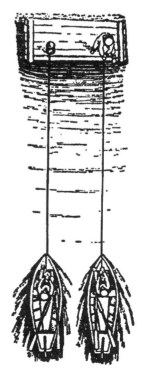

在湖边码头的近岸处并排停了两艘一模一样的小艇，两艘小艇都由绳索牵引着（图8）。其中一艘小艇的牵引绳的一端拴在码头的小桩上，船夫在另一端拉动绳索；另一艘小艇的牵引绳的一端握在码头上码头工人的手里，并不断地将绳索拉向自己，船上的船夫只是起到固定绳索的作用。并且，假设大家所用的力全部相同。

大家猜一下，这三个人和一个小桩的力的作用会产生什么样的效果呢？

又是哪一艘小艇会更快靠岸呢？

一种观点是有两个人拉着的小艇会更快靠岸，因为从表面上看，确实有两个力作用在绳索上，应该会使小艇获得更快的速度。

然而事实真的如此吗？实际上，即使船夫和码头

图8　哪一艘小艇会更快靠岸呢

工人同时将绳索拉向自己，运动也只会体现一个力的运动效果。也就是说，小艇会像一人一桩的小艇一样渐渐靠向码头。两艘小艇受力相同，并且会同时靠岸。

有读者对我的以上的观点不能苟同，他在给我的来信中说明了一点，在这里我想与诸君共享，文章内容如下：

"如果小艇要靠岸，就必须有人拉紧绳索，而两个人的那一艘，拉紧绳索用的力会更多一些，所以应该是有两个人作用的小艇速度更快。"

这个简单的论据，看似十分有道理，实则漏洞百出。如果要使小艇获得双倍的速度，那么船夫和码头工人的力都必须是原来的两倍。可是，题目中明确指明三个人所用力大小相等。也就是说，它们的速度变化完全一致。因此，两艘小艇会在其他假设条件不变的情况下同时靠岸。

第 11 节
人和蒸汽机车运动之谜

在实践中，我们经常会碰到作用在同一物体的不同位置的作用力与反作用力，肌肉的张力和蒸汽机车气缸的压力都属于这样的力，它们有个统一的称呼——内力。它们共同的特点是能通过物体各部分间的联动，改变它们的相对位置，但是如果要靠这些力让物体整体做相同的运动，似乎有些不太现实。在射击时，火药气体喷出，子弹发射，火药气体喷出的方向与子弹发射的方向相反，这就是它们之间"内力"的作用。气体向后喷，又施加给手枪一个"后坐力"，它能让枪向后运动，而不能让手中的枪在子弹发射的时候跟着子弹一起飞出去。

可是，如果内力不能使整个物体移动，那么人又是如何运动的呢？蒸汽机车又是如何运行的？有人说，人是靠脚与地面的摩擦力向前，而蒸汽机车是靠钢轮与铁轨的摩擦向前，然而这些论据并不足以解释这个运动现象。当然，摩擦力是人与机车运动过程中不可获取的一部分，但是众所周知，人们不能在光滑的冰上行动，只依靠蒸汽机车的轮子在光滑的铁轨上转动也不可能让列车运动起来。我们也知道，摩擦力是被动生成的力（上文提到过），仅靠摩擦力本身也不足以让物体运动起来。

如此一来，我们所知道的参与使人行走和使蒸汽机车行驶的外力，并不能主动使人或者蒸汽机车运动起来。那么人和蒸汽机车的运动又是如何发生的呢？

问题的答案其实很简单。根据射击的例子我们可以发现，一个物体中同时作用两个内力并不会让物体运动，但是只作用一个内力，就可以实现物体的运动。那么，如果我们在原本只有两个内力作用的过程中引入第三个力的作用，会不会能平衡掉或减弱其中的某个内力呢？到那时，将不再有多余的内力来妨碍物体的运动。当摩擦力或者其他第三方的力削弱其中一个内力时，另一个内力可能就会推动物体进行运动。

为了更清楚地展现这三个力的相互作用，我们用F_1、F_2来表示其中的两个内力，用F_3表示摩擦力（图9）。如果F_3的大小和方向恰好能够平衡掉内力F_2，那么内力F_1就能够使物体运动起来。简单来说，就是人或者蒸汽机车在三个力F_1、F_2、F_3的作用下，只有当F_2、F_3相互抵消或部分平

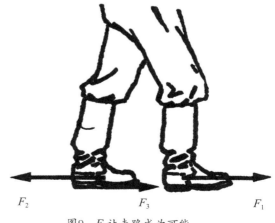

图9　F_3让走路成为可能

衡的情况下，F_1才能起作用——使物体运动。有些工程师在描述蒸汽机车的运动时，常常将F_1、F_2看作完全平衡的两个力，而F_3是使蒸汽机车运动的力，并用实践证明了这一结论的准确性。不过，这都不重要，读者朋友们只要记住，在蒸汽机车运动的时候，一定有一对平衡的力和摩擦力参与其中，蒸汽机车运动的奥秘就能迎刃而解了。

第**12**节
什么是"克服惯性"

　　我们可能经常读到或听到，要想使物体从运动变为静止，就必须"克服惯性"。可是我们都知道，自由运动的物体对作用在它上面的力不会产生抗拒作用。如此一来，又怎么会有"克服惯性"一说呢？

　　"克服惯性"其实不过是人们为了描述物体在一定速度下用一定时间运动的一种说法而已。没有一种力，即使是最大的力，也不能将一定的速度瞬间传导给一定质量的物体，尽管这个物体的质量微乎其微。这个思想可以用一个公式来表达：

$$Ft = mv$$

　　这个公式我们将在第2章进行详细的解释，但我希望，读者朋友们能从物理书中对此公式有所了解。显然，当$t = 0$（也就是时间为0）时，mv也为0，但质量m不可能为0，因此，物体的速度$v = 0$。可见，如果作用力F没有作用的时间，那么它将不能使物体出现任何速度、任何运动。如果物体质量极大，那么使它运动的作用力需要发挥出其作用的时间也会更长。我们注意到，物体刚开始运动的时候速度并不会很快，这时物体正在与使它运动的力发生对抗。由此就产生了一种错误的印象，即物体受力运动之前，必先克服惯性。

第 **13** 节

难 以 起 动 的 列 车

　　一个读者曾拜托我阐释一个平时无人问津，现在说来可能会引起很多人注意的问题：为什么使一辆停在铁轨上的列车开始运动要比使列车在铁轨上保持匀速运动要难呢？

　　在我看来，这可不仅是困难一点点。如果没有足够大的力，起动一辆停止的列车几乎是不可能的事情。要想使空的货运列车在平滑的轨道上保持匀速行驶，我们只需要作用15千克的力再加一些质量上乘的润滑油即可；然而，若想起动一辆静止的空货运列车，没有60千克的力是绝对办不到的。

　　列车无法起动的原因不只是最开始施加的力不足，要知道，牵引力的大小相对而言只是相当微不足道的一个影响因素。列车无法起动的主要原因，是最开始的时候用来润滑机车轴承的润滑油并没有均匀地附着在轴承上，导致轴承间摩擦产生的阻力过大。只要轮子转过了第一圈，润滑油在轴承上附着均匀，蒸汽机车运动起来就会轻松多了。

02

力与运动

导 读

姜连国

前面我们讲了许多"关系"方面的内容，那么这些"关系"到底能不能定量呢？在本章中你就会知道了！在本章中，你将会读到许多物理学中最基础的力学公式。有了这些公式，你就可以将一些你一直"感觉"有关系的事物建立起具体的联系了。

1.运动的公式

在高中物理必修一（人教版）教材中，你将会学习到一系列相关的公式。我们知道物体的速度是路程与时间之比。**为了更精确地确定某一时刻的速度，我们常常用公式**$v=\dfrac{\Delta s}{\Delta t}$**计算**。其中，$v$表示物体在该时刻的速度，$\Delta s$表示在那一时刻物体走过的路程长度，$\Delta t$表示该时刻的长度。你可能会好奇，时刻怎么会有长度？这里，我们依然把它看作一个时间段，只不过令这个时间段无限地短，可以近似地看作是一个时刻。类似地，我们可以定义物体在一瞬间的加速度。**加速度是表示物体速度变化快慢的物理量，用物体速度的变化量与时间之比表示，也就是公式**$a=\dfrac{\Delta v}{\Delta t}$。这里，字母$a$表示物体的加速度，对于等式右侧的两个符号，可以参照速度的计算式进行理解。

2.牛顿第二定律

将力与运动联系起来的公式来自牛顿第二定律。**如果用**F**表示力、**a**表示加速度、**m**表示物体的质量，那么三者之间存在关系**$F=ma$。通过这个公式，就可以轻松地用物体的受力情况来分析物体的运动了。多么神奇，一个短短的公式居然有这么大的用处！

3.能量公式

力学中另外一个重要的部分就是能量了。与机械运动有关的能量大体上由两类组成：**动能和势能。动能**，顾名思义，是物体由于运动而具有的能量，常用E_k表示，我们用公式$E_k=\dfrac{1}{2}mv^2$来计算它的大小。至于用到的字母分别代表什么意思，我想不用多说了吧。**而势能，我们在这里讨论的是重力势能，是物体由于受到重力，并且处在一定高度而具有的能量，常用E_p表示，我们用公式$E_p=mgh$来计算**。这里mg是物体所受重力大小，h表示物体所处的高度。也就是说，对于同一个物体，它的重力势能的大小仅仅与它所处的高度有关。这些内容你同样会在高中物理必修二（人教版）教材中学习到。

4.动量和冲量

力学里的另外两个基础量是动量和冲量。**动量是一个对于你而言可能有一点抽象的概念，它是物体的质量和速度的乘积，常用字母p表示，我们用公式$p=mv$计算它。而冲量是力在一段时间上的积累，常用字母表示，计算公式是$I=F\Delta t$。冲量常常对应动量的变化量**，这两个概念能更好地帮助我们解决有关碰撞的问题。

5.物理量与单位

除此之外，为了更容易读懂本章，你还需要了解一下"国际单位制"，在高中物理必修一（人教版）教材中介绍了这部分内容。物理学的关系式在确定了物理量之间的关系时，也确定了物理量的单位之间的关系。**在物理学中，只要选定几个物理量的单位，就能够利用物理量之间的关系推导出其他物理量的单位。这些被选定的物理量叫作"基本量"，它们相应的单位叫作"基本单位"**。长度、时间是基本量，它们相应的单位米、秒就是基本单位。

由基本量根据物理关系推导出来的其他物理量叫作导出量，推导出来的相应单位叫作导出单位，例如速度、加速度的单位m/s和m/s^2。基本单位和导出单位一起组成了一个单位制。

第 1 节
力学公式知多少

莱昂纳多·达·芬奇（1452—1519），意大利文艺复兴时期的画家、发明家、天文学家、植物学家和古生物学家。

毕达哥拉斯（约公元前580年—约前500年），古希腊数学家、哲学家。

400年前，文艺复兴时期的意大利"环球天才"**莱昂纳多·达·芬奇**曾说过，"任何没有数学佐证的知识都不能称之为科学"。这个主张不仅对当时尚在萌芽时期的科学界来说是毋庸置疑的真理，在今天来说也无可争辩。在本书中，我们将不止一次运用力学公式来说明问题。读者朋友们可能都对力学略知一二，但对其中的相互关系不甚了解。下面我们准备了一个简明的表格，能让大家更好地记忆这些力学公式。这个表格是按照**毕达哥拉斯**乘法表的样式设计的，即横轴、纵轴各代表一个变量，其交汇处的表格中呈现表示二者相互关系的公式。

	速度v	时间t	质量m	加速度a	力F
距离s	—	—	—	$as = \dfrac{v^2}{2}$ （匀加速运动）	功$A = \dfrac{1}{2}mv^2$
速度v	$v^2 = 2as$ （匀加速运动）	距离$s = vt$ （匀速运动）	冲量 $I = Ft = mv$	—	功率$W = A/t$
时间t	距离$s = vt$ （匀速运动）	—	—	速度$v = at$ （匀加速运动）	动量 $p = mv = Ft$
质量m	冲量$I = Ft = mv$	—	—	力$F = ma$	—

让我们用几个例子来说明这个表的使用方法。

物体运动中的一个变量用v来表示，看作一个乘数；用这个速度匀速运动的时间用t来表示，看作另一个乘数，二者相乘最终得到路程s，即得公式：

$$s = vt$$

在运动距离s中，作用的力用F表示，二者相乘即得到在力作用的过程中产生的功，我们用A表示。这个功又等于物体质量m与速度平方乘积的一半，整个公式可以写为：

$$A = Fs = \frac{1}{2}mv^2$$

这个公式只有在力的作用方向与物体运动方向相同的情况下才成立。若力的方向与运动的方向不一致，这个公式应该表述为：

$$A = Fs\cos\alpha$$

其中，α表示力与运动方向间的夹角。

同理，$A = Fs = \frac{1}{2}mv^2$也只能用在最简单的情境之中，即物体的初始速度为0。如果物体的初始速度为v_0，匀加速后的最终速度为v，那么物体在这个过程中做的功A就表达为：$A = \frac{1}{2}mv^2 - \frac{1}{2}mv_0^2$。

这张表能够帮助我们很快得出变量数学计算的结果。从表中我们也可以清楚地知道如下变量的相互关系：

匀加速运动的速度v，除以运动时间t，即得到加速度a，公式为：

$$a = v/t$$

力F除以物体的质量m，即可得出加速度a；或是用力F除以加速度a，即得物体的质量m：

$$a = F/m \text{或是} m = F/a$$

要想求出作用在物体上的力，首先需要知道物体的加速度。我们可以先找出表中与加速度相关的公式，如：

$$as = \frac{1}{2}v^2$$

$$v = at$$

$$F = ma$$

由上述公式推导出：$t^2 = \frac{1}{a}2s$ 以及 $s = \frac{1}{2}at^2$。再由上述公式推导出题意所求的力即可。

如果想要找出所有与力相关的公式，表格同样可以助我们一臂之力：

$$Fs = A（功）$$

$$Fv = W（功率）$$

$$Ft = mv（动量）$$

$$F = ma$$

与此同时，我们也不应当忽略重力 G 的算法，因为它也可以用公式 $F = ma$ 求出，即 $G = mg$，这里的 g 表示的是近地面的重力加速度。我们还能将这个公式带入功的运算式 $Fs = A$ 中，得出物体下落的高度 h，此时重力所做的功为 $Gh = A$。

还有一点值得注意，即力学公式只有在真正知道如何正确运用的情况下，才能发挥其最大的效用。如果你在用 $A = Fs$ 求物体做的功时，将力 F 用千克计算，将距离 s 用厘米计算，那么得到的力的单位也将会是很少见的：千克·厘米，当然，这样在计算过程中也很容易混淆。要想得出合适的力的单位，力 F 应该用千克计算，而距离 s 应该用米来计算，这样才能得出较普遍的力的单位——千克·米。

正确地选择变量的单位，并准确无误地运用公式计算，这样计算出来的结果才不会引起歧义。

第 2 节

枪 炮 的 后 坐 力

　　我们将用表格中的公式举例说明枪炮的后坐力是怎么产生作用的。一些火药会在枪炮射击弹药的一瞬间向与弹药射击的相反的方向喷出，它们将会同时产生大名鼎鼎的"后坐力"。这个力又会使枪炮以什么样的速度运动呢？让我们回想一下作用力与反作用力中我们曾提到的，射击弹药的力与同时产生的后坐力应该互相抵消，才能使枪炮不会移动。我们从上节展示的公式表中可以看出，力F与时间t相乘的冲量等于物体的质量m与速度v相乘得到的动量，即：

$$Ft = mv$$

　　因此，在这个情境中，由于射击弹药的力与枪炮的后坐力相同，弹药和枪炮上的冲量Ft也是相同的，公式中冲量Ft等于动量mv，所以弹药和枪炮上的动量也应该相同。如果用m表示弹药的质量，v表示弹药的速度，M表示枪炮的质量，w表示枪炮的速度，那么二者的动量可以表示为：

$$Mw = mv$$

也可推导成：

$$w/v = m/M$$

　　让我们用真实的数字来验证一下这个公式：自动步枪弹药的质量为9.6克，弹药的速度为800米/秒，自动步枪的质量为4 500克，代入公式则得：

$$w/800 = 9.6/4\,500$$

由此可以求得自动步枪的速度为$w = 1.7$米/秒。不难求出，子弹向前运动的力大约是步枪后坐力的$800 \div 1.7 \approx 470$（倍）。这意味着虽然弹药和步枪枪身的动量相等，但是后坐力产生的破坏力只是子弹的$\frac{1}{470}$。不过未经训练的人若不能正确地运用，很可能会被撞到甚至撞伤（图10）。

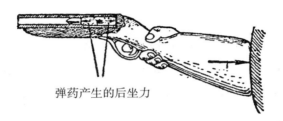

弹药产生的后坐力

图10　为什么发射时会产生后坐力

野战军常使用的速射炮，重约2 000千克，可以以600米/秒的速度发射出一颗质量为6千克左右的炮弹，炮身由于后坐力作用产生的速度与战时自动步枪的相同——1.9米/秒。由于炮身的质量比自动步枪大得多，其后坐力产生的能量将是战时自动步枪的450倍。为了防止发射瞬间的后坐力将炮身掀翻，现代大炮只有炮管可以滑动，炮身由炮架尾的驻锄固定在地面上。在海军中服役的舰炮也需要安装特殊的滑动装置，使炮身在发射炮弹之后可以自己回到原来的位置。

读者朋友们可能已经注意到，我们举例说明的几个物体中，自身动量不同，拥有的动能也不尽相同，这是正常的。因为我们由公式：

$$mv = Mw$$

无法推导出：

$$\frac{1}{2}Mw^2 = \frac{1}{2}mv^2$$

将第二个公式除以第一个公式，可以得出$v = w$的时候上述公式成立。很多没有系统学过力学的人大肆宣扬动量和冲量是受动能影响的，包括很多发明家也会认为功相等，冲量就相等。显然，这是不对的。他们应当扎实地掌握基础力学理论，再去做自己的发明。

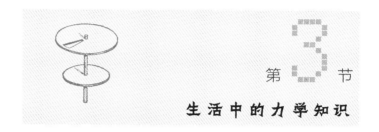

第 3 节

生 活 中 的 力 学 知 识

通过力学知识的学习，我们可能注意到，一些简单问题的科学解释与日常生活中的常识、习惯大相径庭。我们举一个例子，一个物体，如果作用的力不变，它会如何运动呢？常识告诉我们，它会一直保持一个速度运动，也就是匀速运动。反过来说，就是物体匀速运动时，我们常常会认为在这个过程中有一个不变的力自始至终作用在物体上。大货车、蒸汽机车等的运动往往被用来印证这一点。

然而力学告诉我们，情况其实完全相反。持续的力并不能使物体匀速运动，而会使它们做加速运动。力的作用会在已有的基础上不断叠加，作用在物体上就会使其运动的速度越来越快。我们讲过，匀速运动的物体上不会有力的作用，如果有力加入，那么物体将不会再做匀速运动。

难道生活中的常识会出现如此低级的错误吗？

其实也不是，常识未必是完全错误的，但它针对有限的范围。生活中人们常常将处于摩擦力以及其他阻力影响下的物体作为自己的观察对象，而力学的观察对象则是不受任何外力影响的自由运动的物体。要想使一直受摩擦力影响的物体保持一个速度匀速运动，就必须一直有一个外力作用。但这个力是为了平衡摩擦力，为物体自由运动创造条件的。物体完全有可能因为这个情况，再在有摩擦力作用的情况下，通过一直施加的这个外力而保持匀速运动状态。

"常识力学"的缺点在于，它的观察条件或观察目标本身就有许多不严谨的地方，这样观察或实验得出的结果自然也会漏洞百出。要想得到正确的结论，我们需要拓宽我们的观察范围，并剔除那些由偶然事件而得出的结论。只有这样，才能发掘出现象产生的深层原因，并在实践中得到富有成效的运用。

第 4 节
月球上发射的炮弹

我们将炮弹从地面发射，其初始速度为900米/秒，想象一下，如果这颗炮弹是在月球上发射的，忽略大气的影响，那么射出的炮弹可以达到多大的速度呢？（在月球上，任何物体的重力只有地球上的 $\frac{1}{6}$ ）

假设火药爆炸产生的力在月球上和在地球上是相同的，而月球上重力是地球上的 $\frac{1}{6}$，也就是说，月球上炮弹的初始发射速度要快得多，会是地球上的6倍，即 $900 \times 6 = 5\,400$（米/秒）。

这样的回答似乎已经接近了真相，实际上却是不正确的。

其实，力、加速度和物体质量之间完全不存在上述推论中的那种关系，依据牛顿第二定律，三者关系为 $F = ma$。炮弹的质量无论在地球上还是在月球上，都是固定不变的，火药爆炸产生的推力也是相同的。这意味着，炮弹的加速度，无论在地球上还是在月球上，都是一样的。如此一来，加速度相同，炮弹在炮筒中的运动时间相同，在月球上和在地球上，炮弹的初始运动速度也相同（由公式 $v = at$ 推出）。

因此，在月球上发射炮弹，发射速度和在地球上的相同。但还有一个问题值得关注，那就是这个炮弹在月球上会飞多高，又能飞多远呢？要回答这个问题，重力因素必须考虑在内。

炮弹在月球上以900米/秒的速度发射，其能达到的垂直高度可以用公式表示为：

$$as = \frac{v^2}{2}$$

这个公式在本章第1节的公式表中向大家介绍过，在月球上的重力加速度是地球上的 $\frac{1}{6}$，也就是说，$a = \frac{g}{6}$，代入上述公式，得到：

$$\frac{1}{6}gs = \frac{v^2}{2}$$

继续推导，我们可以得出月球上炮弹发射后运动的距离为：

$$s = \frac{6v^2}{2g}$$

在地球上运动的距离为：

$$s = \frac{v^2}{2g}$$

也就是说，在月球上炮弹飞行的距离将是在地球上的6倍（空气阻力的作用忽略不计）。然而，无论结果如何，炮弹发射的初始速度在两个星球上都是相同的。

第5节

海底射击

这一次我们实验的环境将与之前完全不同——海底。此次的深海实验场毗邻安的列斯群岛[1]，测量深度为11 000米。

让我们想象一下，假设深海中的一把左轮手枪，它的弹药完全没有被浸湿，扳机扣动，火药点燃，它的子弹会不会像在陆地上那样飞出去呢？

下面是左轮手枪的基本信息，这对整个实验论证是相当重要的：枪长22厘米，子弹从枪口飞出的初始速度为270米/秒，枪口直径为7毫米，子弹质量为7克。

那么，深海中的子弹到底能否成功射出呢？

要回答这个问题，我们首先得弄清楚，子弹受到的哪一个力会更大，究竟是火药燃爆的力，还是海底的海水压力？海水的压力我们不难解释，经过测量，水深每增加10米，就会增加1个大气压，1个大气压等于1千克/平方厘米。因此，11 000米的海底深处大概会有1 100个大气压，也就是1 100千克/平方厘米。

那么在海底，左轮手枪中火药爆破产生的力到底又会是什么情况呢？在此之前，我们还得细数一下，为使子弹发射出去，到底有哪些力在作用。为了完成这个目标，我们找了在枪管中运动的子弹的加速度（将子弹的运动看作一个匀加速运动），并写出其相互关系的公式：

---

1 安的列斯群岛为美洲加勒比海中的群岛，在南美、北美两个大陆之间，由大安的列斯群岛和小安的列斯群岛组成，大安的列斯群岛毗邻古巴和多米尼加。

$$v^2 = 2as$$

式中，v表示子弹离开枪管口时的速度；a表示未知的加速度；s表示枪管的长度。这里$v = 270$米/秒 $= 27\,000$厘米/秒，枪管长度$s = 22$厘米，代入公式得：

$$27\,000^2 = 2a \times 22$$

求得$a \approx 16\,500\,000$厘米/秒^2 = 165千米/秒^2。

165千米/秒^{2}的加速度确实是个很庞大的数字，但是这样大的数字不应当使我们惊讶。要知道子弹在枪管中只是运动很短的一段路程，并且在其中运动的时间也是微乎其微的。我们同样可以用公式$v = at$将这个时间计算出来：

$$27\,000 = 16\,500\,000t$$

$$t = 27\,000/16\,500\,000 \approx \frac{1}{600} \text{（秒）}$$

子弹能够在$\frac{1}{600}$秒内迅速加速到270米/秒，那么子弹在1秒内能够达到的速度也将是一个很惊人的数字。

现在让我们回到压力的计算。我们知道了子弹的加速度以及它的质量为7克，就可以很轻松地计算出作用在它身上的力的大小了。在此我们选择公式$F = ma$：

$$7 \times 16\,500\,000 = 115\,500\,000 \text{（达因}^1\text{）} \approx 115\text{牛顿}$$

为了计算单位面积上的力，我们首先应当知道这个力的作用面积是多大，这个面积在这里取为枪口的横截面面积，并将其换算成厘米：7毫米 $= 0.7$厘米，代入圆的面积公式，得：

$$3.14 \times \left(\frac{0.7}{2}\right)^2 \approx 0.38 \text{（平方厘米）}$$

---

1 达因，使质量为1克的物体产生1厘米/秒^{2}的加速度的力，叫作1达因。1千克力$\approx 1 \times 10^6$达因。

从而可知，子弹在单位面积上作用的压力为：

$$115/0.38 \approx 302（千克/平方厘米）$$

因此，子弹在发射的一瞬间，将用302千克/平方厘米的力去和1 000千克/平方厘米的海底压力进行抗衡。很明显，子弹没有办法射出枪膛，枪中的火药会爆炸，但是子弹不会因此被推送出去。在空气中35步开外都能击穿4～5英寸[1]木板的左轮手枪，被水轻而易举地打败了。

第 6 节

移 动 地 球

就算是专业的力学研究者，也会坚定不移地相信一个现象，那就是用很小的力没有办法移动一个质量非常大的物体。实际上这是所谓理智给我们带来的谬误。科学力学断言：任何力，甚至是最微不足道的力，都能引发自由物体的运动，即使这个物体的质量大得惊人。我在上文中也曾多次引用过能表达这一思想的公式：

$$F = ma$$

变形得到力与加速度的相互关系为：

$$a = F/m$$

我们在上文中解释过，只有作用在物体上的力F为0，物体的加速度才能为0。因

---

1 英寸=2.54厘米。

此，任何力作用在物体上，都能使这个物体获得一个速度并运动起来。

因为日常生活中总是存在着摩擦力，它无时无刻不在阻碍着物体的运动，所以在我们身边很少有自由运动的物体存在。要想使在摩擦力作用下的物体运动起来，就必须在物体上施加一个大于摩擦力的力。一个橡木做的柜子立在干燥的橡木地板上，要移动它，就必须借助我们手臂的力量。而且手臂施加在柜子上的力不能小于柜子重力的 $\frac{1}{3}$，因为这个柜子与地板的摩擦力是柜子重力的34％。如果二者之间不存在任何摩擦力，那么即使是一个小朋友轻轻碰一下柜子，也能使它运动起来。

我们身边完全自由运动的物体几乎没有，但是我们可以将目光投向宇宙，像太阳、月球，包括地球在内的天体，都属于自由运动的物体。这是否就意味着，人能够用自己的力量来移动地球呢？毫无疑问，当然可以！

那么问题来了，地球会以一个什么样的速度运动呢？我们知道，物体的加速度由作用在物体上的力和物体的质量决定。在力不变的情况下，物体质量越小，加速度越大。我们手臂的力量可以轻松地使木槌球获得一个加速度并移动几十米，那么地球呢？对于这个质量比大槌球大得多的物体，通过手臂的力的作用是否只能获得一个小得可怜的加速度呢？

一般情况下，我们认为地球的质量是 6×10^{24} 千克，而一个人的质量是60千克。两个质量的比值 $\frac{m}{M} = \frac{1}{10^{23}}$，即为相互作用时地球获得速度与人的速度的比值。假如人跳起高度 h 为1米，则利用公式 $v = \sqrt{2gh}$，可得：

$$v = \sqrt{2 \times 9.8 \times 1} \approx 4.4 \text{（米/秒）}$$

因此，地球的速度为 $4.4 \times \frac{1}{10^{23}} = \frac{4.4}{10^{23}}$（米/秒）。

此数值非常之小，小到我们根本无法想象。假如地球能维持这一速度运动，那么在较长的一段时间里它能走多远呢？假设这一时间是1亿年：

$$S = vt = \frac{4.4}{10^{23}} \times 10^9 \times 365 \times 24 \times 60 \times 60 \approx \frac{1.4}{10^6} \ （米）$$

换算成微米，即1.4微米。也就是说，1亿年才移动1.4微米！

第 7 节

发 明 家 的 误 区

　　发明者在寻找新的技术进步时，应当让自己的创想严格遵循力学定律，否则这一切就将会成为毫无意义的幻想。我们都不应该认为发明创想只要不违背能量守恒就可以。还有一条非常重要但常常被发明家们忽略的定律，而这种习惯性的忽略极有可能使发明家的发明创想夭折。在发明家们一次次推出新发明的飞行器时，我就确信这个定律一定很少人将其运用于实践中，甚至对此定律一无所知。

　　上述被忽略的定律即重心定律：物体重心的运动不可能仅凭内力的改变而改变。从飞机上投下的炸弹，在空中飞行的过程中爆炸，假如爆炸形成的碎片不会到达地面，它们共同的重心会继续沿着爆炸前炸弹重心的运动轨迹来运动。在个别情况下，如果物体最初的重心没有移动（也就是说，物体一开始就处于静止状态），那么就没有任何内力能够改变物体的重心。

　　由于忽视了上述定律，导致发明家们犯了以下几种常见的错误。接下来我们来研究一下这个典型的例子———一个全新款的飞行器。

这个飞行器的外形是闭合的管道（图11），由两部分组成：水平笔直的AB和弧形的ABC。管道中有不断向一个方向运动的液体（由管内的螺旋桨旋转驱动）。ABC弧形管中的液体运动过程中，就会对管壁有一个方向向外的力P（图11）。而且这个力不存在任何与之对抗的其他力，而在笔直的管道AB中没有这样的力。发明家们由此得出这样的结论：只要管内液体流速够快，力P就能带动整个飞行器向上运动。

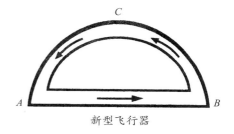

新型飞行器

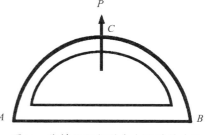

图11　能够让飞行器向上运动的力P

这个发明家的创想是否正确呢？我们甚至不用深知力学，就能知道这是不可能的——飞行器不会因为力P就离开它原来所在的位置。因为这个力只是一个内力，这些内力是没有办法移动一个物体或者一个系统（这里将管道和管道中流动的液体看成一个整体）的重心的。因此，这个飞行器是不会有任何移动的。这个发明家的创想，有着明显的漏洞。

我们不难发现这到底是什么错误导致的。这个装置的发明者并未意识到，压力不仅发生在弧形管ABC中，同样也会发生在水平笔直的管道AB中（图12）。虽然弧形管并不长，但其中液体旋转的强度却很大（曲率半径小）。众所周知，弯越急（曲率半径越小）的管道里，其液体对管壁的压力就越大。因此，液体在管内流动的过程中还有两个被我们命名为Q、R的力的作用，这两个力的方向也向外，并且这两个力的合力的方向恰好向下，平衡了方向向上的力P。这个飞行器的发明家显然忽略了这两个力。如果他了解力学的重心定律，那么即使他不知道有这两个力存在，也会知道自己的发明创想不可行。

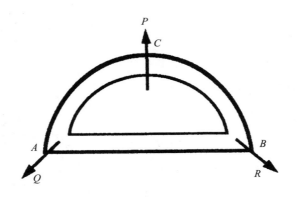

图12　为什么飞行器飞不起来

伟大的莱昂纳多·达·芬奇4个世纪前就曾断言："应给广大工程师及发明家以约束，防止其为不可能实现的事欺瞒自己并对此抱有希望。"

第 **8** 节

飞 行 中 的 火 箭 重 心 在 哪 里

有一种新生的科技创新的产物——火箭助推器，其似乎违背了力学中的重力运动定律。航空航天研究人员希望只用一种内力驱动火箭，将其发射至月球，但是要知道，飞向月球的火箭也有自己的重心，这种情况下我们的定律会发生怎样的转变呢？火箭在发射之前，重心一直都在地球上，发射后，重心就到了月球上。可以断言，这样违背重心运动定律的情况不会发生。

那么为什么会有这种错误期望呢——火箭升空的运动被误解了。假设助推器喷出的气体没有接触到地球表面，那么很明显火箭的重心就不能和它一起上升，当然，它也不会将自己的重心带到月球上去。飞到月球上的只是火箭的一部分，而另一部分燃料及其他产物向火箭运动相反的方向飞去了，因此，火箭的重心一直都在最初的发射地没有移动。

现在让我们来看另一种情况。如果火箭喷出的气体不是毫无阻碍的，而是接触到了地面，那么火箭的运动就与地球联系起来了。也就是说，整个火箭运动系统中包含了地球，而这个问题也变成了保持地球–火箭整体中心的问题。由于火箭喷射的气体对对面或者对大气的冲击，使地球也有了一些位移，于是整个系统的重心都朝着火箭运动方向的相反方向移动了一些。可是相对于地球的质量，火箭的质量可以说是微不足道的，实验中难以察觉到这个系统的位移。但是这个难以察觉的位移却足够平衡火箭重心从始发点到月球这段距离的移动，即使这个距离是地球微小移动距离的几百万亿倍。

眼见为实，我们看到，即使是在这样严苛、极端的环境下，重心运动定律依然是具有说服性的。

03

重力

导 读

姜连国

　　游乐园里有一个经典项目——大摆锤。坐在上面，固定好安全设施，摆锤就开始摆动，你也会跟着一起体验那种超重、失重的感觉。大摆锤这个项目的灵感，来自物理学中的摆。没错，在物理中，也有一个"摆锤"。在本章中，我们就一起来了解一下摆背后的物理小知识，以及支持摆的运动的源泉——重力。

1.摆

　　"当——当——当——"在一些奢华的地方，摆钟总是在勤劳地报时。作为一个摆钟，必不可少的必然是在表盘下方来回摆动的摆。摆钟利用钟摆的摆动带动其各个部件正常工作。之所以可以这样，是因为钟摆来回摆动一次，用的时间是一样长的。正是由于摆锤的这一特点，人们得以运用精度更高的钟表来计时。在小学五年级下半学期的科学课上，你还会通过做实验的方式，亲自动手，发现摆的这一特性。你将同时发现，不论多重的摆，不改变挂着摆的绳子的长度时，摆摆动一次的时间都是一样的；但当绳子长度改变时，摆摆动一次的时间就变化了！也就是说，**摆摆动一次的时间长短与摆的质量无关，却和摆绳长度有关。**

2.摆的周期

　　我们把物体或物体的一部分在一个位置附近的往复运动称为机械振动，简称振动。上了高中，在高中物理选修一（人教版）教材中，你将进一步读到与摆相关的内容。**在物理学中，我们把摆来回摆动一次的时间叫作周期。**在前面我们说到了，摆的周期和摆的质量无关，和摆绳长度有关，那么具体是什么样的关系呢？为了找出单摆周期与摆长之间的关系，荷兰物理学家惠更斯进行了深入的研究，发现**摆的周期与摆长的二次方根成正比，与重力加速度的二次方根成反比，而与振幅、摆球质量无关**。由此，就可以得出摆的周期公式了。你将会在本章的第一篇文章中读到这个公式。

前面我们提到了决定摆的周期的因素，这些内容都是我们在陆地上发现的。如果把摆放到水里，还会是这样吗？直观上想一想，把摆放到水里，水应该会阻碍摆的运动，从而改变摆的周期吧！那这样，不就与惠更斯的研究相悖了吗？实际上，在水中由于浮力的存在，确实会发生一些变化，这些变化都写在《水中的摆锤》里了。

3.“水平”

下面让我们脱离“摆”，来思考一个全新的内容。“水平”就是平行于水面的。水，由于没有固定形态，在静止时各部分由于重力的作用，其表面是垂直于重力方向的。因此，**“水平面”是物理学中一个重要的参考平面**。但是水平面也会有“不平”的时候。比如，向杯子中加入一些水，把杯子固定在列车上。列车突然启动的时候，杯子里的水由于惯性，会向列车前进的反方向移动，导致杯子里一侧的水的高度会高于另一侧。这样看来，水平面似乎就不水平了。其实，这与我们所说的水平面并不矛盾。《斜面上的水》和《水平线为何不平》两篇文章将会给予你答案。

4.重心

重心是指地球对物体中每一微小部分引力的合力作用点，质量均匀的物体，其重心就在它的几何中心上。简单地说，如果你可以用一个东西支在物体的重心上，那么这个物体就可以仅依靠这一点，其他地方全部悬空。饮水鸟这个玩具我想你应该见到过，仅仅用手支住模型的最前部，整个鸟的模型就可以悬空。现在我们换一个情景：把绳子拴在一根粗细均匀的铁棒的中央（也就是重心的位置），当铁棒静止住时，铁棒是水平的。然而，在铁棒的中心处钻一个孔，通过孔洞穿过一条细而坚固的细条后静止时，铁棒却不一定是水平的。这又是为什么呢？难道铁棒的重心还能改变？不妨读一读《平衡的铁棒》，你一定会茅塞顿开的！

第1节

铅锤和摆锤

铅锤和摆锤算是所有科学仪器中最简单的两种机械化工具了。令人惊异的是，如此原始的工具竟然可以达到这样神奇的效果——多亏了它，人们才能够逐渐想象我们脚下数十千米的地球内部到底是什么模样。即使是世界上最深的钻井平台，也只能达到地表下几千米。如果我们知道这一点，也许会对铅锤和摆锤——这两个在地面上就能告诉我们地球深处秘密的科学成果，予以更高的评价。

铅锤的运用对我们理解力学定律是非常有帮助的。如果地球的质量是均匀的，那么铅锤在任何一个测量点的方向都是不同的可观测值。而实际上地球表面和地球深处分布不均匀的质量改变了这些理论上的方向（图13）。在靠近山的地方，铅锤会偏向山的一方，因为越靠近山的地方，地表物质的质量越大。与此相反的是，在一些地底没有填充物质的地表，铅锤好像受到了什么推力的作用，使它看起来指向斜下方，而不是指向地心的方向。这种外推的现象不仅发生在地底处于空洞状态没有填充物的时候，还会发生在填充物质比较松散的时候（比如液体）。这就是为什么在莫斯科远离山的地方铅锤都会向斜下方偏（因为地底可能储藏了石油）。你瞧，铅锤是个多么灵敏的工具啊，有了它，我们就能更好地领略地球深处的奥妙了（图14）。

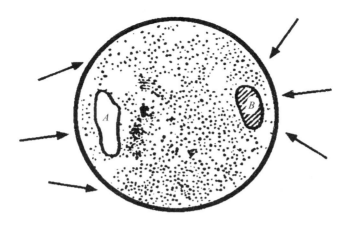

图13 底层里的空洞状态A和填充状态B都会使铅锤产生偏斜

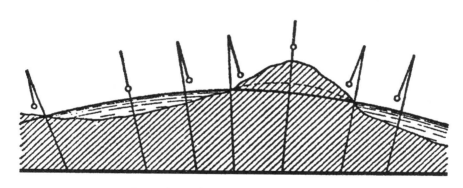

图14 地面的起伏和铅锤的方向变化关系

还有一个神奇的工具，叫作摆锤。摆锤有这样一个特点：如果摆动的幅度达不到一定程度，那么它每一次摆动持续的时间将不受摆幅的影响，无论摆动幅度有多大或者有多小。摆动持续的时间只受以下这些因素的影响：摆锤的长度和其所处位置的重力加速度。有关摆锤摆动时间t、摆锤长度l和所在地重力加速度g相互关系的公式如下：

$$t = 2\pi\sqrt{\frac{l}{g}}$$

我们将摆锤长度l的单位取作米,将重力加速度的单位取作米/秒²。

为了方便研究地球内部的构造,可以选取"秒摆",也就是摆锤朝一个方向摆动一下,用时1秒,那么公式就可以变为:

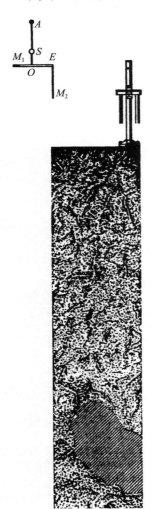

$$\pi\sqrt{\frac{l}{g}} = 1 \text{即} l = g/\pi^2$$

1秒内,重力的任何变化都会影响摆锤的长度,要么延长,要么缩短,这样才能满足摆动时间为1秒的假设。如此一来,我们就可以通过摆锤长短的变化迅速捕获重力的变化,即使可能只变动了0.000 1个单位。

在这里我们不详细展示铅锤和摆锤完整的实验过程(因为它们要比我们想象的难理解得多),我们只介绍一些有趣的实验结论。

我们在近海的岸边放置一个铅锤,会发现它总是会偏向陆地的一边,就像在近山处会偏向山体一样。往常生活中的经验没办法解释这个现象。而摆锤证明,海上的重力作用要比近岸的地方强烈,近岸的地方的重力作用则比大陆更强烈,这如何解释呢?很明显,陆地上地表以下的地层中的填充物质要比海底的填充物质的质量小。根据这一事实,地质学家们提取了部分地壳样本,用来研究和判断地球的岩层分布。

如图15所示,仪器的主要部分由左上角的扭秤装置和右上角的重力仪组成。图中S是一个小的平面镜,平衡杆M_1E是一个40厘米长的铝制细管,在其一端安装圆柱形的金

图15 异常重力测量图

制配重M_1（质量为30克），另一端悬挂一个质量同样为30克的金制配重M_2。将整个装置悬挂在一根铂铱合金的长60~70厘米的金属杆AO上。为了防止空气对流对仪器造成影响，将整个装置放入一个外壳中。在重力作用下，两个金制配重的转动会使带有平面镜的铝质细管发生扭转，测出扭转角度，继而测出重力。

第 2 节

水 中 的 摆 锤

我们将壁挂的钟摆的摆锤放入水中，它的流线型的外形几乎将水对其运动的阻力降到了最低。这个摆锤的摆动会持续多长时间呢？比在空气中的时间长还是短呢？又或者，比在空气中摆动得快还是慢呢？

由于摆锤摆动的环境并没有阻碍其运动，所以看上去摆锤的速度似乎没有什么变化。但是以往的经验告诉我们，摆锤在水中的速度要比在空气中慢。这又是为什么呢？

这个令人费解的现象可以用水的浮力来解释，因为水可以减小摆锤的重力，但不改变它的质量。也就是说，在水中的摆锤就好像到了另一个星球一样，这个星球的重力加速度要比地球上的小。从上一节中的公式 $t = 2\pi\sqrt{\dfrac{l}{g}}$ 中可以知道，如果重力加速度 g 减小，那么摆动的时间 t 便会增加。也就是说，摆锤在水中的摆动时间会更长，摆动速度会更慢。

第 **3** 节

斜面上的水

在斜面上放置一个盛水的容器（图16），现在它处于静止状态，水面AB与地面保持水平。现在容器开始在光滑的平面CD上滑动，那么，在滑动的过程中，水面AB是否还会与地面保持水平呢？

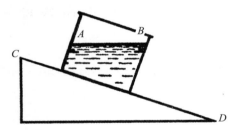

图16　盛水的容器在光滑的斜面上滑行，
容器中的水面会呈现什么状态

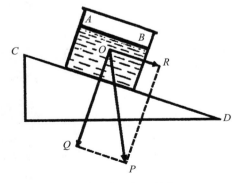

图17　图16所示题目答案

经验告诉我们，容器在光滑的斜面上运动时，水平面会与斜面保持平行，下面就让我们来看看为什么会出现这个现象吧。

如图17所示，这时容器向下的重力P会分解为两个分力Q和R，R会使水平行于斜面运动，因为斜面光滑，所以水和杯子加速度相同。水对杯壁沿斜面方向并无压力。所以水面会与Q的方向垂直，即与斜面保持平行。

那么在有摩擦力的斜面上匀速运动的盛水容器，其中的水面会发生怎样的改变呢？

显然，这时的水面应该是平行于地面

而不是平行于斜面的。原因很简单：匀速运动过程中的力的作用和静止状态时力的作用没有什么区别。

这能从经典相对性原理中找到真相吗？答案毫无疑问是：可以。当容器在斜面上匀速运动的时候，容器内壁没有获得任何额外的加速度，水会在R的作用下压向容器的前壁，每一滴水都会受到两个分力Q和R的作用，它们的合力就是整个容器向下的重力P。这就是为什么水面会与地面平行。只有在最初，即容器以一个恒定的速度运动之前，容器仍在加速的时候[1]，水面会瞬间、暂时出现与斜面平行的情况。

第 4 节

水平线为何不平

一个盛水的容器或水箱在光滑的斜面上向下滑动，如果斜面上容器中盛的不是水，而是一个拿着木匠用的水平仪的人，那么他眼里就会看到一些奇怪的现象。他的身体会保持和斜面垂直，就像他在平地静止时的状态一样。这时他会认为自己是水平的，但是旁人看来他却是斜的。他眼中的一切寻常的事物——房子、树木等，都是斜的，好像整个地都是倾斜的。如果容器中的"乘客"不相信自己的眼睛，将水平仪放到容器底部测量，水平仪也会告诉他，他现在是水平的。总之，处在容器中的人现在的水平状态与我们平常所认为的水平状态并不相同。

---

1 我们应该知道的是，物体不可能直接达到匀速运动状态，从静止到匀速运动状态的过程一定会经历一个加速运动的过程，即使这个加速的过程很短暂。

А.И. 涅克拉索夫（1883—1957），苏联力学家、科学院院士。

值得注意的是，几乎每一次我们站立在一个平面上但感到倾斜的时候，我们都会归因于周围物体的倾斜。喝醉了的、摇摇晃晃走着的人一定也认为是周围的世界在摇晃。**涅克拉索夫**曾说：

> 农民感觉好像，
>
> 整片田野走上了山岗，
>
> 带着钟楼的教堂即使已经垂垂老矣，
>
> 还是在步履蹒跚，
>
> 摇摇晃晃。

纪尧姆（1861—1938），瑞士著名的冶金学家、物理学家。

与此同时，平坦的地面有时也会给我们造成倾斜的错觉。比如在列车到站或离站的时候，也就是列车经历加速和减速的时候。瑞士籍法国物理学家**纪尧姆**在一次乘车的经历中，详细描写了这样一种体验：

> 在列车开始减速的时候，我们能够观察到这样一种神奇的现象：顺着列车前进方向的地板好像变低了，当我们跟着列车行驶的方向在地板上走时，会感觉很轻松，而如果往反方向走，就好像在登山。当列车启动离站的时候，这种状况就会倒过来，顺着列车前进的方向走像登山，逆向行走却容易得多。

我们能够用经验证明这一点：将一杯甘油平放在列车上，火车刚减速进站时，杯子里的甘油会朝列车前进的方向倾斜；列车离站时，甘油则会向列车行驶的反方向倾斜。原来，这是因为液体会朝着与加速度方向相反的方向运动。

　　要真正弄清这些有趣的现象产生的原因，我们不能一直从静止的角度看这些现象的产生，而是要自己去加速与减速的过程中亲身感受。最终，观察到的现象表明，我们确实没有运动，只是运动中的力的作用有变化罢了。如图18所示，当面向列车前进的方向坐在加速的车厢中的时候，我们明明是静止的，却能明显地感受到座椅带给我们身体的压力变大了，好像是自己用恒定的力使劲往靠背上靠似的。于是我们坚信这个时候有两个力在作用：力R与列

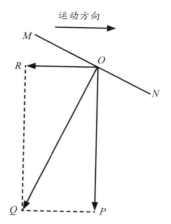

图18　作用在运动着的列车车厢的力

车运动方向相反，重力P将我们拉向地面。它们的合力Q斜向下，身体上的感觉会让我们误认为力Q是保持垂直的，即OQ是竖直的，那么与OQ垂直的MN就是水平的了。原来与列车平行的OR此时反而随着列车的加速运动慢慢变倾斜了（图19）。

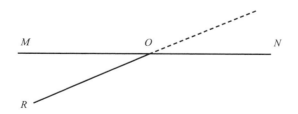

图19　为什么加速或减速的车厢内的水平面不平

　　那么想象一下，同样在车厢中，盘子中的水会发生什么样的变化呢？如图20（a）所示，此时在我的眼中，水平方向MN不与液面保持水平，而是呈现出图20（b）所示

的情形。假设图中箭头所指的是列车运动的方向，盘子和运动方向一致的一端计作前方，现在清楚为什么盘子中的水会从盘子后方流出来了吧？

从图20中我们可以很明显地看到，列车在刚启动加速的时候车厢中的液体的变化。如果将图19中倾斜的面看作新的平行平面，我们也许就能明白，为什么车上的乘客在列车启动的时候会向后仰倒。其实，是因为列车启动加速的瞬间，原本水平的平面由于加速度带来的力的作用会变得倾斜，而乘客的双脚紧贴地面，实际上已经被这个倾斜所影响而一起运动了，而我们的躯干和脑袋还在原地没有动，因此，就会表现出一个向后仰倒的姿态。

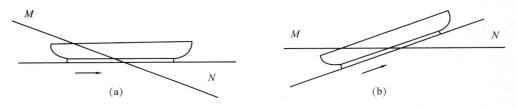

图20　为什么在加速运动的车厢里，盘子中的水会溢出

伽利略曾经也就这一问题做过相应的解释，他写道：

令一个盛水的容器向前加速或减速运动。在列车减速的瞬间，容器中的水随列车原来的速度向前移动，速度没办法一下子降下来，因此水面会向容器的前部倾斜；在列车加速的瞬间，水缓慢移动的状态没办法保持，因此水面会向容器的后部倾斜。

这种解释与我们之前引出的例子的解释并不矛盾。而为了能使论证结果更加科学，我们就不能只用理论来推断，还要有严谨的计算推理过程。在这次的例证中，显然用数学推导过程更有说服力一些。这给了我们将这个现象量化的机会，也触及并照亮了寻常视角绝对达不到的盲区。我们假设，火车离站的加速度为1米/秒^2，那么图18中新老水平线中间的夹角QOP就很容易计算出来。因为力与加速度成正比，所以在三角形QOP中，$QP:OP=1:9.8\approx0.1$，则有$\tan\angle QOP=0.1$，即$\angle QOP\approx6°$。

也就是说，悬挂在车厢中的物体，在列车启动的瞬间会获得6°的倾角，我们脚下的地板仿佛也倾斜了6°，因此，我们在车厢中行走时，就会感觉像是走在6°的斜坡上。

其实读者朋友们一定也注意到了，这两种解释所用的方法不同，但并无本质区别：一种是车厢内参与运动的人的切身感受，另一种则是对车厢内静态物体在运动初期的观察。

第 5 节

有 引 力 的 山

在美国加利福尼亚州洛杉矶城的电影工业中心——好莱坞附近有一座山，据当地居民说，这座山有一种奇妙的吸引力（图21）。在山脚下有一条公路，传闻这条公路的其中有大约60米的上坡路段有一种很不寻常的现象，汽车在此处关掉发动机，但是车子不会停下来，反而会自己在这座山的引力作用下往上走。

这座山有引力的传闻是有几分可信度的，因为在这条公路的特殊路段还用了一个很醒目的牌子专门写明了这个现象。

图21　美国加利福尼亚州有引力的山

　　不过，还是有人对山能吸引汽车使其自己运动的说法表示怀疑。为了验证这一说法，他们对这条路的水平角度进行了测量。测量的结果令人大吃一惊，人们怎么也没有想到，曾经认为是上坡的路其实是倾角为2°的下坡路，这个角度完全可以让汽车在失去动力后自己在路况极好的公路上滑行几十米。

　　或许在山区，这种带有神话色彩的传闻实在太多，才会让那么多人信以为真吧。

第 **6** 节

流向山中的小河

与上节中相似的视觉错觉还出现在一条沿着小路向上流的小河中。这个说法出自德国生理学教授伯恩斯坦的《外部感觉》一书，书中这样写道：

> 在很多情况下，我们对周围的环境都无法做出迅速而准确的判断。例如，这个方向是不是水平的？这条路是向上倾斜还是向下倾斜？我们走在一条微微弯曲的道路上，看到另一条同样弯曲但稍微有些差别的路的时候，通常会认为第二条道路更难走，更弯曲。然而令人诧异的是，第二条路明明没有我们想象的那么难走。

我们产生这种错觉的原因，就是我们将正在走的路当成了一个基准平面，并以它为标准去看待和观察另一条路。所以不知不觉地就产生了另一条路更加弯曲的错觉了。

我们的肌肉在行走的过程中，对2°~3°倾角的变化并不能明显感知。这种错觉最易出现在莫斯科、基辅等一些丘陵地区的道路上。在一些高低不平的地方，人们很容易认为小溪在往山上流动！伯恩斯坦还写道：

> 在微微弯曲并向下倾斜的道路旁流过一条小溪（图22），这条小溪的倾

斜度没有那么大，甚至可以说是水平的。我们常常会认为，小溪在逆着斜坡向上流（图23），这时我们同样会认为我们所走的道路是水平的。因为我们在走路的时候，会不由自主地将自己站立的平面当成基准面，觉得它是水平的。

图22　人感觉河边的道路稍微向下倾斜

图23　行走的人感觉溪水在往高处流

平 衡 的 铁 棒

在一根铁棒的中心处钻一个孔，通过孔洞穿一条细而坚固的细杆。铁棒可以在这根细杆上旋转起来（图24）。那么，旋转的铁棒会以什么样的姿态停下来呢？是倾斜的还是水平的？

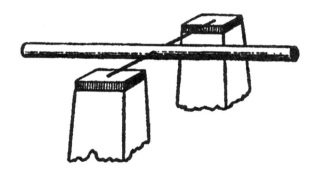

图24　铁棒在中轴线处达到平衡。如果铁棒旋转，它会在什么位置停下呢？

经常有人说：当然是在水平的位置停下，因为在那里它可以保持平衡。可是这样的说法难以让人信服。实际上被细线穿过的铁棒可以停在任意位置，而不是刚好水平的位置。

为什么这样一个简单的实验的结果会引发这么多的疑问呢？原来，平时我们看到的多是被一根细线在中间悬挂着的铁棒，它只会在水平的位置平衡。我们从这个经验中匆匆得出结论：由细线穿过棒上的孔洞支撑起来的铁棒，同样会在水平位置停下来。

　　然而我们忽略的是，被细杆支撑起来的铁棒和被细线悬挂的铁棒所处的是两个完全不同的受力环境。通过钻孔在中心被支撑起来的铁棒，这个中心就是铁棒的重心，处于一个中间平衡的状态。而悬挂起来的铁棒，受力点并不在铁棒的重心上，而在铁棒与细线的交汇处（图25），只有受力点和铁棒的重心在一条直线上时，铁棒才会变成水平的状态；如果二者不在一条直线上（图25），则不能达到水平状态。正是这种常见的现象让很多人产生误解，铁棒在倾斜的位置上没有办法保持平衡。

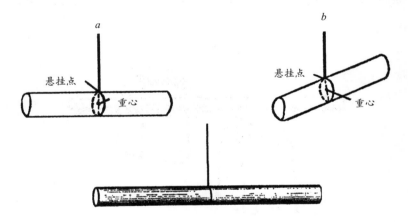

图25　为什么用绳子拴在铁棒中间将其悬挂，铁棒会处在水平位置

04

坠落与投掷

导 读

姜连国

在看过前三章的研究后，你可能会奇怪：世界上有那么多种运动形式，怎么到现在为止，说的都是直线运动？而宇宙中地球绕着太阳转，运动轨迹是圆的；运动员跳起投球，球的轨迹是一道优美的弧形……许许多多的运动的轨迹实际上都不是直线，而是各式曲线。那么我们就来了解一下曲线运动吧！

1.曲线运动

运动轨迹是曲线的运动就是曲线运动。物体做曲线运动与做直线运动最大的区别就是力与速度不在同一直线上，物体的速度方向是在不断变化的。这是因为根据牛顿第二定律，物体加速度的方向与它受力的方向总是一致的。当物体受力的方向与速度的方向不在同一直线上时，加速度的方向也就与速度的方向不在同一直线上了。由此物体的速度方向要发生变化，物体就做轨迹为曲线的曲线运动。你将会在高中物理必修二（人教版）教材中学到这些。

2.运动的合成与分解

运动是可以合成与分解的。比如你在向上的扶梯上向上爬，你的速度会比单独坐扶梯或是单独爬楼梯都要快。如果你分别测量并计算出了三者——扶梯的速度、你爬楼梯的速度以及你在扶梯上爬楼梯的速度——的大小，你会发现最后一个速度的大小等于前两个速度的大小之和。也就是说，你在扶梯上爬楼梯是乘扶梯和爬楼梯两个分运动的合运动。**在物理学上，我们把由分运动求合运动叫作运动的合成。**既然运动可以合成，那么它也是可以分解的。**我们把由合运动求分运动叫作运动的分解。**运动的合成与分解是你理解本章内容的重要基石，如果还有些疑惑，不妨再试着理解一下前面的文字。

3.平抛运动

在这一章中，我们主要聊一聊曲线运动中的抛体运动。**以一定的速度将物体抛出，在空气阻力可以忽略的情况下，物体只受重力作用时的运动叫作抛体运动。**如果初速度是沿水平方向的，这样的抛体运动就叫作平抛运动。平抛运动是抛体运动的一个特殊情况，那我们就先说一说平抛运动的性质。

从同一高度、沿水平方向以不同的速度同时抛出两个小球，你只会听到一次小球砸向地面的"咣当"声。不论你重复多少次、把实验做得多么精密，都将会是这个结果。这是因为在竖直方向上，小球做的是只受重力作用的自由落体运动。而如果你比较这些小球的落点与抛出点之间的水平距离，你会发现这些距离是与小球被抛出时的速度成正比的。也就是说，小球在水平方向做的是匀速直线运动。平抛运动的轨迹是曲线，看似有些复杂，但是经过这个实验与分析，我们可以将平抛运动分成水平方向的匀速直线运动和竖直方向的自由落体运动，从而用第2章中的物理公式计算相关的物理量。这样再分析起来，是不是就变得明了了？

那么以相同的初速度，分别向上、下、左、右四个方向同时抛出一块石头，这四块石头会形成什么形状？在《四块石头》一文中，你将找到答案。另外，本章中还有一篇题目与之相近的文章《两块石头》，在这篇文章中，讲的也是类似的一个情况。

4.抛体运动

说完了平抛运动，我们可以类似地来思考一般的抛体运动。一般的抛体运动与平抛运动最大的区别就在于抛出物体时速度的方向不同。既然平抛运动可以被分解为水平方向的匀速直线运动和竖直方向的自由落体运动，那么抛体运动是不是也可以类似地分解？是可以的！我们可以把抛体运动分解为竖直方向上的自由落体运动和与抛出方向一致的方向上的匀速直线运动。这样，抛体运动复杂的曲线轨迹就也可以被分解为两个直线运动的轨迹，让我们的研究变得更简单了！这些你也将在高中物理必修二（人教版）中学到。

学习了本章的内容，相信你将对运动有更深刻的认识。

第 1 节

带人飞行的气球

童话中常写的"会飞的靴子"在现实中以另一种特殊的方式变成了现实：准备一个能够放入中等大小旅行箱的足够大的气球和一个能产生氢气的装置。飞行员们一旦取出这个气球并向其中充入氢气，这个气球就会变成一个直径足足有5米的大气球，这时再将自己挂在这个大气球下面，飞行员就可以借助气球的浮力向更高和更远处跳去（图26），同时又不会因为飞得太高而发生危险，因为其自身的重力可以平衡掉一部分浮力。

如果真的有人背上这个气球跳跃，可以跳多高呢？

我们假设气球下的飞行员体重为60千克，其重力总比气球的浮力多1千克，那么对气球来说，作用的力也只有1千克，是正常人的重力的1/60，那么飞行员跳的距离能够是平时的60倍吗？

让我们具体计算一下：

对气球来说，这个飞行员的重力为1千克，气球的质量我们按最轻的20千克来计算。这1千克的力不仅要作用在气球上，还会作用在飞行员身上，二者质量之和为20+60＝80（千克）。假

图26　飞行员背着
气球跳跃

设产生的加速度为a，由公式可得加速度：

$$a = \frac{f}{m} = \frac{10}{80} \approx 0.12 \text{（米/秒}^2\text{）}$$

常人正常状态下能够离地跳跃1米左右的高度，我们可以由公式求出其起跳的速度：

$$v^2 = 2gh = 2 \times 9.8 \times 1$$

求得$v \approx 4.4$米/秒。

在飞行员装备放到气球上之前，我们就可以知道其运行的最低速度、飞行员的质量和气球的质量是飞行员质量的多少倍（我们可以通过公式$ft = mv$得知，作用力f和作用时间t作用在飞行员身上和气球上的是一样的，也就是说，二者的动量是相同的，在ft不变的情况下，二者的速度与其质量成反比）。因此，人的速度与人–气球共同体的速度之比，等于人的质量与人–气球共同体的质量的比值，由此可得人–气球共同体的速度：

$$4.4 \times \frac{60}{80} = 3.3 \text{（米/秒）}$$

现在很容易求出人–气球可以达到的高度，由公式$v^2 = 2ah$可得：

$$3.3^2 = 2 \times 0.12 \times h$$

求得$h \approx 45$米。

因此，通常情况下，飞行员向上跳1米，人–气球共同体会上升45米。

计算出加速度a与上升高度h，我们即可由公式$h = at^2/2$得出运动时间：

$$t = \sqrt{\frac{2h}{a}} = \sqrt{\frac{90}{0.12}} \approx 27 \text{（秒）}$$

想要完成上升与下落的整个过程，我们需要花费54秒。

整个跳动是一个缓慢、漫长的过程，这都是由于较小的加速度。假如没有这种氢气球，这种感觉我们也可以在其他重力加速度没有地球大的星球上感受到。

还有一个有趣的计算——看看飞行员能够跳多远。要想跳得远，飞行员首先需要在起跳的时候就与地面形成一定的角度α（图27）。而起跳的速度可以分解成两个分速度，一个是垂直于地面的v_1，一个是与地面水平的速度v_2，它们可以同时用合速度v来表示如下：

$$v_1 = v\sin\alpha$$

$$v_2 = v\cos\alpha$$

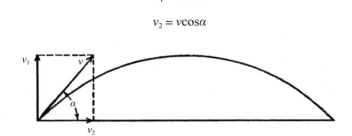

图27　飞行员以与水平线成α角跳出后的运行轨迹

设速度v_1运动的时间为t，则

$$v_1 = at$$

求得：

$$t = \frac{v_1}{a}$$

也就是说，上升和下降的时间一共为：

$$2t = \frac{2v\sin\alpha}{a}$$

分速度v_2在物体上升和下降的过程中始终与地面平行，因此速度v_2与时间的乘积将是物体运动的水平距离，也就是飞行员跳远的最大距离：

$$s = 2v_2t = 2v\cos\alpha \cdot \frac{v\sin\alpha}{a} = \frac{2v^2}{a}\sin\alpha\cos\alpha = \frac{v^2\sin 2\alpha}{a}$$

这个角的最大值为 $\sin 2\alpha = 1$，因为正弦函数的最大值不能超过1，可知，$2\alpha = 90°$，即 $\alpha = 45°$。也就是说，在不计空气阻力的情况下，运动员将沿45°角的方向跳出去，这时可以达到跳远的最大值。由公式可得：

$$s = \frac{v^2 \sin 2\alpha}{a}$$

将速度 $v = 3.3$ 米/秒，$\sin 2\alpha = 1$，$a = 0.12$ 米/秒² 代入公式，得到：

$$s = \frac{3.3^2}{0.12} \approx 90 \text{（米）}$$

综上可知，垂直跳跃时，能跳45米高，用45°角跳出时，可以跳90米远，可见飞行的气球给了人们越过高层建筑的可能[1]。

你可以做出一个相对应的小型的模型：在儿童玩的氢气球下端系上一个由厚纸片做的小人，这个小人的重力比气球的浮力稍微大一点儿，再轻轻地让小人跳一下，小人先是向上飞出，而后又落下。虽然在这个过程中空气阻力可能导致运动速度比较慢，但这样的实验要比真正的飞行员的实验更直观一些。

第 2 节

人 形 炸 弹

我们这一节讲到的人形炸弹，是一种马戏团的节目。这个节目将人从"炮"中

---

1 有一点值得注意，那就是沿45°角飞出的直线距离是垂直向上距离的两倍。

"发射"出来，在空中划出一个弧度，然后穿过距炮30米开外的圆圈，落入安全网兜中。

这里的"炮"和"发射"需要用引号标出，因为这并不是真正意义上的炮，也不是真的发射。虽然"炮口"出现了一团烟雾，但是演员并不是被火药爆炸后的气体抛出的，烟雾只是为了营造一些舞台效果，让观众获得一种惊奇的体验。其实将演员们从"炮筒"中抛出的是一种特制的弹簧，在弹簧弹出的一瞬间，混在炮筒里的道具烟雾也一并被带出，给观众营造出一种火药爆炸后将演员"发射"出的错觉。

图28为我们简化了这个杂技的表演过程。记录数据如下：

"炮筒"倾斜度：70°

演员飞行的最大高度：19米

"炮管"长度：6米

在表演过程中，演员会有一些比较新奇的感受，比如身体在刚受到弹力"发射"出的时候会有一种超重的感觉，在飞行的过程中会感觉自己失重了，而在最后落入安全网兜的时候又会有一种超重的感觉。可以肯定的是，这些奇妙的体验和感觉对演员本身来说并无害处。实际上，这些超重与失重的感觉，乘航天飞船勇敢地飞向宇宙进行空间探险的宇航员们也会经历。

在飞行的第一个阶段，也就是演员还在"炮"中的时候，到底获得了多大的向上抛的力呢？要知道这个，我们得先知道演员在"炮管"中的加速度。而求得这个加速度的必不可少的条件就是演员在"炮管"中飞行的距离，即"炮管"的长度，以及演员通过这段距离后达到的速度，即出"炮口"的速度。第一个飞行的距离，我们经过测量，确定为6米。最终的运动速度可以由公式和已知条件计算得出，而这个速度，要能够让演员继续上升19米才行。

从上文中我们选用合适的公式：

$$t = \frac{v \sin \alpha}{a}$$

公式中的t指的是上升过程持续的时间，v是上升的初始速度，α是上升时演员身体与地面形成的夹角。除此之外，下一个公式中的h表示的是上升的高度。

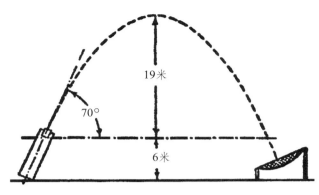

图28　人形炮弹的运行轨迹

因此，我们由公式：

$$h = \frac{gt^2}{2} = \frac{g}{2} \cdot \frac{v^2 \sin^2 \alpha}{g^2} = \frac{v^2 \sin^2 \alpha}{2g}$$

求得速度：

$$v = \frac{\sqrt{2gh}}{\sin \alpha}$$

我们将式子中的字母用实际的数字来代替，其中$g = 9.8$米/秒^2，$\alpha = 70°$，$h = 19$米，代入公式可得：

$$v = \frac{\sqrt{19.6 \times 19}}{0.94} \approx 20.6 （米/秒）$$

演员以这个速度从"炮口"抛出。我们将计算出的速度代入公式$v^2 = 2as$可得：

$$a = \frac{v^2}{2s} = \frac{20.6^2}{12} \approx 35 （米/秒^2）$$

如此一来，我们可以看出，演员在"炮管"中的加速度为35米/秒^2，是重力加速度的$3\frac{1}{2}$倍。因此，这时演员能够感受到$4\frac{1}{2}$倍的重力，比平时的重力多增加了$3\frac{1}{2}$¹。

那么这种超重的感觉会持续多久呢？我们由公式$s = \dfrac{at^2}{2} = \dfrac{at \times t}{2} = \dfrac{vt}{2}$可得：

$$6 = \frac{20.6 \times t}{2}$$

求得：

$$t = \frac{12}{20.6} \approx 0.6 \ (秒)$$

也就是说，演员会在半秒钟之内，感觉自己的体重不是70千克，而是约300千克。

下面我们来分析演员第二个阶段的运动——在空中飞行时的运动状态。演员飞行时感觉自己失重的时间到底有多长呢？下面就让我们一起来揭开这个谜底吧！

上文中我们提到，求飞行中时间的公式为：

$$t' = \frac{2v \sin \alpha}{a}$$

我们将已知的数据代入公式中可得：

$$t' = \frac{2 \times 20.6 \times \sin 70°}{9.8} \approx 3.9 \ (秒)$$

由此可见，演员在空中感觉自己失重的时间大约有4秒。

第三阶段的运动状态与第二阶段的类似，演员能够感受到超重的状态并且这个感受会持续一段时间。如果演员最后落入的安全网兜的高度与"炮口"高度相同，那么演员最后落网的速度也将与被弹出炮口的速度一样；如果安全网兜比"炮口"低，那么最后落入安全网兜的速度将会比出"炮口"的速度更大一些，但是这个差别很小，

---

1 这个说法实际上并不严谨，因为重力的作用方向为垂直方向，而此节目中对演员的力的作用方向距垂直方向有20°的倾角，只是对实际上的计算来说差别不大。

为了简化计算步骤，我们将这一差别忽略不计。因此，演员落入安全网兜的速度也为20.6米/秒。演员在触网之后，还会由于惯性将网向下压1.5米，也就是说，演员的速度从20.6米/秒降为0移动的距离为1.5米。由公式$v^2 = 2as$可以求出演员落网减速时的加速度，将具体数值代入，可得：

$$20.6^2 = 2a \times 1.5$$

$$a = \frac{20.6^2}{2 \times 1.5} \approx 141 \text{（米/秒}^2\text{）}$$

演员将以141米/秒²的加速度落到安全网兜中，这个加速度达到了重力加速度的14倍之多，在网中继续下落时，演员会感觉自己的重力是平时的15倍。这个过程持续的时间为：

$$t'' = \frac{2 \times 1.5}{20.6} \approx \frac{1}{7} \text{（秒）}$$

如果不是时间足够短，那么即使是经验丰富的杂技团老演员也经受不住15倍重力的负重。要知道，如果一个人的体重为70千克，那么在这个时间内感受到的重力将达到1吨之多！这个时间如果再长一些，在重压之下，人将没有办法呼吸，并因此发生危险。

第3节

飞速过危桥

在儒勒·凡尔纳的《八十天环游地球》中描绘了这么一个场景：在陡峭的山峰之间架有一座吊桥，但是其中的一部分受到损害坍塌了。这时一列火车出现，勇猛的司机加快速度，想要飞过这座危桥（图29）。文中说道：

"这座桥快要塌了！"

"这一点毫无疑问，但是只要我们的速度够快，就还有机会顺利通过它。"

列车飞快地行驶着，发动机的活塞以每秒20次的速率运动，车轴也迅速旋转。整辆列车好像没有接触轨道，仿佛重力已经被飞快的速度所抵消了。霎时，列车已经横在了断桥的两端，惊人的速度令列车瞬间就从断桥的一端跃到了另一端，几乎在安全落地的同时，列车身后的断桥轰然倒塌了。

图29 火车加速过危桥

这个描写是否真实？重力是否能被速度"抵消"？我们知道，列车在快速行进的时候对铁轨产生的压力要比慢速行驶的时候大一些，因此，列车在通过一些危险路段的时候会放慢车速。但是在文中描写的危险情况下，列车非但没有减速，反而是全速前进，还顺利地通过了断桥。这在现实生活中可行吗？

这样的描写的真实性实际上是有依据的。即使列车身下的桥面正在倒塌，但列车的行驶速度只要够快，通过桥的时间足够短，就依然可以通过桥面。在这极短的时间内，桥还未完全坍塌，列车就已安然驶过。我们可以用计算来印证这一点。列车的车轮直径为1.3米，发动机活塞每秒运动20次，可以带动车轮每秒转10圈，也就是说，列车每秒行驶的距离为$10 \times 3.14 \times 1.3 \approx 41$（米），桥下河流宽度并不大，假设吊桥的长度约为10米，这意味着列车将在$\frac{1}{4}$秒内通过桥面。如果在列车接触桥面的一瞬间桥就开始坍塌，那么在列车通过的$\frac{1}{4}$秒内桥下落的高度为：

$$\frac{1}{2}gt^2 = \frac{1}{2} \times 9.8 \times \frac{1}{16} \approx 0.3（米）$$

列车头部已经冲到了桥的对面，最初接触的桥面也才坍塌0.3米，等到桥面的末端也坍塌的时候，列车早已经行驶出了危桥。因此，这时就出现了速度"抵消"重力的情况。

但是这里似乎也有不符合实际情况的假设，比如"活塞每秒钟运动20次"，这将会给列车带来150千米/时的时速，但是这个速度以当时的火车来看根本达不到。

值得注意的是，有时候一些溜冰者的做法和这个列车司机有着异曲同工之妙。他们在遇到薄冰的时候也会加快速度滑过去，因为如果在这种冰上减速，很可能会由于冰破裂而发生危险。

第4节

三条路

假设在垂直的墙面上画一个圆（图30），直径为1米，从顶端A点延伸出两条滑槽，分别为AB和AC。从A点同时放下三个小球，其中两个分别沿AB、AC滑槽向下，另一个从顶部自由落体向下，小球的摩擦力都不考虑在内。这三个小球哪个会先到圆圈边缘呢？

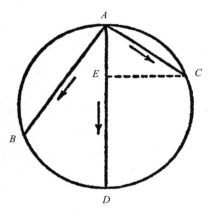

图30　三颗小球的滑落轨迹

因为AC滑槽的距离是三条线路中最短的，我们有理由认为，沿AC滑槽下滑的小球会先到达圆圈边缘。第二名将是沿AB滑槽下滑的小球，最后到达圆圈边缘的小球应当是垂直自由落体的那一个。

然而这一次，经验将我们引向了错误的方向。实际上，三个小球会同时到达圆圈边缘！

这是因为三个小球的运动速度是不一样的，运动速度最快的是自由落体的小球，其次是倾斜度较大的滑槽中的小球。运动路程最长的小球拥有最快的运动速度，可见速度上的优势可以填补运动距离上的劣势。

实际上，自由落体的小球沿AD滑槽下落的时间由公式：

$$AD = \frac{gt^2}{2}$$

求得

$$t = \sqrt{\frac{2AD}{g}}$$

小球沿AC滑槽运动的时间t_1为

$$t_1 = \sqrt{\frac{2AC}{a}}$$

a是小球沿AC滑槽下滑时的加速度，很容易求得

$$\frac{a}{g} = \frac{AE}{AC}, \quad 即\ a = \frac{AE \cdot g}{AC}$$

由图30可得

$$\frac{AE}{AC} = \frac{AC}{AD}$$

因此

$$a = \frac{AC}{AD} \cdot g$$

也就是说

$$t_1 = \sqrt{\frac{2 \cdot AC}{a}} = \sqrt{\frac{2 \cdot AC \cdot AD}{AC \cdot g}} = \sqrt{\frac{2AD}{g}} = t$$

所以，$t = t_1$，自由落体的小球的下落时间与两个滑槽内的小球的下落时间相同。并且并非只有图中标明的滑槽内的小球的运动时间相同，圆圈内所有从A点落下的小球沿着从顶点A延伸出的滑槽到达圆圈边缘的时间都相同。

我们可以提出另一种假设：三个小球在重力的作用下沿圆圈内的斜面AD、BD、CD运动（图31），三个小球分别从点A、B和C同时出发，哪一个小球会最先到达点D呢？

相信大家已经毫不费力地猜到了答案，那就是：三个小球会同时到达D点。

对于这个假设的论证过程，伽利略在其著作《两门新科学的对话》中进行了详细的解释。在这本著作中，伽利略第一次提出了物体下落的定律。

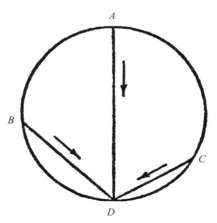

图31 伽利略的假设

关于这个定律，伽利略如此写道："如果从一个高于地平线的圈圈顶部在圆内延伸出一些斜面，那么物体从顶部沿这些斜面到达圆圈边缘的时间都相同。"

第 5 节

四 块 石 头

假设我们从塔楼中以同一速度抛出四块石头（这只是一个假设，现实中这样做是存在危险的），第一块垂直向上抛，第二块垂直向下抛，第三块水平向右抛，第四块水平向左抛。

在石头飞行的过程中，空气阻力忽略不计，那么这四块石头最终形成的四边形究竟会是什么形状的呢？

很多人一开始都会认为，这四块石头就是这个四边形的四个顶点，最终它们会组成一个类似风筝的形状。因为向上抛的石头，在被抛出之后，速度会不断减小，而向下抛的石头，速度会不断加快，向两边抛出的石头，速度则在向上抛和向下抛的石头中间，并沿曲线运动。但在这个过程中，我们都忘记了讨论这个由四块石头构成的四边形体系的重心是以何种速度运动的。

我们换一种角度来考虑这个问题，答案就呼之欲出了。就是说，我们假设重力不参与石头的运动过程，在这种情况下，四块被抛出的石头会成为一个规规矩矩的正方形的四个顶点。但如果将重力的作用考虑到石头的运动过程中，又会变成什么样呢？我们知道，在没有空气阻力的环境中，物体将以同样的加速度下落。因此，我们的四块石头在运动中，由重力作用而向下的运动距离也将会是相同的。也就是说，这四块石头组成的正方形只是移动了位置，并没有改变它的形状。

因此，我们可以得出结论：由被抛出的四块石头组成的四边形为正方形。

第 **6** 节

两 块 石 头

假设从塔楼中以3米/秒的速度抛出两块石头：一块垂直向上，一块垂直向下，空气阻力不计，它们相互远离的速度是多少呢？

同上一节一样，我们可以很容易地得出结论：两块石头相互远离的速度为3+3，也就是6米/秒。无论多么让人惊讶，这里石头下落的速度确实与我们要知道的它们之间相互远离的速度没有什么关系。这个结论不仅适用于地球上的物体，对于月球、木星等天体上的物体，也同样适用。

第7节

投球游戏

两个小伙伴在一起玩抛球游戏，他们相距28米，在抛球过程中，球在空中的飞行时间为4秒。请问球在空中最高可达多少米？

球在空中的4秒内，包含了分解在水平方向和垂直方向的两个力的运动。它的上升和下落过程一共用了4秒，其中2秒上升，2秒下降（在这里姑且认为物体上升时间和下降时间相等）。因此，球下落的距离可由以下公式求得：

$$s = \frac{gt^2}{2} = \frac{9.8 \times 2^2}{2} = 19.6 \ (米)$$

综上，球上升的最大高度将近20米。其实题干中给出的二人"相距28米"的条件，我们根本不需要。

05

圆周运动

导 读

姜连国

圆，世界上最公平的图形，其上每一点到圆心的距离都是相同的，这也让圆在我们生活的世界里有了广泛的应用。摩天轮、电风扇、轮胎……我们的生活离不开圆，自然界也是。地球以圆形的轨迹绕着太阳转；而地球本身，就近似球体。

1.圆周运动

既然圆的应用如此广泛，轨迹是圆的运动也就变得很多。**我们把这种轨迹是圆周或一段圆弧的运动叫作圆周运动。**与上一章中提到的抛体运动类似，**圆周运动也是一种特殊的曲线运动。**因此，做圆周运动的物体所受到的力的方向和速度方向也是不一样的。

2.匀速圆周运动

物体以大小不变的速度沿着圆周运动时，这个运动就是匀速圆周运动。做匀速圆周运动的物体所受的合力总是指向圆心的，我们把这个指向圆心的力叫作向心力。在光滑的桌面上，将绳子的一端拴着一个小球，另一端用图钉固定在桌面上，小球可以转起来做圆周运动；若剪断绳子，小球在现有情况下无论如何也是无法以圆形轨迹绕着图钉转的。这里绳子对小球的拉力就是使小球做圆周运动的向心力。你将会在高中物理必修二（人教版）中认识到。地球绕着太阳公转，向心力就是太阳对地球的引力。**由于做匀速圆周运动的物体，其速度大小是不变的，因此，在这里，物体受到的力的总和只改变速度的方向，而不改变其大小。像重力、弹力、摩擦力这些力，是由性质命名的，向心力却不是，它是由某个力或者几个力的合力组成，并根据力的作用效果命名的。**

3.向心力的大小

在绳子的一端拴一个小沙袋，将另一端握在手中。将手举过头顶，使沙袋在水平面内做圆周运动。你可以更换沙袋的质量、改变沙袋旋转的速度，或是延长或缩短转圈部分绳子的长度。与此同时，请仔细感受你的手上转沙袋用的力度，因为此时，沙袋所受的向心力近似等于手通过绳对沙袋的拉力。这是高中物理必修二（人教版）教材中给予我们的一个简便、直观地感受向心力大小的小实验。通过这个实验，你会发现，向心力的大小与沙袋质量、沙袋旋转速度以及沙袋旋转半径都有关系。**科学家们通过更精确的实验，得出了向心力大小的计算公式：$F_{向} = m\dfrac{v^2}{r}$。那么根据牛顿第二定律，我们就可以推出向心加速度的计算公式 $a = \dfrac{v^2}{r}$ 了。**

游乐园里的飞椅你一定见过。飞椅飞得再激烈，拉着飞椅的绳子也不会完全水平，这又是为什么呢？在本章中，《旋转飞机》这篇文章介绍了和飞椅十分类似的一个游乐项目遇到的相同的疑惑。

4.圆周运动的应用

圆周运动是一种常见的运动形式，在我们的生活中，也有着广泛的应用。火车转弯时，其实也在做圆周运动。那么，它的向心力又是哪来的呢？如果铁路弯道的内外轨一样高，火车转弯时，外侧车轮的轮缘就会挤压外轨，使外轨变形，从而产生外轨对轮缘的弹力。这就是火车转弯所需向心力的主要来源。但是，火车那么大的质量，靠这种办法得到向心力，可能会使轮缘与外轨间的相互作用力过大。这样不仅铁轨和车轮极易受损，还可能使火车侧翻。为了防止这一事件的发生，工程师们在设计铁路的时候，就将铁路转弯处的外轨高度设计得略高于内轨高度，这样火车在运行时受到的支持力就是斜向上、偏向转弯处圆弧的圆心的，自然而然地，支持力指向圆心的分力就可以提供火车转弯时的向心力了，翻车事故也就不易发生了。如果你看这些依旧一知半解，《铁道转弯处》中配合着插图，将会更加清晰地为你讲解其中道理。

第 **1** 节

简 便 的 增 重 方 法

　　我们常常希望身边一些过瘦的朋友能够多长点肉，增加点体重。如果现在有一种方法，在既不暴饮暴食也不危害健康的情况下就能使体重上升，你是否会邀请他们一试呢？这个方法就是：坐旋转木马！是的，就是游乐场里常见的那种旋转木马。坐上去后，我们的体重就会真实地增长，并且我们还能够很轻易地将增长的量准确地计算出来。

　　如图32所示，MN是整个旋转木马的轴心，木马悬挂在由轴心带动的转盘上。当轴心开始转动时，木马和在木马上的乘客也会随之转动，并不再保持垂直于轴心的状态，而是与轴心形成一个倾角。图中在木马上的乘客的重力P可以分解为两个分力：一个分力R指向轴心并与轴心垂直，这个力就是支持木马做圆周运动的向心力；另一个分力Q沿木马倾斜的方向向下，确保乘客不会从旋转的木马上被甩出来。这时乘客经常会误将这个力的作用当成是重力作用。这个新的"重力"，正如我们所见，要比重力P稍微大一点，我们可以用$\dfrac{P}{\cos\alpha}$来表示。为了知道P、Q之间的倾角α的大小，我们需要知道向心力R的大小。而向心力的大小，一般由物体的向心加速度决定：

$$a = \frac{v^2}{r}$$

图32 人工旋转木马受力示意图

公式中的 v 表示的是旋转木马旋转过程中的速度， r 表示木马圆周运动的半径，也就是木马距轴心 MN 的距离，我们将这个距离定量为6米，旋转周期为每分钟4圈，即每秒旋转整个圆周的1/15。由此我们可以得到木马的速度为：

$$v = 2 \times 3.14 \times 6 \times \frac{1}{15} \approx 2.5 \text{（米/秒）}$$

现在我们将速度代入公式中，得到向心加速度为：

$$a = \frac{v^2}{r} = \frac{2.5^2}{6} \approx 1.04 \text{（米/秒}^2\text{）}$$

因此，两个力的夹角为：

$$\tan\alpha = \frac{1.04}{9.8} \approx 0.1 \; ; \; \alpha \approx 7°$$

再向前回顾，我们提到这个"新的重力"$Q = \dfrac{P}{\cos\alpha}$，所以：

$$Q = \frac{P}{\cos 7°} = \frac{P}{0.994} \approx 1.006P$$

如果一个人平时体重为60千克，那么此时坐在旋转木马上的他将增重360克，遗憾的是，这并不能让我们那些过于瘦的朋友变得更健康。坐在旋转木马上的人，也不会感觉自己比平时更健康一些。

如果我们乘坐的是旋转得很慢的旋转木马的话，我们能感觉到的增重是很少的。在美国的一个专业实验室中，有一台能使物体重力猛增的超速离心机，它的转速可达每分钟80 000转，可以帮助物体增重400万倍。将一个4毫克的微粒放入离心机中，在离心机转动的时候，微粒可达16千克重。

第2节

旋转飞机

一处公园的游乐设施准备安排一个新项目。有一天，项目的负责人来向我询问该项目的可行性。这个项目的主题是一个巨型转盘，在转盘上悬挂绳索，绳索的末端打算安装一些可供游客乘坐的半开放式飞机。在转盘带动下，绳索和载人的飞机旋转并渐渐上升。装置的发明者希望通过不断加速旋转，最终使飞机和转盘完全平行。

然而，遗憾的是，在二者完全平行的状态下，飞机中乘客的生命安全并没有办法得到完全保障，只有在绳索相对于转动轴心是倾斜的情况下，乘客的安全才有保障。

而绳索与轴心的倾角很容易便能够计算出来。因为人所能承受的最大的力为自身体重的3倍，如果大于这个力，就可能会发生危险。

这里沿用上一节图32中的力的分解示意。我们希望用重力分力Q的临界值，也就是重力的3倍，计算出重力的分力Q与轴心的最大倾角：

$$\frac{Q}{P} = 3$$

由公式：

$$\frac{Q}{P} = \frac{1}{\cos\alpha}$$

得：

$$\frac{1}{\cos\alpha} = 3，即\cos\alpha = \frac{1}{3} \approx 0.3$$

$$\alpha \approx 71°$$

因此，绳索和轴心的最大倾角不能大于71°。换句话说，绳索与水平方向转盘的倾角不能小于19°。

图33中展示的来自美国某城市的旋转飞机，显然还没有达到最大倾角。

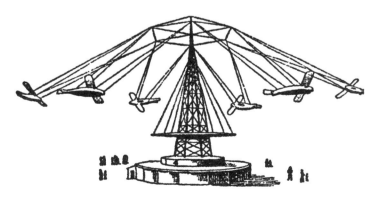

图33　旋转飞机

第3节

铁道转弯处

"当列车行驶到转弯的地方时，我在车厢内注意到，窗外铁路两旁的树木、房屋以及工厂的烟囱好像都处于倾斜的状态。"物理学家马赫说道。

上述这个现象，经常能够在时速100千米/小时的列车中观察到。

我们不能简单地将这一现象的原因归结为铁路弯道处的外侧铁轨比内侧铁轨高，使列车在行驶过程中出现了一些倾斜。如果在不是弯道的地方将身子探出车窗外观察，我们会发现这个倾斜的错觉依然存在。这是为什么呢？

联系前面的知识，想必不用我们详细地解释，大家也一定可以猜出这是怎么回事。人坐在正在转弯的列车车厢中，虽然主观感受到的车厢是垂直的，但是悬挂于车厢上的铅锤相对来说却是倾斜的[1]。这说明，车厢与地面并不是完全垂直的状态，坐在车厢中的乘客相对于地面来说也是倾斜的。

新的垂直状态如图34所示，图中的P是实际上车内乘客的重力，R是向心力，Q是乘客感觉到的重力，总的来说，车厢内所有物体都受到这几个力的作用。力R和Q的夹角α可用公式求出：

$$\tan \alpha = \frac{R}{P}$$

---

[1] 由于地球自转，物体在地球表面运动时，地球偏向力也会使物体发生一定角度的偏转，因而物体并不是严格地垂直于地面指向地心的。

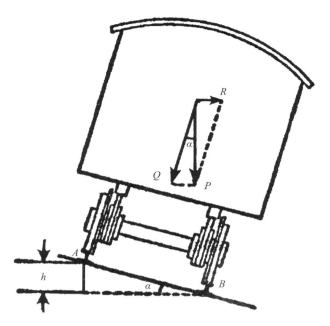

图34 在铁轨转弯处的车厢

力R可以用公式$\dfrac{v^2}{r}$代替，这里的v代表火车的速度，r指的是弧形轨道半径，重力P与重力加速度g成正比，因此，有：

$$\tan\alpha = \frac{v^2}{r} : g = \frac{v^2}{rg}$$

我们假设列车行驶的速度为18米/秒（65千米/小时），弧形轨道的半径为600米，将数值代入公式得：

$$\tan\alpha = \frac{18^2}{600\times9.8} \approx 0.055$$

由此可得两个力的夹角为：

$$\alpha \approx 3°$$

乘客们会误以为这个"假垂直"[1]而"真倾斜"的方向是垂直的，而真正垂直的方向却可能被乘客认为有3°的倾角。在瑞士阿尔卑斯山的圣哥达铁路周边山峦起伏的地带，列车上的乘客们有时看到的周围垂直的物体，实际上可能有着10°左右的倾角。

为了使列车在转弯处保持新的平衡，铁轨设计成外高内低的形式，这会使列车行驶的稳定程度得到提升。图中的外侧轨道A比内侧轨道B高出的高度由公式得出：

$$\frac{h}{AB} = \sin \alpha$$

AB是两轨道之间的宽度，假设其为1.5米，$\sin\alpha = \sin 3° \approx 0.052$，因此，

$$h = AB\sin \alpha = 1\,500 \times 0.052 \approx 80（毫米）$$

在列车转弯处，外侧轨道比内侧轨道高约80毫米。这个高度对列车的行驶速度有一定的要求，在此高度下不能任意改变列车规定的行驶速度。所以，在铺设铁轨的时候，也需要参考平时列车的行驶速度。

第 4 节

站 不 住 的 弯 道

站在铁轨的转弯处，因为弯道半径较大，弯度较缓，我们未必能够发现铁轨外侧

---

1 更准确地说，是"暂时的垂直"。

比内侧高。而自行车赛车场的弯道相对来说半径就小得多，因此弯道会比较急，左右两边的高度差也就会比较明显。我们假设一辆自行车的行驶速度为72千米/小时（20米/秒），弯道半径为100米，弯道倾角可由公式：

$$\tan \alpha = \frac{v^2}{rg} = \frac{400}{100 \times 9.8} \approx 0.4$$

求得：

$$\alpha \approx 22°$$

在这种斜度的赛道上，若想保持站立的状态几乎是不可能的事。但对于熟悉高速运动的专业自行车手而言，这种赛道恰恰是最平稳的。这种外高内低的设计常常也被运用到专业赛车场地的建设中。瞧，这是多么神奇的重力悖论！

在马戏团的杂技表演中有一个节目更加令人惊叹，虽然这个表演完全符合力学的相关定律，但看起来还是令人难以置信。在表演中，演员骑上自行车，在一个直径为5米甚至不到5米的漏斗状的竖立网中绕圈运动，速度大概为每秒10米，这个网的倾斜度我们可以由公式：

$$\tan \alpha = \frac{10^2}{5 \times 9.8} \approx 2$$

求得：

$$\alpha \approx 63°$$

观众们普遍认为这其中一定是有一种特殊的技巧和艺术表演方式，才能够使演员在如此苛刻的条件下骑自行车完成这场表演。其实，对于这个速度而言，这样的场景布置实在是安全稳妥不过了。

第5节

倾斜的土地

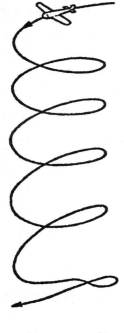

图35 飞行员在空
中的盘旋轨迹

每当我们看到飞行表演中天上急速盘旋的飞机时，总是忍不住担心飞机里的飞行员的生命安全。实际上，飞行员对飞机的倾斜、盘旋的姿态变化的感受并不是那么明显。对于飞行员来说，飞机在空中一直是水平的状态。但是有两件事会让飞行员感受到飞机姿态与水平时的些许不同，一是感到重力的大小突然变了，二是目之所及的事物都变得倾斜了。

我们来做一个计算，看看究竟飞机的角度偏斜多少时飞行员能够感受到飞机状态的变化，以及这时重力的大小。

首先我们将公式中所需的变量的数值测出：飞行员在飞机中的速度为216千米/小时（60米/秒），飞机将绕直径为140米的圆周倾斜向下盘旋（图35），与地面的倾角α由公式得出：

$$\tan \alpha = \frac{v^2}{rg} = \frac{60^2}{70 \times 9.8} \approx 5.2$$

由此可知α≈79°。从理论上来说，飞行员看到的地面不仅是倾斜的，而且是接近于一种竖直的状态，与竖直方向的夹角仅为11°。

　　然而实际上，可能是由于某些生理原因，飞行员看到的水平地面与飞机的夹角并没有那么大（图36）。

图36　飞行员眼中的地平面

　　飞行员感到增加了的体重与正常体重的比值，恰是倾斜角的余弦值的倒数，而该倾角的正切值为：

$$\tan \alpha = \frac{v^2}{rg} \approx 5.2$$

　　根据三角函数表可得这个角度的余弦值cos $\alpha \approx 0.19$，而它的倒数为5.3。这意味着，做盘旋动作的飞行员承受了相当于直线飞行时的压力的5倍多，也就是说，飞行员对飞机座椅的压力是沿直线飞行时的5倍多。

　　在图37和图38中，飞行员看到的地面也是倾斜的。

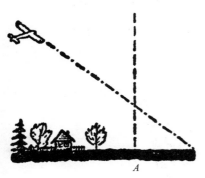 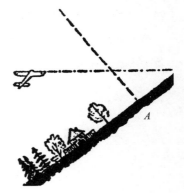

图37 飞行员以190千米/小时的速度
绕半径为520米的曲线盘旋

图38 图37中的飞行员视角

这种人为的超重状态对飞行员来说是相当致命的。据说曾经发生过这样一个飞行事故：飞行员在空中做盘旋动作时，盘旋的圆周半径太小，这不仅导致飞机无法正常地按原定轨迹上升，巨大的压力还使身在飞机中的飞行员一动也不能动。最后计算发现，在他做小半径盘旋时，加在他身上的压力足有平时的8倍之多！后来因为救援及时才没有让他因此丧命。

第6节 河流弯曲之谜

很久之前人们就发现，河流会像蛇一样蜿蜒向前。这一现象并不能简单地用地形原因来解释，因为有些地方虽然地势平坦，但流经的河道却依然弯弯曲曲。这种神秘的现象究竟是怎么产生的呢？为什么在地势平坦的地方河流不沿着直线流淌呢？

最近的研究发现令人大吃一惊：笔直的河道对河流来说相当不稳定。因此这种河道只会出现在我们的想象世界中，在现实情况下永远不会发生河流沿直线流淌的事（人造水渠除外）。

让我们想象地质均匀地区存在一条沿直线流淌的河流，接下来我们就会明白，让河流一直沿直线流淌是一件不可能的事。其中一个偶发性的原因是，在地质均匀的地区掺杂了一块地质较为不均的地方，河流流过的时候发生了偏转，不再沿直线流淌，这时会发生什么呢？河流会自己再流成一条直线吗？并不，已经发生了的弯曲幅度甚至会变得更大。在河流发生弯曲的地方（图39），水流会因为离心作用不断冲击凹岸A而远离凸岸B。要使水流继续笔直流淌，现在这种情况是万万不能做到的。凸岸B在水流的冲击下会越来越凸出，凹岸A由于水流一直向自己冲刷而远离凸岸B，会变得更凹，水流随着弧度的增加又会加剧这一现象。如此一来，正如我们所见，即使是一个很小的弯曲，最后也会抑制不住地慢慢变大。

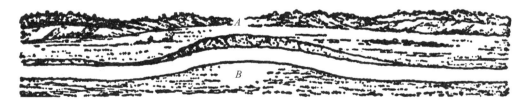

图39　一个弯曲幅度较小的河流弯道

凹岸的河水水位会比凸岸的高，这是因为，在河底水流是从凹岸到凸岸横向流动，与在河流水面上流动的方向恰恰相反。横向流动的河水将裹挟的泥沙不断向凸岸冲击，并在凸岸沉淀。因为这个原因，大部分凸岸一般会呈现出一定程度的倾斜，而凹岸则由于河水的冲击变得更陡峭。

由于导致河流最初轻微弯曲的情况几乎是随机的、不可避免的，所以河流在流淌的过程中必然会形成一个弯曲。经过水流不断地冲刷，时间一长，河流逐渐形成了蜿蜒向前的特点。这些如蛇形弯曲的河流还获得了一个统一的专业名词——曲流。

图40（a）～（h）是河流弯曲状态的一个简易的示意图。在图40（a）中，我们可以看到一条微微有一些弯曲的河流。图40（b）是由于河水冲刷形成的已经更明显的凸岸和更明显的凹岸。图40（c）的河床已经进一步扩大。图40（d）中的河流已经变得很宽，河流原来的河床变成了现在较大的河床的一部分。图40（e）、（f）和（g）显示了由于河水的冲刷，原先的河床扩张成了河谷。图40（g）中的河流弯度如此之大，以至弯度几乎达到了360°。最后在图40（h）中我们看到，河流凹岸冲击成了一个"U"形，这时，河流会自然地去弯取直，而这个"U"形弯道也就成了人们口中的"牛轭湖"，也就是河床旁边的"死水"。

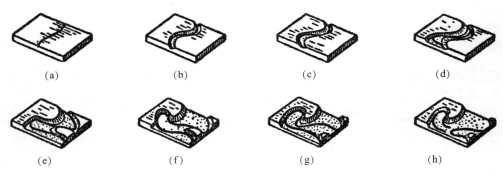

图40　河流弯道状态示意图

读者朋友们可以发挥你们的想象力，想一想为什么河流不沿着已有河谷的中间流动，或者沿着河谷的一边流动，从凸岸流向凹岸，周而复始[1]呢？

---

1 我们在谈论河流的流向的时候，完全没有涉及地球自转因素的影响，实际上，在北半球，河流对右岸的冲刷更为严重，而在南半球，河流则对左岸影响更大。

力支配了河流在地质学中的命运，并用上千年的时间为我们描绘了一幅山河变迁的长卷。我们日常生活中，也有很多这种变化的缩影，比如春天在穿过雪原的小溪两边，我们就能通过观察小溪冲击岸边的雪的情况来研究河流的弯曲变化。

06

碰撞

导 读

姜连国

在即将展开的这一章中，我们将要研究的是全新的领域，即将学习一些全新的知识——有关物体的运动和运动变化。但这一次我们将观察的不是速度、加速度这样简单的元素，而是一些更复杂的变化，包括变化的能量等诸多复杂的变化与转移——我们的课题，叫作碰撞。也许你会觉得这有些难以理解，不过别急，请跟我来吧，我们将慢慢了解关于碰撞的一切。

1.动量

在以《碰撞研究的重要性》开启本章内容的学习后，我们将正式开始对复杂而有趣的碰撞运动进行研究。在本书第2章，我们简单地了解了动量（属于高中物理选修一的内容）这个概念。实验提示我们，对于发生碰撞的两个物体来说，它们的动量之和在碰撞前后可能是不变的，这使我们意识到动量这个物理量具有特别的意义。

物理学中把质量和速度的乘积定义为物体的动量，用字母p表示。动量的单位是由质量的单位与速度的单位构成的，是千克·米/秒，符号是kg·m/s。动量是矢量，动量的方向与速度的方向相同。

2.动量定理

在学习这些理论后，我们将随本章的第2节《碰撞力学》一起研究当这些理论被应用在实际生活中时，将展现出的具体现象。实际上，当物体碰撞时，物体的速度在碰撞中的变化表现就如同我们混合单价不同的咖啡再求解最终的混合物价格——这具体应该如何理解和操作，你将在文章中寻找答案。它们同样是高中物理选修一的内容，与被我们称为动量定理的原理相关。两个物体碰撞时，彼此间会受到力的作用，那么一个物体动量的变化和它所受的力有怎样的关系呢？物理学中对此进行了研究并引入了全新的物理概念，把力与力的作用时间的乘积叫作力的冲量。用字母 I 表示冲量，则 $I=F\Delta t$。冲量的单位是牛·秒，符号是 N·s。物体在一个过程中所受力的冲量等于它在这个过程始末的动量变化量。这个关系叫作动量定理，即 $F(t'-t)=m(v'-v)$。

3.动量守恒定律

在此基础上，动量定理给出了单个物体在一个过程中所受力的冲量与它在这个过程始末的动量变化量的关系。如果我们用动量定理分别研究两个相互作用的物体，会有新的收获吗？一般而言，碰撞、爆炸等现象的研究对象是两个（或多个）物体，于是我们把由两个（或多个）相互作用的物体构成的整体叫作一个力学系统，简称系统。例如，研究炸弹的爆炸时，它的所有碎片及产生的燃气构成的整个系统是研究对象。系统中物体间的作用力叫作内力。系统以外的物体施加给系统内物体的力叫作外力。理论和实验都表明：如果一个系统不受外力，或者所受外力的矢量和为0，那么这个系统的总动量保持不变。这就是动量守恒定律。

事实上，动量守恒定律的适用范围非常广泛。近代物理的研究对象已经扩展到我们直接经验所不熟悉的高速（接近光速）、微观（小到分子、原子的尺度）领域。研究表明，在这些领域，牛顿运动定律不再适用，而动量守恒定律仍然正确。

以上我们讨论了碰撞时没有能量损失的碰撞，并进行了认真的推理。但也许会让你失望的是，这样的公式在生活中其实极少有真正的应用。事实上，碰撞时没有能量损失的物质几乎没有，生活中能见到的大部分物质其实不属于其列。可是，该如何判断并分类呢？我们可以拿一个皮球来实验。将皮球从空中释放，自由落体撞击地面，再观察其回弹的次数和对应的回弹高度。比起释放高度，是不变、减少还是压根不进行回弹？这其中具体的实验方法，你将在本章第3节《反弹的皮球》中得到具体的指引。

我说了这么多，有没有减轻一些你对未知知识的胆怯和增加对崭新领域的好奇呢？如果有，那实在是我莫大的荣幸。不管怎么说，你的学习之旅将从这里继续启航，希望你读得开心！

第 1 节

碰撞研究的重要性

通常来说，教科书中关于物体碰撞的讲解往往不太能够激起学生的兴趣。他们总是学得很慢而忘得很快，错综复杂的公式在学生脑子里绕成了笨重的线团，没能使它们建立一个完整的知识体系。因此，这是亟待学者们去解决的一点。要知道，对物体碰撞的研究才仅有50年，其被公认是世界上所有物理现象中最好理解的一个。更确切地说，物体的碰撞是唯一不用进行特别解释、验证的现象，因为类似的例子在自然界中随处可见。

19世纪著名的自然科学家居维叶曾写道："如果离开了碰撞，我们将无法弄清一些现象的前因后果。"因为有一些现象，只能用分子的相互碰撞来解释。

然而，有些现象仅仅依靠碰撞来解释是远远不够的，比如电学、光学以及一些引力现象。尽管如此，并不妨碍用碰撞来解释自然界中的其他现象。回想一下气体的运动，研究表明，这种运动就是由许多分子不断无序碰撞形成的，所以我们周围每一天、每一刻都发生着碰撞。如果少了这一部分碰撞的知识，我们的研究是绝对没有办法进行下去的。

第 2 节

碰撞力学

　　了解了碰撞力学，我们就能够预计物体碰撞后可以达到的速度。这个碰撞的最终速度，与两个碰撞的物体有没有弹性相关。

　　两个无弹性的物体碰撞后会获得相同的速度。这个速度的大小取决于两个物体的质量和它们的初始速度。

　　比如，我们将3千克单价为8卢布[1]的咖啡与2千克单价为10卢布的咖啡混合在一起，那么混合物的价格将为：

$$x = \frac{3 \times 8 + 2 \times 10}{3 + 2} = 8.8 \ (卢布/千克)$$

　　在碰撞中，一个无弹性的物体的质量为3千克，初始速度为8厘米/秒；另一个无弹性的物体的质量为2千克，速度为10厘米/秒，碰撞后，两个物体的速度x皆为：

$$x = \frac{3 \times 8 + 2 \times 10}{3 + 2} = 8.8 \ (厘米/秒)$$

　　总的来看，在无弹性物体的碰撞中，将物体质量设为m_1和m_2，速度设为v_1和v_2，它们碰撞后的最终速度可以写为：

$$x = \frac{m_1 v_1 + m_2 v_2}{m_1 + m_2}$$

---

1 卢布，俄罗斯货币单位。

如果我们规定速度v_1的方向为正，那么在最终速度x前用正号（ + ）来表示物体碰撞后沿原速度v_1继续运动，用负号（ − ）来表示物体最终运动方向与v_1相反。

以上为无弹性的物体碰撞后会出现的情况。弹性物体的碰撞相对来说会复杂一些。有弹性的物体相互碰撞时，首先在碰撞部位发生变形，然后变形快速恢复。在变形与恢复过程中，速度都在变化并且主动发生碰撞的有弹性的物体在碰撞的第二阶段损失的速度与在第一阶段碰撞接触后损失的速度是相等的，被动发生碰撞的有弹性的物体在第二阶段增加的速度与在第一阶段碰撞接触后增加的速度也相等。

我们将这种文字的语言转化为简单的数学语言：令速度较快的物体速度为v_1，另一个物体速度为v_2，将它们的质量设为m_1和m_2，如果两个物体是无弹性的，那么碰撞后的速度为：

$$x = \frac{m_1 v_1 + m_2 v_2}{m_1 + m_2}$$

对速度较快的物体而言，损失的速度为$v_1 - x$，速度较慢的物体碰撞后获得的速度为$x - v_2$。在有弹性的物体的碰撞中，损失的和获得的速度都要经过两个阶段，因此，它们在碰撞的全程损失的和获得的速度分别为$2(v_1 - x)$和$2(x - v_2)$。也就是说，两个有弹性的物体碰撞后，最终的速度y和z可以写为：

$$y = v_1 - 2(v_1 - x) = 2x - v_1$$
$$z = v_2 + 2(x - v_2) = 2x - v_2$$

这里的y和z就可以在有弹性的物体的碰撞中代替前文x在无弹性的物体的碰撞中的意义了。

我们现在来看两种比较极端的碰撞现象：一种情况是完全有弹性的物体的碰撞和完全无弹性的物体的碰撞；另一种处于中间的情况是不完全有弹性的物体的碰撞，也就是说，这种物体在第一阶段碰撞之后不能完全恢复自己碰撞前的状态。这些现象我们在这里不做详细解释，这里主要需要理解的是已经做出解释的部分。

有弹性的物体的碰撞我们可以总结为一条比较简洁的规律：有弹性的物体在碰撞之前相互接近，在碰撞之后又相互远离。这里考虑的都是最简单的一种情况，即弹性物体在碰撞之前相接近的速度为：

$$v_1 - v_2$$

撞击之后的速度为：

$$z - y$$

将上文中的 z 和 y 的结果代入上式得：

$$z - y = 2x - v_2 - (2x - v_1) = v_1 - v_2$$

这个规律不仅使有弹性的物体的碰撞过程更清晰地展现在我们眼前，更让我们从另一个角度了解了物体的碰撞。在上文中我们将物体区分为"主动撞击"和"被动撞击"，"主动追上"与"被动追上"，显然，这种碰撞运动只有两方参与，没有第三方参与到运动中来。在本书的第1章讨论两个鸡蛋问题的时候已经对"主动""被动"做出了详尽的解释，实际上二者并没有十分明显的差别，它们的角色可以互相转变而不影响相关运动的结果。那么在碰撞运动中是否也是这样的呢？如果二者的角色互换，上述公式会不会出现变化？

很容易看出，物体是主动碰撞还是被动挨撞的角色发生变化，对公式结果没有任何影响。无论从哪个角度来看，二者的速度差并不会出现任何变化，因此，两物体碰撞后的相对速度也不会发生改变（ $z - y = v_1 - v_2$ ）。换句话说，两物体的角色互换与否，碰撞结果都是一致的。

接下来我们将一起分析一组弹性物体碰撞的具体观察数据。两个小钢球直径约为7.5厘米（大小和台球的差不多），以1米/秒的速度撞击时，能够产生约1 500千克的压力，以2米/秒的速度撞击时，能够产生约3 500千克的压力。对于碰撞部位的曲率半径，一个为1.2毫米，另一个为1.6毫米。二者的碰撞时间约为1/5 000秒。这个时间非常短，因此即便压力巨大，小钢球也不会被撞坏。

不过，这样短时间的碰撞仅限于体积比较小的球类。计算结果表明，对于像行星那样半径约为10 000千米的球体来说，如果以1米/秒的速度进行碰撞，碰撞的时间可能会长达40小时。碰撞半径范围也可以达到12.5千米，相互作用力更是高达几亿吨！

第 **3** 节

反弹的皮球

上文中我们了解到的碰撞公式很少被直接运用到生活中，因为实际上"完全弹性"和"完全非弹性"的物体的数量是非常有限的。在现实生活中，大多数物体都属于"不完全弹性"之列。我们不妨问问自己，真的知道皮球属于哪一种吗？是完全弹性的还是不完全弹性的？

我们用一个简单的方法就能够测量出皮球的弹性。

使皮球从不同的高度落向地面，完全弹性的皮球能够回弹的高度为：

$$y = 2x - v_1 = \frac{2(m_1 v_1 + m_2 v_2)}{m_1 + m_2} - v_1$$

让我们再来想象一种情境：让皮球撞击静止的平面，这个平面质量无限大，速度始终等于零，即 $m_2 = \infty$，$v_2 = 0$，此时皮球碰撞时的速度为：

$$y = \frac{2\left(\dfrac{m_1}{m_2}v_1 + v_2\right)}{\dfrac{m_1}{m_2} + 1} - v_1$$

代入数值后为：

$$y = \frac{2\left(\dfrac{m_1}{\infty}v_1 + 0\right)}{\dfrac{m_1}{\infty} + m_2} - v_1$$

因为 $\dfrac{m_1}{\infty} = 0$，于是公式中分式的部分也为0，因此：

$$y = -v_1$$

也就是说，此时皮球会以这个速度回弹，如果假设下落的高度为 H，那么，由公式：

$$H = \frac{v^2}{2g}$$

得：

$$v_1 = \sqrt{2gH}$$

假设以速度 v 回弹，回弹的高度为：

$$h = \frac{v^2}{2g}$$

这意味着，$h = H$，即皮球回弹的高度和它最初落下的高度相等。

没有弹性的皮球完全不能回弹（这一点能够由相关公式很轻松地计算出来）。

不完全弹性的皮球回弹效果又如何呢？要想弄清楚这个问题，我们还得研究一下弹性的皮球是如何运动的：在皮球接触碰撞平面的一瞬间，皮球的碰撞点会产生凹陷，这时皮球的速度会减慢。如果皮球是完全弹性的物体，这时皮球的速度是 x，碰撞损失的速度为$v_1 - x$。之后凹陷的碰撞点迅速恢复为原来的形状，不断向阻止它恢复为原来的形状的平面施加压力，同时平面也会向皮球施加一个力，再一次减慢它的速度。其间损失的速度依然为$v_1 - x$，因此，皮球两次形变损失的速度为$2(v_1 - x)$，碰撞后反弹的初速度则为：

$$v_1 - 2(v_1 - x) = 2x - v_1$$

而当皮球是"不完全弹性"的时候，在皮球进行碰撞之后，不能完全恢复自己碰撞之前的形状。换言之，皮球在恢复形状时受到的力要小于使其变形的力，因此使皮球在恢复阶段损失的速度比碰撞阶段损失的速度小。这一阶段，它损失的速度不再是$v_1 - x$，而是需要取决于恢复系数e。因此，不完全弹性的皮球第一阶段损失的速度与完全弹性的皮球第一阶段损失的速度相同，都是$v_1 - x$，第二阶段不完全弹性的皮球损失的速度为$e(v_1 - x)$。两个阶段一共损失的速度为$(1+e)(v_1 - x)$，碰撞之后回弹的初速度y为：

$$y = v_1 - (1+e)(v_1 - x) = (1+e)x - ev_1$$

另一个与该皮球碰撞的物体（这里指平面）碰撞后的速度z为：

$$z = (1+e)x - ev_2$$

我们用$z - y$，得$ev_1 - ev_2 = e(v_1 - v_2)$，由此计算出恢复系数$e$为：

$$e = \frac{z - y}{v_1 - v_2}$$

而对于与皮球碰撞的地面来说，$z = (1+e)x - ev_2$，$v_2 = 0$，因此：

$$e = -\frac{y}{v_1}$$

皮球碰撞后的速度y始终是$\sqrt{2gh}$，这里的h指的是皮球回弹的高度，$v_1 = \sqrt{2gH}$，H指气球原本下落的高度。因此，气球的恢复系数为：

$$e = \sqrt{\frac{2gh}{2gH}} = \sqrt{\frac{h}{H}}$$

由此，我们便能求出弹性皮球碰撞后的恢复系数。为了计算这个值，我们应提前测量出皮球下落的高度以及回弹后的高度，再将测量出的值取平方根。

根据网球运动的规则，一个好的网球从250厘米的高处落下，可以反弹127～152厘米。也就是说，这个网球的恢复系数为 $\sqrt{\frac{127}{250}} \sim \sqrt{\frac{152}{250}}$，即0.71～0.78。

我们取中间值0.75，这意味网球碰撞地面之后还能够反弹原下落高度的75%。

我们来解决第一个问题：网球在该恢复系数之下第一次反弹的高度是多少？

反弹的高度可以由公式求出：

$$e = \sqrt{\frac{h}{H}}$$

将数值 $e = 0.75$ 和 $H = 250$ 厘米代入，得到：

$$0.75 = \sqrt{\frac{h}{250}}$$

由此得出：

$$h \approx 140 \text{厘米}$$

如图41所示。

第二次下落后，反弹的初始高度我们用 $h = 140$ 厘米，反弹后达到的高度设为 h_1，由公式：

$$0.75 = \sqrt{\frac{h_1}{140}}$$

250厘米

140厘米

图41　一个质量较好的网球从250厘米的高度处下落后可以回弹140厘米

得：

$$h_1 = 79厘米$$

第三次碰撞后，反弹的高度为：

$$0.75 = \sqrt{\frac{h_2}{79}}$$

$$h_2 \approx 44厘米$$

接下来的碰撞反弹高度问题都可以使用这个方法进行计算。

比如从高为300米的埃菲尔铁塔上掉落的小球（图42），如果不计空气阻力，第一次反弹高度为168米，第二次为94米……当然，在皮球下落、上升时，空气阻力是相当大的，所以皮球现实中反弹的高度要小得多。

关于下落后反弹的高度，我们已经有了答案，接着我们来解决第二个问题：从高

H处下落后，从反弹到不再反弹究竟会用多长时间？

我们知道：

$$H = \frac{gT^2}{2}, h = \frac{gt^2}{2}, h_1 = \frac{gt_1^2}{2}, \ldots$$

从而推出

$$T = \sqrt{\frac{2H}{g}}, t = \sqrt{\frac{2h}{g}}, t_1 = \sqrt{\frac{2h_1}{g}}, \ldots$$

反弹持续的总时间为：

$$T + 2t + 2t_1 + \cdots$$

即：

$$\sqrt{\frac{2H}{g}} + 2\sqrt{\frac{2h}{g}} + 2\sqrt{\frac{2h_1}{g}} + \ldots$$

经过几次简单的变形，我们得到化简的公式：

$$\sqrt{\frac{2H}{g}}\left(\frac{2}{1-e} - 1\right)$$

代入具体数值：$H = 250$厘米，$g = 980$厘米/秒^2，$e = 0.75$，我们得到第一次反弹持续的时间为5秒。

如果将小球从埃菲尔铁塔落下后反弹的全部时间加起来，共有近1分钟，确切地说——55秒。当然，这得在小球没有任何损坏的情况下才能实现。

从不高的地方下落的小球最终碰撞的速度也没有这么大，空气阻力对其的影响也不明显。我们想象一下，将一个恢复系数为0.75的小球从250厘米高的地方落下，在没有空气阻力的情况下，它第二次反弹高度为84厘

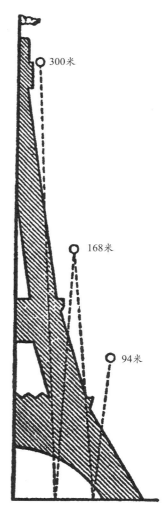

300米

168米

94米

图42 从埃菲尔铁塔上落下
的小球反弹后的高度

米，实际的反弹高度为83厘米，可见，空气阻力对反弹高度的影响其实微乎其微。

第 4 节

槌 球 [1] 中 的 碰 撞

　　在玩槌球的过程中，两球相碰撞不可避免，一个运动的球去碰撞一个静止的球，便会出现"直线碰撞"和"对心碰撞"的情况，这时两球会发生什么样的变化呢？

　　我们假设，两个槌球的质量相同，而且二者都是完全非弹性的，那么碰撞之后它们的速度也将相等，它们最终碰撞后的速度将为碰撞前最后速度的一半，用公式表达为：

$$x = \frac{m_1 v_1 + m_2 v_2}{m_1 + m_2}$$

其中，$m_1 = m_2$，$v_2 = 0$。

　　如果两个球是完全弹性的，那么经过简单的计算（这个计算过程读者朋友们感兴趣的话可以按照我们上文中提到的公式和方法自己试一试，我们在这里将不再赘述），我们会发现，两个球交换了彼此的速度：被击打后运动着的球在碰撞另一个静止的球之后停下，原来静止的球在经过碰撞之后获得了原来运动的球的速度。这个现象也会在台球的碰撞中发生。

---

1 槌球，起源于法国的一种球类游戏，游戏者手拿木槌在平地或草地上将球击入指定的铁环则得分。

但是槌球的碰撞并不会出现上述的情况，因为它们是不完全弹性的。两球在碰撞之后并不会有相同的速度：主动去碰撞的球会跟在被碰撞的球之后，二者以不同的速度继续运动。

我们假设球的恢复系数为e，在上一节中，我们也求出了碰撞后的速度y和z，它们分别为：

$$y = (1+e) x - ev_1$$
$$z = (1+e) x - ev_2$$

再由上文得出：

$$x = \frac{m_1 v_1 + m_2 v_2}{m_1 + m_2}$$

两个槌球的质量相同，即$m_1 = m_2$，$v_2 = 0$，代入公式得：

$$x = \frac{v_1}{2}; \ y = \frac{v_1}{2} (1-e); \ z = \frac{v_1}{2} (1+e)$$

因此，我们很容易就能得出：

$$y + z = v_1; \ z - y = ev_1$$

现在我们可以断言两个碰撞的槌球的命运了：主动碰撞的槌球在碰撞中分享了自己的速度，被碰撞的槌球经过撞击后，运动得比主动碰撞的槌球更快，并且两个槌球的速度差为主动碰撞的球碰撞之前速度的e倍。

我们用$e = 0.75$来举一个例子，在这种情况下，被碰撞的槌球将获得主动撞击的球发生碰撞之前$\frac{7}{8}$的速度，而主动碰撞的槌球发生碰撞之后，只能用剩下的$\frac{1}{8}$的速度跟在被碰撞的槌球之后运动。

第 5 节
速度就是力量

在俄罗斯作家列夫·托尔斯泰的著作中曾描绘过这样一幅场景：

一列火车正在轨道上飞驰，而在不远处有一个男人正赶着满载货物的马车准备从铁路的一边去铁路的另一边。谁知马车在铁路中间因为负重太多而无法快速行驶，这时列车上的列车员注意到了这一点并向列车司机大喊："快停车！"而司机却置若罔闻，此刻他正在想：这个男人一定不可能将马车完好无损地赶出铁路了。因此，他没有采取制动措施，使列车依然保持着高速前进的状态。见此情景，铁道上的男人赶忙向旁边撤，放弃了还在铁路中间的马和马车。霎时，列车驶过，摧毁了马和马车，继续向前疾驰而去。这时列车司机沉声向列车员说道："现在只是损失了一匹马和一辆马车，如果我听从了你的话，此刻我们损失的将是整辆列车中全体乘客的性命。继续原速前进，我们会撞上马匹和马车，而如果突然制动，我们整列火车都有可能被甩出轨道。"

这场事故是否能够从力学的角度来解释呢？上文中我们已经了解了不完全弹性的物体碰撞的规律，并且上述的碰撞是一个运动的物体主动去碰一个静止的物体。我们将火车的质量和碰撞前的速度分别设为m_1和v_1，将马车的质量和速度分别设为m_2和v_2

（$v_2 = 0$），代入公式得：

$$y = (1+e) x - ev_1;\ z = (1+e) x - ev_2$$

$$x = \frac{m_1 v_1 + m_2 v_2}{m_1 + m_2}$$

将后一个公式的分子、分母同时除以m_1得：

$$x = \frac{v_1 + \dfrac{m_2}{m_1} v_2}{1 + \dfrac{m_2}{m_1}}$$

这里，马车的质量与火车的质量的比值$\dfrac{m_2}{m_1}$非常小，可以将其当作0，因此我们得到：

$$x \approx v_1$$

也就是说，列车在发生碰撞之后将继续以碰撞之前的速度继续行驶，列车内的乘客不会感觉到任何异样。

那么马车会发生什么呢？碰撞之后，马车的速度变为$z = (1+e) x = (1+e) v_1$，比列车的速度ev_1还要大，列车在发生碰撞之前的速度v_1越大，马车被碰撞之后的速度就越大，碰撞的力度也就越大。但是在这个情景当中，我们还应考虑到马车的摩擦力问题。如果列车碰撞的力小于马车的摩擦力，那么碰撞将无法使马车离开铁轨，从而会让行驶的列车发生不测。

多亏了列车司机的正确操作，才没有让马车继续留在铁轨上给列车的行驶造成更大的危险。值得注意的是，在小说中这个故事发生的年代，列车行驶的速度还不快，现代列车能以高速行驶，这样的事故造成的损失更是不可估量。

第 **6** 节

铁锤之下的人

这项马戏团的传统表演节目对即使有心理准备的观众也会造成不小的视觉冲击。节目中演员平躺在地上，在胸口上放一块铁砧[1]，两个壮汉抡起铁锤向演员身上的铁砧不遗余力地砸去。人们不由自主地开始紧张、惊讶：在这样的撞击之下，铁砧下的人如何能够完好无损地生存下来？

弹性物体的碰撞规律告诉我们，越重的物体在碰撞时获得的速度就越小，人能感觉到的震动和摇晃也就越小。

我们回想一下弹性物体被碰撞的速度公式：

$$z = 2x - v_2 = \frac{2(m_1v_1 + m_2v_2)}{m_1 + m_2} - v_2$$

这里的m_1是铁锤的质量，m_2是铁砧的质量，v_1和v_2分别是它们碰撞前的速度。我们事先知道，$v_2 = 0$，因为铁砧在碰撞之前一直是静止的状态。因此，我们将上面的公式中的分子、分母同时除以m_2，可以得出公式：

$$z = \frac{2m_1v_1}{m_1 + m_2} = \frac{2v_1 \cdot \dfrac{m_1}{m_2}}{\dfrac{m_1}{m_2} + 1}$$

---

1 铁砧，锻锤金属用的垫衬物，一般用一整块铁制成。

如果铁砧的质量 m_2 远远大于铁锤的质量 m_1，那么它们的比值 $\dfrac{m_1}{m_2}$ 将会很小，甚至可以忽略不计。这时，铁砧被碰撞后的速度为：

$$z = 2v_1 \cdot \frac{m_1}{m_2}$$

也就是说，铁锤碰撞铁砧后，其碰撞速度对铁砧的影响微乎其微[1]。

如果铁砧的质量是铁锤100倍，铁砧碰撞后的速度将是碰撞前铁锤速度的 $\dfrac{1}{50}$：

$$z = 2v_1 \cdot \frac{1}{100} = \frac{1}{50} v_1$$

铸铁的铁匠在实践中得知，质量较小的铁锤不会对铁砧造成多么大的影响。现在我们也明白了，躺在铁砧下的演员没有生命危险，只会体会到一种超重的感觉。这一马戏团表演节目得以实现的关键，就是找到一块能够在胸膛上摆放的够沉的重物。如果重物足够结实，同时又有充足的面积与人体接触来分散碰撞产生的力，那么这个节目就能够成功了。当然，为了保护演员的安全，还会在铁砧与演员之间垫上一层衬垫。

在实际生活中，马戏团表演的道具并不是这样实实在在的铁锤和铁砧，他们用的铁锤会比我们生活中看到的轻一些。譬如锤子是空心的，那么表演带给观众巨大感官刺激的同时，演员却没有任何危险，因为铁砧的震动也会随着铁锤质量的减小而减弱。

---

[1] 我们将铁锤和铁砧看作完全弹性的物体，感兴趣的读者朋友们可以自己计算一下将二者看作不完全弹性的物体后，最终结果将会如何。

07

关于强度的问题

导 读

姜连国

很高兴在这里再次见到你！我知道，你已经为自己的知识海洋拓展了不少领域了，我知道这并不容易，但相信你也从中收获了不少乐趣与成就感。不要骄傲，我们还要继续前进。在你即将读到的第7章中，我们来学习一个稍显轻松却同样有趣、有意义，也值得研究的课题。我们来谈谈材料。不同的材料带来不同的性质，也将在我们的世界中扮演不同的角色。如果希望我们的生活与科研快速发展，就一定要充分研究这些材料，并尽可能合理地应用它们。

1.胡克定律

在初中物理八年级下册我们学习力的概念的时候，我们会学到这样一个知识：**力能改变物体的形状，使它发生形变**。而关于形变，我们在高中物理必修一学习胡克定律时接触过：**物体在发生形变后，如果撤去作用力后，其能够恢复原状，这种形变叫作弹性形变。实验表明，弹簧发生弹性形变时，弹力F的大小跟弹簧伸长（或缩短）的长度x成正比，即$F=kx$**。这个规律是由英国科学家胡克发现的，叫作胡克定律。式中，弹力F、弹簧伸长（或缩短）的长度x的单位分别是牛顿（N）、米（m）。k叫作弹簧的劲度系数，单位是牛顿/米，符号是N/m。生活中所说的弹簧"硬"或"软"，指的就是它们的劲度系数不同。

2.材料力学

让我们先来看看本章第1节《如何测量海底深度》中提出的这个问题：要想准确地测量海底的深度，我们需要下潜到海底10千米深的地方，但是这个深度会使测量用的金属丝获得巨大的重力，这样的重力会不会使它在下落测量的过程中断掉呢？我们需要选用什么样的金属才能承担起这样的重担，使金属丝能够顺利完成职责，而不至于在中途断裂呢？如果继续深入研究相关问题，就会了解到经典力学（与量子力学相对应）中的一个分支学科：材料力学。在人们运用材料进行建筑、工业生产的过程中，需要对材料的实际承受能力和内部变化进行研究，这就催生了材料力学。运用材料力学知识可以分析材料的强度、刚度和稳定性。材料力学还用于机械设计，使材料在相同的强度下可以减少用量，优化结构设计，以达到降低成本、减小质量等目的。

在本章中，我们将重点的研究几种材料以及与它们相关的一些性质。在第2节《最长的铅垂线》中，我们将有针对性地了解几种常见金属制成的金属丝的性质——也就是它们对重力的承受能力。此处的重力不考虑额外的负重，而只研究金属丝对于自身重力的承受极限。这个极限也就是我们所说的极限长度。对于不同的金属材料，这个数字不甚相同。而为了避免意外，我们在考虑实际应用时，还需要留出一定的富余。因此，什么才是最"结实"的材料呢？《最结实的材料》一文会告诉你答案。而在《什么东西比头发还强韧》中，我们将惊讶地发现，看似脆弱不堪，极易断裂的发丝实际上隐含着比我们想象的要强大得多的力量，这是多么奇妙啊！

而在《七根树枝的寓言》中，我们将重温"一根筷子容易折，一把筷子难折断"的俗语，并探究这其中的科学原理。在这里我们将通过一个全新的物理量——**挠度**来判断物体承受弯折的程度。毫无疑问的是，**挠度越大，材料越容易断裂**。而将这一物理量与我们的俗语相结合，我们会发现，**相同材料的叠加会对物体的弯折造成巨大的影响，改变其在受相同大小力时的挠度**。至于为什么一把筷子更难折，相信在学习了这章内容后你将心中有数。

好了，相信关于这一章我已经说得够多了。需要注意的是，在这一章中你将不会面对艰涩的推导与逻辑辨析，相比于之前你曾经学习的一些章节，这一章也许更加轻松。但是，我们仍然应该对这一章给予足够的重视，因为从某种角度来讲，材料学的未来就是我们人类的未来。

第 1 节

如何测量海底深度

海洋的平均深度大约为4千米，但是在海底的某些地方，其深度可能会是这个数值的两倍。其中现在已经探明最深的地方约为11千米。要想准确地测量海底的深度，我们需要将测量用的金属丝下沉到海底11千米深的地方。但是这个深度会使金属丝承受巨大的重力，这样的重力会不会使它在测量的过程中断掉呢？

我们可以通过计算得出这个问题的答案。假设铜制金属丝的长度为11千米，直径用 D 表示（单位为厘米），则该铜线的体积为：$\frac{1}{4}\pi D^2 \times 1\ 100\ 000$ 立方厘米。每1立方厘米铜丝在水中的质量约为8克，那么水中铜丝的总质量为：

$$\frac{1}{4}\pi D^2 \times 1\ 100\ 000 \times 8 \approx 6\ 900\ 000 D^2\ （克）$$

当金属丝的直径为3毫米（也就是0.3厘米）时，金属丝的总质量为620 000克，也就是620千克。这样细的铜丝能否承受得住620千克的质量呢？这里我们不妨就这个问题进行一下简单的探讨——多大的力能够使金属丝断裂？

材料力学是力学的一个单独的学科门类。相关学者认为，金属杆或者金属丝的断裂，很大一部分原因与组成它们的材料以及它们横截面的大小有关。与横截面的大小有关这一点很好理解：横截面越大，需要的能够使其断裂的力就会越大。说到物体的材料，我们进行了这样一个实验：将横截面面积均为1平方毫米的不同材料组成的金属丝拉断，所需要的力各不相同。在一些科学技术类的参考书中，编者常常将能够使金属丝断裂的力的大小与构成金属丝的材料制成表格供读者查阅。本书中，我们以图片的形式更明显地将这二者的关系呈现在读者朋友们的眼前（图43）。

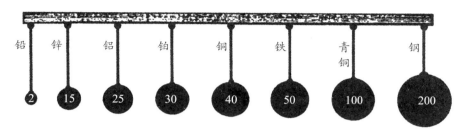

图43 不同材料构成的横截面面积为1平方毫米的金属丝的抗断强度

从图中我们可以看出，能够将1平方毫米的铅丝拉断的力为2千克，而拉断铜丝的力为40千克，青铜丝则需要100千克的力才能拉断，等等。

但是在实际中，工程项目的设计绝不会以将金属丝拉断的最大的力作为设计的标准，这会使结构变得不稳定。即使是难以用肉眼识别出的材料上的小小的缺陷，都可能使工程作业发生危险。一点点超重引起的轻微的震动或是温度的变化，就有可能成为整座建筑坍塌的"导火索"。可见，"材料强度储备"是非常必要的。也就是说，需要根据不同的材料、不同的使用环境，给材料预留足够的"安全空间"。

现在让我们回到本节最初提出的问题上来，多大的力能够拉断直径为D厘米的铜丝呢？直径为D厘米的铜丝的横截面面积为$\frac{1}{4}\pi D^2 \approx 25\pi D^2$平方毫米。在图43中，能够拉断1平方毫米的铜丝的力是40千克，这意味着，能够拉断直径为D厘米的铜丝需要的力为$40 \times 25\pi D^2 = 1\,000\pi D^2$千克$\approx 3\,140D^2$千克。

上文中我们通过计算得到测量海水深度的铜丝总计质量为$6\,900D^2$千克，这一质量比它能够承受的质量的2.5倍还多，并没有给它预留充足的"安全空间"，在达到5千米深的时候，它就会被自己的重力拉断。因此，铜丝无法深入测量海底的深度。

第2节

最长的铅垂线

对于每一条金属丝而言，都有一个自己的极限长度。一旦超过这个长度，金属丝就会由于自重而断裂。可能有人认为，不会有这样一种极限的长度，只要金属丝够粗，它就能够承载更多的配重，但是这样认为的人可能忘记了一点，金属丝的自重与其粗细程度是成正比的。金属丝的极限长度并不取决于它的粗细程度，而是取决于构成它的材料：铁制的金属丝有一种极限长度，铜又是另外一种，而铅与它们又不一样。想要计算出金属丝的极限长度，其实也非常简单。再结合上文的描述，无须多言，读者朋友们就能弄清楚"极限长度"这个概念。我们假设，金属丝的横截面面积为S平方厘米，长度为L千米，每平方厘米金属丝重p克，那么金属丝的总质量为100 000SLp克；该金属丝的载重为$1\,000Q \times 100S = 100\,000QS$克，这里的$Q$指的是横截面面积为1平方毫米的金属丝的极限负载（单位为千克）。因而我们可以得到：

$$100\,000QS = 100\,000SLp$$

简化得到金属丝在空气中的极限长度表达式为：

$$L = \frac{Q}{p}$$

由一个简单的公式运算，我们可以轻松地得到任何材质的金属丝的极限长度。上节中我们已经知道了铜丝在水中的极限长度约为5千米，在空气中，这个数值要小一些：

$\dfrac{Q}{p} = \dfrac{40}{9} \approx 4.4$（千米）。

下面是几种不同材料的金属丝极限长度：

铅丝—0.2千米

锌丝—2.1千米

铁丝—7.5千米

钢丝—25千米

现实中我们永远不可能采用极限长度来测量物体，因为这意味着悬垂线将被拉紧到不能再紧的状态，增加了它断裂的风险。我们要将其长度控制在它可承受的断裂负载的范围内，比如铁丝和钢丝，一般取它们断裂负载的$\frac{1}{4}$。也就是说，现实中的科学技术应用领域采用的铁丝最大长度绝不会超过2千米，而钢丝则不会超过6.25千米。

若是在水中，铁丝和普通钢丝的极限长度可能会增加$\frac{1}{8}$左右，但这仍不足以探测深海的深度。这个深度的测量，只能用特制的强度很高的钢丝来完成[1]。

第 3 节

最 结 实 的 材 料

说到世界上最结实的材料，我们不得不说一说铬镍钢。这种材料制成的横截面面

---

1 在高强度钢丝发明之前，人们没有专业的测量海底水深的装置，都是依靠水底的声波反射来推算水体的深度。

积为1平方毫米的金属丝，需要用250千克的力才能拉断。所以要将铬镍钢列为世界上最结实的材料，它当之无愧。

我们通过图44可以看出，直径稍大于1毫米的铬镍钢丝可以拉起与一头生猪质量相当的负重。科研中常用这种合金来做水深器，以便测量海洋的深度。1立方厘米的铬镍钢丝在水中重7克，当安全系数为4时，横截面面积为1平方毫米的该金属丝可以载重 $\frac{250}{4}=62.5$（千克），因此其负重时的极限长度为：

$$L=\frac{62.5}{7}\approx 8.9 \text{（千米）}$$

但是我们知道，海洋最深处绝不止8.9千米，因此我们只能保持较低的"安全空间"，小心操作使之到达海底最深处。

与选取测量海底深度的材料同样困难的是选取天上飞的风筝线的材料问题。因为在高空中的风筝线不仅要受自己的重力作用，还要承受风对它和风筝的更显著的作用。

图44 横截面面积为1平方毫米的铬镍钢丝负重250千克

第4节
什么东西比头发还强韧

乍一看去，这个命题似乎很奇怪。人的头发不是和蛛网一样脆弱吗，怎么能和强韧有关联呢？事实恰恰相反，我们的头发比很多材料要强韧得多！直径为0.05毫米的头发能够承受的质量可达100克，真相一算便知：

$$\frac{1}{4} \times 3.14 \times 0.05^2 \approx 0.002 （平方毫米）$$

　　直径为0.05毫米的头发，横截面面积为0.002平方毫米，也就是 $\frac{1}{500}$ 平方毫米，$\frac{1}{500}$ 平方毫米内能够负重100克，那么面积为1平方毫米的头发能够承受的质量为50 000克 = 50千克。图45表现了头发的强度。我们的头发的强度应该在铜丝和铁丝之间。

　　因此，头发强度大于铅丝、锌丝、铝丝、铂丝和铜丝，仅次于铁丝、青铜丝和钢丝！

　　怪不得一些小说的作者会认为古时候迦太基人的头发可以拉动汽车[1]。实际上，我们每个人的头发都可以做到。

　　图45中的景象显示了女人的头发是如何拉起铁轨及轨道上的两辆汽车的，其实这很容易解释：经过上文的计算，我们得知200 000根头发能够承重20吨，这让头发拉起汽车和铁轨变成可能。

图45　辫子能承受20吨重的汽车

---

1 传闻古罗马围攻北非迦太基时，因为城内物资匮乏，城中的女人为补充军需，将自己的头发剪下制成绳索以供应前线。

第5节
为什么自行车的骨架由空心管构成

横截面相同的实心杆和空心管，哪一个的强度更有优势？为什么自行车的骨架是由空心管构成而不是由实心杆构成呢？实际上，如果仅从二者抗拉或者抗压强度来看，实心杆和空心管并没有什么区别。但是要考虑二者的抗弯能力，那么实心杆可比空心管差得多了。

关于这一点，强度科学的鼻祖伽利略也曾进行过论述。读者朋友们请原谅我对优秀的学者的科学理论入迷至此。这里我还将引用伽利略在其著作《关于两门新学科的座谈与数学论证》中的一段内容：

关于实心和空心物体的强度问题，大自然其实已经给了我们很多启发。很大程度上说，质量的增加并不能够带来强度的增加，有时强度的增加也与质量没有关系。我们经常可以看到，中空的鸟儿的骨头和芦苇，它们都在极其轻巧的同时有着很好的耐折性；中空的稻秆上支撑着重重的稻穗，却只会弯下自己的身子而不会被折断……通过种种现实经验，我们能够注意到，无论是金属的还是木质的，或者是其他什么材料，在长度和质量相同的情况下，空心的管要比实心的杆强度更高。发现这些自然现象的观察者将这些天然的空心技艺运用到人类活动中，便使创造的物体同时具有了轻巧性和强韧性。

为了更深入地了解这一现象，我们将进行一个方木实验。将一个方形木条的两端下面垫上支撑物（图46），在木条AB中间悬挂重物Q，在Q的作用下，木条AB向下弯曲。在这一过程中发生了什么？木条的上层发生压缩，下层正好相反，发生了拉伸，而在中间层，却几乎未发生任何压缩或拉伸。在方木拉伸的部分有着与拉伸力相反的力的作用，在压缩的部分也存在与压缩的力相对抗的力。这些与方木弯曲相对抗的力的大小会随着弯曲程度的变化而变化。在弹性限度内，弯曲程度越大，抗弯力就越大，重物Q所带来的弯曲将会一直延续，直到弯曲到某个程度，杆中拉伸力与压缩力的合力恰好与Q相等。

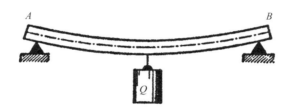

图46　方形木条的弯曲示意图

我们可以发现，弯曲的压缩力和拉伸力作用最明显的部位是方木的最上层和最下层，中间层对这些力的感知要小于上层和下层。

因此，相关专家得出了这样的结论：

由于紧靠中间位置感受到的与弯曲的力相对抗的力比较小，我们可以适当地将中间部分的材料集中在物体的上部。这样的分配在铁制的横梁中得到体现。在这个基础上，环形空心的物体可能比实心的更具有优势。

图47中的工字形梁和槽形梁就是依据这个原理制作出来的。

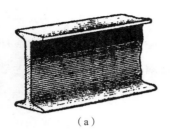 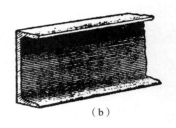

（a）　　　　　　　　　　　　　（b）

图47　工字形梁和槽形梁

现在读者朋友们应该能够理解，为什么空心管要比实心杆更适合做自行车的骨架了吧？我们来看下面的数据，这将更直观地展示空心管的优越性：

准备两截长度和横截面都相同的圆形横梁，一个为实心，一个为空心，二者的质量也相同。经过实验，二者的弯折程度却大相径庭，空心横梁耐折度要比实心横梁增加112%，也就是说，空心横梁的抗弯能力增加了1倍还多。

第**6**节

七根树枝的寓言

朋友们，你们若想将扫帚拆散，一定要将它们一根一根地拆解。如果在系好的情况下尝试将它们一起折断，那么我能够告诉你们的是：这可能行不通。

——绥拉菲莫维奇《夜晚》

很多读者可能听过七根树枝的古老寓言，寓言讲的是：一位老父亲希望自己的儿子们能够团结和睦地相处，有一天他将儿子们召集起来，让他们将一束绑在一起的七根树枝折断，每个儿子都尝试一次性将这束树枝都折断，但纷纷失败了。父亲拿过这束树枝，慢慢地将它们一根一根抽出，然后轻松地折断了。这则寓言故事不但告诉了我们一个重要的人生道理，其实也隐含了许多力学知识。

在力学中，我们常常用"挠度[1]"x来衡量物体的弯曲程度（图48）。挠度越大，物体断裂的可能性就越大。实心圆杆挠度的大小可由下列公式进行计算：

$$x = \frac{1}{12} \times \frac{Pl^3}{\pi k r^4}$$

式中，P是作用在杆上的力；l是杆的长度；圆周率$\pi = 3.14\cdots$；k是衡量构成杆的材料的弹性系数；r是杆的横截面半径。

图48 挠度示意图

我们将上述寓言中那束树枝的数值代入公式当中，为了方便计算，我们将一束紧紧地捆在一起的树枝看成一个实心的整体。虽然我们这样的做法没有办法得到特别严谨的结论，但是作为科普却再合适不过。从图中我们可以看到，一束树枝的直径是一根树枝的3倍，因此，折断一根树枝要比折断一束树枝容易得多。我们定义作用在一根树枝上的力为p，作用在一束树枝上的力为P，二者断裂时，挠度大小相等，将P和

[1] 挠度，是指物体在受力或温度变化的时候，弯曲部分距原水平或垂直位置的距离。

p分别代入公式中，可得：

$$\frac{1}{12} \times \frac{pl^3}{\pi k r^4} = \frac{1}{12} \times \frac{Pl^3}{\pi k (3r)^4}$$

化简得：

$$p = \frac{P}{81}$$

我们看到，寓言中的父亲虽然也将树枝折断了，但他使用的力却仅仅是将一束树枝一起折断的力的1/81。

08

功、功率和能量

导 读

姜连国

　　在上一章中，你是否体验了一些足够轻松愉快的物理学习经历？如果是，这很好，因为接下来你又将迎来新的挑战了。在第8章中，我们将学习关于功、功率和能量的知识，了解它们的定义，认识它们的意义，学习它们的转化规律。这将不会是信手拈来的轻松学习过程，你也许将有许多困惑，但只要你认真阅读，相信你的问题都将迎刃而解。纵使学习的过程无比艰难，最终的成果也必将让你感到十分充实和满足。

1.能量与功

　　首先，让我们从本章知识的最初开始吧。在本书第2章导读和《趣味物理学》第4章中我们给出了一些关于能量的基本概念。在此，我们针对一些概念进行更深入的了解。在本章前3节的文章中，我们将学习或者复习一些关于功的基本概念。《鲜为人知的功的单位》，文如其名，将向你解释关于功的一个经典的实验，以及其中体现出的一个可能的巨大错误，告诉我们即便是功的单位这样的细节，也值得认真关注。《1千克·米的功是如何产生的》则道出了功定义的实际应用，使其更加具体、可感。比如，手持1千克的砝码，竖直向上提1米就做了1千克·米的功。不过，我们要关注的问题可不是这么简单，如果砝码在运动1米后仍有速度，力做的功就不止1千克·米。那么，要如何操作才能得到真实的1千克·米，又要如何计算你实际得到的功呢？请你自己到文章中寻找答案吧。

2.功率

　　好了，现在你已经了解了功，那么让我们更进一步，看看另一个物理量——功率吧。**在物理学中，用功率标识物体做功的快慢。功与做功时间之比叫作功率，它在数值上**

等于单位时间内所做的功。如果用W表示某个力做的功、t表示做这些功所用的时间、P表示这个力做功的功率，则功率的表达式为$P=\dfrac{W}{t}$。功率的单位是由功的单位和时间的单位组合而成的。在国际单位制中，功的单位是焦耳，时间的单位是秒，则功率的单位是焦耳每秒，它有个专门的名称叫作瓦特，简称瓦，符号是W。瓦这个单位比较小，技术上常用千瓦（kW）作功率的单位，1 kW=1 000 W。

这些来源于初中物理八年级下册（人教版）中的知识，在高中物理必修二课本中得到了进一步的研究。我们通过旧的公式和定理推导出了另一个公式：$P=Fv$。可见，一个沿着物体位移方向的力对物体做功的功率，等于这个力与物体速度的乘积。$P=Fv$中的速度v是物体在恒力F作用下的平均速度，所以这里的功率P是指从计时开始到时刻t的平均功率。如果时间间隔非常小，上述平均速度就可以看作瞬时速度，这个关系式也就可以反映瞬时速度与瞬时功率的关系。发动机输出的功率不能无限制地增大，所以汽车上坡时司机要用"换挡"的办法来减小速度，从而得到较大的牵引力。

让我们带着这些知识一起回到人类探索功率的起始点，那时候我们最常使用的交通工具是马匹，也因此创造了一个实用的功率单位：马力。伴随着这个经典单位，我们将一起探索许多有关机器做功及功率的问题。《拖拉机的牵引力》将会具体地分析固定功率的拖拉机的牵引力与速度的关系，这恰恰是对我们学习的$P=Fv$的有力印证。而在《人、马与发动机》以及《小体积与大功率》中，我们将自己与马匹及发动机进行比较，从而将惊讶地发现，象征着现代先进技术的发动机也并非功率问题上永远的"冠军"。在某些情况下，原始的马车，甚至我们自己，都比发动机要可靠和高效；但在另一些情况下，发动机的作用又无可匹敌，这是怎么回事呢？

本章中，还有太多的东西你可以学习到，我就不提前向你剧透了！毕竟探索发现的过程才是科学研究中最有趣的部分。悄悄告诉你，在本章中，你甚至可以接触到化学这门科学的一点边际。至于是否要沿着那一点线索开始全新的探索，就交给你自己来决定吧！

第 1 节

鲜为人知的功的单位

"知道什么是1千克·米[1]吗？"

"1千克·米是指力使1千克物体产生1米的位移时所做的功。"

这样的解释似乎已经足够了，尤其是对于一些在地面上的运动而言。但其实它是远远不够的。我们来看一下下面的题目：

"一个炮管长1米的炮垂直发射一发质量为1千克的炮弹，火药爆燃产生的气体对炮弹推力作用的高度为1米。也就是说，在除了这1米之外的其他射程中，炮弹不受推力，因此，将质量为1千克的炮弹升高1米做的功为1千克·米。"

或者我们将火药产生的气体的推动力换成人的手产生的投掷力，采用同样的方式进行计算，也会出现严重的错误。

是什么样的错误呢？

我们所重视的只是整个运动的很小的一部分，而运动中真正重要的部分反而被我们忽视了。我们没有考虑炮弹在炮筒中运动的速度。这个速度在它飞出炮口的时候是不为0的。也可以说，火药气体产生推力的作用远不止将炮弹推动1米。这些被我们忽略的功在知道了炮弹速度的情况下很容易计算出来。如果炮弹的速度为600米/秒，那么气体推力做的功为：

---

1 千克·米是旧制功的单位。1千克·米＝9.8焦耳。

$$\frac{mv^2}{2} = \frac{1 \times 600^2}{2} = 180\ 000\ (\text{千克}\cdot\text{米})$$

这样大数量的功竟然会因为对1千克·米的定义不准确而被忽略，真是让人吃惊！

因此，我们应该对1千克·米的定义做一些必要的补充：

当物体运动开始和运动结束的速度都为0时，力将地面上的1千克的物体提升1米时做的功为1千克·米。

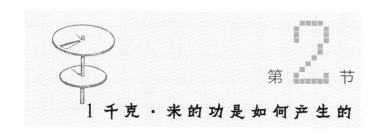

第 **2** 节

1 千克·米 的 功 是 如 何 产 生 的

我们手持一个重1千克的物体垂直向上提1米，就做了1千克·米的功。那提起砝码的时候，我们用了多少力呢？如果只用1千克的力，砝码是无论如何也提不起来的，我们需要用比砝码本身所受重力更大一点的力，以确保可以让砝码运动起来。不断作用的力将不可避免地赋予砝码一个加速度，因此砝码在运动的最后还会有速度，而不是我们假设的速度为0。这意味着，力做的功要比1千克·米更多。

如何让提砝码的力只做1千克·米的功呢？我们可以先给砝码一个向上的力，在砝码上升到一定阶段的时候，中止这个力并让砝码靠其惯性继续运动，直到砝码达到1米的高度，并在这时，速度刚好降为0。

还有一种可能，就是先将砝码用大力提起一段距离，然后慢慢减小用力，使砝码的速度慢慢下降，直到速度为0。这样将1千克砝码移动1米的力所做的功恰好为1千克·米。

第3节
功 如 何 计 算

经过上文的分析，我们对如何产生1千克·米的功有了一定的了解。1千克·米的概念看似简单，实则十分容易混淆，所以最好不使用1千克·米的定义。

有一种1千克·米的解释方法，要比上述任何一种解释方法都更清楚：在力的作用方向与物体运动方向相同的情况下，力使1千克物体产生1米位移所做的功为1千克·米。

有读者可能会反对说，在这种情况下物体运动1米后还是会有一个速度，因此这时该力做的功要比1千克·米大。这个观点完全正确，但是这个速度只是表明了该力在做了1千克·米功后，又使物体具有了额外的动能，如果没有这个动能，物体就不会移动，整个过程也不符合能量守恒定律。

垂直上升运动中，质量为1千克的物体上升1米获得的重力势能是1千克·米，但在这个上升的过程中还有额外的动能参与。这就意味着物体获得的能量比实际消耗的多，所以拉力做的功也要比1千克·米多得多。

方向一致的条件在这个解释中是至关重要的。如果这个条件被忽视，那么功的计算将会出现很大的纰漏，比如：

"一辆质量为850千克的汽车,在水平的道路上,以每分钟2千米的速度直线行驶,它的功率是多少?"

功率,又称每秒钟做的功。错误的计算方法为:

$$\frac{850 \times 2}{60}$$

这个算法忽略了汽车的运动方向与重力作用方向是不同的,而上面公式中的算法好像表示汽车在向天上开,并且单位的换算不是用千克·米,而是变成了千克·千米。

事实上,仅凭上述题干中的数据并不能计算出汽车的功率,我们还需要知道汽车在运动的过程中受力的大小。在运动的过程中,汽车受到摩擦力的作用。作用在汽车上的使之向前运动的力需要克服摩擦力才能让汽车运动起来,并且匀速运动状态下二者大小相等。如果摩擦力的大小为自身重力的2%,那么作用在汽车上的向前的力为:

$$850 \times 9.8 \times 2\%$$

这个力每秒所做的功为:

$$\frac{850 \times 9.8 \times 2\% \times 2\,000}{60}$$

通常来说,功率的单位会用一些较大的单位来表达,而不是用牛顿·米/秒表示,人们将这个大一些的单位命名为"马力[1]"。1马力等于735牛顿·米/秒,那么汽车的功率用马力表示为:

$$\frac{850 \times 9.8 \times 2\% \times 2\,000}{60}\Big/735 \approx 7.56(马力)$$

---

1 马力不是力,而是功率的一种单位。

第 4 节

拖拉机的牵引力

福特牌拖拉机的牵引功率为10马力，那么在下列不同速度阶段，它的牵引力各为多少呢？

第一阶段速度—2.45千米/小时

第二阶段速度—5.52千米/小时

第三阶段速度—11.32千米/小时

由前面的分析我们知道，1瓦特的功率等于在1秒钟的时间里所做的功，也等于1牛顿的牵引力与1秒的时间里走过的距离的乘积，因此，第一阶段速度下拖拉机的牵引功率为：

$$735 \times 10 = x \times \frac{2.45 \times 1\,000}{3\,600}$$

这里x表示拖拉机的牵引力，通过计算，我们得到$x \approx 10\,000$牛顿。

按照这样的方法，我们计算得出第二阶段速度下的牵引力为5 400牛顿，第三阶段速度下的牵引力为2 200牛顿。

由此我们可以看出，牵引力的大小与拖拉机的速度是成反比的。拖拉机的速度越大，所需牵引力反而越小。

第 **5** 节

人、马与发动机

运动中的人是否能够爆发出1马力的功率呢？换句话说，一个人是否能在1秒钟内做735焦耳的功？

经过测算，运动中的人通常的功率为1/10马力。但也有一些极端的个例会在非常短的时间内出现大功率的情况。例如我们飞奔上楼梯的功率约为1马力（图49）。假设一个体重约为70千克的人每秒能够上6级台阶，每级台阶高17厘米，那么此人1秒内做的功为：

$$70 \times 6 \times 0.17 \times 9.8 \approx 700 （焦耳）$$

这个数字与1马力（即735焦耳）的功率非常接近，这样的功率已经达到了平常人运动功率的极限。但是，这种强度的做功只能维持几分钟，人必须停下来休息一下。如果将中间休息的时间也算入做功的时间中，那么平均功率就连0.1马力都不到了。

曾经在短跑比赛中，有个运动员跑出了5 520焦耳/秒（约7.4马力）的功率！

图49　人在上楼梯的时候能够产生1马力的功率

运动的马能够达到数十倍于常人的功率。假设一匹质量为500千克的马1秒钟可以向上跳跃1米，那么这1秒钟马做的功约为5 000焦耳（图50），这时马的功率为：

$$\frac{500 \times 1 \times 1 \times 9.8}{735} \approx 6.7（马力）$$

图50　这匹马在这时产生的功率约为6.7马力

还有一点大家不要忘记，运动中的人和马都能够将功率瞬间提升1.5倍左右。而我们刚刚举例所说的这匹马已经将自己的平均功率提升了数十倍之多。

在田间工作的人和马，做功可以达到平时状态的2倍，功率可达平时的3倍之多。人、马和其他动物瞬间提升功率的能力，使力学发动机在他们面前都有些相形见绌。一些人可能会认为一辆10马力的小汽车比两匹10马力的马更好，殊不知，这仅仅是在路况比较理想的情况下。如果是在沙土或有路障的道路上行驶，小汽车可能会深陷其中，而两匹马拉的马车却依然能够以15马力甚至更高的功率继续行驶。物理学家索第曾说过："在某些时候，马车确实比汽车要有用得多。爬山时，两匹马拉的马车可以轻而易举地爬上山，而小汽车却需要用12～15匹马来拉才可以。"

第 6 节

100 只兔子和 1 头大象

比较动物和发动机的功率问题，还有一个重要的比较条件，那就是有时一个物体成倍的力比几个物体的合力还要大。比如，2匹马产生的力比1匹马用2倍的力要小，3匹马产生的力比1匹马用3倍的力要小，等等。因为几匹马一同发力的同时，势必会互相产生影响。关于这一点，我们进行了一项有趣的实验，不同数量的马匹产生的不同功率见下表：

马匹的数量/匹	马匹的功率/马力	总功率/马力
1	1	1
2	0.92	1.9
3	0.85	2.6
4	0.77	3.1
5	0.70	3.5
6	0.62	3.7
7	0.55	3.8
8	0.47	3.8

通过上表我们发现，5匹马产生的总功率并不是1匹马产生的功率的5倍，而只有3.5倍；8匹马产生的总功率也只有1匹马的功率的3.8倍。随着马匹数量的增多，每匹马的平均功率越小。

因此，一辆10马力的拖拉机的功率要大于15匹马的功率。

任何数量的马匹都不能代替一个拖拉机，即使是功率很小的福特牌拖拉机，也不可以。

法国人有这样一句俗语："一百只兔子也拼不成一只大象。"现在，我们也可以说："一百匹马也代替不了一台拖拉机。"

第 7 节

小体积与大功率

我们周围充满了各种各样的力学发动机，但我们却不能将这些"机器奴隶"运作的原理清楚地阐释出来。人类自身驱动和机械驱动最大的区别就是，机械发动机能够将大功率聚集在体积很小的载体中。古时候没有机械驱动的装置，最大的"发动机"其实就是马或者大象，增加功率也只有一种方法——增加牲畜的数量。而这些牲畜加总的功率，在今天只要用一台机械发动机就可以完美替代。

在100多年前，20马力的发动机的质量为2吨，每马力需要平均到100千克的机器质量上。而稳定输出1马力的功率，则需要5匹马，若按一匹马的质量为500千克来计算，产生1马力功率的马匹质量为2 500千克。

随着科技的发展，蒸汽机车和电车的马力与质量的对比更为明显。功率为2 000马力的蒸汽机车质量约100吨，而功率为4 500马力的电车的质量却只有120吨，每马力的平均质量只有27千克。

后来，航空发动机问世，功率为550马力的发动机的质量只有500千克，平均1马力不到1千克的质量。图51向我们清楚地展示了1马力功率的发动机所占马匹质量的比重。

图51　马头涂黑色的部分是对应的机械发动机产生1马力功率对应的质量

图52更能说明问题：图中有一大一小两匹马，小马为发动机的质量，大马为相应马力的马匹的质量，二者的差距一目了然。

图52　1部发动机和1匹马产生1马力功率的质量对比

图53为一个小型的飞机发动机与马匹的功率的比较。一个气缸容量为2升的发动机能够产生162马力的功率，这个功率可能需要上百匹马的功率加总才能够达到。

图53　一个气缸容量为2升的发动机产生了162马力的功率

　　实际上，即使现代科技如此发达，人们还是没能将加进发动机中的燃料完全利用起来。1卡路里的能量能够将1升水加热1摄氏度。如果将其能量全部转化为机械能，那么我们将得到4 186焦耳的功，也就是说，1卡路里的热量能够使427千克的物体垂直提高1米（图54）。然而我们现在只能实现1卡路里中10%～30%的能量转化，这意味着只能做功约1 000焦耳，而不是完全转化时的4 186焦耳。

　　那么什么样的机械能源能够产生最大的功率呢？答案是火药。

　　现代枪支重约4千克（能够产生功率的部分只有2千克），能够产生4 000焦耳的功。虽然这个功不是很大，但是我们不要忘了，子弹发射穿膛而过的时间可能只有$\frac{1}{800}$秒。由于通常说的功率是以秒为单位进行计算的，我们将枪的功率换算一下可得4 000×800 = 3 200 000（焦耳/秒），约为4 300马力。我们将这个功率平均到枪支质量（2千克）上可以得知，每马力的功率平均到的质量仅为0.5克！

　　别看质量小，它可是能抵一匹真正的马的功率呢！

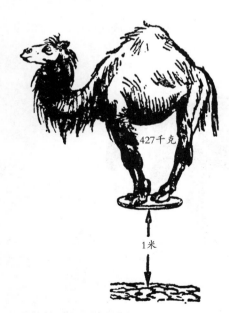

427千克

1米

图54　1卡路里的热量能够使427千克
的物体垂直提高1米

　　如果我们计算的是绝对功率，那么大炮一定能创造一项纪录。大炮以500米/秒的速度将炮弹在$\frac{1}{100}$秒内射出。这一瞬间产生的功可达1.1亿焦耳。图55清楚地展示了这个做功运动的全过程：功的大小，相当于将质量为75吨的重物提升至金字塔的顶端（差不多高150米），整个过程发生的时间为0.01秒，因此这时的功率为110亿瓦，也就是1 500万马力。

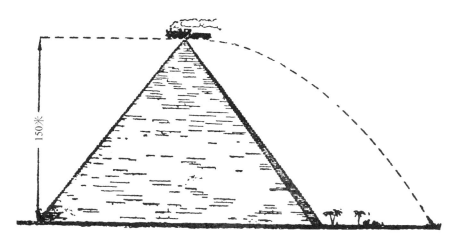

图55　大炮做的功相当于将75吨重物提升至金字塔的顶端

图56展示了1门巨型海军炮的发射能够产生的能量有多大。

图56　1门巨型海军炮发射产生的热量可以把36吨冰块融化

第8节
狡猾的称重方法

有一些十分狡猾的卖家在给商品称重时会偷偷地耍一些小把戏，使商品的实际质量比秤上显示的质量要小。卖家是如何做到的呢？其实，卖家在称最后一点不足数商品的时候，会使其从高处落下，落到秤盘上时，秤盘会由于惯性的作用向盛有商品的一端下落。这就会给买家一种错觉，认为卖家称的商品比自己实际买的还要重。卖家也就神不知鬼不觉地缺斤少两了。

但如果买家耐心地等到秤盘停稳，就会惊奇地发现，其实秤盘上的商品质量比自己买的小一些，卖家卖给自己的商品其实是不足量的。

我们可以进行一些计算来验证：假设质量为10克的商品从10厘米的高处落下，它们在到达秤盘时所做的功为：

$$0.01 \times 0.1 = 0.001（千克·米）\approx 0.01 焦耳$$

这些功能够将秤盘向下压约2厘米。我们将作用在秤盘上的力设为F，则有：

$$F \times 0.02 = 0.001$$

得出：

$$F = 0.05 千克 = 50 克$$

因此，1个10克的商品从10厘米的高处落在秤盘上，除了自身的重力外，还产生了50克的压力。买家拿走商品的时候并没有觉察到，但实际上卖家少称了50克的商品。

第9节

亚里士多德的疑惑

1630年，伽利略为力学奠定了基础。其实早在2 000年前，**亚里士多德**在自己的著作《力学问题》中提出了36个问题。但鉴于当时的研究水平，并不能将这些问题全部解答出来。下文我们将一起聚焦古希腊思想家亚里士多德提出的其中一个问题并进行探讨：

> 亚里士多德（公元前384—公元前322），古希腊哲学家、科学家、教育家、思想家。

> 如果在斧头上放上重物，再将其放在木桩上，其实对木桩并不能造成很大的伤害。如果斧头上不加持重物，只是将斧头举高再向木桩劈下，这时木桩却会裂开。这是因为什么呢？

要弄清楚这个问题，我们应该先弄清楚在斧头劈向木桩的瞬间有哪些能量在发生转化和作用。

首先，斧头是被举起的，因此拥有一个被举起的能；接着被放下，故而又有一个向下运动时产生的能。我们假设斧头质量为2千克，被举起到高2米处时，力对其做的功为$2 \times 2 = 4$（千克·米）。斧头向下时受到两个力的作用：一个是重力的作用，一个是手臂肌肉对它的作用。如果斧头在下落的过程中只受自己的重力作用，那么它在下落的最后将获得与上升时同样的力做的功，即4千克·米。而手臂肌肉会赋予斧头额外做的功。如果在向上举和向下劈的过程中，手臂作用的力的大小不变，那么其做的功也会相等，也就是4千克·米。因此，斧头在向上举和向下劈向木桩的整个过程里将会获得8千克·米的能量。

斧头在这个功的作用下接触木桩之后，会将木桩劈开多少厘米呢？我们假设能够劈开1厘米，在这1厘米的距离内，斧头的速度降为0。这段时间内斧头的动能被耗尽，因此，我们就不难计算出斧头作用在木桩上的力。假设这个力为F，则有：

$$F \times 0.01 = 8$$

由此得出：

$$F = 800千克$$

这说明斧头劈向木桩时的力为800千克。这么大的力劈开木头，简直是小菜一碟，有什么值得奇怪的呢？

接着亚里士多德又向人们提出了一个问题：人没有办法用自己肌肉的力直接对木桩造成伤害，为什么能够借助斧头将木桩劈开1厘米之深呢？原来是因为斧头能够让一个小小的力在很长的距离内不断聚集，并在极小的范围中释放出巨大的压力。上文中的斧头在上下挥动共4米的距离中蓄力，将木桩劈开1厘米，将自身打造成了一个劈砍的"机器"。锤子其实也能够达到相同的效果。

我们在对锤子的运动进行研究时发现，150吨级的汽锤产生的压力需要5 000吨级的压力机才能够替代，而20吨的汽锤也需要600吨的压力机才能够与之抗衡。

军刀在劈砍时，也同样运用了这个原理。手起刀落的瞬间，力会传导到刀刃上，而由于刀刃表面积极其小，因此，会在它的上面作用很大的压力（相当于上百个大气压）。但是这个压力的大小也取决于战士挥舞它的程度。如果战士在砍向敌人之前将军刀挥舞了1.5米，那么给敌人造成的伤口的深度约为10厘米。在这1.5米的距离内蓄积的能量在10~15厘米内消耗殆尽，相当于战士挥动的手臂的力量在军刀的助力下增加了10~15倍。

第 10 节

易 碎 品 的 包 装 原 理

日常生活中经常能够发现，一些易碎品的包装中填充了很多刨花、干草、纸等材料，这是为了避免在运输途中使这些易碎品受到损害。为什么这些材料能够使易碎品降低受损的风险呢？这个回答往往千篇一律：因为这些材料能够在晃动中起缓冲作用。我们进行研究的任务，便是找到这些材料能够起缓冲作用的原因。

这些防撞材料的作用原理有二：

首先，它们增加了这些易碎品的接触面积。易碎品容易受到损害的边边角角经过这些材料的包装后，与其他物体不再是点与点、点与线的接触，而是变成了面与面的接触。这样一来，作用在物品上的力就会被分散、变小，这个力也就不会对物品造成什么伤害了。

其次，防止其相互间的碰撞造成损害。比如盛在容器中的鸡蛋，如果发生了碰撞，并且没有这些防撞的材料，那么其中的每一个鸡蛋可能都不能幸免。因为即使自己不动，也会被旁边的鸡蛋影响，进而造成破损。力要产生作用，必须经过一段距离，这个作用的距离很短，就会导致作用在物体上的力 F 和能量（Fs）都非常大。即使这个距离在我们看来只有几十分之一毫米，也会对易碎品造成不可挽回的损害。而填充在包装箱内和物体间的防撞材料就会极大地增加力作用的距离（s），会成倍地减小力作用在物体上的强度（F），从而达到保护易碎品的目的。

以上便是这些防撞材料保护易碎品的秘密。

第11节

谁 的 力 量

图57所示是东非部落常用的一种捕兽器。将两个带杈的树枝固定在地面，并在其上放置一根横木，横木上放置一根小一些的树枝，横木一端悬挂重物，一端连接细绳，并将细绳贴地固定。一旦猎物触碰到地面上的细绳，重物就会随之落下，猎物便会就此殒命。

图57 东非部落的捕兽器

图58所示的捕兽器与图57中呈现的有异曲同工之妙，都是由树枝与细绳组合而成。相较之下，图58的捕兽器就要机巧许多，当动物碰到绳子的时候，弓上的箭就会射到动物身上。

将猎物杀伤的力是从何而来的呢？其实，它们都是对人的作用力的一种转化。图57中的捕兽器是将悬挂在高处的重物的能量转化成了重物从高处下落时的能量；图58中发射的箭也是将人拉弓的能量转换成了箭发射出去后对猎物造成伤害的能量。在这两种情况下，猎物只是触发并释放了潜在的蓄积已久的能量而已。若想使这样的陷阱再次被触发，人必须再次提前进行部署和调试。

图58　由树枝与细绳组合而成的捕兽器

还有一种众所周知的猎捕熊的捕兽器（图59）：

当熊爬上树想要够到悬吊的蜂箱时，便会无可避免地触碰到早已由绳子牵引而悬挂在树木上的圆木，而圆木会阻碍熊继续上行的脚步。这时，熊就会试图将妨碍它的圆木踢开。圆木由于熊的力的作用会暂时远离，但很快会再次回来轻轻撞击熊的身体。这时，熊尝试着用更大的力气将其踢开，圆木返回时撞击熊的力度也会更大。几个回合之后，熊被彻底激怒，狠狠地将圆木踹开，但是不一会儿，圆木便将这踹开的力度用撞击的形式作用在了熊的身上。最终，精疲力竭的熊会因为体力不支而掉落，在树下等待它的，将是一片锋利的树枝。

这个新式陷阱不需要重新布设，在捕获第一只熊之后，还能继续捕获第二只、第三只……那么这个将熊从树上击落的力又是从何而来的呢？

图59　与原木较量的熊

原来，这种情况下的力量和功的转化完全依靠的是熊自己，熊将自己从树上击落，又自己掉入了树下的陷阱中。熊将自己肌肉的力量传递给了圆木，形成了圆木向上运动的动能，而后又转化为下落的动能，随着圆木的下落重击在熊的身上。总而言之，在这个陷阱中，是熊自己杀死了自己，因为它对圆木用的力越大，圆木对其撞击的力也会越大。

第12节
自己工作的机器

大家是否对计步器有所了解？它的体积不大，拥有一个与怀表类似的外形，能够自动对步数进行记录。图60详细地展示了计步器的构造。其中最重要的部分当数测锤（配重）B了，它被安装在小摇臂AB的一端，使得AB能够以A为顶点进行摆动。一般的计步器配重都在图示的位置。在整个装置的上部有一个轻巧的弹簧拨片，随着人走路的摆动而上下弹动。由于重力的作用，配重B在人静止时一直位于计步器的下端；人运动时，会由于惯性，在人的步伐落下时上升，在人的步伐上提时下落，如此循环往复。因此，人每走一步，摇臂AB就会上下摆动一次，而摆动带动齿轮运动，使指针在表盘上得以记录下行走的步数。

如果现在问大家，使计步器运动的力从何而来？那么肯定有人会不假思索地回答出：是人肌肉运动的力使计步器运动的。然而事实并非如此。计步器本身的摆动不需要外来的力维持，人走动的力也并不是专门为了使计步器运动才产生的。计步器只是很自然地在人走动的时候利用了这个走动的惯性，使自己的配重向上，以对抗重力和弹片的压力而已。

图60　计步器及其内部构造

计步器的外形难免让我们联想到一种手表。这种表通过人的运动积蓄能量，只要将其戴在手上几个小时，它就能够走上几天几夜。这样的设计使它们使用起来非常方便，不用常常上弦就能够准确地对上时间。它的外壳完全密封，有效地阻隔了水汽和粉尘对表芯的破坏。

如此一来，是否就能断定该表的行走不需要所有者专门用力来维持它的运转了呢？答案是：不可以。人运动的时候产生的功会带动手表自己运动，但由于需要克服表内弹簧弹片的压力，戴这种手表的人会比戴普通手表的人消耗的能量更多一些。

一位美国的钟表店老板想出了一个好办法：将这种不用上弦的表挂在门上，借助门开关时产生的力来克服表中弹簧弹片的压力。每天顾客来来往往，开门、关门时稍稍作用的力就足够对抗表中弹簧弹片的压力，因此无须施加额外的力在表上，它就可以正常运转。

由上述两个例子我们可以看出，世界上本不存在完全自运动的器械，其实在这些器械运动的过程中，都蕴含着力的转化。

第 **13** 节

钻木取火

用木头取火在书中描写得十分轻松，也相当常见，但是却没有告诉我们为什么会产生这一现象。**马克·吐温**将摩擦木头取火的实际经历写入了书中，他描写到：

当时正值寒冬，我们每个人都手拿两只木棍，将二者相互摩擦。两个小时以后，我们几乎都快冻僵了，而木棍却依然如故，没有任何要燃烧的迹象。我们忍不住埋怨起了给我们提供这一意见的土著居民。

另一位著名美国作家**杰克·伦敦**也曾在《海狼》中详细地描述了取火的失败经历，他这样写道：

我看过所有摩擦木头取火者的回忆录，他们都曾想用这种方法来取火，结果都失败了。其中有一位在阿拉斯加州和西伯利亚有过旅行经历的新闻记者，一次我在朋友家做客时偶然与他相识。他同我说起他失败的经历时说道：或许只有原始的海岛上的居民能够成功，甚至做得很棒，像我们这种外行想要通过摩擦木头取火，简直是远远超出了我们的能力范围。

儒勒·凡尔纳在他的《神秘岛》中也有这样的看法。书中水手潘克洛夫与青年赫伯特对话道：

"我们可以像土著一样用摩擦木头来取火。"

"你试试吧，但是我认为，这多半除了能让你胳膊活动几下之外，大约是生不出火来的。"

"可是这种简便的生火方法在太平洋的小岛上运用得非常广泛。"

"可现在我们并不知晓土著究竟有什么取火的技巧。我曾不止一次尝试过用这种方法生火，但是无一例外都失败了。所以我一直更喜欢用火柴。"

潘克洛夫还是尝试了各种方法，试图让两个木棍间产生一点火花。如果这火能燃起来，大家就都能够暖和一些。这些力产生的能量，若是全部转化成热能的话，足以将一艘巨轮的锅炉烧到沸腾。但是结果却是，两根木棍除了微微发热外，没有任何反应。

一个小时以后，潘克洛夫沮丧地将两根木棍扔在地上，说道：

"这两只手相互搓一搓也热起来了，真想不通那些土著是怎样用这个方法取火的。"

其实，失败的原因完全在于他们与土著使用的方法大相径庭。土著并不是用两根木棍摩擦来取火，而是用一根木棍的一端，向木板的一个点不断发力向下钻（图61）。

图61　书中描写的摩擦取火

两种方法产生能量的不同，我们将通过一些简单的计算向大家展示。

我们将木棍CD（图61）作为主动摩擦的一方放置在木棍AB之上。假设CD运动的距离为25厘米，每秒来回运动一次，作用在二者上的力为2千克，两个木棍间的摩擦力为手作用的力的40%左右，那么作用在木棍上的实际的力为$2 \times 0.4 \times 9.8 \approx 8$（牛顿），木棍来回运动50厘米所做的功为$8 \times 0.5 = 4$（焦耳）。这一点热量对木棍来说实在是太微不足道了，只能使其表面稍稍发热，根本不足以让它燃烧起来。我们将木棍和木板间的受热层厚度设为0.5毫米，系统中运动的木棍长度为50厘米，木棍宽为1厘米，此时产生的热量将在$50 \times 1 \times 0.05 = 2.5$（立方厘米）的范围内分散。2.5立方厘米的木棍重约1.25克，已知木棍的热容为2.4卡/（克·摄氏度），在该体积、该力度下，木棍的温度能够升高$\dfrac{4}{1.25 \times 2.4} \approx 1$（℃）。

但是由于气流对木棍的冷却作用太强，木棍不仅不会燃烧，甚至还有可能结冰。

还有一种取火的方法——钻孔（图62）。我们假设主动钻木的木棍直径为1厘米，最终能够钻进另一块木头的深度也为1厘米，1秒内能够拉动长25厘米的钻弓来回运动一次，作用在其上的力为2千克。假设每秒该力做功依然是4焦耳，但是热量分散的范围较摩擦木头的范围要小很多，约0.15立方厘米，该体积下木头重约0.075克。也就是说，这一范围内温度将会升高 $\dfrac{4}{0.075\times2.4}\approx22$（℃）。

(a)   (b)   (c)   (d)

图62　钻木取火示意图

如此程度的升温，足以抵抗外界气流对木棍的冷却作用。而能够使木头燃烧的温度为250℃，要达到钻木取火的效果，只需重复钻木：

250℃/22℃≈11秒

在德国社会学家K.巍尔的著作中，曾以非洲土著居民数秒内钻木取火为例证，证明了钻木取火的可行性。在现实生活中，一些润滑做得不够的重型汽车自燃着火，也是摩擦生热造成的不良后果。

第 **14** 节

弹 簧 释 放 的 能 量

我们将钢尺掰弯，在掰的过程中，我们肌肉的力转换成了使钢尺绷紧的潜在的能量。若我们用重物使钢尺重新变直，便又将钢尺中的力转换成了与重物对抗的阻力。

其中的所有的力都得到了转换，没有一点被浪费。

再换一种方法进行实验：将硫酸注入放有弯曲钢尺的量杯中，钢尺以肉眼可见的速度迅速溶解了（图63）。我们想要寻找能量转换的过程，但在这个溶解过程中，能量好像凭空消失了一般，能量守恒似乎也不再有什么效用。

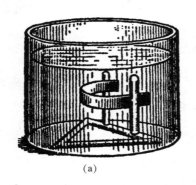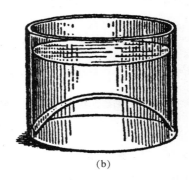

(a)　　　　　　　　　　　　　　　　(b)

图63　弯曲紧绷的钢尺的溶解实验

事实果真如此吗？为什么我们会认为能量在钢尺溶解的过程中无缘无故消失了呢？其实能量还可以在钢尺被硫酸溶解的过程中以运动的形式表现出来，并传导到自己的运动过程和周围的硫酸液体中。其中一个表现就是液体温度的升高，但是升高的度数却并不明显。实际上，我们假设钢尺在被掰弯之后与笔直时的长度相比缩短了10厘米（0.1米），弯曲的钢尺的平均张力为1千克，此时钢尺的弹性势能为 $1 \times 0.1 \times 9.8 \approx 1$（焦耳）。如此小的热量能够使硫酸液体的温度升高。只不过，这种变化极难察觉，甚至可以说是感受不到的。

在化学环境下进行的钢尺的能量转换，到底会出现什么现象呢？是加速钢尺的腐蚀，还是减缓这一腐蚀过程？

一本杂志上曾刊登过这样一篇关于能量转换实验的文章：

　　一种情况是弯曲的钢尺两端刚好触及玻璃容器的杯壁，距容器底端半厘米（图63）。另一种情况是，钢尺保持笔直，直接放入玻璃容器中。向容器中注入硫酸，两个容器中的钢尺都很快被溶解了。但若是记录下二者完全溶解的时间，我们会发现，弯曲的钢尺完全溶解所用的时间更长。

　　该结果表明，弯曲的钢尺在溶解过程中表现得更耐腐蚀。钢尺在溶解过程中，曾经作用在其上的力一部分转换成了使硫酸液体发热的化学能，一部分转换成了使钢尺在溶解过程中在硫酸液体中运动的动能。因此，能量无缘无故地消失是不可能出现的，能量守恒一直存在。

　　有许多读者朋友们来信向我提了一些研究分析中不太清楚的问题，其中一个问题是：

　　　　一捆木柴被带到四层楼高处，它的势能增加，那么在它燃烧时，这些势能又是如何转换的呢？

　　谜底其实很容易就可以揭晓，只要我们牢记：木柴燃烧之后会转变成一些产物，在一定高度，这些产物的势能比一开始在地表的势能要大得多。

09

阻力与摩擦力

导 读

姜连国

在之前的讲述中，我们常常会提到"阻力"这个词。你可能也发现了，对于阻力，我们并没有详细地介绍过就直接使用了这个词，这无疑是因为这个词的含义实在太明显了。不过，这可不意味着阻力是多么简单的物理概念。在这一章，我们就来了解一下阻力吧！

1.阻力

阻力就是妨碍物体运动的力。 和向心力一样，它也是以力的作用效果命名的一个效果力。在轨道上行驶的火车，就受到来自空气和铁轨的阻力；将两块磁铁极性相同的两端靠近，二者会相互排斥，这种排斥力对两块磁铁而言就是其靠近的阻力。阻力的施力物可以与受力物相接触，也可以不接触。

如果你曾经见过以前的马车的样子，你会发现，有的马车前轮的半径是小于后轮的。这样设计，也是为了减小阻力，减小当马车卡住，需要被推出去的时候的阻力。这其中的原理，《车轮的奥秘》中讲述得非常透彻。

2.摩擦力

最常见的阻力往往来源于摩擦力。在小学物理五年级上册中我们就了解到，一个物体在另一个物体的表面运动时，两个物体的接触面会发生摩擦，使得运动的那个物体要受到一种阻碍运动的力，这种力就叫摩擦力。**摩擦力大体上可以分为两种：静摩擦力和滑动摩擦力。二者的区别就在于，两个物体之间的相对运动是只是一个趋势但没能发生（静摩擦力），还是已经发生了（滑动摩擦力）。**

在凹凸不平的地面上拉一个大大的轻质空桶，几乎是不费吹灰之力的；然而，如果把空桶里面装满水，再拉动它，可就要费上一些力气了！可见，后者所受的摩擦力是要大于前者的，这就说明物体所受摩擦力的大小与物体的质量是有关系的。现在我们换一个场景：将一个装满水的桶在光滑的瓷砖地上和粗糙的柏油路上拉。显然前者一定会比后者轻松许多的，而二者唯一的区别就在于接触面的粗糙程度。因此，物体所受摩擦力的大小与接触面的粗糙程度也是有关的。在八年级下半学期的物理课堂上，你也会通过进行一些更为严谨、科学的实验亲自验证这两种影响滑动摩擦力大小的因素——物体的质量和接触面的粗糙程度。如果想要直接计算滑动摩擦力的大小，就要在高中以后了。高中物理必修一（人教版）课本中给出了计算滑动摩擦力大小的公式。如果用F_f表示滑动摩擦力的大小，用$F_{\text{压}}$表示压力的大小，则有$F_f=\mu F_{\text{压}}$。其中，μ是比例常数，叫作动摩擦因数。它的值跟接触面有关，接触面材料、粗糙程度不同，动摩擦因数也不同。去游乐场滑滑梯，你会发现每个滑梯的底端都会有一段是平的。其中的原因你也一定知道：当我们从滑梯上滑下来的时候，我们不会立刻停下来，还会在平地上滑上一段。在《冰山滑道》这篇文章中，作者就在雪地上注意到了这个现象，并且给出了一种计算进入平地后还会滑多远的方法。

3.空气阻力

物体与空气间也有摩擦。**这种空气对物体的阻碍力，我们称之为空气阻力。**通过科学家们多次的实验，发现空气阻力的大小与物体运动的速度二次方以及物体与空气的接触面积均成正比。

一个花盆从高楼落下，足以成为一个使人受伤的工具；一滴雨从高空落下，是不是也能有类似的效果？可是平时下雨，你也没有被砸伤过呀！在本章《雨滴的速度》中将有所讨论。

同样质量的铁球和木球从同一高度落下，哪一个下落得更慢？你可能会说，我们在前面说过了，自由落体运动下落的时间只与高度有关，所以是一样快的！然而在前面，我们是在忽视阻力的情况下讨论这个问题的，有了阻力的情况呢？可以读一读《下落物体的秘密》这篇文章。

好了，我就说这么多了，快去接着读吧！

第1节

冰山滑道

雪橇从一个坡度为30°，长为12米的冰山滑道上滑下，继续在水平方向滑行。它在水平方向上滑出到停止的距离将为多少呢？

如果冰山与雪橇间的摩擦力为0，则雪橇永远不会停下。但是这种情况在实际生活中并不存在。雪橇与冰山间始终存在着摩擦力，即使这个摩擦力并不大。已知冰山滑道和铁滑道的摩擦因数相同，都是0.02。因此，从冰山上滑下时积蓄的功在雪橇水平方向滑行时完全消耗在了克服摩擦力的做功上，首先是速度减慢，最后停下。

若想计算出水平方向滑行的距离，我们首先得知道雪橇从冰山上滑下时积蓄了多少能量（图64）。由已知条件可得，冰山高度$AC=6$米，假设雪橇向下滑时的重力为P，那么在有摩擦力作用的情况下下滑时，所具有的重力势能则为$6P$千克·米，将重力分解为沿斜面向下的力R和垂直于斜面的力Q，可知雪橇的摩擦力为$0.02Q$，又因为冰山滑道倾角为30°，则力Q可以表示为$P\cos30°$，也就是$0.87P$。因此，克服摩擦力所做的功为：

$$0.02 \times 0.87P \times 12 = 0.21P（千克·米）$$

积蓄的所有重力势能在克服滑道的摩擦力后还剩：

$$6P - 0.21P = 5.79P（千克·米）$$

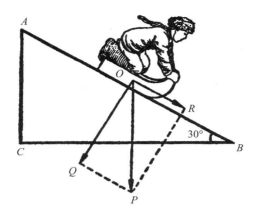

图64 雪橇能滑行多远

雪橇在水平运动时，将势能转化成向前继续运动的动能。设在水平方向运动的距离为x，那么此时摩擦力做的功为$0.02Px$千克·米。我们将动能代入，得：

$$0.02Px = 5.79P$$

计算得出$x \approx 290$米。也就是说，雪橇在从冰山滑道上滑下之后，还能够在水平距离上继续滑行290米才会停下来。

第2节

挂上空挡之后

水平的公路上汽车司机以每小时72千米的速度行驶，忽然，司机挂上了空挡。假设汽车的摩擦力为汽车总重力的2%，这时汽车继续向前滑行的距离是多少？

这个问题与上一节中的问题相似，只不过这里积蓄的能量要用另外的公式来计算。行驶中的汽车动能为$\frac{mv^2}{2}$，此处的m为汽车的质量，v是它的速度。假设这个动能在挂上空挡之后还能推动汽车向前滑行的距离为x，汽车的摩擦力为其重力P的2%，则有：

$$\frac{mv^2}{2} = 0.02Px$$

由于汽车的重力P等于mg，g为重力加速度，上述等式又可写为：

$$\frac{mv^2}{2} = 0.02mgx$$

计算得出：

$$x = \frac{25v^2}{g}$$

从上式中我们发现，汽车质量并没有出现在其中。也就是说，最终的行驶距离不取决于汽车的质量。假设汽车的行驶速度为20米/秒，重力加速度为9.8米/秒²，通过计算我们得出，在驾驶员挂上空挡之后，汽车可以再滑行约1千米。

第3节
车轮的奥秘

为什么大部分马车的前轮设计得比后轮小，即使前轮既不负责转弯，也不载重？
要想得到这个问题的正确答案，我们不妨换一种问法，不问前轮为什么较小，而问后轮为什么较大？其实，将前轮设计得较小的好处显而易见。当前轮较小的时候，前轮的轴线就比较低。这样一来，车辕和套索就会有一定的斜度，在马车经过坑洼处时，更容易将车从坑洼的地方拉出来。

图65详细地为我们展示了倾斜的车辕AO和牵引力OP。由于车辕的倾斜，牵引力OP可以分解为水平向前的一个力OQ及垂直向上的一个力OR。正是因为力OR，马匹才能轻松拖出陷入坑洼的马车。若是只有一个水平的力，将马车拉出坑洼就会变得十分困难。如果是在平坦、笔直的道路上行驶，这种前小后大的车轮设计功能就派不上什么用场。因此，在城镇道路上行驶的大多是前后轮差不多大的马车，而在乡村道路上行驶的大多是车轮前小后大的马车。

(a)   (b)

图65　为什么马车的前轮比后轮小？

现在我们回到开头提出的问题：为什么马车的后轮不和前轮设计为同一个尺寸？这是因为，大轮子要比小轮子方便得多，受到的摩擦力更小。因为摩擦力与车轮半径成反比。这一点合理地解释了为什么马车的后轮会比较大。

第4节

蒸汽机车和轮船的能量去哪儿了

我们常常会认为，蒸汽机车和蒸汽轮船产生的能量都完全转化成了维持车身和轮船运动的动能。但事实上只有在蒸汽机车和蒸汽轮船刚开始运动的1/4分钟里，它们产生的能量消耗在了自身的运动上，剩下的时间里，水平运动的蒸汽机车和蒸汽轮船产生的能量都在对抗摩擦力和其他阻力。我们熟悉的城市中行驶的电车，它所消耗的电能就几乎完全用来加热城里的空气了。在没有其他力干涉物体运动的情况下，列车只需要消耗能量加速10～20秒，剩下的时间就能够完全依靠惯性继续运动下去，不用消耗任何能量。

我们之前说过，匀速直线运动中没有其他力参与其中，因此不会产生任何能量消耗。如果匀速直线运动中有能量消耗，那这些能量也是消耗在了克服一些阻碍匀速直线运动的力上。蒸汽轮船首先要克服水的阻力。与陆路交通的空气阻力和摩擦力相比，水的阻力都要大得多。这也解释了为什么海上通行要比陆地通行慢得多。一列重400吨的列车在陆地上行驶的速度可达每小时90千米，但对于一艘等重的轮船来说，这个速度确实很难达到。

一位划手能够以6千米/小时的速度划船，但如果想要将速度再提升1千米/小时，几乎需要花费他所有的力气。在竞赛中想要让船以20千米/小时的速度行进，就需要整个团队的所有划手全都拼尽全力才有可能达到，并且水的阻力会随着船的速度的增加而增加。

第 **5** 节

水　流　的　力　量

　　河水在流动的过程中会不断冲刷岸边，并将冲下的碎片带到其他地方。日常生活中，我们也能常常看到水流改变石头形状的例子。这真的让人难以置信——柔软的水竟改变了坚硬的石头的模样。当然，并不是所有的水流都可以产生这样的效果。平原地区的流速较缓的河流能够冲刷并带走的物质都不大。但是即使是一些流速不大的河流，水流中冲刷、冲走物质的力量也是非常可观的。而流速更大的激流更是能够将一些相对庞大的砾石卷走，比如山间的小溪，就能够轻松地将一个1千克甚至更重的鹅卵石冲走。我们该如何解释这一现象呢？

　　水文学中的艾里定律给大家展示了一个有趣的力学结论，那就是假设水流的速度为 n，那么被水流冲走的物质的质量与水流速度的6次方成正比，即 n^6。

　　为什么会出现这种情况呢？要知道和一个数值的6次方成比例在自然界中是绝对不多见的。

　　让我们想象一下，一个棱长为 a 的正方体石头沉在河底（图66），它的侧面 S 作用了一个水流的力 F，这个力使整个正方体开始绕棱 AB 转动。力 P 表示物体在水中的浮力与重力的合力，其作用是阻碍物体在水流的作用下翻转。若要使物体待在原地不动，P 与 F 就必须相对于棱 AB 的力矩相等，即两个力与它们到 AB 的距离的乘积要相等。力 F 的力矩为 Fb，力 P 的力矩为 Pc，$b = c = \dfrac{a}{2}$，因此，要使正方体待在原地，需要

满足:

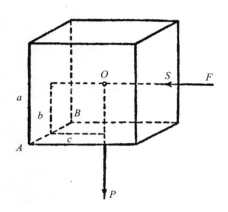

图66　水流作用在河底正方体
石头上的力

$$F \cdot \frac{a}{2} \leqslant P \cdot \frac{a}{2}$$

也就是说,

$$F \leqslant P$$

接下来,我们采用公式:

$$Ft = mv$$

这里的t表示力作用的时间,m表示作用在t时间内的水的质量,v表示水流的速度。

可得t时间内,质量为m的水流作用在正方体侧面S上的力为:

$$Svt = a^2vt$$

$$Ft = mv = a^2vt \cdot v = a^2v^2t$$

假设$t = 1$,则得:

$$F = a^2v^2$$

力P的大小为正方体石头的体积a^3乘其密度d,再减去立方体的体积,用公式表示为:

$$P = a^3d - a^3 = a^3 (d-1)$$

将上述$F \leqslant P$的条件代入,则得:

$$a^2v^2 \leqslant a^3 (d-1)$$

化简得:

$$a \geqslant \frac{v^2}{d-1}$$

在流速为v的水流中，正方体不会被水流带走，并且水流速度的平方（v^2）与正方体的棱长a成正比，正方体在水中的重力与其棱长的3次方（即体积）成正比。因此，正方体的重力与水流的6次方成正比（v^2）$^3 = v^6$。

这便是艾里定律的推理过程，这个定律对任何形状的物体都适用。

为了更好地证明这个定律，我们假设面前有三条河，第二条河的流速是第一条河的两倍，第三条河的流速是第二条河的两倍，也就是说，三条河的流速之比为1∶2∶4。根据艾里定律，三条河中能被冲走的物体的质量之比为1∶2^6∶4^6=1∶64∶4 096。这也就是为什么流速较缓的河流能冲走4克重的物体，而流速较快的河流能够冲走16克重的物体，流速更快一些的河流中甚至能够将成百上千千克重的物体冲走。

第 **6** 节

雨 滴 的 速 度

运行的列车玻璃窗上的倾斜的雨滴反映了一个非常值得注意的力学现象。雨滴的运动和列车的运动共同作用遵循了平行四边形定理，这使我们最终观察到的雨滴在列车玻璃窗上的运动轨迹为一条笔直的斜线（图67）。但是由一定的力学常识我们得知，当一个物体在做匀速直线运动时，能够与另一个运动合成一个直线运动，那么其中的"另一个运动"也是匀速直线运动。也就是说，列车在做匀速直线运动，列车玻璃窗上的雨滴也是沿直线运动，那么雨滴也一定是做匀速直线运动。如果雨滴加速下落，那么它在列车窗上留下的轨迹就应当是一条弯曲的抛物线而不是直线。

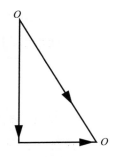

图67　雨滴落在车窗上的运动轨迹是一条倾斜的直线

因此，雨滴的下落并不会有一个像石头下落那样的加速度。原因就是雨滴的质量太小，空气阻力已经平衡掉了它的加速度。如果没有空气阻力平衡掉雨滴的加速度，那么对我们来说一定是一场灾难。雨滴一般是从距离地面1～2千米的高空落下，若没有任何外力的阻挡，它们到达地面时的速度可以达到：

$$v = \sqrt{2gh} = \sqrt{2 \times 9.8 \times 2\,000} \approx 200 \text{（米/秒）}$$

这可是左轮手枪射出的子弹能够达到的速度！虽然雨滴的动能可能仅仅是子弹的数十分之一，但若以如此之大的速度落在我们的身上，也一定不舒服。

那么在有空气阻力的情况下，雨滴落到地面时的速度又是多少呢？要想回答这个问题，我们首先要来分析一下，为什么雨滴在列车玻璃窗上的运动轨迹是一条倾斜的直线。

为了研究这一现象，我们进行一个小实验：让一个物体分别以自由落体形式下落和向下投掷下落。二者的区别在于自由落体的初速度小到几乎可以忽略不计（在下落的前1/10秒，自由下落的物体共下落5厘米），而投掷下落的物体将会带有一个初速度。第一种情况中，由于速度较小，空气阻力对自由落体的物体的作用微乎其微。而对于第二种物体的速度在开始下落后就越来越大（在速度越来越大的过程中，空气阻力与速度始终成正比）的情况而言，我们发现物体虽然有加速度，但是加速度在不断变小，直到最后为0，也就是达到匀速运动的状态。这时物体的速度既不会再增加，也不会再减小。这一过程空气阻力起到了很大的作用。

而这意味着，从高空下落的物体在空中会有一段时间保持匀速运动状态。对于雨滴来说，进入这个匀速运动状态的时间会非常早。我们测量了雨滴落地的终速度得知

（见下表）：质量为0.03毫克的雨滴，终速度为1.7米/秒；质量为20毫克的雨滴，终速度为7米/秒；最大的质量为200毫克的雨滴，其终速度也只能达到8米/秒。更大的速度在我们的测量中并没有出现。

雨滴的质量 /毫克	0.03	0.05	0.07	0.1	0.25	3	12.4	20
半径/毫米	0.2	0.23	0.26	0.29	0.39	0.9	1.4	1.7
下落速度 / (米·秒$^{-1}$)	1.7	2	2.3	2.6	3.3	5.6	6.9	7.1

测量雨滴速度的仪器非常巧妙，它由两片圆盘组成（图68），两个圆盘正中心贯穿一根中轴棍，在上方较大的圆盘上开一个小缺口。雨滴穿过缺口，落在下方较小的铺满吸墨纸的圆盘上。当我们在雨中转动大圆盘，下面小圆盘上就会有从缺口中落下的雨滴的轨迹。当大圆盘以每分钟20转的速度旋转，两圆盘之间的高度相距40厘米时，雨滴落在小圆盘上的位置与大圆盘缺口的位置相差1/20个圆周，雨滴走过两个圆盘之间的时间就是大圆盘转动$\dfrac{1}{20}$周的时间，即：

$$\frac{1}{20} : \frac{20}{60} = 0.15 （秒）$$

在0.15秒的时间内雨滴下落了40厘米，也就是0.4米，这意味着，雨滴每秒下落的速度为：

$$0.4/0.15 \approx 2.7 （米/秒）$$

（利用该方法还能够测算子弹的速度。）

至于雨滴的质量，我们也可以从小圆盘吸墨纸上的印记推算出来。质量为多少毫克的雨滴能够洇湿1平方厘米的纸，研究人员应给出了相应的答案。

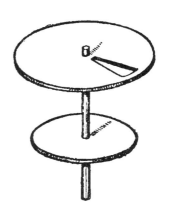

图68　测量雨滴速度的装置

冰雹在下落时的速度要远远大于水滴下落的速度，但这并不是因为冰的密度较大（其实恰恰相反，水的密度比冰的大，所以我们能够看到冰浮在水面上的现象），而是因为冰雹的体积比较大。但即使如此，冰雹在近地的一段距离中也是做匀速运动的。

即使是从飞机上扔下的直径为1.5厘米的榴霰弹，等它们降落到地面的时候，依然会以适当的速度做匀速运动。这时其杀伤力不大，连小小的玻璃弹珠都打不破。但是从高处落下的铁剑却威力无穷，严重时甚至连人的身体也可以刺透。这是因为铁剑在每平方厘米横截面积上分得的质量要比榴霰弹大得多。也多亏了它的外形，使它在克服空气阻力这个问题上表现得十分优异，杀伤力也就会更大。

第 7 节

下 落 物 体 的 秘 密

人们日常生活中的观点有时可能会和科学研究结论完全相悖，比如众所周知的下落物体的问题，二者就存在比较大的歧义。不熟悉力学知识的人们常常认为，质量较大的物体下落的速度要比质量较小的物体更快。这个观点由亚里士多德提出，并在他之后的很多世纪广为流传，直到17世纪才被物理学的奠基人伽利略推翻。这位伟大的自然科学家用了一个极巧妙的推论，反驳了亚里士多德的观点，并向大众普及了自己的看法，他说：

在没有前人的经验以前，研究的道路是多样的。在有了前人的经验以

后，我们更应该清楚地阐释前人的观点为什么正确或为什么不正确，并在此基础之上建立自己的观点和学说。如果两个下落的物体，质量较大的那一个下落速度较快，至少我们可以得出一个结论，那就是两个物体的材质是完全相同的，只有质量不同。如果将两个下落速度不一样的物体捆绑在一起，原先下落速度较快的那一个速度会被拖慢，原先下落速度较慢的那一个速度会加快。但是如果我们将原来下落速度较快的物体的速度设为8度，原来下落速度较慢的物体的速度设为4度，当我们将两个速度不同的物体捆绑在一起的时候，合体速度要比原先速度较快、质量较大的物体的8度还要大一些。这就意味着质量小的物体也有速度大于质量大的物体的速度的可能，于是前人关于质量越大下落速度越大的推断也就不成立了。由此我大胆推断：质量越大的物体下落时的速度越小。

时至今日，我们清楚地知道，在真空环境下，任何物体下落的速度都是相同的，因为真空中没有空气阻力的作用。但是这里还有一点疑问：如果说空气阻力对物体速度的影响取决于物体的尺寸和形状，那么，外形和尺寸相同但质量不同的两个物体，下落的速度应该是相同的。然而若说一个木质和一个铁质的两个直径和外形相同的小球下落速度相同，无异于天方夜谭，显然有悖于实际情况。

对这一点，又该做何解释呢？

我们可以利用第1章中的风洞装置对这一现象进行专业的实验。首先将风洞垂直放置，将两种材质的小球悬挂在其中，使风从下向上吹向两个小球，以此来模拟空气阻力对两个小球的影响。那么两个小球在风的作用下会有什么样的表现呢？实际上，即使在两个小球上作用同样的风力，它们获得的加速度也是不一样的，质量较小的小球获得的加速度更大（由$f = ma$可得）。我们将这个现象应用到物体的下落运动中，可以推断出，木质球在下落过程中是落后于铁质小球的。换句话说，铁质小球在空气中下落的速度要比木质小球下落得快。军队中，炮弹的"横截面负载"对炮兵们格外重要，这个横截面负载也就是炮弹每平方厘米受到的空气阻力。

第 8 节

顺流而下的小船

我相信，很多人会对物体顺流而下与自由落体两种运动是大致相同的这种说法感到不可思议。通常人们会认为河流中没有动力，也没有挂船帆的小船会以与水流相同的速度顺流而下。然而事实证明，这个认识是错误的。实际上小船的速度要比水流的速度快，并且小船质量越大，运动的速度也就越快。这个现象给了放木筏的工人很大的启示，而很多专业的物理学家却依然不知道这一点，我也是前不久刚刚得知的。

下面我们就来细细研究一下，小船的速度是如何超过承载它的水流的速度的。首先我们得对河流-小船的运动有一个清晰的认识，它们的运动并不像传送带上运送一个静止的零件那么简单。河流中的水呈现的是一个倾斜的平面，小船在这个斜面上以一定加速度滑行，而水流与河道间的摩擦力恰好平衡了水流的加速度，因此水流是以匀速在运动。小船的速度赶超水流的速度已成为必然。而在小船的速度大于水流的速度之后，水流对小船的运动就不再是起推动作用，而是开始阻碍小船的运动了，就如同空气阻力对下落物体的阻碍作用一样。当小船的速度增加到一定大小之后，也会像自由落体的物体一样开始进行匀速运动。小船的质量越小，达到匀速运动前花费的时间就越少，匀速运动的速度也就越慢。与此相反，小船的质量越大，其达到匀速运动的时间就越长，最终匀速运动的速度也就越快。

同理，从小船上落下的船桨会落后于小船，因为桨的质量比小船的质量小得多。这一现象在湍急的河流中表现得更为明显。

我曾收到一位读者关于此问题的一段有趣的对话，接下来就让我们一起来看一看：

"我曾参加过一次阿尔泰山区的旅行。我们乘船沿着一条起源于捷列茨科耶湖、流向比斯克市的河流走了5天5夜，出发之前，旅客中有人提出船上的船员过多。"

"这没什么的，不过是为了船能走得快些罢了。"一位长者说道。

"什么？！难道我们不是依靠水流的速度在行驶吗？"我们吃惊地说道。

"不，我们的船要比水流的速度快一些，并且船越重，航行的速度就会越快。"

我们并不相信这位老者的话。老者接着建议我们从船上丢下一顶帽子，果然有人扔下一顶帽子，而这顶帽子却在河流中迅速离地我们远去，被我们远远地甩在了身后。

与此同时，我们被卷入了河中的旋涡里。

我们的小船一直在不停地跟着旋涡旋转，一支木桨也在慌乱中掉落在水中，并随河水快速地朝下游漂去，我们无一不担心着那支漂走的木桨。

不料这时老者说道："不用担心，我们一会儿就能追上它了。"

挣扎了许久，我们终于脱离了旋涡，并在河流的下游处成功地追上了那支木桨。

沿途我们看到了一只空着的随波漂流的小船，不久便将它甩在了身后。

我们的船质量较大，速度也比空着的小船要快得多。

第9节
在雨中怎样会淋得更湿

下雨天我们在雨中待的时间相同的情况下，是静立不动淋得更湿，还是运动状态下淋得更湿呢？

我们不妨这样理解这个问题：

雨滴垂直下落时，什么状态的车厢顶每秒接收的雨点更多，是静止的，还是移动的？

关于这个问题，一些力学学者研究之后出现了两种大相径庭的答案：一部分学者认为，在雨中，保持静止状态淋湿的部分会少一些，而另一些学者认为，在雨中运动的速度越快，能够被雨点淋湿的部分就越少。

到底哪一种说法更为准确呢？

当车厢静止时，每秒落在车厢顶的雨滴的总量，其实就是以车顶面积S为底，以一定速度v下落高度H的棱柱体水柱（图69）。

由于运动的车厢顶的雨滴数量不好计算，我们将车厢和表示雨滴总量的棱柱体水柱看作是与地面相对静止的（这时车厢速度与地球自转速度相当）。雨滴为了配合车厢的相对静止，会在原来垂直下落的基础上发生一定的偏斜。这时雨滴倾斜的下落运动可以分解为两个分运动：一个是垂直向下的运动，一个是水平的与车厢运动方向相反的运动。倾斜方向速度与垂直方向速度间的夹角为α。

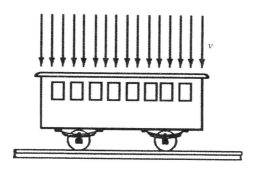

图69 雨滴落在静止的车厢上

这时的车厢相当于静止在倾斜下落的大雨中（图70）。

此时我们假设垂直于倾斜落下的雨滴的横截面面积为S_1，S_1与车厢顶面积S间的夹角为α，以速度v_1落下的雨滴走过的高度为H_1，可得其中的关系为：

$$\frac{S_1}{S} = \frac{AC}{AB} = \cos\alpha$$

高度的关系为（图70、图71）：

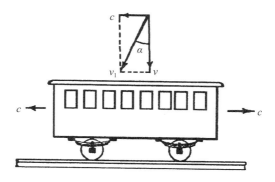

图70 雨滴倾斜地落在运动的车厢上

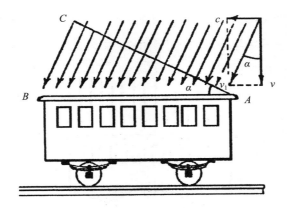

图71 雨滴落在运动的车厢上

$$\frac{H_1}{H} = \frac{v_1}{v} = \frac{1}{\cos\alpha}$$

由此可得两种状态下的雨量之比为：

$$\frac{Q_1}{Q} = \frac{S_1 H_1}{SH} = \cos\alpha \cdot \frac{1}{\cos\alpha} = 1$$

无论我们在雨中站立还是狂奔，身上被淋湿的程度都相同。

10

大自然中的力学

导 读

姜连国

在前面，我们已经大概地把力学里的基本内容都聊了个遍，我相信你也已经对力学有了一个初步的认识了。怎么样？是不是觉得力学和电磁学一样，也渗透在了我们生活的方方面面呢？不仅如此，大自然中其实也处处都有力学在"作祟"，它无处不在。从小蚂蚁到大老虎，从一颗石子到整个宇宙，力学总是以不同的形态出现在它们的身上和周围。只要我们多留心身边的事物、多问几个为什么，就能慢慢发现物理的趣味性和实用性，对物理产生亲切感。

"巨人"总是以异常强壮于常人的身份出现在小说中，它们身形巨大、力气非凡，只要两根手指就能把人提起，只要跑上两步就会地动山摇。我们在读的时候总是会止不住思考：这样的巨人真的存在吗？实际上，答案是不存在。身型达到"巨人"级别的"人"，是不会拥有这些能力的。利用力学中功与能的知识，《格列佛与巨人》这篇文章会为你解释明白。

力学知识不仅可以帮助我们思考那些魔幻的小说到底有没有现实化的可能性，还可以解释许多关于动物的结构的问题。比如，为什么自然界中生物遵循体型越大，则骨骼占比越多的规律？各种生物为什么有着不同的体型结构？又为什么是那些体型结构？为什么大体型的生物不利于生存？又为什么在生物进化的过程中它们没有被淘汰？不要着急，这些疑惑会在本章《笨重的河马》《陆生生物的构造》《巨兽的灭绝》三文中一一得到解答。

在最后，我想向大家介绍一位伟人。在物理学、天文学乃至科学的历史上，他是当之无愧的先驱者和领路人，如同一颗明星、一座灯塔，伫立在科学探索的漫漫长路上，时刻激励与鼓舞着追随他不断攀登险峰的人。他是伽利略，意大利天文学家、物理学家和工程师，被后世赋予了"观测天文学之父""现代物理学之父""科学方法之父""现代

科学之父 "等美称。可以说，没有伽利略，就没有现代物理。身处17世纪严苛的社会环境中，他没有同伴，没有支持，承受着来自社会各方面的巨大压力，却仍然坚定科学的信念，在屈辱与威胁中守住了日心说的真理，同时以自己的智慧与钻研，在人类科学史上留下了最浓墨重彩的一笔。在本章，也是本书的最后一节《伽利略著作摘要》中，我们将透过伽利略著作的视角走近这位时代伟人，领略他充满智慧与严谨的文字和他的人生经历。

和伽利略一样，我们在科学研究的道路上，也许也会遇到巨大的挫折与自我质疑的时刻。当我们身边的朋友无一支持，当同领域的其他人都坚信着与自己不同的观点，当我们也面对巨大的压力，承受沉重的负担，我们能否鼓起勇气奋力一搏、为心中笃信的真理付出毕生心血来执着坚守？在人们都认为地球是宇宙中心的时代，哥白尼与伽利略等一批充满勇气的科学家向几乎不可撼动的权威发起了挑战，为了真理质疑既定的知识体系——这是多么无畏的举动！而如果没有他们的质疑与审慎，又如何能有人类科学如今的盛况？这种不断反思、不断验证、不断在自我检验与否认中与时俱进的精神，正是人类科学最宝贵的财富。对科学真理的不断追求，值得我们用一生的心血来为之奉献——无论那个真理看上去多么不可思议或微不足道。也许在我们短暂的生命中，不能够看到我们事业的成功，但我愿作人类文明天梯上的一块普通砖石。

在1965年，对于猫在落地时永远四脚向下，这一看似简单却令无数人百思不得其解的问题，科学家们终于发表了最终解释。然而，太多人并没有等到这一天的到来就已经与世长辞。我们敬爱的本书作者于1942年过世，正是永远无从得见真理面目的群体中的一员。尽管如此，我仍然坚定地相信，身殒于追求真理的道路上，即便面对生命的最终，我们的作者也无怨无悔。

我的话就说到这里。亲爱的读者，请你怀着敬意与憧憬，继续完成本书的阅读吧。

第1节

格列佛与巨人

我们常常想象巨人的模样：比正常人高12倍，也会强壮很多。在我们读《格列佛游记》的时候，其中的巨人总是令人震撼不已，它的作者赋予自己笔下的巨人巨大而可怕的力量。然而这是不正确的。文中的巨人违背了力学的规律。我们可以相信巨人比我们高12倍，但是事实上可能他们比我们还要脆弱许多，而不是更强壮。

我们让格列佛和比他高12倍的巨人并列站立，两人同时举起他们的右手。假设格列佛右手的重力为p，巨人的为P；格列佛手臂的重心升高了h，巨人的升高了H。这也就意味着，格列佛在这一过程中做的功为ph，巨人做的功为PH。为了方便找出这几个变量间的相互关系，我们假设巨人手臂的重力是格列佛的12^3倍，举起的高度H是格列佛举起的高度的12倍，因此：

$$P = 12^3 \times p$$

$$H = 12 \times h$$

从而得出$PH = 12^4 ph$。也就是说，为了举起自己的手臂，巨人做的功是格列佛做的功的12^4倍。做如此大的功会产生相应大小的工作能力和效果吗？想要了解这一点，我们得在生物学的基础上比较一下二者的肌肉力量：

我们能够将物体举多高取决于我们肌肉纤维的长度，能够举起多重的物体取决于肌肉纤维的数量，物体的质量会在这些肌肉中进行分配。因此两块质量相同、肌肉纤维长度相同的肌肉，横截面面积大的那一个做的功相对较多；而横截面面积相同的两块肌肉，肌肉纤维长度更长的那块做的功更多；对于两块肌肉纤维和横截面面积都相同的肌肉来说，哪一块肌肉的体积更大，哪一块肌肉做的功就更多。

结合上述情况，巨人肌肉的体积是格列佛的 12^3 倍，做的功也应是格列佛的 12^3 倍。我们假设格列佛的做功能力为 w，巨人的做功能力为 W，则有：

$$W = 12^3 w$$

这意味着，在做抬起手臂这个动作时，巨人做的功是格列佛的 12^4 倍，但是做工能力只有格列佛的 12^3 倍。换句话说，巨人在举起手臂时，要比格列佛困难12倍。如果要战胜巨人，只需144个正常人就可以，而不是1 728个（也就是 12^3）。

如果《格列佛游记》的作者斯威夫特希望自己笔下的巨人能够拥有常人一样的自由行动的能力，就必须使该巨人的肌肉体积按比例再增大12倍，肌肉的横截面面积，即粗细也要增大 $\sqrt{12}$ 倍，也就是约3.5倍。肌肉变大，质量随之也会变大。斯威夫特一定没想到，自己创造出的巨人实际上可能比河马还要笨重和行动迟缓。

第 2 节

笨 重 的 河 马

河马在我的印象中一直都是之前在文学作品中了解到的臃肿、笨重的形象。在自然界中，硕大的体型一直无法和优美联系在一起。我们将身长4米的河马和身长15厘米的、与河马外形相似的旅鼠进行比较，由于上节我们已经解释了两个外形相似的生物的做功能力不一定相同，因此，河马的做功能力要比旅鼠小得多，运动起来也没有旅鼠那么灵活。如果二者的肌肉构成相同，那么旅鼠做的功则相当于河马的：

$$\frac{400}{15} \approx 27 \text{（倍）}$$

要想河马能够和旅鼠一样灵活，那么它的肌肉大小就得是之前的27倍，做功能力相当于之前的$\sqrt{27}$倍，也就是5倍多。相应地，支撑这些肌肉的骨架就要随之增大。

现在我们已经明白河马看起来总是那么笨重且拥有硕大骨骼的原因了。下表体现了自然界中生物遵循的体形越大，骨骼占比越多的规律。

哺乳动物	骨骼质量占体重的比例%	鸟类	骨骼质量占体重的比例%
鼩鼱	8	戴菊莺	7
老鼠	8.5	鸡	12
家兔	9	鹅	13.5
猫	11.5		
狗	14		
人	18		

第 3 节

陆 生 生 物 的 构 造

　　许多陆生生物都遵循着这样一个简单的力学规律：它们四肢的做功能力与它们长度的3次方成正比，做的功与其四肢长度的4次方成正比。因此，体形越大的动物，它们的四肢、翅膀、触角等就越短。修长的四肢我们只能在大部分体形较小的陆生生物身上看到，比如盲蜘蛛，它就是身子小、四肢长的生物的代表。力学规律显然并不能阻止这种小体形长四肢形态的存在。然而同样的体态若是在体形较大的动物身上出现，那么它们的四肢就将无法支撑它们身体的重力。只有在海洋中，在大型动物的身体重力能够被水的浮力平衡大半的情况下，上述长四肢的体态才有可能实现，比如身长达0.5米、肢体长3米的巨型蜘蛛蟹。

　　通过观察个别生物的成长过程我们不难发现，幼体在生长期的四肢总是比其在胚胎时期的要短许多，躯干的生长速度要比四肢的生长速度快。只有这样，才能保证肌肉与做功之间的平衡关系。

　　伽利略是最早对这些有趣的问题进行研究的科学家。他在自己的著作《两门新科学的对话》中专门用一章记录了大型动植物、巨人和水生生物的骨骼以及大型飞行动物等的研究。我们还能在本章接下来的叙述中一一领略到。

第4节

巨兽的灭绝

　　力学中常常对生物的大小尺寸有着明确的界定范围。随着生物绝对力量的增大，巨大的体形所带来的不仅仅是灵活性的降低，还有肌肉和骨骼的比例不相称。其中还有一个重要的不利结果就是获取食物能力降低，而随着体形的增长，对食物的需求却在日渐增加。最初一些大型生物还能够不断进化自己获取食物的能力，但久而久之，大部分巨型生物还是由于得不到足够的食物而走向灭亡。这些体形硕大的远古生物，一个接一个地离开了曾经生活的场所，消失不见。大自然创造的这些"庞然大物"，一直留存生活到现今的少之又少。在这些生物灭绝的众多原因中，力学因素占比颇多。有人可能会质疑说，鲸鱼也是远古生物，却没有因为力学因素而灭亡。然而我们要知道的是，鲸鱼生活在海里。由于浮力的作用，海水中是一个失重的环境，重力对于鲸鱼来说构不成任何威胁。若是将鲸鱼放到岸上的空气中，其巨大的形体之中的内脏就会由于重力的作用而不断挤压，最终爆裂而将鲸鱼置于死地。

　　既然大体形如此不利于生存和生活，那么为什么生物不朝着小体形的方向进化呢？其实，原因在于大体形生物与小体形生物相比，还是具有绝对力量优势的，即使相对来说大体形的做功能力要比小体形生物的弱一些。我们还是要举《格列佛游记》中的例子，文中的巨人即使在举起自己的手臂时比格列佛困难12倍，举起的手臂的质量也是格列佛的1 728倍，但是要击败巨人，仍然需要144名正常体形的人才可以做到。由此可见，在小体形生物与大体形生物的正面较量中，大体形生物是极具优势的。这也就是为什么虽然大体形生物存在种种劣势，但生物在进化过程中依然越变越大。

第 5 节

谁 跳 得 更 高

　　我们知道，跳蚤的弹跳能力异常优秀，它能够轻松跳到40厘米的高处，而这个高度是其自身身长的近百倍。经常有人戏说，人若想和跳蚤竞赛跳高，除非能一跃登上1.7×100也就是170米的高处。

　　幸运的是，随着力学的发展，人在跳高领域的声誉被渐渐挽回了。为了方便研究，我们将人和跳蚤的外形看作相似的。如果p千克的跳蚤能够跳跃的高度为h米，那么它每次跳跃所做的功为ph千克·米。设P千克的人能够跳跃的高度为H，则每次跳跃做功PH。一般来说，人类的身高是跳蚤的约300倍，那么人类的重力就是$300^3 p$。由此我们可以得出：

$$\frac{300^3\, pH}{ph} = 300^3 \frac{H}{h}$$

　　即人跳跃时做的功是跳蚤做功的300^3倍，因此，在跳跃时人类花费的能量也是跳蚤花费的能量的300^3倍。而如果：

$$\frac{人做的功}{跳蚤做的功} = 300^3$$

则可以推出等式：

$$300^3\frac{H}{h} = 300^3$$

得到：

$$H = h$$

综上所述，当我们将身体重心抬高40厘米的时候，跳跃能力就已经与跳蚤的相同了。而跳跃40厘米对于我们来说几乎可以说是易如反掌的事，所以人类在跳跃能力上不如跳蚤这一说法也就不再成立了。

如果这样的推算不足以服人，那就让我们再来验证一下：跳蚤要将其身体重心抬高40厘米，只需要承担相当少的质量，而跳蚤的质量又几乎可以忽略不计。人的质量是跳蚤的300^3倍，也就是27 000 000倍，这相当于有2 700万只跳蚤同时起跳，其质量才能和人类相当。而质量如此之大的人依然能够轻松跳跃40厘米的高度，足见人的跳跃能力的优越。

现在我们明确了为什么体形越小的生物能够跳跃的高度相对越高。我们将一些后肢构造差不多的生物跳跃的高度与其身高进行比较，得出了下列一组数据：

生物种类	身体长度（倍数）	跳跃高度（倍数）
老鼠	1	5
跳鼠	1	15
蚱蜢	1	30

第 **6** 节

谁 飞 得 更 远

若要准确地比较不同飞行生物间的飞行能力，我们首先要明确一点，那就是动物们能够挥动翅膀飞行，空气阻力是一项重要的因素。飞行的速度则是由翅膀的表面积决定的。随着飞行动物体形的变化，其翅膀的长度约是其身长的2次方，身体的质量约为其身长的3次方。翅膀上每平方厘米的负载随着飞行动物体形的增大而增大。《格列佛游记》中巨人国的鹰翅膀上每平方厘米的负载相当于正常大小的鹰的12倍，而小人国的鹰翅膀上的负载则是正常大小的鹰的 $\frac{1}{12}$。

现在让我们将目光由想象转向现实，下表中是几种不同的飞行动物每平方厘米翅膀的负载（括号中是该动物的质量）：

动物质量	翅膀每平方厘米面积承受的负重
蜻蜓（0.9克）	0.04克
蚕蛾（2克）	0.1克
岸燕（20克）	0.14克
鹰（260克）	0.38克
鹜（5 000克）	0.63克

从上表我们清楚地看到，体形越大的飞行动物，翅膀上每平方厘米负载的质量就越多。如果体形大到超过了翅膀的负载能力，它们就再也飞不起来了。比如，鹤驼虽然是鸟类，却拥有跟人类相似的体形；鸵鸟足有2.5米高；还有曾经体形更大的、但现已灭绝的马达加斯加隆鸟（迄今研究表明，该种类的鸟在17世纪初仍生活在地球

上，现已灭绝），身长5米，虽然是鸟，但不能飞。在很多年前，它们的祖先是可以飞起来的，但是后辈们由于疏于练习飞行的技能，加之体形不断增大，也就逐渐开始适应了在地面的生活而不会飞行了。

第 7 节

不会受伤的坠落

生活中我们经常能够发现一些动物或者昆虫在从我们都望而生畏的高处跳下之后却毫发无损。它们是如何做到的呢？

其实，当体形较小的动物下落时，会立刻停止身体各个部分的一切运动，不会出现身体的一部分对另一部分进行挤压的情况。而大型动物下落时，往往会出现下部身体已经着地而上部还在运动的情况。这时，继续运动的上部就会对下部身体造成一定的挤压，而这种压力对大型动物身体造成的伤害是致命的。就像1 728个小人国的小人一起从树上往下跳，最开始跳下的势必会受到后面跳下的小人的挤压而受到伤害，人从高处跳下时，身体的变化就可以看作这1 728个小人的下落效果。

以上便是小型动物从高处落下而不会受伤的第一个原因。原因二是小型动物的身体柔韧性较高，它们的脊柱即使在压力之下也能够保持很好的弯曲程度。昆虫的体形是一些大型动物的上百分之一，因此，根据弹性公式，它们在压力下的弯曲程度可以达到大型动物的数倍以上。在受到撞击或者被施加其他压力的时候，小型动物们就能够自如地弯曲自己的身体，以免受到外力的伤害。

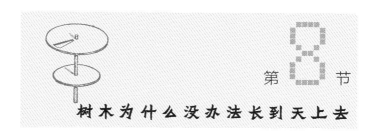

第 8 节

树木为什么没办法长到天上去

德国一则谚语曾这样说道："大自然常常为大树不能参天而苦恼。"现在我们就来看一看，为什么大自然会有这样的忧虑。

让我们想象一下，让一棵树干尚能撑起自身重力的、坚固的大树的长度再向上延伸100倍，则大树的质量要增加100^3倍，也就是1 000 000倍。树干承受的压力与树干的横截面面积有关，而这个横截面面积随着树干质量的增加仅仅增长为之前的100^2倍，也就是10 000倍。这时，树干每平方厘米所受的压力为质量未增时的100倍。因此，如果树长到上文描述的高度，虽然大体几何形状只是被放大了，但是它自身的质量就足以把自己的树干压得粉碎，除非大树进化成能够抵抗自身压力的样子，或者说，为了抵抗自身的压力而变得不成比例的粗矮。然而，在树木的粗度增加的同时，它的质量也会不断增加，并且这个增加有一个极限，一旦增加的质量超过这个限度，树木还是会遭到毁灭性的破坏。这也就是"大树不能参天"的原因了。

自然界中有一种异常坚固的植物——黑麦秆。这种麦秆足有1.5米高，但是其只有3毫米粗。人造的较为坚固的建筑要数工厂的烟囱了。这种大烟囱高140米，直径能够达到5.5米，它的高度是其直径的26倍——而麦秆的高度是其直径的500倍！由此可见，自然界中的造物的艺术要比人类精妙得多。

如果大自然将麦秆造得高140米，那么，相应地，该麦秆的直径将会达到近3米，只有这样，麦秆才有足够的强度来支撑自己的重力。通过许多例子，我们发现植物高度的增加和它粗细程度的增加并不成一定的比例关系。

例如，高1.5米的麦秆的高度是其粗细的500倍，高30米的竹子的高度是其粗细的130倍，高40米的松树的高度是其粗细的42倍，高130米的桉树的高度则是粗细的28倍。

第 9 节

伽利略著作摘要

为了使读者朋友更好地理解力学奠基人伽利略的力学思想，我们从其著作《两门新科学的对话》中进行了摘录，以此为本书的研究探索画上一个圆满的句号。

萨尔维娅蒂：对于一些大自然的艺术作品来说，规模、体形的无限增长都是不可能实现的，人类也不可能造出无限大的楼宇、教堂、宫殿、船只、梁柱、铁夹……也没有任何东西能够永远坚固如初。最简单的例子便是大自然不可能创造出无限生长的树木。因为随着它的生长，质量越来越大，最终将会走向自我毁灭。无论是人还是其他任何大型动物的骨骼，都是满足日常生活需要的，都不会太过巨大。而当他们的骨骼较大时，他们的坚硬程度是要比小型动物大得多的。即使坚硬程度达不到，骨骼也会比其他动物粗很多。而骨骼变大之后，其体形也会随之变大，因此看起来会非常笨重庞大。

曾经一位诗人在自己的诗集中描写了这样一位巨人：

巨大的身形，使他看起来像一只怪物。

图72或许能够帮助我们更好地理解上述观点。图片中的大骨头的长度是小骨头的3倍，大骨头的使用对象是一些大型动物，而小骨头则属于体形较小的动物。我们如果想使一个正常比例的人增长到巨人那么大，就需要让这个人的骨骼成长到像巨人的骨骼那样巨大和坚固，否则，这个"巨人"的柔韧度和骨骼硬度可能比正常体形的人还要弱一些。若一个生物的体形一直不断增大，那么最终它将可能被自己压坏。相反地，如果我们想将一个生物缩小，我们并不是只减小它骨骼的强度，而是将其大小也相应地按比例收缩，让其足以支撑自身的重力的同时，也拥有应有的强度。因此，我注意到，一只体形不大的小狗能够再承载2～3只与自身质量差不多的小狗，而马却只能背起一匹与自己质量相同的马匹。

西穆里奇奥却不这样认为，并且立刻举出了合适的例子：体形同样庞大的鱼——鲸鱼（在伽利略生活的年代，鲸鱼不算在哺乳动物的范畴内，还属于鱼类），它足有十头象那么大，却依然能够行动自如。这又如何解释呢？

萨尔维娅蒂：西穆里奇奥先生，您的问题非常好。您的疑虑恰是我刚才尚未说明的一点，而这一点正是水中的大型动物能够和陆地上的小型动物一样运动无碍的重要原因。虽然大型生物的肌肉和骨骼不断地变大，但是大海中有着巨大的浮力，这种力为巨大的鲸鱼在水中托起了身体绝大部分的重力。因此，大自然在创造鱼类时，并不是减少了它们的肌肉和骨骼，而是想办法减小对它们肌肉和骨骼作用的重力。

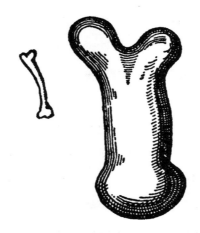

图72　大骨头的长度是小骨头的3倍

西穆里奇奥：萨尔维娅蒂先生，非常感谢您的讲解。您的意思是，鱼类生活在水中，而水中的浮力抵消了鱼类自身的重力，它们因此得以在水中畅游，并不是因为自身骨骼的支撑作用。但是，我认为仅凭这一点来解释巨大的鱼存在而不被自身重力压坏是绝对不够的。我们完全可以大胆猜测，不是这些骨骼使鲸鱼变重的，但是组成这些骨骼的物质又确实拥有重力，那么谁能够证明不是这个重力让它们沉到水底的呢？按照您的理论，鲸鱼的体形如此之大还是有其不合理之处的。

萨尔维娅蒂：为了让我对您的反驳更有说服力，现在我想首先问您一个问题：您是否看到过漂在平静的死水中的，虽无任何运动但依然没有沉底的鱼呢？

西穆里奇奥：显然，这种现象大家都见到过。

萨尔维娅蒂：既然如此，那便说明鱼能够不用做任何运动就在水面漂浮这个事实是不容争辩的。这一点，也证明了鱼的重力与水对它的浮力是相等的。因为鱼体内的部分物质比水重，但也有一部分是比水轻的，只有这样，它才能漂在水中。又由于鱼骨与水相比较重，自然而然，鱼肉或者鱼体内的其他部分就比水轻许多。如此一来，水中一些生物与我们在陆地上看到的生物的生存演化方式就会截然不同：在陆地上的生物，需要用自身的骨骼来承载骨骼和肌肉的全部重力，而在水中的生物，是肌肉和水的浮力的共同作用支撑起了自身骨骼和肌肉的总重力。综上所述，能够在水中生活的大型生物为什么在陆地上不会出现的问题也就迎刃而解了。

萨格列多：我非常喜欢西穆里奇奥先生所提的这些有趣的问题以及萨尔维娅蒂先生对这些问题做出的详细的解释。我总结了一下，并得出了一个这样的结论：如果把一条如此大的鱼放到岸上，那么它的骨头会迅速被扯断，躯体也会随之遭到破坏，因为它的骨骼根本没有办法撑起它庞大的身体。

孩子一读就懂的

物理

趣味物理实验

［俄罗斯］雅科夫·伊西达洛维奇·别莱利曼　著

李员合　译

北京理工大学出版社
BEIJING INSTITUTE OF TECHNOLOGY PRESS

图书在版编目（CIP）数据

孩子一读就懂的物理 . 趣味物理实验 /（俄罗斯）雅科夫·伊西达洛维奇·别莱利曼著；李员合译 . -- 北京：北京理工大学出版社，2021.6（2025.4 重印）

ISBN 978-7-5682-9762-2

Ⅰ . ①孩… Ⅱ . ①雅… ②李… Ⅲ . ①物理学—实验—青少年读物 Ⅳ . ① O4-49 ② O4-33

中国版本图书馆 CIP 数据核字（2021）第 069064 号

责任编辑：王玲玲　　　　**文案编辑：**王玲玲
责任校对：周瑞红　　　　**责任印制：**施胜娟

出版发行 / 北京理工大学出版社有限责任公司
社　　址 / 北京市丰台区四合庄路 6 号
邮　　编 / 100070
电　　话 /（010）68944451（大众售后服务热线）
　　　　　　（010）68912824（大众售后服务热线）
网　　址 / http://www.bitpress.com.cn

版 印 次 / 2025 年 4 月第 1 版第 9 次印刷
印　　刷 / 武汉林瑞升包装科技有限公司
开　　本 / 880 mm×710 mm　1/16
印　　张 / 10
字　　数 / 136 千字
定　　价 / 138.80 元（全 3 册）

C O N T E N T S
目录

01

生活中的趣味物理小实验

02

关于报纸的物理小实验

C O N T E N T S
目录

03

生活中的 68 个常见物理小问答

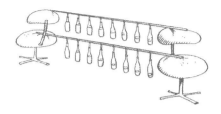

01

生活中的趣味
物理小实验

导 读

姜连国

亲爱的你，当你翻开这本书的第一章时，心中是否会充满了这样的不屑：物理这样可怕的东西，怎么会"生活"，又怎么会"有趣"呢？如果你真的这样想，那可要告诉你，你大错特错啦！实际上，在接下来的这一章里，你将看到29个小实验，每一个都可以用你触手可及的生活用品来完成。它们不仅一点儿也不复杂，反而非常有趣，而你所害怕的物理知识，其实恰恰就隐藏在其中。

我来给你举个例子吧！不如就从我们早餐桌上经常见到的一个鸡蛋开始——用一个普普通通的鸡蛋可以做什么小实验呢？不如跟随《如何让鸡蛋立在桌子上》这篇文章自己动手试试吧，在这里，我们可以学到如何真正在不伤到鸡蛋的情况下把鸡蛋竖立在桌子上，而不是像哥伦布一样粗暴地敲碎鸡蛋的外壳，而实际上，生鸡蛋和熟鸡蛋的竖立方法也并不完全一样。你还可以在《杯子里的鸡蛋》中，学到在另一种"危险情况"下如何保护脆弱的鸡蛋——像马戏表演中扯下餐桌上的桌布，却不挪动摆在上面的盘子、杯子、碟子那样——不伤害鸡蛋，就让它从盖在杯子上的卡片上落入其下的水杯里，而不是和卡片一起飞出去。如果你不喜欢这两个实验，你还可以看看《潜艇原理》——听名字就很有趣，是不是？在这个小实验里，准备鸡蛋、一碗水和一些盐，再把鸡蛋放入水中，接下来，依靠加水或者加盐，你就可以观察到鸡蛋像潜水艇一样在水中上下浮动的奇妙景象了，这是为什么呢？那就要由你自己去本章中寻找。最后，你还可以在《带电的梳子》这篇文章的指导下试着用鸡蛋支撑起一把尺子，再让尺子跟随着你的意愿旋转。

怎么样，看完了这些小实验，你是否会觉得非常神奇——怎么会这样？这是为什么呢？那么，这些实验中的原理，你想不想知道呢？不用担心，本章中的文章会告诉你答案。事实上，以上我们提到的关于鸡蛋的四个小实验里，都蕴藏着真正的物理知识，你甚至会在学校的课堂中找到它们。《如何让鸡蛋立在桌子上》中，立起生鸡蛋的过程中，你用到了有关重心的知识。重心，就是我们在思考重力相关的问题时，视为重力作用点的一个确定点，它的位置不一定位于物体的几何中心，而是根据物体的质量分布情况而定的。这部分知识实际上属于初中物理八年级下册（人教版）。而在高中物理必修一（人教版）中，你将了解到，对于任一物体来说，重心越低，物体越稳定，生鸡蛋正是依靠这样的原理被稳稳立起的。《潜艇原理》中鸡蛋之所以能够漂在水中，是因为受到了向上的力即浮力的作用。当其与物体本身竖直向下的重力大小相等、方向相反时，两个力的作用互相平衡，物体因此得以漂浮在水中，不上浮也不下沉。而令它如潜水艇一般在水中自由浮潜的，则是浮力随着液体性质的变化而产生的变化——同样是初中物理八年级下册（人教版）中讲述的知识点。在《带电的梳子》中，指引鸡蛋上的尺子随着你的牵引左右旋转的，则是看不见的电荷之间产生的排斥作用。很多物体在摩擦后会带上电荷，这个过程叫作摩擦起电，而摩擦后带上的电荷则分别有正电荷和负电荷两种。当电荷之间互相靠近或远离时，它们由于自身的性质不同，将对彼此产生不同的力的作用。相同属性的电荷互相靠近时，会互相排斥；反之，不同属性的电荷互相靠近时，则互相吸引。至于这些知识在实验中具体是如何得到体现和利用的，则要由你亲自到文章中去探索。

　　不过，看了以上的文字，你也许并不能充分地理解我叙述的这些知识。请不要着急，毕竟你还没有真正认真阅读本章中的文章。有时候需要与实验情况相结合，才能更好地思考和理解物理知识。如果你因为以上的介绍而对这一章节产生了兴趣，那么不要犹豫，快快翻开本书，好好读读接下来的精彩内容吧！

第1节
如何让鸡蛋立在桌子上

克里斯托弗·哥伦布（1450—1506），意大利的著名航海家，是地理大发现的先驱者。

马克·吐温（1835—1910），美国作家、演说家。代表作《汤姆·索亚历险记》。

"**克里斯托弗·哥伦布**真的是一个伟大的人。"一个小学生在自己的作文中写道，"他不但发现了美洲大陆，还可以把鸡蛋立起来。"对于这个小学生来说，这两项成就同样让人感到惊奇。而美国幽默大师**马克·吐温**对哥伦布发现美洲大陆一事没有感到一丝惊讶，他说："哥伦布找不到美洲才让人惊讶呢。"

但是，我觉得哥伦布的第二个成就并不足以让人觉得惊奇，你知道他是怎么把鸡蛋立起来的吗？如果他直接把鸡蛋的大头朝下，用力竖立在桌子上。这样肯定破坏了鸡蛋原来的形状，可是如何在保持鸡蛋完整的情况下，让鸡蛋立在桌子上呢？勇敢的航海家也无法回答这个问题。

其实，这个问题比发现美洲大陆简单多了，这里有三种方法：

● 对于熟鸡蛋，我们可以用手指或两个手掌旋转它，让它像陀螺一样转起来。这样在它旋转的状态下，鸡蛋就是立着的，是不是很简单？

● 对于生鸡蛋，就没这么简单了，也许你已经知道：生鸡蛋很难旋转起来。在这里顺便说一下，如何在不打破鸡蛋的情况下，分辨是生鸡蛋还是熟鸡蛋。生鸡蛋的蛋壳里都是液体，那些液体不能随着蛋壳的旋转而旋转，所以阻碍了生鸡蛋的转动，这也就是为什么生鸡蛋很难旋转起来，而熟鸡蛋比较容易转起来。我们再回到让生鸡蛋立起来的方法，方法是存在的。我们可以用力地摇晃鸡蛋，让鸡蛋内的蛋黄在外力作用下裂开分散在蛋清中，然后把鸡蛋大头朝下立在桌子上，手扶着鸡蛋，静置一会儿。因为蛋黄比蛋清重，所以蛋黄会逐渐下沉，在蛋壳底部再次聚集起来，这时鸡蛋的重心下移，就变得稳定起来，于是在保持鸡蛋完整的情况下，生鸡蛋就立在了桌子上。

● 对于不知道是生还是熟的鸡蛋，还可以用第三种方法。首先把鸡蛋立在葡萄酒瓶的软木塞上，然后在鸡蛋上方再放一块插了两支叉子的塞子（图1）。这个装置足够稳定，甚至将瓶子微微倾斜也能够保持平衡，为什么会如此神奇呢？其实这和铅笔尖立在手指上的原理一样（图2），铅笔底部插一把折叠小刀，调整后就能立在手指上。物理学家们解释说："这是因为物体的重心在支撑点上。"也就是说，装置的重心下移，落在了支撑物体的支点上。

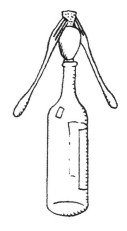

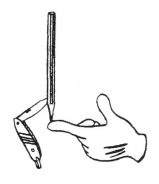

图1　软木塞与鸡蛋组成平衡体系　　图2　铅笔和小刀组成平衡体系

第 2 节

离心力

请打开一把雨伞，把雨伞的顶部立在地上旋转（图3），在雨伞快速转动时，往里扔一个小皮球、一个揉起来的纸团或一块手帕——总之，扔一些质量小而又不容易碎的东西，然后你就会发现让你意想不到的事：

雨伞好像并不想接受这些礼物，皮球、纸团或手帕都越过伞面上沿"爬"了出去，这是怎么回事呢？

图3 打开雨伞，把雨伞顶部立在地上旋转

研究得知，让皮球、纸团或手帕"爬"出来的力被称作"离心力"，更准确地说，它是一种惯性的体现。这两个名词还是有一定区别的，离心力指物体做圆周运动所产生的虚拟力，而惯性指物体保持静止状态或匀速直线运动状态的性质。

生活中，我们经常可以见到离心力，当我们用绳子牢牢绑住一块石头（图4），然后抓起绳子的另一头大力旋转的时候，你就可以感受到有股拉力似乎要把绳子扯断，这就是离心力的作用。有种古老的武器叫投石器[1]，用的也是这个原理。离心力的力量不可小觑，如果磨盘[2]的转速太快，或者磨盘不够坚固，离心力还会使磨盘破碎。如果你身手敏捷，还可以利用离心力做水杯魔术，只要旋转水杯的速度足够快，即使杯底朝上，水也不会洒出来。同理，杂技演员也可以借助离心力完成自行车杂技"飞檐走壁"（图5）。

图4 离心力的作用

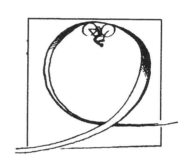

图5 杂技演员的"飞檐走壁"

使用离心分离机，可以利用离心力把牛奶中的乳脂分离出来，也可以把混合物里的蜂蜜提取出来。洗衣机的脱水功能也是利用离心力，在快速旋转中将衣服上的水甩了出去。

当电车行驶在弯道的时候，乘客就能感受到强烈的离心力，那时候身体会不自主地朝另一个方向倾斜。如果电车高速拐弯，并且外轨没有预先加高，情况就会变得更

---

1 投石器：向敌人或猎物投石块的机械。

2 把谷物磨成面粉的圆形磨石。

加危险，在离心力的作用下，电车很可能脱轨，发生车身侧翻，后果会十分可怕。

这里还有一个小实验可以帮助我们更好地认识离心力。

首先，需要将一张纸板卷成大漏斗的样子，当然，如果家里有锥形的器具就更直接了，用锥形玻璃灯罩或镀锌铁灯罩也可以。

然后，沿着边缘往里面扔一个硬币、小金属圈或者一个小环，它们会沿器皿底部旋转，并逐渐向里倾斜，随着硬币、小金属圈或小环运动的速度越来越慢，它们转的圈也越来越小，不断向器皿中心靠近。

最后，我们转动器皿，让里面的东西转动。

我们可以看到，它们渐渐远离器皿中心，转的圈也越来越大，当然，如果转速足够快，还可能从器皿中飞出去。

我们发现，自行车赛道是一个很特殊的环形赛道，赛道沿中心场地向上倾斜，自行车在跑道上倾斜旋转的状态，像极了锥形碗里的硬币，倾斜的面不但没让自行车侧翻，反而让它更加稳定了。在杂技表演中，观众总是惊讶于杂技演员的神通广大，他们竟然可以骑着自行车在极度倾斜的赛道上一圈一圈表演。我们现在了解离心力了，明白这并不是什么神通广大，反而在平地上高速旋转的难度比较大。也是由于离心力的作用，当马在急转弯时，背上的骑手会将身子向内侧倾斜，以保证自己的安全。

我们可以以小见大地分析一下地球，地球是一个自转又公转的运动物体，它也应该有自己的离心力，但它的离心力是怎样体现的呢？因为地球的转动，所以地球上的一切都变得很轻。越靠近赤道，地球上的物体在24小时内转的圈越大，这也说明越靠近赤道，物体旋转得越快，离心力越大，失重就会越多。我们如果把1千克的砝码从极点带到赤道，然后用弹簧秤称一下，你就会发现弹簧秤的读数小了5克。当然，这个差别不是很大，但质量越大的物体，这种差异就会越大。例如，从阿尔汉格尔斯克到敖德萨的蒸汽机车，会减轻60千克，这相当于一个成人的体重了。一艘2万吨的战舰，从白海到黑海，减轻高达80吨，这是一辆蒸汽机车的质量了！

这是怎么回事呢？地球转动的时候，会有一种想把东西甩出去的趋势，就像我们之前做的小实验：高速旋转的雨伞会把伞面里的小球甩出去。地球也本应该把我们甩出去，但为什么我们还是好好地站在这里呢？原来，地球还存在一种可以将物体吸引到自身的力，我们称之为"重力"，在这种重力的作用下，转动的地球不能把物体甩出去，但可以减小物体的重力。

物体转速越快，它的重力减小得越多。科学家们指出：如果地球的转速变成现在的17倍，那么赤道上的物体将完全失去重力，变得轻飘飘；如果地球的转速再快一些，例如只用一小时就自转完一圈（正常情况下需要23小时56分），那么不止赤道上的物体会失去重力，整个地球上的物体都会失去重力，大洲、大洋都会纷纷向赤道汇集。

请想一想，物体完全失去重力，这个世界会变成什么样？物体完全失去重力意味着，它们不再是你举不起来的东西了：蒸汽机车、大石头、大炮还有装满机械和武器的战舰，举起这些东西就像举起一根羽毛一样轻松。如果它们从上面掉下来，也没有丝毫危险，因为它们没有重力，根本不会掉下来。你把它们放在哪里，它们就飘浮在哪里。如果你在热气球上，身边的东西不小心从栏杆外掉了出去，它们哪里也不会去，就飘浮在栏杆外的空气中。多么不可思议的世界啊！在失重的世界里，你还可以尝试跳高，你可以跳到你做梦都无法想象的高度，比最高的建筑甚至比最高的山还要高。但不要忘了，跳起来容易，落下来就难了，失去重力后，靠自己是无法回到地面的。

这样的世界是混乱的，我们可以想象一下：所有的东西，大的、小的都会因为一阵小风飘起来。人、动物、汽车、战舰乱七八糟地飘浮在空气中，相互碰撞、挤压、损坏。

这就是地球极速转动下的世界，梦幻且混乱。

第3节
10 种制作陀螺的方法

这里我会展示10种不同样式的陀螺的制作方法，方法很简单，我们自己就可以动手完成。

第1种：如果你正好有一颗五孔的纽扣，那么让它变成一个陀螺非常简单，只需要把削尖的火柴紧紧插进纽扣中间的孔，短短几秒，一个陀螺就完成了，而且它不仅能以锐头为顶点旋转，还能以钝头为顶点旋转（图6）。让陀螺旋转的方法都一样，两根手指捏住上边使劲一撮，然后让它迅速落地。如果钝头那边落地，你会看到十分滑稽的旋转样式，东倒西歪的，十分有趣。

图6　纽扣陀螺

第2种：我们还可以用酒塞，沿着横截面切开一块，然后用火柴从它的中心穿过去（图7），这样一个陀螺就完成了。

第3种：有一种不寻常的核桃陀螺，其将火柴和核桃结合了起来（图8）。用核桃尖的那头做旋转点，钝的那头插上火柴，然后就可以旋转了。

第4种：软木塞陀螺。最好能找一个又宽又平的软木塞（芥末罐的塞子或者类似器皿的塞子），由于火柴不容易穿过这种大塞子，所以需要先用烧红的铁丝在软木塞的中轴线上扎一个洞，然后再把火柴从中间穿进去，这样的陀螺转得又稳又久。

第5种：装面霜的小圆盒也可以用来制作陀螺，首先把削尖的火柴从小圆盒中心穿过去，然后把盒子和火柴不贴合的地方用蜡油封上（图9），这样一个不一般的陀螺就做好了。

图7　酒塞陀螺　　　　　图8　核桃陀螺　　　　　图9　小圆盒陀螺

第6种：如图10所示，这是一个非常有趣的陀螺。在陀螺的底座周围接上连接线，在线的另一端绑上圆扣。当陀螺刚开始转动时，线和圆扣垂在底座下面，在离心力的作用下，线会渐渐拉紧。

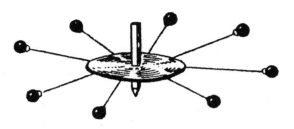

图10　圆扣陀螺

　　第7种：接下来我们做一个旋转起来非常好看的陀螺（图11）。首先，把一根大头针穿过软木塞的中心，然后在其他大头针上穿一颗可以自由滑动的珠子，最好每颗珠子的颜色都不一样，五彩缤纷的样子更好看，接着把这些大头针扎在软木塞的四周。当这个陀螺旋转起来的时候，我们会看到所有的珠子由于受到了离心力的影响，全都跑到了大头针的头部。如果陀螺的光泽度足够好，我们还会看到一根根大头针汇成了一条条实心的小银条，漂亮的珠子意外地画出了一个五颜六色的圆盘。为了获得更好的观赏体验，大家可以把陀螺放在光滑的盘子里，这样旋转起来效果更好。

图11　大头针珠子陀螺

　　第8种：图12所示是神奇的变色陀螺。虽然这个陀螺的制作很复杂，但它带给我们的动手实践体验绝对是值得的。首先，把圆药盒的底部剪掉，然后使用废弃的短铅笔头贯穿圆心，为了使它们连接得更加稳固，最好在它们之间套上一个软木圈。现在，我们从圆纸板中心出发，向圆周方向画直线，把圆纸板均匀地分割成几个部分，就像切蛋糕那样，分出来的每部分就是数学家所说的扇形，然后把每个扇形轮流涂上黄色和蓝色。当陀螺旋转起来的时候，你会发现它改变了颜色，陀螺不是黄色也不是蓝色，而是绿色。是的，蓝色和黄色融合起来的时候，我们的眼睛会看到一种新的颜色——绿色。

图12　变色陀螺

我们可以继续尝试这个色彩混合实验。找一个圆纸板，在均匀分出的每个扇形上轮流涂上橙黄色和天蓝色。这一次陀螺旋转起来呈现的颜色不再是绿色，而是神奇的白色，更准确地说是浅灰色，呈现的颜色越浅，说明颜料颜色越纯。在物理学中，两种颜色混合后产生白色，我们称这两种颜色为"互补色"。通过陀螺旋转的实验，我们可以得出结论：橙黄色和天蓝色是一对互补色。

如果你的颜料盒颜色很全，也可以试着做下面的实验。这个实验十分出名，是300多年前的英国物理学家牛顿做的。做这个实验，我们需要把圆纸板平均分成七份，然后把彩虹的七种颜色依次涂在每一个扇形上：紫色、蓝色、青色、绿色、黄色、橙色、红色。当陀螺旋转起来后，这七种颜色就会汇合在一起，变成了灰白色。这个实验清楚地告诉我们：平时所见的白光都是由多种颜色的光线共同组成的。

我们也可以稍微改动一下陀螺变色实验：在陀螺旋转的时候，在它上面套一个小纸环（图13），我们会看到陀螺一下子又变了颜色。

图13　纸环陀螺

第9种：会画画的陀螺（图14）。这个陀螺的制作方法和前面的大抵一样，只是把主轴材料换成了削尖的软铅笔。我们让这个陀螺在微微倾斜的纸板上旋转，陀螺会向下旋转，在纸板上画出一连串的小圈，每一个小圈都代表着陀螺自转了一圈，这样当我们手里拿着秒表[1]，看着它的旋转时间时，就能很容易地计算出它每秒能够旋转多少圈。当然，如果只用眼睛看，是什么也算不出来的。

图14　铅笔陀螺

还有一种可以画画的陀螺（图15）。要制作这种陀螺，需要先找一块铅圈，然后分别在它的中心和两边钻三个孔（铅比较软，所以很容易就能钻开），接着把削尖的小木棍穿进中间的孔，把马毛或者刷毛上的刷毛穿进剩下两个孔中的一个。注意，马毛或者刷毛垂下的长度要略长于陀螺的高度。最后再用火柴屑把马毛或者刷毛固定

---

1 其实也可以不用秒表计算时间，我们可以自己口头数：1、2、…，只是需要提前训练一下自己数数的能力，保证一秒读一个数。不要觉得这个能力很难习得，10分钟就能学会。

住。关于第三个孔，留置不用，我们钻它只是为了让铅圈两边质量保持平衡，以便更平稳地旋转。

图15 会画画的陀螺

我们做好陀螺后，还要准备一个盘子，把盘底倒扣在油灯或者蜡烛的火焰上，让火焰来熏黑它，直到盘底表面被黑色的烟熏均匀覆盖。我们把盘子取下来放在桌子上，让陀螺在盘底旋转，与此同时，马毛或刷毛也随之旋转，我们会惊奇地看到一支神奇的画笔在黑盘底画出了一连串白色的图案，虽然毫无章法，但是特别好看。

第10种：下面这个陀螺是本节的压轴之作——旋转木马陀螺（图16）。第一眼看上去很难制作，其实它不是很难，它的原型就是我们之前做的变色陀螺，我们直接把它拿过来，旋转木马的雏形就已经出现了。然后，把小旗粘在大头针上，均匀地插在圆纸板上，再制作几个骑马的小纸偶，粘在小旗中间，就这样旋转木马就做好了。送给弟弟或者妹妹，他们一定会很开心的。

图16 旋转木马陀螺

第**4**节

碰撞

两艘船或两辆车相撞会引发事故，而两个槌球撞在一起却只是一个简单的游戏，相撞真是一个奇怪的现象，物理学中我们把这种相撞称为"碰撞"。碰撞的时间十分短暂，但如果这两个物体带有弹性，就像槌球，那么它们在碰撞的一瞬间产生的反应可就多了。

弹性物体的碰撞可以分为三个阶段：

第一阶段：受到碰撞的两个物体在接触的相撞点相互挤压；

第二阶段：当挤压变形达到最大限度时，碰撞进入第二阶段，为了阻碍进一步的挤压，物体内部会产生反作用力，来平衡突如其来的压力；

第三阶段：物体内部的反作用力开始发力，试图恢复其第一阶段的形状，这时物体似乎会反击，被撞击的物体都向自己运动的反方向倒去。

实验一：当一个槌球撞向另一个质量相同且静止的槌球时，因为槌球内部的反作用力，运动的槌球静止了，原先静止的槌球却运动了起来。

实验二：我们可以进一步做一个很有意思的实验：把几个小球紧挨着排成一排，然后沿着摆放的方向对第一个小球进行撞击，我们可以看到，只有最后一个小球远离了队伍，其他小球都原位不动。原因也很简单，因为它受到的力无法传递，所以被碰了出去。

实验三：我们可以用槌球做这个实验，也可以用跳棋棋子或者硬币（图 17）。假设我们现在用跳棋棋子做这个实验，首先把跳棋棋子摆成一条直线，可以摆得很长，但一定要让每颗棋子紧紧挨着，然后轻轻摁住第一颗棋子，用木尺的侧面击打它，我们看到最后一颗棋子被撞了出去，其他棋子都停在原地。

图17　碰撞实验

第 **5** 节

杯子里的鸡蛋

观看马戏时，观众们总是会被小丑的一些神奇操作惊讶到，例如他们扯下餐桌上的桌布，桌子上的餐具——盘子、杯子、碟子却都完好无损地留在原先的地方。这不是奇迹，也不是魔术，而是缘于一个人的灵活性，经过长期的训练就可以掌握这样的技能。

让我们立即学会扯桌布的技能是不可能的，但我们可以做一个类似的小实验。首先，我们把一个杯子放在桌上，往里面倒半杯水，然后准备半张明信片和一个煮熟的鸡蛋，再向大人借一枚大点的男性戒指，这样我们的准备工作就完成了。我们将这四样物品按照特定的方式摆放起来（图18）：把半张明信片放在半杯水上面，把戒指放在明信片上（用来固定鸡蛋），最后把煮熟的鸡蛋放到戒指上。现在你可以把卡片抽出来，而不让鸡蛋滚落到桌子上吗？

乍一看这个实验似乎像扯桌布一样难，但是你要勇于尝试。用手指对着明信片的边缘用力一弹，你会看到明信片嗖的一下飞到房间另一边了，而鸡蛋和戒指落在了杯子里，完好无损。这是因为水很温柔，很好地缓冲了鸡蛋的重力，让鸡蛋免受破坏，依然完好无损。

图18 鸡蛋完好无损

当然，如果你对这个实验掌握得足够灵活，就可以不用煮熟的鸡蛋，而直接使用生鸡蛋做这个实验了。

现在，简单解释一下这个奇妙的实验。当我们用手指弹明信片的时候，明信片受到外力作用直接飞了出去，因为它的速度太快，以致鸡蛋和戒指还没来得及获得明显的速度就失去了支撑，所以就垂直落到了杯子里。

如果你觉得做这个实验有难度，可以先试着训练一下自己的灵活度，做一些类似的简单实验。首先在我们的手心放半张明信片，在明信片上放几枚稍重一些的硬币，然后另一只手的手指对着明信片边缘一弹，明信片一下子就飞了出去，硬币却留在了手心里。如果把明信片换成更轻薄的扑克牌，这个实验就更容易成功了，小读者们，快去试试吧。

第 **6** 节

出 人 意 料 的 断 裂

街边的魔术师总是会做一些很美妙的实验，让不明所以的观众们大吃一惊，其实这些实验的原理大都十分简单。

现在，我给大家讲述一个不可思议的实验（图19）：在两个纸环之间架上一根长长的木棍，与此同时，纸环的另一端也分别被烟斗和刮胡刀悬挂着，这时候魔术师拿起另一根木棍，用力敲打这根悬挂着的长木棍，你猜结果是什么。结果是长木棍断裂了，而纸环、烟斗、刮胡刀都完好无损。

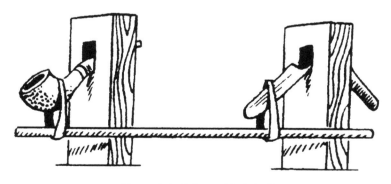

图19 木棍和纸环哪个会断裂

这个实验的原理其实我们之前已经了解过了，因为木棍用力敲下的速度太快，以致纸环、受力木棍的两端还没感受到力，悬挂的木棍就已经碎成两截掉落了。所以，这个实验成功的秘诀只有一个字：快。如果你犹犹豫豫、无精打采地敲打木棍，那么最后的结果只能是纸环断裂，而木棍完好无损。

一些高明的魔术师还能更巧妙地进行这个实验，他们把长木棍架在两块极薄的玻璃之间，对着长木棍用力一击，长木棍受到猛烈撞击而断裂，而易碎的玻璃仍然完好。

我讲述这些当然不是建议大家做这个复杂的实验，但我们可以试着做下面简化版的实验（图20）：把两支铅笔垂直放在桌子或椅子边沿，然后找一根细长的小木棍，架在两支凸出来的铅笔上，接着用直尺的侧面快速且用力地击打小木棍，小木棍瞬间断成两截，而桌上（或椅子上）的铅笔仍停留在原来的地方。通过这个实验，我们也许能够明白：当我们吃核桃时，为什么我们使用很大的力也无法用手掌压碎核桃，用拳头却可以很容易做到。

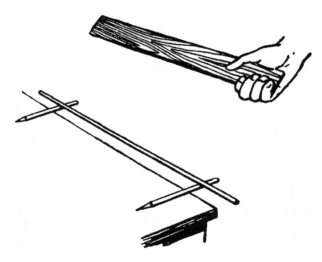

图20　木棍与铅笔的实验

正是由于同样的原因，子弹飞快地穿过窗户只会留下一个小小的洞，而石头以一般的速度砸向窗户，却可以让窗户的整块玻璃碎掉。如果以更慢的速度对玻璃施加推力，窗框甚至都会因此变得扭曲，这是子弹和石头无法做到的。

最后还有一个类似的例子，刮大风时树枝会截断一些植物的茎秆，但当我们慢慢地用树枝挥过茎秆时，茎秆只会往另一个方向倾斜。这时如果我们对着茎秆快速地用力一挥，只要茎秆不是太粗，我们都能把它一下子截断。这个例子和前面的例子一样，只要速度足够快，力还没来得及传递，就全部被受力点承受了。

第 7 节

潜 艇 原 理

新鲜的鸡蛋放进水里会下沉——每一个有经验的妈妈都知道这个秘密，她们会用这个方法判断手里的鸡蛋是否新鲜：把鸡蛋放进水中，如果它沉了下去，说明鸡蛋很

新鲜；如果浮了上来，说明鸡蛋已经不适合食用了。物理学家通过观察得出结论：新鲜鸡蛋的质量要比同体积纯净水的质量大。这里特指"纯净水"，这是因为每种水的质量都不同，例如盐水，它就比一般的水重。

我们也可以准备一罐浓盐水，看看鸡蛋在盐水中的反应。根据古希腊物理学家**阿基米德**发现的浮力原理[1]，我们会看到新鲜鸡蛋在水里浮了起来（图21（a））。

阿基米德（公元前 287—公元前 212），古希腊的伟大哲学家、百科式科学家、数学家、物理学家、力学家，静态力学和流体静力学的奠基人，并且享有"力学之父"的美称。阿基米德和高斯、牛顿并列为世界三大数学家。阿基米德曾说过："给我一个支点，我就能撬起整个地球。"

---

1 浮力原理，又称阿基米德原理，指浸在液体中的物体受到向上的浮力，浮力的大小等于物体排开的液体所受的重力。

(a) (b) (c)

图21 悬浮的鸡蛋

现在，我们来用刚刚学到的知识做个小实验，想一想：我们能不能让鸡蛋既不浮起来，也不沉下去，就像悬在水中一样（图21（b）），物理学家把这种物体悬在水中的现象称作"悬浮"。

为了达到这种悬浮的效果，我们需要准备一罐盐水，盐水浓度恰好使鸡蛋的质量等于鸡蛋挤出水的质量，其中盐水浓度的掌控不能一蹴而就，需要我们不断尝试：如果鸡蛋浮在水面上，我们就往盐水里面加些普通水；如果鸡蛋沉在水底，那么需要我们往盐水里添加浓度更高的盐水（图21（c））。只要我们耐心调配，最后一定会成功的：鸡蛋不上浮也不下沉，静置在水中间。

潜艇就是这种悬浮的状态，行驶时它始终在水里，但也不沉下去，因为它的质量恰好等于它挤出水的质量。为了掌控潜艇的出水、入水，潜艇内部有个特殊装置，下水时水手往里面加水，等潜艇需要浮到水面上的时候，水手再把水放掉，减小潜艇质量。

飞艇——注意不是飞机哦，它利用的原理也是阿基米德的浮力定律，像盐水里的鸡蛋一样，它的质量等于被挤出的空气的质量。

第 8 节
漂在水上的针

能不能让铁针像吸管一样漂浮在水上呢？好像不能，铁针哪怕再小，也是要沉入水底的，许多人都这样想。但是，如果你是"许多人"里的一员，那么下面的小实验一定能让你改变想法。

首先，我们在一个小碗里倒上水，再找一根普通的缝纫针，只要不是太粗就可以。然后给针裹上黄油或油脂，小心地放到小碗水面上。令人惊讶的是，针竟然没有沉入水底，而是漂在水面上。

这是怎么回事呢？针本应该要沉下去的，我们都知道铁的密度比水的大多了，相同体积下质量至少大7～8倍，它是不可能像火柴一样浮在水面上的，但现在事实摆在我们眼前，它真的浮在水面上了。为了寻找原因，我们仔细观察一下浮针的周围，它周围的水面微微凹了进去，像一个小山谷，浮针就躺在"山谷"底部。

浮针周围的水面弯曲，是因为针的上面覆盖了一层薄薄的油脂，而油脂是不溶于水的。生活中你也会见到类似的例子，当你的手沾满油脂时，你把手放进水里，然后再拿出来，手依旧是干的，并没有被水浸湿。鸭子、鹅这类水上游的小动物自身会分泌一种油脂，附在自己的羽毛上，所以水不会浸湿它们的羽毛。这也可以解释为什么如果不用香皂，只用水无法洗掉手上的油脂。被油脂包裹的针当然也不会被水浸湿，所以由于油脂的保护，它躺在水膜的凹陷处。可它为什么没有沉下去呢？原来针的重力向水面下压，而水面也会用力伸展，产生一种张力，使得针没有沉下去。

当我们自己动手做这个实验时，我们的手上或多或少都有油脂，所以针在我们手里，就已经被油脂覆盖了。这样我们不用特意为它裹油脂，而是以一种非常小心的方式把它放进水里，它也能漂浮在水上。我们首先把针放在一小张纸上，然后把纸倾斜着慢慢放入水中，最后纸全部被浸湿，沉到水下，但针却漂在水面上。

图22 可以在水面爬行的昆虫

如果你观察过水上的昆虫，你会发现它们在水上行走，就如同在陆地上爬行一般（图22）。我想，关于这个问题，你现在已经有了答案。昆虫的脚也是被一种类似的油脂包裹着，所以它们在水面时，脚并没有直接沾到水，而是只在水面上形成一个凹痕。与此同时，这个凹痕也在伸展，于是产生了向上的力，稳稳地托住昆虫的脚。

第9节 潜水钟

我们用普通的洗脸盆就可以模拟一个小小的潜水钟，当然，如果能找到其他又宽又深的盆，那就更好了。除此之外，我们还需要一个杯子，这个杯子就是我们的潜水钟，而盆里的水就是我们的微型海、微型湖。

　　这个实验同样非常简单，只需要我们把杯子倒扣在盆底，然后用手按住杯底（防止杯子浮上来），我们会看到杯子内部几乎没有水，杯子里的空气挤走了它们。我们改进一下小实验，让这个现象更直观一些。我们找一种容易被水溶解的物体，例如糖。首先，我们在水上放一块软木片，然后在软木片上放一块糖，最后用倒扣的杯子盖住它们（图23），当把杯子压到水底后，我们看到虽然糖在水面以下的地方，但它并没有接触到水，杯子周围的水被严严实实地挡在了杯子外。

图23　潜水钟

　　我们也可以用玻璃漏斗做这个实验。我们用手指堵住漏斗出口的孔，然后把漏斗的大口向下，垂直扣向水底，这时水进不到漏斗里面。但当你把堵住的手指松开，漏斗内部的空气迅速跑掉，这时漏斗里的水就会很快升上去，和周围的水面平齐。

　　我们总有一种错觉，认为看不到就意味着什么都没有，其实不是这样的。空气它真真实实地占据空间，如果它无处可去，是不会让其他物体占据它的空间的。

　　这些实验清楚地解释了潜水钟的原理，和我们实验中的杯子一样，大海、湖泊里的水也不会钻进潜水钟里，这样潜水钟内部就保留大量的空气供潜水人员在水里使用。

第10节

水为什么流不出来？

下面的这个小实验也很好操作，这是我少年时候做的第一个物理实验。

首先，我们往杯子里装满水。然后在杯口上面盖一张明信片或其他纸片，手指轻轻按住明信片，让杯子倒立，杯底朝上。

我们把手慢慢从明信片上移开（图24），神奇的事情出现了：紧贴杯口的明信片没有掉下去，水也没有流出来，当然，前提是让明信片保持水平状态。

你可以拿着这个倒扣的杯子大胆地来回走动，甚至可以比平时端水的时候还要随意，因为不用担心水会洒出来。你给朋友做这个实验，他们一定会大吃一惊的。

是什么让明信片顶住了水的重力，让它没有掉下来呢？答案是空气压力。空气压力很容易就能算出来，它对明信片外部施加的力要远大于水对明信片的重力，大约200克。

第一个向我展示并讲解这个实验的人曾提醒我说，一定要让杯子装满水，从杯底到杯口，如果水没有装满的话，杯子空余的部分会被空气占据，这样小实验可能会无法成功，因为杯子里的空气也会对明信片施加压力，这与杯子外部的压力相平衡，所以明信片会掉下来，水会洒出来。

听到提醒后，我立刻决定用不装满水的杯子做实验，我想亲眼看看明信片是怎么掉下来的。但是，呈现的结果却让我大吃一惊，明信片没有掉下来！我又做了几遍实验，我确信明信片不会掉落，它紧贴着杯口，和满杯时的状况一样。

图24 水没有流出来

这个附加实验对我来说是一堂生动、直观的课，给我留下了深刻的印象，它让我知道如何好好地研究自然现象。在自然科学中，最高法则应当是实验，所以无论在脑子里理论的推断是多么正确，最后都应通过实验来检测。"相信和证实"——这是第一个自然科学家〔佛罗伦萨学者〕在17世纪提出的规则，在21世纪也同样适用。如果在检验理论的过程中，发现实验不能证实理论，那就需要好好分析一下，看看理论哪里出了差错。

其实这个理论的差错不难找到，尽管它看上去是那么正确。我们倒扣好不满杯的杯子后，把明信片的一角小心地挪开，我们看到水里会冒出小气泡，这说明了什么？说明杯子里的空气要比杯子外的空气稀薄，否则外面的空气无法钻进杯子的水中。于是，我们得出结论：虽然杯子里留有空气，但杯子里的空气要比外面的稀薄，因此对物体施加的压力也更小些。我们回想一下小实验，什么时候空气开始变稀薄的？原来在我们倒扣杯子的时候，杯子里的水下沉，把部分空气挤出了杯子，只留有一部分空气存放在杯子中。空气少了，但还是原来的容器，空气自然变稀薄了，压力也变小了。

你看，如果多加注意，简单的小实验也能引发深刻的思考，这就是以小见大！

第 11 节
水中取物

现在我们都知道，空气在四面八方笼罩着我们，并对所有与它接触的物体施加压力，物理学家称其为"大气压力"。我们做一个相关的小实验，让我们更直观地证实这种压力。

我们把一枚硬币或金属扣放进浅口的盘子里，然后倒上水，让水稍微漫过硬币。那么有意思的问题来了：现在需要你徒手把硬币从盘子里拿出来，但手不能被水沾湿，你也不能把盘子里的水倒掉。

你肯定要说这是不可能的，现在为你展示如何把不可能变成可能。

首先，把燃烧的纸放进杯子里，让它消耗掉杯子里的空气[1]，然后把杯子倒扣在

1 物体燃烧需要氧气，所以会消耗气体。

硬币的旁边，静待一阵儿，会发生什么奇妙的变化呢？杯子里燃烧的纸很快熄灭了，杯子里的空气也渐渐冷却下来，随着杯内空气的冷却，杯子像会吸水一样，把盘子里的水慢慢聚集到了杯子里，最后露出盘底（图25）。过几分钟，等硬币上的水干了，我们就可以把硬币拿出来，而手不被沾湿。

图25　从水中取硬币，手不被沾湿

理解这种现象并不难。当纸在杯子里燃烧时，空气像其他物体一样受热膨胀，于是杯子内多余的空气被挤出杯子。当杯内留存的空气冷却后，杯内无法维持原先的气压，于是开始和外界气压相平衡，杯子和盘子相接的地方有缝隙，杯子周边的气压都比杯子内的高，所以外界气压就会把盘子里的水通过缝隙压进杯子里。这样我们就能明白，盘子里的水不是被杯子吸走的，而是在杯子缝隙处被气压压进去的。

如果你已经明白上述实验的原理，那么你也会意识到，燃烧的究竟是纸还是酒精棉絮，在实验中是没有区别的，这些火焰不过是为了加热杯子，至于如何加热，这并不重要，所以我们也可以用开水装满杯子，来达到给杯子加热的效果。

我们日常生活中也可以很容易做这个实验，在我们喝茶前预先往茶碟里倒点茶水，然后等我们喝完茶后，把还热着的茶杯倒扣在已经凉了的茶碟上，过一阵儿，你会看到茶碟上的茶水全都聚集到了茶杯里。

第12节

降落伞

降落伞是一项非常伟大的发明，当飞行员在高空中不得不逃离机舱时，它能拯救飞行员的生命。我们也可以自己试着做一个小降落伞：

首先，用轻薄的纸剪一个有几个手掌那样大小的圆。

然后，在大圆中心剪一个小圆，另外在大圆周边均匀地打上小孔，系上相同长度的线，最后，在线的另一端系上一块小质量的物体（图26），这样一个降落伞就制成了。

图26　自制降落伞

为了观察降落伞是如何工作的，我们可以把它从高楼层的窗户往外扔下去，这时重物下沉，两端的线迅速被拉紧，伞面也大大张开。在无风的天气下，降落伞平稳下落，最后轻轻落地；而在有风的天气下，降落伞会微微上扬，然后往远离高楼的地方飘去。

降落伞的伞面越大，它所能承受的重力就越大（为了让降落伞平稳下落，悬挂重物是必不可少的），降落伞的伞面越大，在无风的天气下，它下落得越慢，在有风的天气下，它则飘得更远。

为什么降落伞可以在空中飘那么久？你可能已经猜到了，因为空气影响了降落伞的下落：如果重物没有被系在降落伞上，它早就因为自身重力掉到地上了。这么说，降落伞不但没有加大物体整体的重力，还给了它一个向上的力，而且伞面越大，这个向上的力就越大。

如果你清楚这一点，那么你也会明白为什么灰尘会飘浮在空气中。人们常说：灰尘飘浮在空气中，是因为灰尘的密度比空气的小，这是完全错误的。什么是灰尘？它们是岩石、黏土、金属、木材、煤等物质的微小颗粒。要知道，这些物质的密度要比空气的大几百倍甚至几千倍，例如，石头的密度比空气的大1 500倍，铁的密度比空气的大6 000倍，木材的密度比空气的大300倍。也就是说，灰尘的密度一点儿也不比空气的小，反而比空气的密度大很多，它们是不能像木屑漂在水中一样飘浮在空气中的，所以空气中所有的液体、固体物质最后都会降落，其中灰尘的降落方式和降落伞的十分相似。

颗粒越小，其表面积与其质量的比值越大。我们可以用一颗小霰弹和子弹作比较，子弹的表面积大概是小霰弹的100倍，但如果看质量，小霰弹单位质量的表面积是子弹的10倍。想象一下，我们继续分解子弹，直到子弹是小霰弹的10 000倍，相当于变成了一粒粒铅尘，这时空气对铅尘运动的影响比子弹的大10 000倍，因此它飘浮在空气中，下落速度很慢，而且微风就能把它吹起来。

第 **13** 节

蛇 和 蝴 蝶

首先，我们用明信片或其他稍厚一些的纸剪一个杯口大小的圆。然后在圆的边缘沿着螺旋线条向圆中心方向剪，让它像一条盘坐着的小蛇（图27），再把它展开，降低它的弯曲度。这时我们把织针的一头插到软木塞里，另一头插在"蛇"尾上，让"小蛇"绕着织针旋转向下，像一个旋转楼梯。这样我们的"小蛇"就准备好啦，现在让我们开始做小实验。

图27　纸蛇

我们把它放到火旁边，"小蛇"奇迹般地自转了起来，火苗散发的热度越高，它转得越快。总的来说，这条"小蛇"在任何发热的物体旁都能转动起来，例如我们把它放到茶炊旁边，它能不眠不休地转动，直到茶炊失去温度。如果我们可以把"小蛇"的尾巴用细线吊着，然后放到煤油灯上面（图28），那它会转得非常快。

是什么让纸蛇旋转了起来呢？

答案是空气。

在每个发热物体旁边都有向上运动的热气流，你可能又有疑问了：为什么会产生这种流动呢？这是因为空气受热后体积膨胀，变得稀薄，而周围的空气，相对来说温度低些，更密集、更重一些，于是挤压稀薄的热空气，占据它的位置让它上升。上升的过程中，热空气不断被冷空气挤压，于是就会产生一股向上的气流。换句话说，在发热物体的上方，会有一阵向上吹动的风，它吹向弯曲的小纸蛇，就像风吹风车一样。

除了"小蛇"，我们还可以把纸片剪成其他样式，例如蝴蝶。我们用细线穿过纸蝴蝶的中间，然后挂在一盏灯上，我们看到纸蝴蝶像活的一样，自己旋转了起来。此外，因为灯光，纸蝴蝶的影子投到了天花板上，重复着纸蝴蝶的旋转，不知道的人看到了，还以为是从外面飞进来了一只黑蝴蝶呢。

我们也可以这样做：把针的大头插到软木塞上，然后把针尖穿进纸蝴蝶中心点，让纸蝴蝶保持平衡（中心点指的是纸蝴蝶的重心，需要我们尝试着寻找）。完成后我们把它放到发热物体旁边，纸蝴蝶就能快速地转动起来。如果你想让它转动得更活跃一些，可以把手掌放在靠近纸蝴蝶的地方。

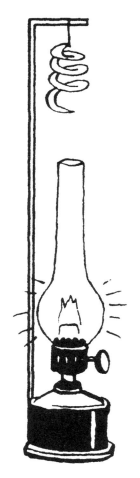

图28 纸蛇在转动

关于空气受热膨胀、热空气上升这样的例子，生活中到处可见。我们都知道，在暖和的房间里，最热的空气飘向天花板方向，最冷的空气则下沉到地面上。因此，我们在冰冷的房间里时，常常会感觉风在吹我们的脚。如果冬天我们把大门打开，冷风会呼呼地吹进屋子里，把暖和的空气挤走，这时候我们在门口点一支蜡烛，根据火焰方向，就能清楚地看到空气的流动方向了。如果你想让屋子保持暖和，就一定要注意，不要让冷空气从门缝、窗缝钻进来，你可以密封住这些缝，只要冷空气进不来，就没有什么能挤走我们暖和的空气了。

关于大气中的冷空气和热空气，可以谈论的还有很多：海流、信风、季风等，太多了，地理课上你们会学习到的。

第 **14** 节

瓶 子 里 的 冰

在冬天制作一瓶冰容易吗？如果外面冰天雪地，似乎挺容易的。我们只需要往瓶子里加满水，然后把它放到窗户外面，让外面的严寒冰冻它，过几个小时一瓶冰就制作好了。

但如果你亲自制作一次，你就会发现事情并没有自己想象的那样简单。冰虽然制成了，但瓶子却炸裂了，原来水冰冻之后，体积会明显增加，大约增加1/10那么多。膨胀带来的力是不可控制的，而且威力巨大，冰冻后，它不但能让有盖子的瓶子炸裂，还能让没有盖子的瓶子炸裂。瓶子在冰的膨胀压力下，从瓶颈处裂开，这时瓶颈处的水变成了一个"冰塞子"，紧紧塞住瓶子。

　　冰膨胀带来的压力甚至能让不厚的金属层裂开，例如，它能使5厘米厚的铁壁炸裂。不要惊讶，当水管里的水被冻住时，水管也经常发生破裂。

　　水受冷膨胀的例子很多，我们常见的是冰漂浮在水上。如果水像其他物质一样受冷后体积缩小的话，冰会沉入水底，而不是漂在水上。若真的是这样，那么在冬天我们将失去很多乐趣。

第 15 节
铁 丝 切 冰 块

　　你可能听说过：在压力作用下，两块冰可以冻结在一起，但这并不意味着冰受到压力会冻结得更严实。恰恰相反，冰受到强烈的压力后会融化，融化后，如果脱离了压力，很快又会结成冰（因为它的温度低于0℃）。当我们把两块冰相邻的部位相互压缩时，强压下它们会在接触面融化成0℃以下的水，然后流向四周，在脱离压力的缝隙中又迅速结成冰，这样两块冰就冻结成一块完整的大冰块了。

　　为了检验上文的理论，我们可以做个神奇的小实验（图29）：

　　我们首先找一块长方形冰块，把它架在两个凳子、椅子或其他类似的物体上，然后拿一条80厘米长的细铁丝，横着拴在冰块上面（注意铁丝的粗度最好不要超过0.5毫米），在铁丝的两端挂上几个熨斗或者其他10千克左右重的物品。在重物施加的压力下，铁丝嵌入冰块，并缓缓地穿过它，然后哐当一声掉在地上，但冰块安然无恙，我们可以大胆地把冰块拿起来，细细观察它，非常完整，像是没有被切割过一样！

图29　被铁丝切过的冰块

通过之前对冰块冻结在一起的解释，我想你已经可以理解这个奇怪的实验现象了。在铁丝施加的强压下，铁丝与冰块相接触的地方融化成了水，水在铁丝穿过的缝隙中，那里没有压力，所以又立即结成了冰。简而言之，铁丝在切割冰块下方的时候，上方已经结冰了。

在生活中我们也能看到相似的情景：冬天，我们可以乘雪橇、滑冰，在滑冰时，我们的重力全都在冰鞋上面，在这种压力作用下，冰会融化成水（如果天气不是特别严寒的话），所以冰鞋下面总是很滑。无论我们走到哪里，冰鞋与冰面相触的地方都会化成水，然后水从压力中释放出来，再次冻成冰。这也就是为什么冰面上寒冷又干燥，而我们的冰鞋上却沾了水。当然，也正是因为冰鞋上沾了水，它才变得那么滑。

第 16 节

声音的传播

你曾经在远处观察过别人砍树吗？或者你在远处观察过木匠钉钉子吗？你可能会发现这样一个奇怪的事情：人们砍树或钉钉子的声音和他们的动作并不同步，通常声音要晚一些，往往人们在重新抬起斧头或锤子的时候，之前的撞击声才传来。

如果这时你往前或者往后走一段距离，慢慢地多走几次，在某一个地方你意外地发现远处的声音和动作同步了，于是你立刻回到原地，发现声音和动作再次错开了。

我想，你现在很轻易就能猜出神秘现象的原因了：声音从声源地传到我们的耳朵里需要一段时间，但光的传播速度却是一瞬间的。所以可能会发生下面这种情况：斧头和锤子的撞击声还没传来，它们就已经被人们抬起，准备下一轮的撞击了，声音和动作的完全不同步，让人产生错觉，好像撞击的声音是抬起斧头或锤子的声音。如果你往前或往后走一段距离，你听到的撞击声时，正好看到人们挥下斧头或锤子，这时候虽然声音和动作同步，但它们并不是由同一次撞击产生的。例如，最后一次撞击传来的声音，可能是由倒数第二次撞击产生的，当然，也可能是更早的时候。

声音在1秒钟的时间里究竟能够传播多远呢？这个已经有了精确的计算，1秒钟传播1/3千米，也就是说，声音传播1千米需要3秒钟。如果伐树人1秒钟砍两次树，那么你站在距离他160米的地方，伐树的声音和动作就能同步了。与声音的传播速度相比，光线在空气中的传播速度非常快，几乎是声音的100万倍，因此我们认为光在地球上的传播几乎是一瞬间的事情。

声音不仅可以通过空气传播，还能通过其他气体、液体以及固体进行传播。声音在水中的传播速度是空气中的4倍，因此，在水下人们可以清晰地听到周围的声音。例如，工人在水下沉箱工作的时候，可以清楚地听到岸边的声音；渔夫也会告诉你，在钓鱼时一定要气定心闲，因为岸边的一点点声响也会惊动鱼儿。

声音通过坚硬固体的传播速度和效果更好，例如铸铁、木材、骨头等。我们可以把耳朵放在方木条或原木条[1]的一端，让小伙伴们在另一端进行敲打，通过木条我们可以听到低沉的敲打声。如果周围没有任何杂音且足够安静的话，在木条一端放上一块手表，通过木条你甚至还能听到手表走动的嘀嗒声。铁轨、铁梁、钢管甚至土壤都有很好的声音传导性，当我们把耳朵靠近地面时，可以听到远处奔腾而来的马蹄声，也可以听到远处大炮发射的声音，而这些在空气中是听不见的。

只有坚硬的材料才有这么好的声音传导性，柔软、疏松材料的声音传导性很差，它们会把声音"吞没"掉。这也就是为什么人们会挂上厚重的门帘，以避免屋子的声音传到邻居家去。通过地毯、柔软的家具、衣服等物品，也能降低声音的传播效果。

第 17 节

钟

在上一节我们提到，声音也能够通过骨头进行传播。我们的颅骨就拥有这一

---

1 原木指未经过加工的木材；方木则指原木加工而成的木材。

特性。

当我们用牙齿咬住怀表的表环，双手捂住耳朵的时候，对指针均匀的嘀嗒声，我们能听得一清二楚，相比于平时在空气中听到的怀表声，这时候听到的声音更清晰，而我们听到的这种声音是从颅骨传来的。

这里还有一个有趣的小实验，可以很好地证明声音能通过颅骨传播。我们首先在一根绳子中间拴上一只汤匙，确保绳子的两端可以自由活动，然后我们用绳子的两端塞住自己的耳朵，身体向前移动，让汤匙四处摇晃，去撞击一些坚硬的物体。在这时，我们就可以很清楚地听到低沉的轰隆声，就好像在我们的耳边响起了嗡嗡的钟鸣声。

另外，如果我们使用煤钳子来代替汤匙，实验效果会更加明显。

第 18 节

可 怕 的 影 子

一个漆黑的晚上，哥哥神秘兮兮地对我说："你想见识一下不寻常的东西吗？跟我一起去隔壁房间。"

出于浓厚的好奇心，我就跟着他走了。我们的房间很黑，于是哥哥点了根蜡烛，一起往隔壁房间走去。为了表现自己的胆大，我走在前面推开了门，一步踏进隔壁房间。但一进房间我就被吓呆了：迎面的墙上有一个非常可怕的怪物，平面的，像影子一样，还有一双大大的眼睛瞪着我（图30）。

图30　可怕的影子

　　我承认，当时我害怕极了。要不是背后响起哥哥的笑声，我早就被吓跑了。我冷静地看了好一会儿，才明白这是怎么一回事。墙上挂着一面镜子，整个镜子用一张纸贴住，纸上裁出眼睛、鼻子和嘴巴，哥哥则把蜡烛放在镜子前方，使得镜子上的这些部位正好反射在我的影子上。

　　真是尴尬，我被自己的影子吓到了……

　　当我试图跟同学们开这个玩笑时，我才意识到，按照想象中的样子摆放镜子并不是一件简单的事。在掌握这种技艺之前，我做了很多练习。当然，从镜子里反射的烛光也有一定的规则，烛光照射到镜子上的角度，正好也是烛光从镜子上反射的角度，即

入射角=反射角

了解到这一点后，准确地把握蜡烛与镜子的相对角度，就不再是一件难事了。我可以很快地把蜡烛摆放在恰好的地方，使得光线正好反射到墙面的影子上。

第19节
测量光的亮度

在我们前方不远处点一支蜡烛，然后走到离原来两倍远的地方观察这支蜡烛，毫无疑问，光线会变弱。但是，会弱多少呢？1/2？不是的，如果你在放蜡烛的地方点上2支蜡烛，它们的亮度仍然不能达到之前的程度。想要获得和之前一样的亮度，我们需要在两倍距离处放置更多的蜡烛，不是2支，而是2的2倍——4支蜡烛。在3倍距离处需要放置的蜡烛当然也不是3支，而是3的3倍，也就是9支蜡烛。这说明：在2倍距离处光的亮度是原来的1/4，在3倍距离是1/9，在4倍距离是1/（4×4），也就是1/16，在5倍距离处是1/（5×5），也就是1/25，依此类推。照射的规则就是这样：随着距离的增加，照射强度也会随之变弱，与此相同的还有声音的变弱规则：声音传播到6倍距离处时，与起始处听到的声音相比，不是变为1/6，而是1/36[1]。

当我们知道了这个规则后，就可以利用这个规则来比较两个灯的亮度，也可以比

---

[1] 这表明，在剧院里，邻座的低语声可能会压过舞台上演员洪亮的声音。如果舞台到你座位的距离比你邻座到你座位的距离远10米，那么你听到的舞台上演员的声音将是演员实际发出的声音的1/100，就像是从你邻座发出的低语声。正因如此，课堂上，老师讲课时，同学们在下面保持安静就显得十分重要：老师的声音传播到学生耳朵里时，已经被削弱了（尤其是座位离讲台远的学生），以至于旁边同学的低语声能淹没老师在讲台上的声音。

较两种不同光源的亮度。比如，你想知道你的灯比普通的蜡烛亮多少倍，换句话说，你想了解多少支普通蜡烛可以获得与灯光相同的亮度。

为此，你可以做这样的一个小实验（图31）：首先，我们将灯和燃烧的蜡烛放在桌子的一侧，把硬纸板放在桌子的另一侧（可以用两本书固定它）。然后，我们在纸板前方不远的位置，垂直放置一根小木棒或者铅笔。这时，铅笔在纸板上有两个影子，一个颜色深些，另一个颜色浅些，因为它们一个是由明亮的灯光反射形成的，另一个是由暗淡的烛光反射形成的。最后，我们将蜡烛向纸板慢慢靠近，直到在某一个位置，两个影子的颜色深度变得一模一样。这表明：此时灯对纸板的照射强度刚好等于蜡烛对纸板的照射强度。同时我们也看到，灯到纸板的距离比蜡烛到纸板的距离远，我们分别测量它们的距离，算出远了多少倍，这样就可以确定灯比蜡烛亮多少倍了。举个例子，如果灯到纸板的距离是蜡烛到纸板的距离的3倍，那么可以得出灯比蜡烛亮3×3倍，也就是9倍。我们之前了解过亮度变弱规则，所以这个计算不难理解。

图31 不同光源投射的影子

我们还可以利用纸上的油点来测量两个光源的亮度。我们将两个光源分别放置在纸的正面和反面，在相同的距离下，一面的油点更为明亮，另一面的则稍显昏暗。如果我们调整光源的位置，让较暗的光源慢慢靠近纸张，直到正反面油点的明亮度达到一致，剩下的就是计算了。我们分别测量两边光与纸张的距离，然后根据之前说的规则，计算它们的距离倍数。为了更好地对比纸张两面的油点亮度，我们还可以在纸张旁边放置一面镜子，这样我们就可以在直接观察一面油点的同时，通过镜子观察到另一面的油点。至于具体怎么做，你自己好好想想吧。

第 **20** 节

倒 像

在果戈理的小说《伊凡·伊凡诺维奇和伊凡·尼基福罗维奇吵架的故事》中，有这样的描述：

> 伊凡·伊凡诺维奇走进房间，因为护窗板是关着的，所以房间里一片漆黑，只有少许的阳光透过护窗板的缝隙照了进来，散射出七彩的光，照在了对面的墙上，在墙上映射出了芦苇草屋顶、树木还有挂在院子里的衣服，只是这些图像都颠倒了过来。

如果你的房间或者你朋友的房间里恰巧有一扇向阳的窗户，那么你就能很容易把它变成一个物理仪器，拉丁名叫作"黑房子"（俄语中叫作"暗箱"）。为了制作这个"仪器"，我们只需要在护窗板上钻一个小孔。如果我们仔细操作，护窗板不会被破坏。选择一个白天，我们关上护窗板和房间的所有门，让房间保证漆黑。接着在距离小孔有一定距离的对面放一张大白纸或者一个白床单，这就是你的"屏幕"了。光线从小孔中射进来，屏幕上立即出现了窗外缩小版的景象：带有自然色彩的房子、树木、小动物还有人，只是所有的景象都是颠倒的，例如房子是房顶朝下的，人是头朝下的。

这个实验说明了什么呢？光沿直线传播，来自物体上部的光和来自物体下部的光在护窗板的小孔中交叉，然后上部的光向下直射，下部的光向上直射（图32）。如果光不沿直线传播，而是弯曲的或是不连贯的，那么我们得到的景象会完全不同。

图32　颠倒的像

有趣的是，小孔的形状并不会对所得到的景象形状产生任何影响。无论是钻圆形的小孔，还是钻方形的、三角形的、六边形的或是其他形状的小孔，所映射在屏幕上的景象形状都是一样的。回想一下，你是否曾经在茂密的大树下，看到地面上一块又一块明亮的椭圆形光圈？这不是什么别的东西，其实就是光线穿过树叶空隙描绘出的太阳的形状。因为太阳是圆形的，而太阳光线大都是斜着照射物体，所以得到的光圈是椭圆形的。如果对着阳光垂直放置一张纸，你就可以在纸上得到圆形的光圈。当发生日食时，昏暗的月球会向地球方向移动，遮住一部分太阳，使太阳变成镰刀的形状，这时树下的光圈也会变成小镰刀的形状。

摄影师工作所使用的摄影设备，原理和"黑房子"一模一样，只是制造商会在照相机的小洞处安装一个物镜，使得成像更明亮、更清晰。在照相机的后壁安装一片不透光的玻璃，当然，这片玻璃上成的也是倒像；只有当摄影师用不透光的布盖住自己的头和照相机，眼睛不受其他光线的影响时，他才能清楚地看到所成的像。

你自己也可以制作一个类似的小照相机。找一个大而密闭的盒子，在盒子的正面掏一个小孔，然后剪下小孔对面的盒壁，用涂好油的纸张替代，油纸可以代替不透光的玻璃。我们再将盒子放在漆黑的房间里，将小照相机的孔紧贴着护窗板的小孔，随后在油纸上就能清晰地看到外面的景象了，当然，也是颠倒着的景象。

小照相机的便利之处在于，有了它，我们不需要待在漆黑的房间，而是可以带着它去开阔的室外，放在任何一个想放的地方，最后只需要用不透光的布盖住自己的头和小照相机，就能看到想看的景象了。

第21节
倒置的大头针

前文中我们了解了"黑房子"的原理，也学会了如何去制作它。但没有告诉大家一件有趣的事情：我们每个人都随身带着两个小"黑房子"——我们的眼睛（图33）。我们的眼睛特别像上一节我们做实验用的小盒子，人们常说的黑眼珠是我们的瞳孔，其实它并不是一个小球体，而是一个通向视觉器官的小孔。瞳孔的上面盖着一些透明凝胶状的物质，最外层紧贴着一层透明薄膜，瞳孔后面是一个双凸透镜状的物体，医学上称作"晶状体"，晶状体与眼球内壁之间装满了透明物质，我们看到的景象会透过瞳孔，然后穿过晶状体投射到眼球后壁。这是改进版的"黑房子"，但要比"黑房子"呈现的景象更清晰、更明亮。物体投射到我们眼睛里会变得非常小，例如20米外有一根8米高的电线杆，投射到我们眼球后壁只是一根小细条，且只有0.5厘米长。

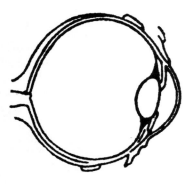

图33　眼睛结构图

有意思的是，我们的眼睛和"黑房子"原理一样，投射的景象都是颠倒的，但为什么我们看到的景象都是正的呢？那是因为我们长时间习惯了把倒像摆正，看到物体后我们的神经系统自然地把物体翻转，所以我们看到的景象都是正的。

我们可以通过下面的实验来验证这个现象：

第1步：拿一张明信片，在上面剪一个小孔。

第2步：让明信片对着窗户或者台灯，然后把明信片的小孔放在距离自己右眼10厘米的地方。

第3步：拿一根大头针，放在眼睛和明信片之间，让大头针的头部对着小孔。

这时，你会看到我们的大头针好像在小孔后面，更奇怪的是，它还是倒置的（图34）。我们微微向右移动大头针，眼睛却看到大头针在向左移动。

图34 从小孔后面看到的倒像

这是怎么回事呢？原来在这种情况下，大头针在眼球后壁投射的像没有翻转。我们可以把明信片的小孔看作一个光源，借助它，大头针的影子会投射到瞳孔中，因为影子离瞳孔太近了，所以它在投射中没有翻转。其中我们还看到了一个光圈，那其实就是明信片的小孔。

第22节

用冰点火

小时候，我喜欢看哥哥用放大镜点烟。将放大镜放在阳光下，把形成的亮斑对准烟头，一会儿它冒着一丝蓝烟，慢慢被点燃。

"你知道吗，"有个冬天，哥哥告诉我，"或许也可以用冰点燃香烟。"

"冰？"我惊讶地问道。

"点燃烟的，当然不是冰，而是太阳，但是冰可以聚集光线，就像这个放大镜一样。"

"你的意思是，你想用冰做个能点火的放大镜？"我问哥哥。

"我不会用冰做放大镜，别人也不会做。但是，我们可以用冰做一个点火的透镜。"

"什么是透镜呢？"我问。

"就是把冰磨成放大镜的形状，我们的透镜有这些特点：圆的，凸的，中间厚，两边薄。"

"它就可以点燃了吗？"我觉得不可思议。

"当然可以点燃了。"哥哥肯定地回答。

"可它是冰凉冰凉的啊！"

"这个没关系的。如果你想看，我们来试着做做。"哥哥让我去拿一个脸盆，我把最大的那个递给他，哥哥却不要它，说："这个盆底太平了，我们要拿个尖底的。"

于是，我重新拿了一个尖底的盆，哥哥往里倒了些干净的水，然后拿去冰冻（图35）。

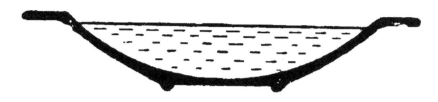

图35 冰透镜

"等这盆水都冻成坚实的冰了，我们的冰透镜就制作好了：它的一面是平的，一面是弧形的。"

"这么大的透镜吗？"我问。

"越大越好，这样就会有更多的光线聚到一个点上了。"

第二天一大早，我就跑去看我们的冰透镜，盆里的水已经完完全全冻结实了。

哥哥走过来，用手指敲敲盆里的冰块，满意地说："非常好的透镜！现在我们把它从盆里拿出来。"

冰牢牢地粘在盆子里，怎么拿出来呢？只见哥哥把冰盆放进另一个装满热水的盆里，没一阵儿，盆壁的冰就开始融化了。我们把装着冰的盆搬到院子里，再把冰拿出来放到地上。

"准备好了！"哥哥笑着，然后眯着眼睛看了看太阳说，"这个天气非常适合点火，来，把烟拿着。"

我拿着香烟，哥哥则双手抱着冰透镜，他移开自己的身子，以免自己挡住照射在透镜上的光线。他试了很久，才成功地让透镜聚集的光线直接对准香烟。果然，当烟头全部布满光斑，保持了一阵儿后，慢慢燃了起来，而且还有蓝烟冒出来（图36）。其实早在光斑晃动在我手上时，我就已经不再怀疑冰块可以点烟这件事了，光斑的灼热感让我对此深信不疑。

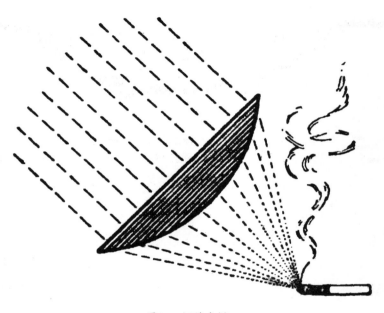

图36　烟被点燃

"你看，我们用冰点燃了香烟。"哥哥把点燃的香烟放进嘴里，继续说，"这样看来，就算我们在北极点，不用火柴也可以点燃木垛了！"

第 23 节

磁针

之前，我们已经了解过如何让针漂浮在水面上了，今天在这个基础上，我们来做一个更新颖、更有趣的实验。我们找一块磁铁，常见的马蹄形磁铁就可以。把磁铁靠近带有浮针的碟子，浮针就会乖乖地向它游过去。如果想让浮针游动的速度更快些，把针放入水中前，我们可以用磁铁多摩擦它几次（必须是磁铁的同一端，且顺着同一个方向，不可以来来回回地摩擦）。这样针被磁化，从而变成了一根磁针，这时即使一块普通的金属物体靠近它，它也能缓缓地游过去。

通过磁针我们可以观察到许多有趣的现象。当我们不做任何操作，让针自然漂浮时，我们发现它在水面上总有一个确定的方向，就像指南针一样：由北向南。我们转一下碟子——磁针的方向仍然没有改变，一端指向北，而另一端指向南。这时我们让磁铁的一端（极）靠近磁针的一端，看到磁针会排斥转向另一边；但我们尝试让磁铁那端靠近磁针的另一端时，磁针则快速向磁铁靠近。由此我们可以推断出，两块磁铁的相互作用：同名磁极互相排斥，异名磁极互相吸引。

了解磁铁的相互作用后，我们可以给朋友变魔术了：折只纸船，在折痕处悄悄放一根磁针，这时候我们的手不用碰船，船就能乖乖听手的指挥了（图37）。谜底

图37　纸船游动

当然是因为我们手里藏了一块别人看不到的磁铁啊，但不了解情况的朋友一定会大吃一惊。

第24节
有磁性的剧院

准确来说，它不是剧院，而是杂技团。因为剧院里的纸人演员可以在钢丝上翩翩起舞。

第1步，我们用硬纸板搭建一个剧院。在剧院下面系一根水平的钢丝，然后在舞台的上方固定一块蹄形磁铁。

第2步，现在我们来制作"演员"。我们用纸来剪出形状、姿势不同的纸人，纸人身长等同于针的长度，然后我们再用两三滴蜡油把磁针固定在纸人身后。

这时，当我们把这些纸人放在钢丝上时，它们不仅不会掉下来，而且在磁铁的作用下还可以水平站立（图38）。轻轻拨动钢丝，纸人们还会在钢丝上摇摆，并且保持平衡而不掉下来。

图38　会动的纸人

第 25 节

带 电 的 梳 子

即使你对电学知识一无所知，甚至大字不识一个，你仍然可以做一些有趣的电学实验，无论如何，这可以帮助你了解大自然蕴含的神奇力量。我们最好在冬季有暖气的房间里做这些电学实验，因为这些实验需要在干燥的空气中进行，而冬季暖气房间里的空气远比夏季同温度的空气干燥。

现在，让我们来进行这个实验。

首先，我们用塑料梳子摩擦头发（头发要足够干燥）。如果在足够安静的房间里做这个实验，我们可以听到噼里啪啦的声音，其实这是梳子与头发摩擦生电的声音。塑料梳子不仅可以与头发摩擦生电，跟干燥的毛毯（法兰绒）也可以摩擦生电，而且产生的电量会更大。

我们可以用一些轻便的物体来检验梳子是否带电，比如用带电的梳子靠近小纸片、谷壳等小物体，它们都会被梳子吸过去，或者用纸折一只纸船放在水里，然后把梳子靠近纸船，我们可以看到梳子犹如"魔法棒"一般，控制这些小船的移动方向。

我们还可以做另一个有趣的实验：把鸡蛋放进一个干燥的酒杯里面，然后在鸡蛋上水平放一把长尺，这时用带电的梳子靠近尺子的一端，尺子就会转动起来（图39）。我们用梳子可以神奇地控制尺子移动的方向，让它向左或者向右旋转，甚至可以让它转圈。

图39 用带电的梳子让尺子旋转起来

第 **26** 节

听 话 的 鸡 蛋

　　不仅塑料梳子可以通过摩擦起电，其他物体也可以，我们用火绒棒摩擦法兰绒或羊毛衣，也可以使火绒棒带上电。如果用丝绒擦拭玻璃棒，那么玻璃棒也会带电，但是使玻璃棒带电的条件十分苛刻，需要在十分干燥的环境下进行。

　　另外还有一个有趣的摩擦起电实验：我们先把鸡蛋的两端开一个小孔，然后通过小孔把蛋清和蛋黄从另一个小孔吹出。再用白蜡把空蛋壳的小孔封上，最后把蛋壳放在光滑的桌子或者盘子上，这时我们用一把带电的木棒就可以控制鸡蛋的运动了（图40）。

　　如果旁观者事先不知道鸡蛋是空的，看到这个情况一定会目瞪口呆（该实验由**法拉第**发明）。同时，我们还可以用纸环或者轻质小球来做这个实验。

> 迈克尔·法拉第（1791—1867），英国物理学家、化学家，也是著名的自学成才的科学家。由于他在电磁学方面做出了巨大的贡献，被称为"电学之父"和"交流电之父"。

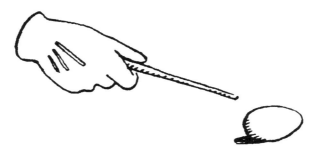

图40　用带电的木棒让空蛋壳转动起来

第 27 节

力 的 相 互 作 用

力学告诉我们，运动不可能平白无故地产生，物体之间力的作用都是相互的。因此，如果一根带电的棒吸引了别的物体，那么它本身就具有吸引作用。要验证吸引力的存在，我们只需要一把梳子或者一根小棒即可。例如把它们挂在丝线上（如果丝线是丝绸质的，实验效果会更好），然后我们很容易发现任何一个不带电的物体（例如我们的手）会吸引梳子，使其转动。

相互作用是自然界的普遍定律，它表现在自然界的方方面面，物体间都朝其相反的方向相互作用，自然界中不存在一个物体只给其他物体施力而自己不受力。

第 28 节

电 斥 力

让我们回到悬挂带电梳子的小实验，我们已经看到：任何一个不带电的物体都会使梳子转动起来。那么如果我们用带电的物体靠近它，会发生什么情况呢？实验告诉我们，两个带电物体的相互作用可能是不同的。如果我们用带电的玻璃棒靠近带电的

梳子，这两个物体将会相互吸引；如果用带电的火漆棒靠近带电的梳子，这两个物体
则会相互排斥。

围绕上述实验，我们可以得出一个物理定律：异性电相互吸引，同性电相互排
斥。古塔胶[1]或火漆[2]被摩擦后，带的电（负电）是同性的；树脂或玻璃被摩擦后，带
的电是异性的。其中摩擦树脂得到的电，我们称作树脂电；摩擦玻璃得到的电，我们
称作玻璃电。当然，树脂电和玻璃电都是我们曾经的叫法，现在它们被分别称作负电
和正电。

我们可以用同性电相斥的理论，做一个检测物体是否带电的简易仪器，我们也叫
它验电器。

这个简单的仪器我们可以自己动手完成（图41）。首先用一根长杆铁丝从纸杯圆
底或软木塞的中间穿过去，注意铁丝的上部分要在外面露一小节，铁丝的下端则固定
两瓣金属薄片或卷烟锡纸，然后把它们放进瓶子中，用纸杯圆底或软木塞堵好瓶口，
随后再用火漆密封，这样我们的验电器就做好了。如果现在拿带电的物体靠近露出瓶
口的铁丝，电就会传到金属薄片上，这时金属薄片会带上相同电性的电，它们会因为
相互排斥而分开。所以如果金属薄片分开了，说明靠近铁丝的物体带电；如果金属薄
片一动不动，则说明靠近铁丝的物体不带电。

如果你没有动手的天赋，这里还有一个更简单的验电器，你可以尝试做一下，它
可能不那么方便，也不那么灵敏，但还是可以进行检测的。我们用线拴住两个用接骨
木果核做的小球，把它们挂在小木棍上，注意要让它们挨在一起，这样我们的验电器

[1] 古塔胶又称古塔波胶，是野生天然橡胶的一种。
[2] 火漆是黏结剂的一种，是稍异于胶水、糨糊的特种胶合剂。

就做好了（图42）。然后我们拿一个物体轻触其中一个小球，如果这个物体带电，这两个小球会因为同电相斥而分开。

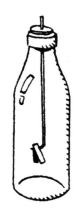

图41　简易验电器

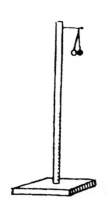

图42　同电相斥的接骨木果核小球

最后，还有一种方便制作的验电器（图43）：把大头针插入瓶口的软木塞中，然后在大头针上挂一条折叠的锡纸条。当我们用带电的物体轻触大头针时，我们会看到两瓣锡纸条相互排斥，朝不同的方向分开。

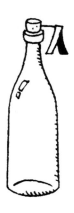

图43　同电相斥的锡纸条

第 **29** 节

电 的 另 一 个 特 性

我们可以制作一个简单的装置，来证实一个既有趣又重要的现象——电只在物体的表面聚集，并在物体凸起的地方聚集。

我们把两根火柴分别立在火柴盒的两端，并涂上少量火漆进行固定，然后剪一张宽度约和火柴同高，长度约是三根火柴长的纸片，为了让纸片牢牢固定在支架上，我们要把它的边儿像图44那样卷起来。随后，在纸片的两面都贴3～4段窄锡箔条。

现在我们的装置准备好了，可以开始实验了。我们首先将火柴间的纸片拉直，然后用带电的火漆棒触碰它，这时纸片和所有的锡箔条都会带上相同的电，于是我们可以看到锡箔条和纸片相互排斥，两面纸的锡箔条都翘了起来。

我们再调整一下装置，让纸片的一面凸起，弯曲成一个弧（图44），这时用带电的火漆棒轻轻触碰它，我

图44　电在物体凸起的地方聚集

们会看到锡箔条只在纸片凸起的那面翘起，而凹进去的那面依旧像之前一样，自然下垂着。这说明了什么呢？说明电在物体凸起的地方聚集。如果我们把纸片做成S状，也会看到相同的现象，锡箔条只在纸片凸出的部分翘起，因此我们的结论再次得到了验证。

02

关于报纸的
物理小实验

导 读

姜连国

恭喜你，读到这里，你已经学到至少29个小小的物理知识了，是不是比你想象的要轻松有趣呢？接下来，我们则将一同进入下一段精彩的物理学习与实验之旅。这一次，我们不是独自旅行，而是要同文章中的"我"和"哥哥"一起，在10篇文章中进行10个有趣的小实验。它们的内容主要涵盖电荷、大气压等知识的应用，将带领我们从各个角度认识这些知识点的一些侧面。即将用到的材料就和上一章一样简单易得——只需要一张报纸和其他一些简单的小器具，我们就能用有趣的实验叩开物理学的大门，在快乐的游戏中体会学习的乐趣了！

将一张报纸平铺在桌面上，下面压住一把半伸出桌面的悬空的直尺，你将用什么样的方法在不按住直尺的情况下使直尺折为两段呢？如果真的不对桌面部分的尺子施加任何力，而是直接用力斩向桌面外的尺子呢？你也许会惊讶地发现，结果出乎了你的意料。在这部分实验中，我们其实用到了大气压力。正如我们在上一章的实验中或是初中物理八年级下册（人教版）中会学到的一样，我们身边的空间中其实时刻存在着空气对各个方向所产生的压力。而在这个实验中，我们将学到大气压力具体的大小。在标准大气下，海平面高度位置的气压称为标准大气压，是我们衡量空气压力的标准。而当标准大气压下的大气作用于其他物体上时，我们将会得到每平方厘米高达10.13牛顿的大气压力。在本实验中，也就相当于每平方厘米的报纸上压上了1千克的物品。这样一来，一张覆盖面积达50平方厘米的报纸上，竟然承受着超过500牛顿的压力，自然远远超过我们试图折断直尺的力量！听了这些，你是否明白了这个实验的原理呢？尺子究竟为什么不会掀起报纸而掉下桌子，而是干脆折断为两截，对你来说也不算天方夜谭了吧！

学会这个实验，可别急着把报纸扔掉了，接下来还有更神奇的！想知道如何让纸片剪成的小人在你的指令下站起来，并且跟随你的牵引翩翩起舞吗？是不是听起来很魔幻？别担心，读了《会跳舞的纸人》你就会知道，你完全可以不用哈利·波特的魔杖就完成这个神奇的小戏法。让我们跟着作者的哥哥一起，先快速地摩擦这张干燥的报纸，然后小心翼翼地将报纸平举到小纸人上方——神奇的事情发生了！明明没有任何线提起小纸人，小纸人却真的从平躺在桌面的样子变成了竖直站立的姿态！这究竟是怎么回事？你能不能通过上一个章节的学习和实验，猜测到这其中的原理呢？实际上，这也是初中物理九年级（人教版），以及高中物理必修三（人教版）中的知识，和上一章我们进行的一些实验有着相同的原理——电荷之间产生的力。这一次，它们之间的吸引力克服了小纸人微弱的重力，从而使小纸人得以"站立"和"起舞"。不过，如果你真的实际操作这个实验，你会发现，其实小纸人在通常情况下并不会"立住"并乖乖配合你的指引真的"翩翩起舞"，而是会直接被吸附到报纸身上。这是怎么回事呢？已经学过很多物理知识的你，能不能分析出这其中的原委呢？如果能，你该怎么"对症下药"地解决这个问题，让小纸人真正做到站立起舞呢？而如果你暂时还想不出其中的原理，你能不能试试看，尝试找到一些可能的解决办法呢？别急，这些问题，你都将在文章中找到答案。

　　以上这些只不过是我们在本章中能够看到的实验中的一小部分而已，想要学到更多有趣又简单的小实验，同时掌握更多专业却好玩的物理知识，你可不能仅仅依靠我的这些文字呀。甚至你读了接下来的文章，而不是真的着手自己试试看的话，你也不会对这些知识理解得十分透彻。在科学研究和学习中，只局限于书本可不行，还需要亲自试验，亲自验证，我们才能更充分、更深刻地理解知识的真谛。因此，不要犹豫，赶快翻开接下来的书页，投入到新的学习和探索中去吧！

第 1 节

什么是"用大脑观察"——变重了的报纸

"就这么定了！"哥哥拍着通红壁炉上的瓷砖对我说，"今晚我们一起去做电学实验。"

"什么实验？"我想，肯定是个新实验！我的兴致瞬间被点燃，问哥哥，"什么时候？现在吗？要不就现在吧！"

"每种盼望都需要耐心等待，我们的实验晚上做，现在我得出去一趟。"

"需要仪器吗？"我问。

"什么仪器？"

"发电的仪器啊。要想做电学实验，肯定需要一个仪器。"

"仪器我们有，就在我的公文包里。"

听到这里，我的眼里射出一束光，哥哥瞬间看穿了我的心思，说："可别打它的主意啊，不经我的同意不许乱翻，你什么都找不到的，只会把里面弄得一团糟。"他说着穿上了自己的大衣，准备往门外走去。

"仪器真在包里吗？"我不放心地又问了一句。

"就在里面，别担心。"

哥哥出门的时候，粗心地把装有仪器的公文包落在了小桌子上。

这时房子里只有我和公文包，如果磁铁拥有人的感情，那它一定能感受到我当时的心情，公文包像磁铁一样吸引着我，占据了我所有的情感和思想，让我无法思考别的事情，就算竭力想分散注意力也是徒劳，只想一点一点靠近它。

太奇怪了，包里装着一个发电仪器。但这个包看着似乎没有装什么东西，真的无法想象。公文包没上锁，我小心地往里面瞅了一眼，看到里面有个东西被报纸包着，我的心被揪住，会是个小匣子吗？我把报纸拨开，是一本书，我继续翻公文包，除了书还是书，根本找不到其他什么东西。想到哥哥曾经开玩笑：谁会把发电仪器藏在公文包里啊！我一下子就明白怎么回事了。

哥哥空手回到家，看到我满脸失望、一脸悲伤的样子，一下子就猜到了原因。

"看过我的公文包了？"他问道。

"仪器在哪儿？"我困惑不解。

"就在包里啊，没看到吗？"

"包里只有书。"我可怜兮兮地说。

"仪器也在里面，看来你眼神不好啊，你用什么看的？"

"能用什么？两只眼睛啊。"

哥哥哈哈大笑，说："确实要用眼睛，但还需要用整个大脑去观察。所谓带着大脑去观察，就是要弄明白不易被看到的东西到底是什么。"

"怎样用大脑去观察？"

"我现在给你展示，用眼睛观察或者用大脑观察，两者到底有什么区别。"

哥哥从口袋里拿出一支铅笔，在纸上画了如图45（a）所示的图形。

哥哥解释道："这里有两条线，代表由点1通向公路的轨道。你看一下告诉我哪条线更长，是点1到点2这条，还是点1到点3这条？"

"当然是点1到点3这条更长。"我不假思索地说。

"这是你用眼睛观察得到的结果，现在换大脑再来观察这些线段。"

"应该怎么做？我不明白。"我说。

"用整个大脑仔细观察这个图形，想象一下，以点1为顶点，往点2至点3的这条公路线上引一条直线。"哥哥说着，在纸上作了这样一条虚线（图45（b）），他问："我作的这条线将公路分成了两部分，怎么判断哪一部分长些呢？"

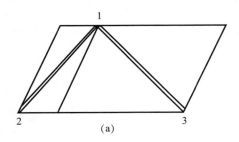 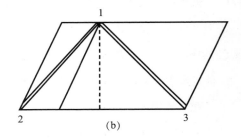

图45　图形

"对折。"

"对折，好。点2和点3恰好重合。也就是说，这个虚线上的所有点到点2和点3的距离都是相等的。现在，你对点1有什么想说的？它是距离点2近还是距离点3近？"

"啊！"我恍然大悟，"点1到点2和到点3的距离是一样的。但是刚刚，我竟然觉得右侧的线比左边的更长。"

"之前你只是用眼睛观察事物，现在你已经学会了用脑子观察。你明白它俩之间的区别了吗？"

"明白倒是明白了。但是，实验用的仪器放哪儿了？"我们又回到原来的问题。

"什么仪器？哦！对！发电仪器！在我包里呢，躺得好好的。你之所以没有看到它，是因为你没用脑子去仔细观察。"

哥哥从公文包里掏出一包书，随意地打开，把一张大报纸腾出来递给我说："喏，这就是我们的发电仪器。"

我一脸困惑地看着报纸。

"你是不是觉得这只是一张报纸而已？"哥哥继续道，"当然，只用眼睛看的话，的确是这样。但如果用大脑观察，你会发现它是一个神奇的发电仪器。"

"发电仪器？所以之前说的实验就用它来做？"我问。

"没错。当你手里握着一张报纸时，感觉很轻，对吧？你甚至觉得一根手指就能把它轻易地拿起来。但现在我展示给你看，有时候报纸也会变得非常重。帮我把那把画图的直尺拿过来。"

我拿起那把直尺说："这把直尺有豁口，不能用了。"

哥哥反而开心地说："有豁口更好，这样把直尺弄断了也不会觉得可惜。"

哥哥把直尺放到桌子边缘，让直尺的一部分凸出来。

"轻轻下压直尺的凸出部分，很容易倾斜，对吧？现在我用报纸盖住直尺的另一半。"

他把报纸铺开在桌子上，摊平折痕，然后盖住直尺。

"去拿一根棍子，对着直尺的凸出部分用力砸。"

"可是，这样直尺碎片会穿透报纸，飞到天花板上去的。"我担心地说。

"不要担心，只管用力砸！"哥哥说。

我惴惴不安地砸了下去，出现的结果让人意想不到：随着一声巨响，直尺断了，但报纸还留在桌子上，盖着另一段直尺。

"报纸是不是比你想象中的还要重？"哥哥调皮地问道。

我的注意力从碎在地上的直尺转向了报纸。

"这就是实验？电学实验？"

"这是实验，但不是电学实验，电学实验我们后面再做。我只是想通过这个实验给你展示：报纸本身可以作为一种物理实验的工具。"

"那为什么报纸能压住直尺？要知道，我可以很轻松地把它从桌子上拿起来。"

哥哥解释道："这就是实验的核心所在。其实每张报纸都承受着空气的巨大压力：每1平方厘米的报纸会受到整整1千克的压力。当你对着直尺砸下去的那一刻，报纸的中心部位的确会被掀高一点儿，好在你的动作够快，虽然报纸中心部分被掀起来了，但它的边缘还停留在桌子上，这样空气没来得及穿透报纸，直尺就断裂了。如果动作太慢，空气就会从外部钻进报纸背面，从而向报纸背面施压，平衡两边的大气压力。所以，你拿起的不单单是一张报纸，而是一张拥有大气压力的报纸。简言之，你需要用直尺举起的重力，约等于报纸所承受的大气压力。如果这是一张16平方厘米的纸，即一个边长为4厘米的正方形纸，那么，空气的压力就是16千克。而我们做实验的报纸比这个正方形纸大很多，大概有50平方厘米，也就是说，报纸上的空气压力有50千克。这么大的重量是直尺所不能承受的，所以直尺断了。现在，你相信了吧，借助报纸的确可以做实验。等天一黑，我们就动手做电学实验。"

第 2 节

手 指 间 的 火 花

哥哥一手拿起衣服刷子，一手将报纸放到烧得很旺的壁炉上，用刷子刷起报纸来，就像个裱糊工一样，不停地刷着壁纸，使壁纸贴得更加紧密。

"现在来看！"哥哥说着，把双手从报纸上拿开。

我以为报纸会掉到地上，但结果让我大出所料：报纸竟然被神奇地钉在了光滑的壁炉上，就好像被粘住了一样。

"怎么会被粘上去呢？"我问道，"我们没有用胶水呀。"

"报纸之所以被粘住，是由于电荷作用，报纸自身带电，所以被吸附在了壁炉上面。"

"你为什么没告诉我，其实报纸在公文包里就是带电的？"

"报纸之前不带电。现在我来告诉你如何让它带电：拿刷子摩擦报纸，因为摩擦，报纸就会带电。"

"这就是真正的电学实验吗？"我问。

"没错，不过这才刚刚开始。现在，我们把灯关了。"

黑暗中，哥哥模糊的轮廓显现了出来，白色壁炉上也出现了一个灰色的斑点。

"现在仔细观察我的手。"哥哥说。

我实在猜不透哥哥到底要做什么，只见他把报纸从壁炉上拿下来，一只手高高抓着报纸，另一只手张开五指慢慢靠近它。

当时，我简直不相信自己的眼睛！火花竟然从哥哥的手指间冒了出来：这是一种蓝白相间的、光线很长的火花！

"这些火花可都是带电的。你想试试吗？"

我迅速地把手藏到背后，无论如何我都不会这么做！

哥哥再次把报纸放到壁炉上，用刷子刷了刷，火花再次从手指间闪耀起来。我注意到哥哥的手指没有完全接触到报纸，距离它有十多厘米的样子。

"试一下，不要害怕，一点也不疼。来，把手给我。"哥哥将我的一只手引向壁炉旁边，说，"张开手指，就像这样。感觉怎么样？疼吗？"

不知不觉，已经有蓝色的火花从我的手指间冒了出来。火光中，我看到哥哥从壁炉旁拿过来一半报纸，剥成层状，纸片的底部仍然粘在一起。与此同时，我感到一阵刺痛，但这种疼痛感微不足道，不觉得有什么可怕。

"再来一次！"这次是我主动提出了请求。

哥哥把报纸放到壁炉上，开始摩擦，这次他直接用手摩擦。

"你在做什么？哥哥，你忘记用刷子了！"我提醒道。

"都一样。好，准备好！"

"没用的！你是用手摩擦的，而不是刷子。"

"只要你的手足够干燥，不用刷子也一样，只是别忘了摩擦就行。"哥哥说。

的确，这一次，我的手指像刚才一样迸出火花。

我一直盯着火光看，这时，哥哥对我说："好了，别看了。现在，我让你看看电流，就像哥伦布和麦哲伦曾在航船桅杆顶上看到的那样。来，给我一把剪刀。"

黑暗中，哥哥把剪刀张开，将尖端靠近报纸，离壁炉只有一半的距离。我期待着火花的出现，但却看到了新的东西：剪刀的尖端出现了一个光线很短的、红蓝相间的光束，尽管剪刀跟纸张的距离很远，同时还伴有轻微的、拉得很长的咝咝声。

"像这种火光比平常看到的要大得多，水手们经常会在桅杆和横桁的末端看到这种火光，他们称之为'圣艾尔摩之火'。"

"它们是从哪里来的？"我问。

"你是想问，是谁在桅杆下放了一张带电的报纸吗？那里当然没有报纸，但是那里有一朵很低的、带电的悬浮云，由它取代了报纸。不要以为这种带电的光只出现在海上，陆地上也有，尤其是山上。**尤利乌斯·恺撒**对此也有过描述：有时在多云的夜晚，士兵们的矛尖上会看到这种光，闪闪发亮。士兵和水手都不怕这种带电的火光，正好相

尤利乌斯·恺撒，史称恺撒大帝，罗马共和国末期杰出的军事统帅、政治家。

反，他们认为这是好事将至的象征，当然，这种说法也缺乏考证。在山上，人的头发、帽子、耳朵以及身体的所有凸出部位都会出现这种带电的火光。同时，也会经常听到嗖嗖声，就像是从我们的剪刀里发出来的一样。"

"这种火烧得人很疼吗？"

"一点都不疼。这不是火，是光，一种冷光，对人无害，它甚至连火柴也点不着，我们可以用火柴试一下。"哥哥拿了根火柴，把它靠近报纸，火柴头立马被电火花包围，但并没有被点燃，哥哥说："你看，火柴没有被点燃。"

"但我觉得火柴会被点燃，你看火花一直在蔓延。"我说。

"你把灯打开，我们在灯下好好观察下火柴。"

我打开灯，看到火柴完好无损，一点也没有被烧焦，哥哥说得对，这是一种冷光，并不是真正意义上的火。

我感慨完准备去关灯，哥哥说："不要关灯，接下来的实验我们要在灯下做。"

第 3 节

听 话 的 拐 杖

哥哥将一把椅子移到房间中央，然后在椅背上平放一根拐杖，哥哥试了好多遍，才在拐杖上找到了一个平衡点，让它安放在椅背上。

"太神奇了，我都不知道它是怎么稳住的，它那么长。"我说道。

"就是因为长，它才容易稳住。短的就不行，就像铅笔。"

"对，铅笔不可以。"我肯定道。

"我们现在开始实验，你可以不触碰拐杖，让它转向你吗？"

我思考了一会儿，问："我可以在拐杖的一端套个绳环吗？"

"不能用绳环，一点儿也不能碰拐杖，你可以吗？"哥哥问。

"啊！我知道了。"我弯下腰，把脸靠近拐杖，嘟起嘴对着拐杖的另一端使劲吹气，想把拐杖吹向自己的方向，但拐杖纹丝不动。

"怎么样了？"哥哥问。

"没办法，这是不可能的。"我无奈地说。

"又不可能了吗？睁大眼睛来看。"哥哥说。

哥哥走到壁炉前，把好像粘在壁炉上的报纸拿下来，然后带着报纸慢慢靠近拐杖，在距离拐杖大约半米的地方，拐杖就受到了报纸的电荷影响，朝他的方向转了过来。哥哥就这样拿着报纸绕着椅背旋转，拐杖也随着报纸一起旋转。

"你看，报纸上的电荷对拐杖的吸引力多么强大，在报纸上的电没有完全流入空气之前，拐杖都会被报纸所吸引。"哥哥说。

我突然叹气："真可惜，夏天做不了这个实验，夏天的壁炉是凉的。"

"壁炉的作用只是把报纸烤干，我们用完全干燥的纸也能成功地做这个实验。你可能已经发现了，报纸会吸收空气中的水分，它总是有些潮湿，所以做实验前我们要烤干它。不要觉得夏天我们做不了这个实验，可以做，只是实验效果不会像冬天时候这么好。冬天室内有暖气，所以空气比夏天更加干燥，而干燥这一要素在这个实验中很关键。夏天的时候，我们可以把报纸放到午饭后的厨灶上，这时候的厨灶还没冷却，温度也不会因过高而灼烧报纸。把报纸烤干后，把它们一张一张地放到干燥的桌子上，用刷子来回用力刷，然后我们的报纸就带电了，虽然电力不如壁炉上的强，但也足够用来做实验了。"哥哥顿了顿，说，"今天的实验就到这里吧，明天我们再做新的实验。"

"也是电学实验吗？"我问。

"对，我们还用报纸做。"哥哥说，"接下来的时间，你来读一段有趣的故事，你一定喜欢，是关于'圣艾尔摩之火'的。1867年，法国著名自然科学家索绪尔和他的几个同伴登上了萨尔雷山的顶峰，其海拔有3 000多米，他们就是在那里看到了'圣艾尔摩之火'。"

哥哥说着，从书架上拿下了弗拉马利翁的《大气》，翻开书，找到那一节让我读。

第 4 节

山 上 的 电 力

当索绪尔和他的几个同伴爬上顶峰后，他们把自己的铁皮棒放到了岩石上，在准备吃午饭时，索绪尔突然感觉到自己肩膀和后背非常疼痛，像一根根小针在扎他。

索绪尔回忆道：

起初我觉得，这种疼痛感是因为别针藏到我的亚麻布披肩里了，于是我立马把披肩脱下来，扔到了一边。然而疼痛不但没有减轻，反而更加强烈了，这种疼痛感蔓延到我整个后背，又疼又痒，像是黄蜂在上面边蜇边游走。然后我又脱掉了第二件衣服，但还是没搞清楚这种疼痛感来源于哪里。

疼痛感还在持续，甚至还产生了一种灼烧感，我突然意识到我的毛衣着火了。我脱掉毛衣时，听到一种嗡嗡的声音，像是开水沸腾前的声音，我寻找了一下声源，原来是岩石上的铁皮棒发出的，这一切大约持续了五分钟。

这时我意识到，刚才的疼痛感来源于山上的电流，但因为是白天，所以看不到铁皮棒上的电火花。铁皮棒上的声音一直在持续，无论我把包有铁皮的那头朝上拿或是朝下拿，抑或是把它平拿着，棒子都发出同样的尖锐声。直到把它放在地上，声音才停下来。

过了几分钟，我的头发、胡子都竖了起来，这种感觉像是干燥的剃须刀在刮我新长出来的坚硬胡子。我一个同行的年轻伙伴也大喊，他的小胡子竖起来了，耳朵上方也传来强烈的电流。我举起手，可以感觉到电流从我的指尖流出。总而言之，电流会从棒子、衣服、耳朵、头发中迸发出来，另外，值得一提的是，电流都从物体凸出的部分迸发出来。

我们见状连忙往山下走，越往山下走，铁皮棒发出的声音就越小，直到后来一点儿声音也没有，就算耳朵凑到棒子旁，也听不到。

到这里，索绪尔的叙述结束了。
在书中，我还看到了另一个关于"圣艾尔摩之火"的例子：

1863年7月10日，沃森和其他几个旅友一起攀登瑞士的少女峰，早上的时候天气很好，但在接近山口时，他们突然遭遇了大风和冰雹。一阵可怕的雷声轰隆而过，很快，沃森听到他们的棒子传来一丝丝刺耳声，就像水沸腾的声音。大家都很害怕，停在了原地，一会儿又听到他们的手杖和斧头也发出同样的声音，他们把手杖和斧头扎进地里，刺耳声才停下来。一个同行的人摘下帽子后，感觉不妙，大叫自己的头发是不是着火了。着火倒没着火，但他的头发都竖了起来，就像通电了一般，每个人的脸和身体又痒又麻。沃森的头发也完全竖了起来，当他的手指在空中活动时，指尖也会迸发出电流的声音。

第 **5** 节

会 跳 舞 的 纸 人

哥哥履行了他的诺言，第二天天黑之后，我们又开始做起了实验。哥哥做的第一件事，就是把报纸贴到壁炉上，然后找我要了一些比报纸更坚硬的书写纸，把它们剪成几个各种姿势、奇奇怪怪的小纸人。

"我可以让这些小纸人跳起舞来。"哥哥说，"你再给我拿几枚大头针吧。"

我把大头针递给哥哥，哥哥在每个小人的腿上穿上大头针，他解释道："这是为了防止小纸人飞走，直接贴到报纸上。"说着他把小纸人放在茶炊的托盘上，演出就要开始了！

他从壁炉上揭下报纸，双手把它水平举着，慢慢向下靠近装有小纸人的托盘（图46）。

"站起来！"哥哥下命令。

你能想象吗？小纸人就像真的听到命令一样，一个个站了起来，还站得笔直笔直的。哥哥把报纸移远些，它们又躺了回去。但哥哥可没让它们一直休息，他把报纸又移近了些，小人也随之纷纷站起来。哥哥把报纸忽远忽近地移动，小纸人也是一会儿站起来，一会儿又躺下，非常有趣。

图46 会跳舞的纸人

"如果不是大头针拖住它们的话，它们怕是早就飞到报纸上，紧紧贴着了。你看——"哥哥把大头针从小纸人身上取了下来，然后在靠近托盘的地方水平举着报纸，果然一个个小纸人都飞到了报纸上，哥哥晃晃报纸，说："你看，它们完全被吸到报纸上了，怎么也掉不下来，这就是电荷引力。现在我们再做一个电荷斥力实验，咦，你把剪刀放哪里了？"

第 **6** 节

相 互 排 斥 的 纸 条

我找到剪刀递给哥哥，哥哥把报纸贴到壁炉上，然后用剪刀从报纸下端向上剪开，每一剪刀都不剪到头，哥哥用这种方式一剪刀一剪刀地剪报纸，把报纸剪成流苏的模样，报纸变成了一列列小纸条。但它们并没像我想象的那样从壁炉上散开，而是仍然紧紧地贴在上面（图47）。哥哥一只手摁住纸条的上面相连的部分，另一只手用刷子顺着纸条刷了刷。然后把整列纸条从壁炉上取下来，把它攥在一起，伸长了手臂提在空中。

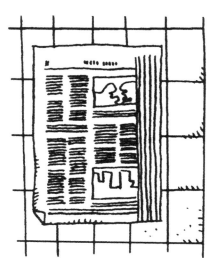

图47　把报纸剪成一列列小纸条

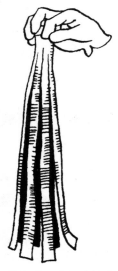

哥哥让纸条自然下垂，我们看到纸条分开呈钟状，很明显在互相排斥（图48）。

"它们互相排斥，这是因为，"哥哥解释道，"这些小纸条带有相同电性。如果不带电的物品靠近它，就会相互吸引，例如你把手放到'钟'的里面，纸条就会立马吸附到你的手上。"

我想把手伸到纸条下面，但手刚进去，这些纸条就像蛇一样缠绕在了我手上。

"你没有被这些'蛇'吓到吧？"哥哥问。

"没有，它们是纸做的啊。"我笑道。

图48　带电的纸条相互排斥

第 **7** 节

竖起的头发

"我觉得挺可怕的，你看。"哥哥把报纸举到头顶，然后我看见他的头发直直地立起来。

"这是实验吗？你刚刚说这也是实验？"

"对，我们现在做的也是实验，不过是用另外一种方式。报纸上的电荷在空气中传递，使我的头发也带上了相同的电，所以它们互相排斥，就像我们之前的那一撮纸条一样。你拿个镜子，我给你展示一下。"

哥哥把报纸举到我头顶，通过镜子我清楚地看到，我的头发在报纸下面直直地立起来了。

"疼吗？"哥哥问。

"一点儿也不疼。"事实上，我连痒都感觉不到。

我们又重复做了一遍今天的实验，除此之外，还温习了昨天的实验，如此之后，哥哥才结束这场"演出"（他喜欢这样称呼我们的实验），还承诺明天要和我继续做一系列新实验。

第 8 节

小 闪 电

接下来的一个晚上，哥哥继续做实验，我看到他为这个实验做了很多奇怪的准备。

哥哥拿了三个杯子，把它们放在壁炉旁烘干加热，然后放到桌子上，接着在杯子上面放一个托盘，当然，托盘之前也在壁炉旁烘干加热过了。

"这是做什么呢？"我好奇地问，"不是应该把杯子放在托盘上吗，为什么把托盘放在杯子上？"

"你等一下，别着急，我们今天做个'小闪电'实验。"

哥哥又使用了"发电仪器"，简单来说，就是把之前的报纸放在壁炉上摩擦。报纸摩破了，他就把报纸对折，继续摩擦。然后把它从壁炉上揭下来，迅速放到托盘上。

"你摸一下托盘，是不是很凉？"哥哥说。

我没想到这是一个恶作剧，就毫无戒备地把手伸向了托盘，但马上又缩了回来，疼死我了，有什么东西噼啪响，刺得我手指疼。

哥哥笑道："'小闪电'实验怎么样？刚刚你被'闪电'击了一下。那噼啪声就是小闪电。"

"'闪电'？我虽然感受到了，也听到了，但没看到。"

"你一会儿就看到了，我们在暗的地方再做一次这个实验。"哥哥说。

"但我绝对不会再去碰那个托盘！"我坚决地说。

"哈哈，其实手不用伸进托盘，我们用钥匙或者茶匙也可以看到'闪电'，就算火花很长，你也不会有一点儿感觉。开始你的眼睛还没办法完全适应黑暗，我先自己来做这个实验吧。"

哥哥关掉了灯。

"'闪电'要来了，你仔细看！"黑暗中响起哥哥的声音。

哥哥把钥匙靠近托盘，一道明亮的蓝白色火花在托盘和钥匙间闪现出来（图49）。

"看到'闪电'了吗？听到'雷声'了吗？"哥哥问。

"嗯嗯，但它们是同时的，可平时我们听到的雷声总是比闪电晚。"我说。

"确实是这样。我们总是先看到闪电，后听到雷声。但它们其实是同时发生的，就像我们实验里的噼啪声和火花。"

"那为什么听到雷声会晚一些呢？"我问。

哥哥解释道："你看，闪电是光，光的传播速度很快，地球上的任何距离它都可以瞬间穿过。而雷声是声音，声音通过空气的传播速度没有那么快，它会很明显慢于光，传到我们耳边的时间也会晚于光。所以我们会先看到闪电，后听到雷声。"

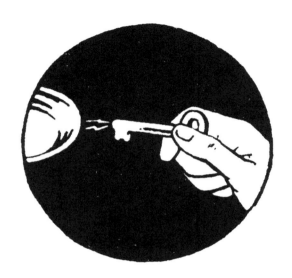

图49 托盘和钥匙之间产生蓝色火花

哥哥把钥匙递给我，取下报纸，说："现在我们的眼睛已经习惯黑暗了，我们可以直接在托盘上制造闪电。"

"没有报纸还会有火花吗？"我问。

"你试试就知道了。"哥哥说。

我还没有把钥匙放到托盘边缘，就看到了又长又亮的火花。

然后哥哥把报纸放到了托盘上，我再一次制造出了火花，只是这一次比之前弱了一些。他把报纸从托盘上拿走又放下了10次（没有把它再放到壁炉上摩擦），每一次我制造的火花都比上一次的弱。

第 9 节
引流实验

"如果我们不是直接用手移动报纸，而是借助丝绸去移动报纸，那么火花持续的时间会更久。以后你学物理了，就会明白这是为什么。现在你只需要用眼睛观察这些实验，而不需要用脑子观察。我还有一个实验：水流实验。我们一起去厨房，报纸就放在壁炉上烘干着吧。"

我们打开厨房水龙头，放出细细的水流，水很响地落在盥洗池底部，然后顺着下水口流走。

"现在我不碰到这个水流，就可以让它改变流动方向。你想让它往哪边流？右边，左边，还是前面？"

"左边。"我说。

"好，你不要碰水龙头，我去拿报纸。"

哥哥带着报纸回来了，他伸直手臂举着报纸，尽量让报纸离身体远一些，以此减少电荷的流失。他把报纸拿到水流的左边，我直观地看到，水流向左边呈拱形弯曲。哥哥又把报纸拿到水流的右边，水流又向右边弯曲（图50）。最后他把报纸拿到水流的正前方，水流向前弯曲，以至于都流到了盥洗池外面。

"你看，通过这个实验能很明显地看到电荷的引力。顺便说一句，如果我们用橡胶梳子代替带电的报纸，那不用壁炉也能轻松完成这个实验，因为让梳子带电非常简单。"哥哥从侧面的口袋里掏出了一把梳子，把梳子放在自己浓密的头发上摩擦，说：“这样梳子就带电了。”

图50   用报纸改变水流的方向

“但你不是说我们的头发不带电吗？”

“当然，但是用橡胶摩擦头发，它就带电了，就像用衣服刷子刷报纸一样。你看！”

哥哥把梳子靠近水流，水流明显向旁边弯曲。

第10节

惊人的吹气

"接下来我们再做一个实验，但在这个实验里，梳子就派不上用场了，它带的电太少。和我们的'发电仪器'相比，它带的电简直微乎其微，我们现在用报纸再做一个'发电仪器'。对了，这次可不是什么电学实验了，而是一个大气压实验，就像上次我们用那个直尺做的一样。"

我们回到房间，哥哥把报纸剪开，然后粘成一个长纸袋。

"现在长纸袋的胶水还没干，你去拿几本厚一点、重一点的书。"

我在书架上拿了三本超级重的医学图解册，把它们放到桌子上。

"你能不能用嘴吹一下这个纸袋？"哥哥问道。

"当然可以。"我说。

"很容易的事情，是吧？但如果我用两本书压住纸袋呢？"哥哥问。

"那不可能，不管我怎么吹，纸袋也不会鼓起来的，哥哥当我是吹风机啊！"我说。

哥哥默默地把纸袋放到桌子边缘，用一本书平压着它，然后在上面又立了一本书（图51）。

"快来见证你的不可能，我现在把纸袋吹鼓。"哥哥说。

"难道你能吹翻这些书？"我笑着问道。

图51 放好两本书

"正是如此！"哥哥鼓起腮帮子，开始吹纸袋，你能想到吗？下面的书因为鼓起的纸袋开始倾斜，过了不久，压在上面的书就倒了。太不可思议了，那两本书可有五六千克重啊（图52）！

图52 压在纸袋上的书倒了

　　还没等我从惊讶中反应过来，哥哥又重复起这个实验。这次他把三本书都压在了纸袋上。他鼓起腮帮子，大口吹气，这是多么雄伟的一口气啊！三本书全都倒了。

　　最令人惊讶的是，这个神奇的实验里并没有什么特别的东西，都是日常中很普通的物品。当我自己动手做这个实验的时候，我也可以成功地把书吹倒。完成这项实验，完全不需要大象那样庞大的肺，或是惊人的肌肉：一切发生得自然而然，几乎不需要怎么用力。

　　哥哥后来给我解释了原因：当我们往纸袋吹气的时候，我们注入的气体压力大于外界的大气压力，不然纸袋是没办法鼓起来的。我们之前提过，大气压力约是每平方厘米1千克。纸袋内部的气体压力比大气压力大1/10，也就是每平方厘米约大100克。我们粗略算一下纸袋被书压住的面积，可以得出：纸袋内部气体的压力能对外界施加约10千克的力。这么强大的力量，足够推翻这几本书了。

　　我们用报纸做物理实验的"演出"，到这里就结束了。

03

生活中的 68 个
常见物理小问答

导 读

姜连国

　　又完成了一整个章节的阅读和学习，有没有觉得自己的物理知识又充实了不少呢？相信你也已经学会了不少有趣又简单的物理小实验吧？我们的书已经过半啦，在接下来这个章节之中，你将继续在轻松的乐趣中学习物理小知识。不过，在接下来的文章中，你可能不再会接触到那么多的实验，而将更多的走进生活，从生活的小细节中品味物理的妙处。在这一章中，你将不仅能够学习知识，还能够积累难得的生活经验，说不定能在某一天让你的父母长辈们都大吃一惊呢。

　　比如，你知道水为什么能够熄灭熊熊燃烧的火焰，而没有直接在火焰的炙烤下蒸发为气体呢？读一读《为什么水能熄灭火》这篇文章，你就将明白，从物理的角度来看，这实际上与我们将在初中物理九年级全一册（人教版）中学到的一个知识——比热容，有着密不可分的关系。这个词是不是听上去非常陌生和拗口？别想得太复杂啦！实际上，它的体现近在你我眼前，几乎随时能够看到、想到。举一个最简单的例子吧，烈日炎炎的夏季，白天海滩上的沙子热得烫脚，但海水却非常凉爽；傍晚太阳西落，沙子很快凉了下来，但海水却仍然暖暖的。同样的日照条件，为什么沙子和海水的温度不一样？

　　这就是比热容的力量。比热容是一定质量的某种物质，在温度升高时吸收的热量与它的质量和升高的温度乘积之比，是反映物质自身性质的物理量。质量相同的不同物体，在吸收或放出相同的热量时，产生的温度变化往往不甚相同，就是因为不同物质的比热容往往不同。质量相同的不同物质，当吸收或放出同样热量时，比热容较大的物质温度变化较小。查询资料可知，水的比热容较大，而沙子的比热容则要小得多。也就是说，质量相同的水和沙石，如果吸收或放出的热量相同，水的温度变化比沙石小得多。夏天，阳光照在海岸上，尽管海水和沙滩随着日夜更替、日照情况变化，会吸收和放出相同的热量，但是由于海水的比热容较大，所以海水的温度变化并不大，而沙滩的气温变化则会明显许多。

在这些知识的帮助下，你能明白为什么水能在被火焰蒸发之前熄灭火焰了吗？在这里也许你还会用到一些其他的热学知识，例如燃点、物态变化等，不过，相信在阅读了本章内容后，这些对你都将不是难事。

最后，除去这些生活中的奇妙现象，你还能够验证自己的一些有趣的"古怪"想法。比如，纸做的锅能不能把水烧开呢？如果可以，那么为什么明明很容易点燃的纸张不会先被火烧成灰烬呢？又或者，我们总习惯于用火给水加温以求使水沸腾，那么，如果我们用开水加热冷水，冷水能不能被烧开呢？雪又能否使水沸腾呢？在这里我举出的这几个简单的例子，实际上同样都与热学知识相关。在生活中，我们常将冷水烧开以便饮用。所谓烧开，就是将冷水加热到有大量气泡冒出，从而翻滚起来。这一生活用语在物理学中叫作沸腾，是液体内部和表面同时发生的剧烈汽化现象，需要水的温度达到一个固定的点才会发生，这个沸腾温度也被称为水的沸点。通过实验我们可以发现，在沸腾的过程中，虽然水的温度保持不变，但热源要持续加热，所以说，液体在沸腾的过程中不断吸热。各种液体沸腾时都有确定的温度，也叫沸点。不同液体的沸点不同，同种液体在不同气压下沸点也不同——气压越低，沸点越低；气压越高，沸点越高……这些都是初中物理八年级下册（人教版）中将要正式讲述的内容，正是这些原理使得一些看似奇妙的现象在正常地发生。

不过，我透露的已经够多啦！更加精彩的内容还要靠你在接下来的阅读中自己发现。同时，这也是我们这本书的最后一章了，好好享受这最后的一段阅读时光吧。我向你保证，这一章绝不会让你失望——正如这本书从未让你失望一样。

第1节
如何用不精准的天平准确地称重

【问题】称重的时候什么更重要呢？是精准的天平，还是精准的砝码？

【回答】很多人都认为天平更重要，而实际上砝码更为重要。如果没有精准的砝码，无论如何都无法进行准确的称量，但如果砝码精准，即使天平不精准，也能准确地进行称量。

假设我们有一个带摇杆和秤盘的天平，如果不确定这个天平是否精准，在进行称重时，我们可以这样操作：

第1步：暂时不把要称重的物体直接放到秤盘上，而是在秤盘上放一个比我们要称的东西更重的物体。

第2步：在另一个秤盘上放相应的砝码，直到天平两边平衡。

第3步：把需要称的物体放到那个有砝码的秤盘上。

这时放有砝码的这边会下沉，为了让天平再次保持平衡，在下沉的那边，我们需要拿掉一些砝码。那么我们从秤盘卸下的砝码的质量就是要称重物体的质量。为什么呢？因为需要称重的物体与拿掉的砝码对秤盘的作用力相同，所以它们的质量也完全相同。

另外，这种用不精准的天平准确称重的方法是由著名化学家**门捷列夫**提出来的。

门捷列夫，俄国科学家，发现化学元素的周期性。

第 **2** 节

在称重台上

【**问题**】在一个十进制[1]的称重台上站一个人，当这个人蹲下时，称重台会往哪个方向运动，向上还是向下？

【**回答**】向上运动。这是为什么呢？因为当人在下蹲的时候，上半身肌肉向下拉，因为力的作用是相互的，所以，与此同时，下半身的肌肉向上拉，由于这个向上拉的力，人体对称重台的压力减小了，从而称重台向上运动。

第 **3** 节

滑轮上的重物

【**问题**】假设一个人在地上可以举起100千克的重物，他想举起更沉的重物，于是把重物系在绳子上，再让绳子穿过固定在天花板下的滑轮上。他用这种装置可以举起多重的重物呢？

---

1 十进制即满十进一，满二十进二，依此类推。

【回答】这种装置叫作定滑轮，事实上，借助定滑轮举起的质量不比他徒手举起来的更大，反而甚至更小。当他拉动定滑轮的绳子时，他只能拉起比他体重小的重物，也就是说，如果他的体重不足100千克，那么他无法利用这个装置拉起100千克的重物。

第 **4** 节

犁地的耙

我们经常混淆重力和压力的概念，实际上它们不是一回事。一些物体的重力很大，但它们对支撑物施加的压力很小；反之，一些物体的重力很小，但对支撑物体施加的压力却很大。

这里有一个通俗易懂的例子，可以让你明白重力和压力之间的差别，除此之外，你还会学习到如何计算物体对支撑物的压力。

【问题】我们假设在同一条件下有两把耙在地里工作。第一把耙有20个齿，第二把耙有60个齿，其中第一把耙重60千克，第二把耙重120千克。

那么请想一想，哪把耙犁地更深呢？

【回答】我们很容易就能想到，在耙齿上作用的力越大，耙齿刺入土壤的深度就越大。在第一把耙中，60千克的重力分布在20个耙齿上，因此每个耙齿施加的压力是3千克。而在第二把耙中，每个耙齿只有120÷60，也就是2千克的压力。这就意味着，第一把耙的耙齿压力大于第二把耙的耙齿压力，所以虽然第一把耙比第二把耙质量小，但犁地更深。

第 5 节

酸白菜

下面，我们再学习一个计算压力的例子。

【问题】有两个用于腌制酸白菜的圆木桶，在上面盖着一块圆形木板，圆形木板上面又压着一块重重的大石头。其中在第一个木桶上，圆形木板的直径是24厘米，上面的石头质量是10千克。在第二个木桶上，圆形木板的直径是32厘米，上面的石头质量是16千克。

那么，哪个木桶承受的压强更大呢？

【回答】很显然，我们只要计算出两块圆形木板每平方厘米所承受的压力，就能知道哪个木桶承受的压力更大。根据面积公式：$S=\pi R^2$，我们先计算出第一个圆形木板的面积：

$$3.14 \times 12 \times 12 = 452（平方厘米）$$

所以将10千克的重力分布在452平方厘米的面积上，每平方厘米上的压力为：

$$10\ 000 \div 452 \approx 22（克）$$

在第二个木桶上，每平方厘米上的压力为：

$$16\ 000 \div 804 \approx 20（克）$$

因此，第一个木桶受到的压强更大一些。

第6节

锥子和凿子

【问题】为什么在同一条件下，锥子要比凿子刺得更深呢？

【回答】因为锥子所有的力都集中在了细细的锥尖上，而凿子的力则分散到了更大的接触面上。

举个例子，锥子与物体的接触面积是1平方毫米（1平方毫米=0.01平方厘米），凿子与物体的接触面积是1平方厘米，现在分别给它们施加1千克的压力，那么凿子受到的压强为1千克/平方厘米，而锥子受到的压强为1÷0.01=100（千克/平方厘米），可以说，锥子施加的压强是凿子的整整100倍，这样我们就不难理解为什么锥子比凿子刺得深了。

现在我们可以明白，为什么做缝纫时，针总能很轻易地穿过布料，事实上，针施加的压强不比电饭煲的蒸汽压强小。我们也能解释为什么轻轻推动剃须刀，就能把胡子刮下来，因为剃须刀刀口又薄又尖，它施加的压强高达每平方厘米100千克，所以胡子很容易就被刮掉了。

第 7 节

马和拖拉机

【问题】人和马走在松软的土地上时，脚很容易微微陷进去，但重型的履带拖拉机却能很平坦地开过，这看上去很难理解，要知道拖拉机要比人和马重多了。那么为什么人和马的脚会陷进松软的土地，而拖拉机不会呢？

【回答】为了理解这个问题，我们要回想一下之前说的重力和压力。

不是物体的重力越大，它陷得越深，而是它每平方厘米可施加的压力越大，陷得越深。履带拖拉机很沉重，但它与地面的接触面积也很大，所以它的重力分摊到每平方厘米只有100克，而马的重力分摊到马蹄上，每平方厘米却有1 000克，比履带拖拉机施加的压力大十倍，所以我们现在很好理解，为什么马蹄会微微陷进土里，而拖拉机不会。另外，在泥泞的路上，人们会给马蹄穿上宽宽的"鞋子"，让它增加和地面的接触面积，防止马蹄陷进土里。

第**8**节

在冰上爬行

【问题】当小河或湖泊的冰冻得不够结实时，有经验的人都不会走过去，而是爬过去，他们为什么要这样做呢？

【回答】当一个人趴下时，他的体重不会改变，但他的接触面积增加了，所以接触面每单位面积受到的压力减小了，换句话说，人对接触面的压强减小了。

现在我们就可以明白为什么在危险的薄冰上，人们要爬着过去了。当然，人们也可以躺在宽木板上，从薄冰上滑过去。

那么冰可以承受多大的压力呢？这取决于冰的厚度。例如，在4厘米厚的冰上，人可以安全地走过去；在10～12厘米厚的冰上，人可以在上面自由地溜冰。

第**9**节

绳子从哪里断

【问题】首先我们做一个装置（图53）：在两扇打开的门上架一根木棒，木棒上系一条绳子，绳子中间绑上一本厚重的书，再在绳子的另一端系一把直尺。现在我们用力拉底端的绳子，绳子会从哪里断：是书的上面还是书的下面？

图53　绳子从哪里断

【回答】绳子可能从书的上面断，也可能从书的下面断，主要看你怎么拉绳子了。如果我们在下面很小心地慢慢拉绳子，绳子会从书的上面断开，如果我们快速用力拉绳子，绳子则从书的下面断开。

为什么会这样呢？原来当我们慢慢拉绳子时，上半段的绳子除了承受我们对绳子的拉力，还承受书的重力，而下半段的绳子只承受我们的拉力，所以绳子会从书上面断开。

另一种情况是我们快速拉绳子，这个拉力时间很短暂，力还没传到书那里时，下半段的绳子已经因为承受所有的力而断开了，所以即使下半段绳子比上半段的粗一些，这种情况下绳子仍然是从书的下面断开。

第10节

被撕裂的纸条

【问题】我们可以用一张手掌长、手指宽的纸条做一项有趣的实验：在纸条上剪两道口子（图54），然后问朋友，如果现在用力扯纸条的两端，会发生什么样的情况呢？

图54　有口子的纸条

"纸条会在有口子的地方撕开。"朋友回答道。

"撕成几部分呢？"你问他。

当然，我们通常得到的回答都是三部分，那么我们试着做做这个实验，真的是三部分吗？

朋友看到实验结果后大吃一惊：纸条被撕成了两部分。

【回答】我们也可以用大小不同、口子深浅不一的纸条做上面的实验，得到的结果都一模一样：纸条被撕成了两部分。纸条总是在最薄弱的地方被撕裂，从而证实了"绳在细处断，冰在薄处裂"这一谚语。事实在于，无论我们如何努力让它们的裂口深浅相同，但一个裂口必然比另一个裂口深一些。虽然我们的肉眼很难注意到，但事实的确如此。一旦纸条最薄弱的地方开始裂开，那它会直接裂到底，因为裂开的地方始终是纸条最薄弱的地方。

我想，你一定会开心，通过这种简单的小实验，让我们接触到了一个严肃而又重要的领域——材料力学。

第 11 节

牢 固 的 火 柴 盒

【问题】如果我们用拳头使劲捶打空火柴盒，将会怎么样呢？

【回答】我敢肯定，10位小读者中，有9位都会说火柴盒会被打破，剩下那位小读者呢，他说：火柴盒不会损坏。我想，他一定亲自做过类似的实验，或者从别人那里听说过这个实验。

这个实验是这样的：把空火柴盒的两部分拆开，叠加起来放在桌上（图55）。然后用拳头捶打它，接下来发生的事情一定会让你感到不可思议：火柴盒的两部分分别散落到不同的方向，但是捡起它们细细观察，都完好无缺。原来，是因为火柴盒有极强的弹性，所以它会弯曲但不会损坏。

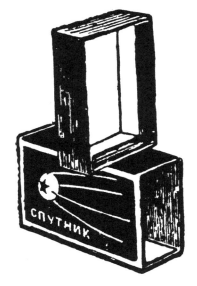

图55　叠起来的火柴盒

第12节
吹着让火柴盒靠近

【问题】我们在桌子上放一个空的火柴盒，我们呼气把它吹远，当然，这是毫无难度的。但如果反着做呢：我们呼气，让盒子朝我们的方向靠近。你可以完成吗？当然，前提是不能耍赖皮，不可以把头伸出去，从火柴盒的后面呼气。

【回答】每个人都在想自己的方法，有些人会努力吸气，试图把火柴盒吸过来，但这种方法是肯定不行的。

其实这个问题的答案非常简单。

我们只需要把手放在火柴盒后面，然后对着手掌吹气，这时手掌反射的气流会撞击火柴盒，推动它向我们的方向靠近（图56）。

为了让这个实验可以顺利完成，我们需要把火柴盒放在相当光滑的桌子上，也要注意桌子上不能铺桌布。

图56　对着手掌吹气

第 **13** 节

挂钟

【**问题**】如果挂钟（挂在墙上，带钟摆的钟表）走得慢了，我们怎么才能调整钟表走速呢？应当对钟摆做什么呢？如果钟表走得快了，我们又应该怎么做呢？

【**回答**】钟摆越短，钟表摆动得越快。通过绳子上系重物的实验，很容易就能验证这个理论，从而我们可以得出解决上述问题的方法：当钟表走得慢了，我们可以缩短钟摆长度，以此来增加钟摆的摆动速度；如果钟表走得快了，则需要我们延长钟摆的长度。

第 **14** 节

杆子在什么位置停下来

【**问题**】我们在杆子的两边装上两个质量相同的小球，在杆子的正中间钻一个小孔，穿上一根小棒（图57）。然后，我们水平抓着小棒，让杆子围绕小棒旋转，杆子旋转几圈后停下来，你能否预测这时候的杆子在什么位置？

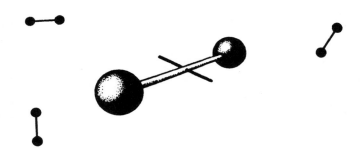

图57　平衡杆保持平衡的位置

【回答】很多人都觉得杆子会竖直着停下来，其实这是错误的，它停留的位置是不定的——竖直的、水平的或是倾斜的。因为我们实验装置的支撑点在重心，所以它在任何位置都能停下来。当我们在物体的重心进行支撑或者悬挂时，物体在任何位置都能保持平衡。

所以想要预测杆子在什么位置停下来，是不可能的事。

【问题】火车以每小时36千米的速度在行驶，这时你在这列火车的一节车厢中向上跳跃，假设可以在空中停留整整一秒（仅为假设，因为要达到这一目标，至少需要上跳1米的高度）。落地时，你所处的地方是否还是原来起跳的位置呢？如果落到了别的地方，那是会更接近车厢前部还是车厢后部？

【回答】人落地时还会回到原来起跳的位置。有人觉得，当人腾空时，只有车厢地面在急速前进，然后赶超了人。这种想法是不对的，车厢在快速前进的同时，起跳的人也因受惯性影响，以同等的速度前进。所以，无论如何，人都会落到原来起跳的位置。

第 16 节

在 轮 船 上

【问题】两个人在运行的轮船甲板上玩抛球（图58）。其中一人接近船尾，另一人接近船头。谁更容易把球扔到对方手中？

图58　两个人在甲板上玩抛球

【回答】如果轮船匀速直线前进，两人把球扔到对方手中的难易程度一致——因为这种情况可将轮船视为静止不动，不用考虑站在船头的人在远离球，而站在船尾的人在接近球，球在惯性作用下与轮船的运动速度一致，这样轮船的速度对于两个人或运动中的球来说都是一样的。因此，匀速直线运动的轮船不会给两个人中的任何一方带来优势。

第 **17** 节

旗帜飘向哪个方向

【问题】风将热气球吹向北方，与此同时，热气球吊篮上的旗帜会往哪个方向飘动呢？

【回答】热气球因受气流影响而运动起来，在空中时，它与气流处于相对静止的状态，因此，吊篮上的旗帜不会向任何方向飘动，会处于无风时的低垂状态。

第 **18** 节

在热气球上

【问题】热气球悬浮在空中，这时一个人从热气球的吊篮里爬出，沿着绳索向上爬。此时热气球会向哪个方向运动：向上还是向下？

【回答】热气球此时应该向下运动，因为人在沿绳索向上攀爬时，他会给自己和热气球施加一个与运动方向相反的力。这与人在船板上行走的原理一样，人在后退时船会向前。

第 19 节

走 路 与 跑 步

【问题】走路与跑步有什么区别吗？

【回答】在回答这个问题之前，我们要知道，跑步也有可能比走路更慢，甚至还有可能是原地跑步。

跑步和走路的区别不取决于运动速度。走路时，我们的身体总是与地面有接触，而在跑步时，某些瞬间我们的身体是完全离开地面的。

第 20 节

可 以 自 动 平 衡 的 棍 子

【问题】现在我们将两只手分开平放，然后在两根食指上架一根光滑的棍子（图

59）。现在开始移动你的手指，让它们不断地互相接近，直到手指紧紧触碰到一起。奇怪的事情发生了！事实证明，在食指互相接触的终点，棍子没有翻倒，反而继续保持着平衡。你对此进行多次实验，不断改变最初手指摆放的位置，但结果还是没有发生任何改变：棍子仍然保持着平衡。将棍子换成绘图尺、带柄头的手杖、台球杆和地板刷后，你会发现这些物品也同样具有保持平衡的特点。

图59　在两根食指上架一根棍子

这个出乎意料的结局的谜底到底是什么呢？

【回答】首先，我们要明白以下几点：一旦棍子在紧靠的手指上保持平衡，那么我们就知道手指相互接触点正好处于棍子的重心处。（如果沿重心处画一条垂直线，并垂直于支撑面内任意一点，那么该物体将保持平衡。）

当手指分开时，较大的载重会落在更靠近棍子重心的手指上。随着压力的增大，摩擦力也会增大；靠近棍子重心的手指比离重心较远的手指承受着更大的摩擦力。因此，靠近棍子重心的手指将无法在棍子下滑动，始终是远离该重心的手指在移动。只要移动的手指比另一根手指更靠近重心，那么这两根手指就会改变角色；这种角色的交换会发生几次，直到手指紧密触碰为止。并且由于每次仅一根手指移动，即远离重心的一根手指，那么自然而然，最终两根手指会在棍子的重心下会聚。

【问题】在结束这个实验之前，我们再用地板刷重复做一遍这个实验（图60（a））并且向自己提出以下问题：如果在手指支撑的地方切断地板刷，并且把切下的两部分分别放到天平两头的秤盘中，那么哪一个天平秤盘会更重：盛有棒子的还是盛有刷子的呢？

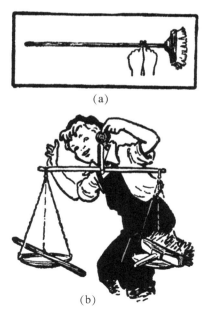

（a）

（b）

图60 将地板刷切断放在天平秤盘中

【回答】由于地板刷的两部分在手指上彼此保持了平衡，那么似乎它们也应当在秤盘上保持平衡，而事实上，盛有刷子的秤盘更重。如果仔细思考，我们就能明白其中的缘由：当地板刷在手指上保持平衡的时候，两部分的重力着力于不等臂的杠杆上；而在秤盘中时，重力则集中于等臂杠杆的末端。

在列宁格勒文化公园的趣味科学馆中，我订购了一组重心位置不同的杆，这些杆在重心的位置被分成两个长短不等的部分。我们将这两部分放到秤上，就像地板刷一样，惊奇地发现短的一边比长的一边更重。

第21节

河上的桨手

【问题】想象一下，河上漂着一艘可爱的小船，旁边有一块木片，这时我们的桨手让木片往前漂10米容易呢，还是往后漂10米容易？

【回答】这个问题大多数人都会答错，包括那些从事水上运动的人，他们都认为逆流划船要比顺流划船更困难，所以回答：桨手让木片向前漂10米更容易。

毫无疑问，如果小船停留在岸边，的确让木片顺流向前漂10米更容易，但现在小船在河流上，它和河流在一起流动，就像木片在小河上漂流一样。这时候，情况就不一样了。

我们可以注意到，小船随河流一起流动，就像小船停在静止的水中一样，木片也是同样的情况，它就像漂浮在不流动的湖水上一样。我们都知道，在平静的湖面上，让木片漂向任何方向的难度一样，所以在上述条件下，让木片向前漂或向后漂所花费的力气一样，没有哪个更容易之说。

第 22 节

涟漪

【问题】当我们把石头扔进平静的湖面时，湖面会扩散开一圈圈的圆形波纹。那么如果我们把石头扔进流动的河里，水面波纹的形状会是什么样的呢？

【回答】如果我们一开始找不到想问题的正确方式，那么我们很容易陷入混乱的推论中，从而得出错误的结论。我们认为，水流会把圆形波纹拉长，变成椭圆形。现在让我们往河里扔一块石头，从实际出发，观察一下它击起的波纹。我们看到，圆形波纹围绕着扔下的石头一圈圈散开，无论水流的速度是快还是慢，水面波纹的形状都是圆形。

这没有什么令人意外的，我们可以通过简单的推论得出：无论在静止的水中，还是在流动的水中，石头击起的波纹都是圆形的。我们可以把水面波纹的运动分解成两部分：第一部分：从中心向四周辐射状扩散；第二部分：随着水流方向运动。如果一个物体受到多个力共同连续作用，并且合力不为零，那么它的位置一定会改变。

在不流动的水中，我们扔下石头击起的水纹毫无疑问是圆形的。而现在我们想象水流动起来，不管水的速度是快还是慢，匀速还是非匀速，总之，水流动起来了，这时候水纹会怎样呢？水纹在辐射扩散的同时，随水流一起运动，只是平移到了另一个位置，形状没有任何改变，所以还是一圈圈的圆形。

第23节

倾斜的蜡烛火苗

【问题】当我们在移动一支燃烧的蜡烛时，我们会很容易发现蜡烛火苗在移动的过程中向后倾斜，那么如果我们将蜡烛放在密闭的灯笼中，会发生什么情况呢？

如果我们用手平稳地转动灯笼，那么火苗在灯罩中会向哪个方向倾斜呢？

【回答】很多人错误地认为，火苗在移动的密闭灯笼中是肯定不会倾斜的。那么，我们以火柴为例，当我们用手护住并且移动燃烧的火柴，很多人认为，火苗是一定会倾斜的，但是出乎我们预料的是，火苗不是向后倾斜，而是向前倾斜。那么发生这种现象的原因是什么呢？因为火苗的密度小于周围空气的密度，而相同的作用力会使质量较小的物体的移动速度大于质量较大的物体的移动速度，因此，火苗的移动速度会比灯中空气的移动速度要快一些。

正是因为火苗的密度低于周围的空气，所以这里我们就可以解释灯笼中火苗的倾斜方向改变的原因。正如我们想的那样，火苗是向内而不是向外倾斜。我们根据离心机上旋转的球体中的水和汞的运动状况，会很容易发现，汞比水离旋转轴更远。正是因为火苗的密度要比空气的小很多，所以在我们持着灯笼做圆周运动的时候，火苗方向才会因为空气的浮力作用而发生改变。

第 **24** 节

下 垂 的 绳 子

【**问题**】如果我们沿水平方向使劲拉直绳子，那么我们需要用多大的作用力，才能保证绳子的中部不下垂呢？

【**回答**】实际上，不管我们用多大的力气，把绳子拉得多紧，绳子的中部还是会下垂。这是因为绳子会受到重力的作用，而我们对绳子的作用力不在垂直方向，所以这两种力在任何情况下都不能平衡，即它们的合力不能等于零。这也是导致绳子中部下垂的根本原因。

因此，不管我们用多大的力气拉绳子，都不能完全拉直绳子（除非是垂直于地面方向拉绳子），因此，绳子中部下垂是无法避免的。我们可以减少绳子中部下垂的程度，但是不能减少为零。因此我们没有办法沿水平方向拉直绳子，而且同样的道理，传送带的中部也总是下垂的。

出于同样的原因，我们永远也不可能将吊床拉平，当人躺在席梦思床垫上时，金属丝网也会在人的压力作用下而塌陷，更何况吊床的张力要更弱一些，所以，当有人躺在吊床上时，吊床就会变成吊袋状。

第 25 节

应该把瓶子往哪个方向扔

【问题】在移动的车厢中，我们向车窗外扔瓶子（当然，这样的行为是必须禁止的），如果想让瓶子与地面撞击力度最小，应该往哪个方向扔呢？

【回答】因为车厢在向前行驶，很多人便认为如果向前扔，瓶子和车厢移动的方向保持一致，是不是撞击力度就会达到最小呢？答案显然是不对的，瓶子只有向与车厢移动的方向相反的方向投掷，才会产生最小的撞击力度，因为车厢会给瓶子一个向前的惯性作用力，如果想要让撞击力度最小，就需要中和这个惯性作用力，让瓶子落地速度减小。如果我们向前投掷，只会加大瓶子的落地速度，撞击力度自然就会变大了。

而人如果需要跳出车厢，就需要和车厢本来赋予人的速度保持一致，尽量向前跳出去，慢慢减速，才会让人避免受伤，才会更加安全。

第 26 节

软木塞

【问题】如果在一个装有水的瓶子里放入一个软木塞，这块软木塞很小，比瓶口

要小得多。但是无论我们怎么移动瓶子，将它倒置、倾斜，只见水流出，软木塞却不会随着水流流出，只能到最后，当水全部倒出后，软木塞才会出来，这是为什么呢？

【回答】其实道理很简单，软木塞可以漂浮在水上，无论水怎么流动，只要瓶中有水，软木塞都会一直浮在水面上，所以，软木塞只能在水都被倒出去之后，才会从瓶中掉落出来。

第 27 节

春汛

【问题】春汛时，河流中部的水面要高于河岸附近的水面。如果把一捆木材放入河中，木材会漂向河岸。相反，到了枯水期，河流中部的水面要低于河岸附近的水面。这时候再把木材放入河流中，木材会流入河中央。

这是为什么呢？为什么春汛的时候河流中部的水面要高于河岸附近的水面，而到了枯水期，则完全相反呢？

【回答】这是因为河岸边的水流与河岸之间有一定摩擦，所以会减缓水流速度，这样河流中部的水流速度大于河岸附近的水流速度。在春汛期间，河水大量增加，因为河流中部流动速度较快，所以河流中部的水量增加得比河岸两边的多，因此我们会看到河流中部的水面凸了起来。而在枯水期时，因为河流中部的水流速度要比河岸水流速度快，所以中部河水流量减少较快，因此我们看到河流中部的水面凹了进去。

第28节
液体向上产生压力

【**问题**】即使是从未学过物理学的人也知道，在容器里的液体不但会对容器的底部产生压力，还会对容器侧面产生压力。但是，很多人却不知道，有时液体也会向上产生压力。你知道这个向上的压力是怎么产生的吗？

【**回答**】我们可以做一个小实验来验证。

首先准备一个煤油灯灯罩，如图61所示，再从厚纸板上剪出一个灯罩口大小的圆纸片，把它盖在灯罩上，然后把灯罩浸入水中。在实验过程中，为了防止纸片脱落，可以在纸片中间穿一条细线。如果这时我们把灯罩倒转过来，再放开手中的细线，你会发现，纸片并没有从灯罩口上掉下来。这就说明，纸片受到了一个向上的压力，才没有掉下来。

我们还可以做一个小实验，来测量水中纸片所受到的向上的压力。我们小心地把水倒入灯罩中：一旦灯罩内部的水位接近灯罩外部的水位，纸片就会掉下去。这就意味着纸片受到向上的压力与向灯罩内注入的水产生的压力相等。压力就是这样产生的，液体会对浸入其中的物体产生压力。阿基米德原理中关于液体里的物体会轻一些，也是这么得来的。

我们通过另一些罩口面积相同，而形状不同的灯罩来进行这个实验，通过实验，我们可以得出结论，容器底部的液体产生的压力仅仅取决于底部的面积和水平高度；不取决于容器的形状。如图62所示，我们用这些形状不一的灯罩来进行实验，这时我们可以发现，每次都是把灯罩里的水加到同一高度，纸片就会掉下去，这意味着，如果灯罩的底面积和灯罩里面的水的高度相同，则这些形状不同的灯罩所受的水的压力是相同的。请注意，我们这里讨论的是灯罩里水的高度，而不是灯罩的长度，不管灯罩是什么形状，只要它们中水的高度是相同的，这些灯罩底部受到的压力就是相同的。

图61　将水慢慢倒入玻璃管，小圆片会掉下来

图62　在水柱达到相同高度时纸片掉落

第 29 节

哪个更重

【问题】如果把两个相同大小的水桶装满水，放在天平两端，然后在其中一端的水桶上面放一只小木块（图63），你猜哪个桶会更重一点？

图63　在一个桶里放一个小木块

【回答】有些人觉得带有木块的那个桶更重，因为那个桶里除了水以外，还有一个木块，另一些人则认为没有木块的桶更重一些，因为他们认为水比木头更重。

其实两个回答都不正确，答案是两个水桶的质量是相同的。确实，带有木块的水桶的水要比另一个桶的水少，因为木头的体积替换了一部分水，根据浮力原理，漂浮物浸没在水中的部分的质量（按质量计算）跟替换出的水的质量是相同的。这就是两个水桶质量相等的原因。

现在我们再来做另一个实验，我们在秤的一端放一个装满水的水杯，另一端放一块等质量砝码，当秤保持平衡时，我们再把一个小砝码放入水杯中，这时你猜秤会发生什么情况？

根据阿基米德定律，砝码放入水中的一端要更轻一些，很多人猜测可能秤要发生倾斜，但事实上却是，秤保持平衡，这该怎么解释呢？

这是因为玻璃杯中的砝码替换了一些水出来，结果，玻璃杯底部的压力增加，使得底部承受的附加力等于原先玻璃杯中水的重力损失，这也是秤可以保持平衡的原因。

第 **30** 节

用 筛 子 盛 水

【问题】用筛子能打水吗？这似乎是无稽之谈，但事实证明，如果我们能够聪明地借用一些物理学小知识，也可以做到用筛子盛水。

我们来做一个小实验，找到一个直径15厘米左右的筛子，留意筛眼的大小（直径将近1毫米），让我们把筛网浸入熔化的石蜡当中，过一会儿再把它拿出来，这时在筛面上覆盖了一层薄薄的石蜡，如果不留意观察，则很难用肉眼发现。

其实，这仍然是一个筛子，我们可以用针很顺利地穿过它的孔。但是，不同于普通筛子的是，这个筛子居然可以装水了，而且，它可以支撑住相当多的水，并保证没有一滴水从筛眼中漏下去。当然，在操作实验过程中，我们必须非常小心平稳，至少不要让筛子剧烈颠簸。

那么，水为什么不会漏出来呢？

【回答】因为当石蜡打湿时，受重力作用，会在筛孔中形成一个朝下的薄层膜（图64），这层薄膜能够支撑住筛子里的水。

对于这种打蜡的筛子来说，它不但可以盛水，还可以漂浮在水中。

其实，用这个实验能够帮助我们理解生活中的很多现象。比如，工厂在制作水桶或者造船的时候，通常会在它们的表面涂上树脂；人们总是会在软木塞或者木栓上涂油脂或润滑油……这些做法都是为了利用油性物体的不透水性，使它们具备刚才筛子所特有的性质。在日常生活中，还有很多这样的例子。比如说，在纺织品制作过程中浸胶等。这些行为在本质上都是相同的，只不过我们并没有觉得奇怪。

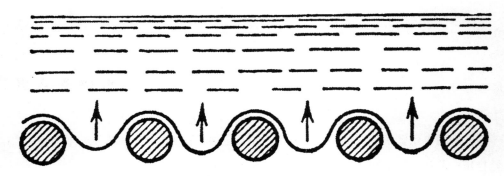

图64 筛眼被蜡膜覆盖

我们可以用这个小实验解释生活中遇到的各种现象，比如说，造船过程中，在船的外表面涂上一层树脂，可以防止船漏水，绘画油画时也是这个道理，因此油画可以存放很长时间，这些都是对油性物质不透水性的利用。

第**31**节

房间里的空气有多重

【问题】你可以大概计算出一个普通房间里的空气有多重吗？是几克还是几千克？这个质量我们可以用一根手指举起，还是需要用肩膀费力扛？

【回答】空气是有质量的，这点是毋庸置疑。但它有多重呢？相信很多人都对这个问题有疑问。

那么，我们慢慢分析一下这个问题，在夏天，地面上的1升热空气的质量大概是1.2克。而1立方米是1 000升，所以1立方米空气的质量是1升的1 000倍，也就是1 000×1.2，即1.2千克。计算出这些后，我们不难估算出一个房间的空气质量了。

首先我们需要知道房间的体积，比如，一个房间的面积是15平方米，高度是3米，那么这个房间的体积是15×3＝45（立方米），前面我们已经算出每立方米空气的质量是1.2千克，那么这个房间里的空气的质量就是45×1.2＝54（千克）。结果是不是出乎你的意料？这个质量我们肯定无法用手指举起，就算是用肩扛，也是很费力的。

第 **32** 节

氢 气 球 的 命 运

【**问题**】当我们放开手里的氢气球时，它会一直向高空飘去，那么它能飘多高呢？

【**回答**】当然，它不可能飘到大气层的外面，那它会不会上升到自己的极限高度，像飞艇一样悬浮在空中呢？也就是它的质量刚好等于它挤出的空气的质量。但氢气球经常到不了这个极限高度，因为随着它的上升，它会不断膨胀（高度越高，空气越稀薄，对氢气球外部的压力也就越小），所以还没等它到极限高度，就已经爆破了。

第33节
怎么用漏斗吹灭蜡烛

【问题】吹蜡烛，好像是一件很容易的事，但其实不是每次都能成功的，如果你通过漏斗吹蜡烛，你会发现吹蜡烛也需要技巧。

漏斗口正对着蜡烛火焰，用嘴向漏斗吹气（图65（a）），你会发现火焰没有丝毫变化，尽管你在很用力地吹，方向也正好正对着火焰。

这时，你会想是不是因为离蜡烛太远了啊。于是你靠近些，对着蜡烛火焰又是用力一吹（图65（b））。结果却是出人意料的：蜡烛不但没有被吹灭，火焰还冲着吹气的反方向斜了过来。

(a)　　　　　　　　　　　　　　　(b)

图65　用漏斗吹蜡烛

那么，应该怎么做才能吹灭蜡烛呢？

【回答】现在就来揭晓答案：吹气时漏斗口不要正对着蜡烛，而是让漏斗口延长线的方向对着蜡烛（图66），这样就能毫不费力地吹灭蜡烛了。

是不是很神奇？当我们对着漏斗尾巴吹气的时候，气流并不会直接从漏斗中心冲出来，而是先穿过小口，然后顺着漏斗周壁冲出，这时漏斗中心的空气也会变得稀薄，因为空气压强的关系，气流会向吹气的反方向移动。所以，当漏斗中心对着火焰，靠近吹气时，蜡烛火焰向人所在的方向偏移，而当漏斗周壁延长线的方向对着火焰时，气流就能向前吹灭蜡烛了。

图66 漏斗口延长线的方向对着蜡烛

第 34 节

轮 胎 里 的 空 气 如 何 运 动

【问题】汽车向右转时，轮圈顺时针旋转，这时候橡胶轮胎里的空气是如何移动的，和轮胎旋转方向相同还是相反呢？

【回答】不相同也不相反，轮胎内的空气会从与地面压缩点的方向向两侧移动——向前和向后移动。

第35节

为什么轨道间要留间隙

【问题】为什么轨道间要留间隙?

【回答】我们看到轨道相接的地方总会留一小截间隙,如果轨道一条一条紧紧相连的话,用不了多久就报废了。我们都知道一种物理现象——热胀冷缩,夏天的时候,铁轨受到太阳的炙烤,就会热胀变长,如果铁轨间不留距离,它们就会相互受力挤压,可能会造成铁轨变形,列车不能顺利通行的情况。

如果在冬天计算铁轨间隙,那时候铁轨遇冷紧缩,会变得更短小些,于是人们修建铁轨时,会增大间隙。所以铁轨的间隙没有一个标准值,它的设定要和当地的气候相适应。

第36节

茶壶盖上的小孔有什么用呢

【问题】茶壶的盖子上都有一个小孔,它有什么用呢?

【回答】它是用来出气的,如果没有这个小孔,茶壶在加热时,盖子会被气流顶出去。还有一个问题：加热时茶壶盖上的小孔会有什么变化，变大还是变小？加热时茶壶盖上的小孔会变大。我们都知道热胀冷缩，加热时茶壶整体会变大，那个小孔也会随着茶壶体积的增大而增大。同理，茶壶在加热时容积会变大，而不是大家普遍认为的变小哦。

第 **37** 节

奇 妙 的 烟

【问题】在无风的天气，为什么烟从烟囱里飘出来会上升呢？

【回答】因为烟带着热空气，受热膨胀，这样就比烟囱周边的空气的密度小，所以就上升了。当热空气的温度冷却时，带着颗粒的烟就会下降，落到大地上。

第 **38** 节

烧 不 着 的 纸

【问题】怎样让纸烧不起来呢？

【回答】我们来做一个实验，让纸片在火焰上烧不着。

听起来不可思议，但这个实验的确可以完成，我们准备好一段铁片和一根纸条，然后把纸条以螺旋状紧紧缠在铁片上，把它放在火焰上，火焰像是在舔纸条，虽然纸条被烧焦了，但它还是没有被点燃，直到铁片被烧得通红，纸条才燃烧起来。

为什么纸在火上烧不着呢？因为铁像很多金属一样，有极强的热传导性，它能快速地吸收纸条在火焰上的温度，所以不容易被点燃。如果我们把铁片换成木条，纸会立马化成灰烬，这是因为木头的热传导性不好。金属中铜的热传导性很好，所以用铜片做这个实验会很成功。

我们也可以把线紧紧缠在钥匙上，这样就能展示新实验了——烧不着的线。

第39节
冬天如何封住窗框

【问题】冬天特别冷的时候，人们总会提前封住窗户，来让房间保持暖和。我们怎么才能更好地封住窗框呢？另外，为什么加内窗框能让房间更暖和？

【回答】加内窗框能让房间更暖和，很多人以为这是因为两个窗户比一个窗户更好，其实问题的关键不在于窗户，而是两个窗户间的空气。空气的导热性十分不好，所以由于窗户间的那层空气，房间的温度被锁了起来，这样房间就能保持暖和了。

冬天封窗框的时候，一些人觉得外窗上面可以不用封严，这样是不对的，如果不把外窗封严实，窗外的冷空气就会挤走窗户间的空气，从而降低房间的温度。所以，我们要把内外窗的窗框都封得严严实实，稳定窗户间的那层空气。

我们可以用发泡胶封住窗户缝隙，如果没有发泡胶，也可以用厚实的窄纸板代替。总之，这种封窗框的方法有效降低了供暖成本，是不是很棒呢？

第 40 节

为什么风会通过紧闭的窗户钻进来

【问题】我们有时候会奇怪，为什么天气寒冷的时候，风总会从外面钻进来，我们明明已经把窗户封得很严，没有留一丝缝隙啊。

【回答】其实这个一点儿也不奇怪，因为房间里的空气从来没有停止流动过，只是我们看不到而已。靠近灯或暖气的空气温度比较高，因为热胀冷缩，空气变得稀疏，所以比房间整体的空气轻，而靠近窗户或墙壁的空气温度比较低，空气密度增大，所以比房间整体的空气重，这样冷空气下沉，把热空气往天花板方向挤去。

我们可以通过氢气球的移动亲眼见证空气的流动。为了让氢气球在房间里飘来飘去，而不是直接冲到天花板上，我们在氢气球下面绑一小块重物，然后在壁炉旁边放飞它，我们会看到它从壁炉上方升起，靠近天花板后向窗户飘去，再落下，接近地面时又回到壁炉。就这样，氢气球在房间里飘来飘去。

这也就是为什么冬天我们把窗户封得很严，外面的风完全进不来，但我们却仍然可以感觉到风吹，尤其是靠近地板的地方。

第41节

如何用冰块冰冻物体

【问题】如果你想冰冻饮料，应该把饮料罐放在冰块上面还是冰块下面？

【回答】很多人不假思索，把饮料罐放到冰块上面，就像平时人们煮汤那样，把汤锅放到火上面，而对于冰冻，这样效果甚微。是的，加热时我们应该把物体放到火上面，但冰冻恰恰相反，我们应该把物体放到冰下面。

思考一下，为什么冰块下面的冷冻效果比冰块上面的好？我们已经知道，冷的物质比热的物质重，所以冷却的饮料比常温的饮料重。当我们把冰块放到饮料罐的罐口上时，表层的饮料（靠近冰块）最先冷却下来，这时冷却的饮料变重向下移动，常温的饮料向上顶替了冷饮的位置，以这种规律，短时间内，饮料罐里的饮料就能冷却下来。下面是另外一种情况，我们把冰块放到饮料罐的下面，毫无疑问，冰块会先冰冻饮料罐底层的饮料，底层的饮料遇冷变重，停留在罐底，不会给未冷却的饮料让出位置。这时候，饮料在罐内不能流动，所以冷却得很慢。

不仅饮料应该放在冰下面冷冻，肉、蔬菜、鱼都应该这样。与其说它们是被冰块本身冷却的，不如说它们是被冷空气冷却的，而冷空气向下流动，现在是不是更能明白，为什么要把物体放到冰块下面冷冻。所以，如果你想用冰块给房间降温，不要把冰块放到板凳下面，而是放到更高的地方，我们可以放到架子上，或者挂在天花板上。

第 42 节

水 蒸 气 的 颜 色

【问题】你见过水蒸气吗？你能不能描述一下，它是什么颜色？

【回答】水蒸气是完全透明且没有颜色的，我们看不到它，就像我们看不到空气一样。而日常生活中我们看到的白雾，叫作"水汽"，它是由很多细微水滴凝结而成的，它是雾化的水。

第 43 节

为 什 么 茶 炊 会 "唱 歌"

【问题】在水沸腾前，为什么茶炊[1]会发出"歌声"呢？

【回答】茶炊在煮沸的过程中，贴合茶炊管的水被蒸发变成水蒸气，然后在水中形成小气泡，因为小气泡比较轻，所以周围的水会把它挤到上面，而上面水的温度低于100℃，于是小气泡里的气体受冷压缩，四周的水便向它压来，这样小气泡就被挤

---

1 茶炊即茶汤壶，起源于俄罗斯，是一种金属制品，有两层壁，四围灌水，在中间着火的烧水壶。

破了。在水沸腾前，会形成很多这样的小气泡，然后在上升过程中遇冷，最后以爆破的方式结束，所以我们听到的茶炊"歌声"，其实是一个个小气泡爆破的声音。

但当茶炊或茶壶里的水完全沸腾后，水蒸气不再形成小气泡，而是直接穿出水层，所以茶炊停止了"歌唱"。但当茶炊的温度稍稍冷却下来后，让茶炊"唱歌"的条件又具备了，因此我们又会听到茶炊的"歌声"。

茶炊或茶壶里的水只有在沸腾前或冷却时"唱歌"，而沸腾时停止"唱歌"，原因你记住了吗？

第 44 节

神 秘 的 风 轮

【问题】找一张薄纸片，把它裁成一个小正方形，然后把正方形沿对角线对折（图67（a）），这样两条对角线相交的那一点就是这张纸片的重心。接着我们找一根针立在桌上，把纸片盖上去，让针尖正好顶着纸片重心。

因为纸片的重心被针尖支撑着，所以纸片在针尖上保持平衡，如果有阵阵微风，纸片就会绕针尖旋转起来。

这个仪器暂时没有发现任何神秘之处，但当你把手慢慢靠近仪器（图67（b））时（一定要慢，以免扇动气流），你会看到奇怪的现象：纸片旋转了起来，开始很慢，后面越来越快。然后你把手拿开，纸片停止转动；你把手再靠近它，它又开始旋转起来。

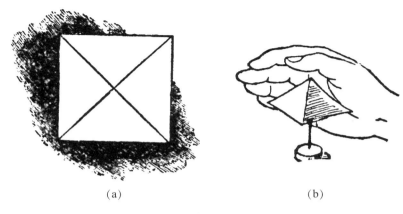

（a）　　　　　　　　　　　　（b）

图67　神秘的风轮

19世纪70年代，这种神秘转动引起了很多人的思考，有人说这是人体具有超能力的体现，神秘主义爱好者更是通过这个实验"证实"了自己的模糊学说：人拥有神秘能力。难道人真的有什么神秘的力量吗？

【回答】其实，人并没有超能力，这个实验的原理很简单：手靠近仪器时，手的温度会加热下面的空气，随之热空气上升，进入纸片内部促使它旋转起来。类似的实验我们在前边《蛇和蝴蝶》中做过，我们把螺旋的"小蛇"放在灯上方，很快"小蛇"就转了起来，它们的原理都是一样的。

如果我们仔细观察这个风轮，会发现它的运动方向是确定的：它总是从手腕向手指方向旋转。原因也很简单，因为手掌的温度比手指的温度高，所以与手指相比，由手掌产生的上升气流更多，对纸片的作用力也就更大。

第 **45** 节

皮草大衣会发热吗

【问题】如果有人和你说，他确定皮草大衣不会发热？你可能会说：当然不会发热，你在开什么玩笑！那么我们怎么用实验证明皮草大衣不会发热呢？

【回答】下面有两个小实验，我们可以一起做做。

第一个实验：我们记住温度计的度数，然后把它包进皮草大衣里，过几个小时后把它拿出来，之前多少度，现在仍然是多少度，没有丝毫变化，于是我们可以证明，皮草大衣不会发热。第二个实验就更显神奇了，我们找两块冰块，一块包进皮草大衣里，另一块放在房间的桌子上。没多久，桌子上的冰块就融化了，但我们把皮草大衣打开，里面的冰块完完整整，没有丝毫融化的迹象。这么说，皮草大衣不但不加热冰块，反而冷却它，减缓它的融化。

这是怎么回事呢？

首先，我们知道：皮草大衣的确不会发热。灯会发热，壁炉会发热，人体会发热，这些物体都有自己的发热体，而皮草大衣没有，所以它不会给我们热度，我们穿着它觉得暖和，只是因为它降低了体内温度的流失。对于温血动物，身体就是一个发热体，因此，穿上皮草大衣可以保持身体的温度，从而感觉暖和。而温度计本身不会产生热量，所以从皮草大衣中取出来时，温度不发生变化。对于不融化的冰块，因为皮草大衣的导热性很差，所以它在一定程度上隔绝了房间里的暖空气，从而保持冰块的温度。

和皮草大衣一样，雪层对土地也有保温的作用。同很多粉状物质一样，雪的导热性也不好，所以雪层会在一定程度上防止土壤温度的流失。曾经做过一项实验，被雪层覆盖的土壤温度往往比裸露的土壤温度高10 ℃左右，关于这些，有经验的农民都知晓。

当被问到毛皮大衣是否会温暖我们时，我们可以回答：不会，它只是达到了隔绝冷空气的效果，是我们的体温在温暖我们。准确地说，是我们在温暖毛皮大衣，而不是毛皮大衣温暖我们。

第 **46** 节

冬 天 如 何 给 房 间 通 风

【问题】你知道冬天最好的通风方法是什么吗？

【回答】其实非常简单，就两步：生起炉子，打开通风小窗。做好这两步，外面新鲜的冷空气就会通过小窗涌进来，不断挤压房间里较轻的热空气，把热空气吹进炉子里，最后通过烟囱从室内排出去。

也许有人觉得关闭门窗也能达到通风效果，因为外面的风可以通过房间的各种缝隙钻进来。的确，我们无法隔绝外面的空气，它会从窗缝、门缝、墙缝甚至地板缝里钻进来，但这些空气并不能让房间里的空气真正流动起来，而且我们也无法保证这些空气是新鲜干净的。

第 47 节
通风小窗应该安在哪里

【问题】通风小窗应该安在哪里，是窗户上面还是窗户下面呢？

【回答】有些房间的通风小窗安在窗户下面，当然，这很方便，开窗或关窗时，我们不用费力地踩椅子，但这样低矮的小窗并不能让房间得到很好的通风。首先我们要搞清楚，室内外的空气是如何交换的：外面的空气通过小窗进来，因为外面的空气比房间内的空气冷，所以下沉，挤走房间的空气。我们发现，外面的空气只能挤走房间的一部分空气，小窗以上的空气不参与通风循环。所以，为了更好地通风，我们应该把通风小窗安在窗户上面。

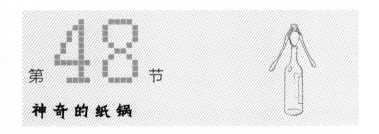

第 48 节
神奇的纸锅

【问题】在图68所示的装置中，我们把鸡蛋放到纸锅里煮。你一定会说："这不可能，纸一定会被点着，然后漏出的水会把火浇灭。"那纸锅到底会不会被点着呢？

【回答】让我们一起试着做一下这个实验，找一张密实的牛皮纸，然后把它牢牢地固定在铁丝网上，一定要小心，不要让牛皮纸被火烧到了。这个实验的奥妙在于，水在敞口的容器中只能被加热至沸点，即100 ℃。同时热水的比热容很大，吸热能力很强，因此，会不停地吸收纸上的温度，让纸达不到燃点，无法燃烧。实际操作中，我们可以将纸折成如图68所示的形状，方便实验。

类似的现象在生活中还有许多，比如有些粗心的人会不小心干烧没有水的茶壶，茶壶会被烧坏。这是因为茶壶的焊接材料相对易熔，没有壶中的水来保持温度，水壶的温度会迅速升高，直到熔化水壶金属底面，烧穿壶底。因此，不可以干烧水壶。

图68　用纸锅煮鸡蛋

也可以尝试用纸牌做的盒子来熔化铅块。要注意始终让火苗灼烧铅块所在的位置。因为金属对热量有很好的传导能力，能快速吸收纸的热量，让纸无法达到燃点。

第 49 节

玻璃灯罩有什么作用

【问题】玻璃灯罩经历了很久的演变才成如今的样子。起初人们使用没有玻璃灯罩的明火照明，这种方式一直持续了数千年。直到天才**列奥纳多·达·芬奇**的出现，才改变了这一现状，他用自己卓越的才能改良了照明灯。但是达·芬奇并没有用玻璃做灯罩，而是采用金属管做灯罩。直到3个世纪后，人们才想到用透明玻璃管代替金属管。由此可见，玻璃灯罩是一项经过数十代人努力的发明。

那么玻璃灯罩的用途是什么呢？

【回答】这个看似简单的问题却未必每个人都知道答案。

保护火焰免受风吹，这只是玻璃灯罩的次要作用，其实它的主要作用是加速火焰的燃烧过程，从而增强火焰的亮度。玻璃灯罩的作用和炉子或工厂管道的作用相同：可以加速空气的流动，增强通风。

我们要明白，玻璃灯罩内部的空气柱燃烧的速度比灯罩周围的空气快得多。大量冷空气从灯罩下方进入，推动热空气向上流动，使燃烧变得更容易，如此一来，就建立起了从下到上相对稳定的空气流，该气流持续排放燃烧产物并带来新鲜空气。玻璃灯罩越高，加热的和未加热的空气柱的质量差越大，流入的新鲜空气就越多，由此大大促进火焰的燃烧过程。这与工厂中的高管道作用原理相同，这也就是工厂里的管道都做得很高的原因。

有趣的是，达·芬奇其实对此早已做出了预见。

在他的手稿中，我们找到这样的内容："有火的地方，周围就会产生气流运动，这种气流运动会支撑并促进火焰燃烧。"

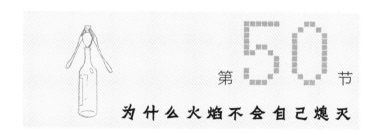

第 50 节　为什么火焰不会自己熄灭

【问题】当你仔细思考火焰的燃烧过程时，不由自主地会有这样的疑问：为什么火焰不能自己熄灭？因为火焰在燃烧时会产生二氧化碳和水蒸气，这些物质都是不可燃的，也无法维持火焰的继续燃烧。因此，我们会认为火焰在燃烧的那一刻，四周就围绕了很多不可燃的物质，阻碍了空气的流动，而没有空气，火焰是不能燃烧的，所以它应该自己熄灭才对。

可它为什么没有自己熄灭呢？

【回答】在燃料燃尽前，它都没有停止燃烧。原来，因为燃烧产生的气体温度高，质量比周围的气体小，所以那些不可燃气体不会停留在火焰周围，而是快速上升，把位置腾给新鲜空气。如果阿基米德原理不适用于气体（或者没有重力的物质），那么火焰刚被点燃，就会自己熄灭。

其实，我们完全知道怎么利用不可燃物质熄灭火焰，在生活中也常常用到，不要觉得惊讶，想想我们是如何吹灭煤油灯的吧。我们是不是在煤油灯的上方朝火焰吹气？我们使得二氧化碳和水蒸气包围在火焰周围，这样没有新鲜空气，火焰维持不了燃烧，于是就迅速熄灭了。

第 51 节
为 什 么 水 能 熄 灭 火

【问题】为什么水能熄灭火？

【回答】这样一个简单的问题并不是每个人都能答对，现在我用简短的话来解释一下原因。

首先，水接触到燃烧物体，会产生大量的水蒸气，大大降低燃烧物体的温度。因为把沸腾的水变成水蒸气需要大量的热量，数据表明，其热量要比同等冷水煮沸所需的热量多四倍。

其次，水变成水蒸气，体积会扩大约100倍，这时大量水蒸气围绕在火焰周围，新鲜空气很难接近火焰，火焰没了空气的维持，很快就熄灭了。

为了增加水灭火的力度，有时候人们会在水里加……火药，这看起来十分奇怪，但完全是合理的：火药会在火中迅速燃烧，同时释放出大量不可燃气体，笼罩在火周围，从而控制火势，达到灭火的目的。

第 52 节

用 冰 或 者 开 水 加 热

【问题】是否能用一块冰冷却另一块冰？是否能用一块冰冰冻另一块冰？是否能用一份开水加热另一份开水？

【回答】一连串的疑问你有答案吗？让我们跟随小实验来寻找答案。

我们有一块 -25 ℃的冰和一块 -5 ℃的冰，现在把它们贴在一起，温度高的冰会加热温度低的冰，温度低的冰则会冷却温度高的冰。也就是 -25 ℃的冰温度会升高，-5 ℃的冰温度会下降。所以，一块冰可以加热另一块冰，也能冷却另一块冰。

但一壶开水是不能加热另一壶开水的（同一气压下），因为同一气压下水的沸点相同，两壶开水间没有温差。

第 53 节

开 水 可 以 使 水 沸 腾 吗

【问题】我们找一个玻璃瓶（罐子或者小药瓶都可以），往里面装上水，然后把瓶子悬挂起来，放进一口倒有纯水的锅里，但注意瓶子不要接触锅底。接着我们对锅里的水加热，当锅里的水开始沸腾时，瓶子里的水也会随之沸腾起来吗？

【回答】然而无论我们等多久，瓶子里的水仍然没有沸腾起来，尽管它已经变得非常烫了。

要让瓶子里的水沸腾，锅里的开水似乎不够热。

尽管实验结果让我们出乎意料，但这些都是有原理可循的。让水沸腾要满足两个条件：一是要求水温达到100℃，二则是让水持续吸收大量的热量，我们称它为"潜热"。一般条件下，纯水的沸点是100℃，所以，水沸腾后，无论我们再加热多久，水的温度都不会增加。也就是说，锅里的开水可以使瓶子里的水达到与它相同的水温——100℃，但它无法做到传递更多的热量。因为锅里的开水不能给瓶子里的水提供足够多的潜热（每克100℃的开水需要500卡路里[1]热量，才能从水转化成水蒸气），所以这种方式只能让瓶子里的水变热，但不能让它沸腾。

这里有个小疑问：锅里的水和瓶子里的水有什么区别呢？它们都是水，只是它们之间用玻璃隔开了而已，为什么瓶子里的水不能像锅里的一样沸腾呢？因为锅里的水可以直接接触锅底，吸收大量的热能，而瓶子里的水只能接触100℃的开水，无法获得更多的热能储备。

开水无法使瓶子里的水沸腾，但如果我们往锅里撒一把盐，结果就不一样了。盐水的沸点比纯水的沸点高，也就是大于100℃，这样它能给瓶子里的水提供足够多的热能，让瓶子里的水沸腾起来了。

---

1 卡路里，热量单位，指在1个大气压下，将1克水提升1℃所需要的热量。

第 **54** 节

雪可以使水沸腾吗

【问题】雪可以使水沸腾吗？

【回答】"既然开水都无法使水沸腾，雪水怎么可能让水沸腾？"可能有小读者会这样反问。我们先不要着急下结论，而是尝试用上个实验使用的瓶子来做这个实验。

首先，我们往瓶子里倒半瓶水，放到盐水锅里。我们前面了解过，盐水可以使瓶子里的水沸腾，所以等瓶子里的水沸腾后，我们把瓶子从盐水锅里取出来，迅速盖上预先准备好的密闭塞子。然后把瓶子倒扣，等瓶子里的水停止沸腾之后，我们在它上面浇上开水，会发现瓶子里的水纹丝不动。但如果我们在瓶子底部放一些雪，或者直接把冷水浇到瓶子上，如图69所示，瓶子里的水就会沸腾了……

图69　雪使水沸腾

雪竟然完成了100 ℃开水完成不了的事。

更奇妙的是，你伸手摸瓶子，它只是温热的，并不烫，但同时，你的的确确亲眼看到瓶子里的水在沸腾。

原因也不复杂。当瓶子里的水沸腾时，产生的水蒸气挤走了大量空气，所以密闭在瓶子里的气体很大一部分是水蒸气。当我们把雪放到瓶子上时，雪会迅速冷却瓶子外壁，瓶子里的部分水蒸气也会因此凝结成小水珠，这样瓶子里的气体减少，气压大大降低，瓶子里水的沸点也会随之降低。了解了这一变化，我们也会明白为什么用开水浇瓶子，瓶子里的水不会沸腾。

另外，如果瓶子的外壁非常薄，那么大量的水蒸气瞬间凝结可能会使瓶子爆破。因为那时候瓶子内部的压力减小，瓶子外部的空气压力比较大，所以外部气体可能会压碎瓶子（顺便说一句，我们直观看到的"爆破"并不准确，"压碎"更准确些）。我们做这个实验最好选择圆瓶（如圆底烧瓶），这样气体压力可以分散在圆面上，降低压碎风险。

其实做类似实验最安全的材料是装煤油、润滑油等物质的铁罐，我们往铁罐里装一些水，使它们沸腾，随后迅速拧紧盖子，接着用冷水浇拧紧的铁罐。因为铁罐里大量的水蒸气凝结成水，所以外部的空气压力会迅速把铁罐压扁，铁罐就如同被大榔头砸过一般。

【问题】 用熨斗去油渍的原理是什么？

【回答】 用熨斗去油渍的原理是：随着温度的增加，液体的表面张力会随之减小。

麦克斯韦 在《热理论》中写道：

　　如果油点各个部分的温度都不一样，那它们会从温度高的地方向温度低的地方转移。因此，如果我们在油点的一面放上热熨斗，在另一面放一块棉布，这样油点在熨斗的高温下会转移到温度较低的棉布上。

> 詹姆斯·克拉克·麦克斯韦（1831—1879），英国物理学家、数学家，经典电动力学的创始人，统计物理学的奠基人之一。

【问题】 我们站在平地上，视野都有一条界线，这条界线我们称之为"地平线"。分布在地平线后面的树木、房子和其他高楼，我们看不到它们的全貌，只能看

到它们的上部分，下部分都被地面遮住了。我们都听说过平坦的陆地和海洋，但实际上它们是隆起的，因为它们是地球的一部分，而我们的地球是个庞大的球体。那么一个中等身高的人站在平地，能看多远呢？

【回答】他能看到方圆5千米的地方，如果想看得更远，就要往高处站。例如一个骑手在平地骑马，可以看到方圆6千米的地方；水手站到水上20米高的桅杆上，可以看到方圆16千米的海域；人站在水上60米高的灯塔上，可以看到将近方圆30千米的海域。

谁可以看到更远的陆地、海域范围呢？当然是飞行员了。如果没有云雾的干扰，在1千米的高空中可以看到将近方圆120千米的地方，在2千米的高空中可以看到方圆160千米的地方，在10千米的高空中可以看到方圆380千米的地方。

第 57 节

蝈蝈在哪里鸣叫

【问题】为什么我们总感觉蝈蝈刺耳的声音就在我们右前方两步远，但我们在草里还是找不到它呢？

【回答】找一个小伙伴坐在房间中央，蒙上他的眼睛，让他保持平静，不要左顾右盼。然后我们拿两枚硬币，让它们分别从房间的两个地方出发，碰撞在一起，当然，这两个地方与小伙伴的距离相等。最后让小伙伴猜两枚硬币碰撞的地点，这个很难猜对，而且还有可能小伙伴猜的答案与实际地点完全相反。

　　这个实验也可以解释：为什么我们总感觉蝈蝈刺耳的声音就在我们右前方两步远，但我们在草里还是找不到它。你往右边看，什么也没找到，听声音感觉蝈蝈在左边，于是你又转身去左边找，但向左没几步，你又觉得它在另一个地方。蝈蝈惊人的敏捷让你陷入迷茫，好像自己转身有多快，蝈蝈转移得就有多快。事实上，蝈蝈一直待在同一个地方，所谓声音跳跃，只是听力上的错觉。整个寻找蝈蝈的过程，最关键的一点是我们不能随意转头。因为我们转头的同时，耳朵也不自知地偏移了方向，然而我们反而觉得是蝈蝈改变了位置。这样我们很容易犯错，例如蝈蝈在前面叫，我们却误认为它在右前方。

　　所以，如果你想判断远处声音的方向，不要左顾右盼，不要轻易随着声音转换你的视线，而是将身子侧在一旁，保持警惕的状态，仔细地听声音。

第 58 节

回 声

　　【问题】要听清三音节的回声，至少需要多少米的距离？

　　【回答】我们都知道，在空荡的房间说话时会产生回声。我们发出的声音遇到墙壁或其他的障碍物会反射回来，此时我们再度听到的声音就是回声。只有当原声和回声之间有一定的时差，我们才能清楚地辨别出回声，否则，只是回声与原声重合，从而加强原声。

　　试想一下，你身处一片空地，在你正前方33米处有一个木屋。此时你拍一下手，声音传播了33米，遇到木屋的墙壁后反射回来。这一过程需要多长时间？由于声音一来一回的传播路程都是33米，所以总的传播路程为66米，传播时间为66/330秒，即1/5秒。如果我们发出的声音短于1/5秒，那回声与原声就不会重合，我们可以先后听到两个声音。我们发一个单音节词，如"是"或"否"，大约需要1/5秒。因此，站在距离障碍物33米处，我们可以听到发出的单音节词的回声。处于相同的位置，如果我们发出的是双音节词，则原声会与回声重合，原声会被加强，但回声则模糊不清，难以分辨。

如果想听清双音节词的回声，我们需要距离障碍物多远呢？如"乌拉""哎呀"这样的词。双音节词的发音时长为1/5秒，其次我们知道声音传播的距离是人与障碍物距离的两倍，也就是说，双音节的词到达障碍物再返回原来的地方，需要2/5秒。在这2/5秒内，声音的传播距离为330×2/5=132（米）。

132米的一半是66米，也就是说，要听清双音节词的回声，人与障碍物之间的距离最小是66米。

依此类推，我们想要听清三音节词的回声，至少需要距离障碍物100米。

第 **59** 节

音乐瓶

【问题】如果你的乐感很好，那么你很容易就可以用普通玻璃瓶制作出简易的摇滚乐器，用它可以弹奏出简单的旋律。为什么呢？

【回答】如图70所示，在椅子上水平固定两根竹竿，竹竿上共悬挂16个水瓶。第一个水瓶中装满水，后面的瓶中水量依次递减，最后一个瓶中只装很少的水。

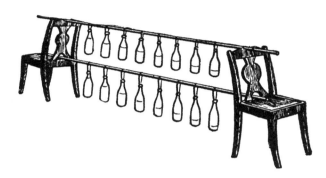

图70　音乐瓶

用干木棍敲打这些瓶子，你会发现水量不同的瓶子会发出不同音调的声音，并且瓶中的水越少，音调越高。因此，通过添加或倒出瓶中的水，你可以找齐音阶中的所有音。

凑齐两个八度的音后，你就可以用这个自制的音乐瓶演奏简单的乐曲了。

第 **60** 节

贝壳中的喧闹

【问题】当我们把贝壳或茶杯放到耳边时，可以听到奇妙的喧闹声，这是为什么呢？

【回答】这是因为贝壳就像一个共振器，加强了我们周围不易被察觉的微弱声音，这些声音在贝壳中发生共鸣，形成了我们所听到的喧闹声。由于这种混合后的喧闹声听起来很像海浪声，因此也诞生了不少美丽的传说。

第61节
手掌上的圆洞

【问题】我们用左手握住一个纸筒，将其放在左眼前，通过纸筒看向远处任一物体。与此同时，将右手手掌放在右眼前且挨着左手握着的纸筒。两只手应距离眼睛15～20厘米远。这时你会觉得自己的右眼可以透过手掌看到远处的景物，就好像右手掌心被钻出了一个圆洞。

这是为什么呢？

【回答】因为我们的左眼为了看清远处的物体，会将晶状体调整为远视状态。而人的双眼是相互协调工作的，因此，当左眼处于远视状态时，右眼也会相应地调整为远视状态，从而忽视眼前的手掌。也就是说，此时左眼看远方的物体很清晰，而右眼看眼前的手掌则很模糊。这也就造成了我们右手手掌上有圆洞的错觉。

第 62 节

望远镜

【问题】我们站在海边，用可放大三倍的望远镜观察一艘正在驶向岸边的小船。在望远镜下，小船的实际行驶速度被放大了多少倍呢?

【回答】为了弄清楚这个问题，我们假设小船距观察地600米远，正以5米/秒的速度向我们驶来。在三倍望远镜中，600米的距离被转化为200米。一分钟后小船行驶了5×60=300（米），这时我们距离小船也是300米（600−300=300），但通过三倍望远镜，这段距离被转化为了100米。也就是说，我们通过望远镜观察，小船行驶了200−100=100（米），但实际小船行驶了300米。由此可见，我们通过望远镜观察，小船的行驶速度非但没有增加，反而还减小了，变成了实际行驶速度的1/3。

如果换成其他的数据进行计算，例如，换一个初始距离、改变一下船的行驶速度或时间间隔，还是会得到相同的结论，即望远镜放大镜放大了多少倍，船的行驶速度就变成了几分之几。

第 **63** 节

镜 前 画 图

【问题】镜子中的像与原物体并不是完全一致的。在接下来的实验中，我们可以更清晰地认识到这一事实。

我们坐在桌边，在面前竖直放置一面镜子，然后在镜子面前尝试画一个有对角线的矩形。画图时要看着镜中的手，而不是自己的手。你会画成什么样子呢？

【回答】你会发现，这件看起来很容易的事几乎是无法完成的。这是因为，长期以来我们的视觉印象和运动知觉之间达成了某种默契。而镜像则打破了这种默契，因为镜子中呈现的运动，总会受到我们的思维惯性的影响，比如，你看着镜子，想向右画一条线，手却向左移动。这样每次画图时，我们的视觉和知觉都在相互对抗，很难画出我们想要的图形。

更有意思的是，当你看着镜子呈现的像，想画一些较复杂的图形或者写一些文字时，最终完成的却是滑稽可笑的鬼画符。

我们把吸墨纸覆盖在笔迹未干的字上，会得到和所写的字完全对称的图像。然而，尽管字迹清晰，也很难读懂吸墨纸上的文字：吸墨纸上的字体向左倾斜，笔画也很奇怪。但是把这张吸墨纸图像正对着镜子，一切都豁然开朗了。总而言之，我们从镜子里看见的物体其实都是实物的轴对称图形。

【问题】阳光下的黑丝绒和月光下的白雪花，哪个更明亮？

【回答】世上似乎没有什么东西比黑丝绒更黑的，也没有什么比白雪更白的。但如果用物理光学仪器光度计来测量，就会发现，其实阳光下的黑丝绒要比月光下的白雪更亮。

原因在于，无论是多黑的表面，物体都不能完全吸收照在其表面的光线，比如，最黑的煤烟子和铂黑也会反射掉 1% ～ 2% 的光线！假设在理想状态下，黑绒丝反射 1% 的光线，白雪就会反射 100% 的光线[1]。众所周知，太阳光的强度是月光的 400 000 倍，因此黑丝绒反射的 1% 的太阳光要比白雪反射的 100% 的月光强得多，前者大约是后者的几千倍。所以，阳光下的黑丝绒要比月光下的白雪明亮得多。

上述所说的原理不仅仅针对白雪，换成其他白色的物体也是同样道理，比如，锌钡白可以反射 91% 的光线。因为不论何种表面，只要它没有被烧得炽热，那么它反射的光线就不会超过照在表面的光线亮度。而月光的亮度是太阳光的 1/400 000，因此，在月光下不存在某种白色比太阳光下的黑色更明亮。

---

1 刚落下的白雪实际只能反射约 80% 的光线。

第 **65** 节

为什么雪是白色的

【问题】雪是由透明的结晶体构成的，但为什么会呈现出白色呢？

【回答】雪之所以看起来是白色的，其原因和白色的碎玻璃或其他透明磨粉看起来是白色的一样。在研钵中将冰块研碎，或者直接用脚将其踩碎，我们就会看到一堆白色粉末。产生这种现象的原因是，当光线照射在细小的冰块粉末上时，光线并没有办法穿透它们，而是在冰块和空气之间进行反射（全内反射）。因为冰块将光线散射到各个方向，所以我们看到的冰块粉末就会呈现白色。

总而言之，雪看起来是白色，是因为它具有分散性。如果我们将雪花之间的空隙用水填满，那么雪花就变成透明的了。我们要验证这一猜想并不难，只需要把雪倒入一个盛有水的瓶子里，可以看到白雪很快就变成透明的。

第 **66** 节

锃亮的靴子

【问题】为什么刷过鞋油的鞋子看上去锃亮呢？

【回答】不管是鞋油还是鞋刷，都不含增亮成分，因此许多人都不明白这其中的奥秘。

要搞清楚这个问题，首先要弄清抛光面和磨砂面的区别。一般我们认为抛光面是光滑的，而磨砂面是粗糙的。但这种说法是不正确的，实际上抛光面和磨砂面都是粗糙的，在这个世界上并不存在绝对光滑的表面。如果我们将抛光面放到显微镜下观察，比如光滑的刀片，就会发现，看起来很光滑的表面，实际上凹凸不平。事实上，抛光面和磨砂面的区别不在于是否凹凸，而在于凹凸的程度。如果物体表面凹凸的程度小于光照射在它表面的波长，光线则可以正常地反射回去，也就是光线的入射角等于反射角。这种特征的表面会发亮，可以产生镜子般的效果，我们称其为抛光面。如果表面的凹凸程度大于照射在它表面的光线的波长，光线则会发生分散，无法正常反射回去，也就是说，光线的反射角不等于入射角。这种特征的表面看上去就不会发光，我们称其为磨砂面。

综上所述，同样的表面可能在一种光线的照射下是抛光面，而在另一种光线的照射下又变成磨砂面了。一般来说，可见光的平均波长为半微米，即0.000 5毫米，若表面凹凸的程度小于这个数值，则为抛光面。由于红外线相较于可见光波长更长，所以可见光下的抛光表面在红外线下自然也是抛光的。但是，如果用波长很小的紫外线照射，抛光面会变成磨砂面。

现在我们回归主题：为什么刷过鞋油的鞋子看上去更加锃亮呢？没刷鞋油之前，鞋子表面凹凸的程度大于可见光的波长，因此我们看到的是磨砂面。当我们刷完鞋油后，鞋子表面就多了一层薄膜，鞋油中的黏性成分可以填补那些凹凸不平的地方，让凸出的部分绒毛服服帖帖。用刷子刷鞋油可以让鞋子表面更加平整、均匀，这样鞋子表面的凹凸程度小于可见光的波长，鞋面就由磨砂面变成了抛光面，看上去锃亮了。

第 67 节

彩色玻璃下的世界

【问题】当我们透过绿色的玻璃去看红色的花，看到的花是什么颜色呢？如果透过同样的玻璃去看蓝色的花，看到的花又是什么颜色呢？

【回答】只有绿色的光才能透过绿色的玻璃，而红色的花只能反射红色的光，因此，透过绿色的玻璃看红色的花时，我们看到的花是黑色的。这是因为红花唯一可以反射的红光无法透过绿色玻璃，所以我们看不到它的颜色。

同理，透过绿色的玻璃去看蓝色的花，我们看到的花也是黑色的。

米·尤·比阿特洛夫斯基教授是一位对大自然有着敏锐观察力的物理学家、画家，在其著作《夏季旅行中的物理学》中对上述现象有一番有趣的解释：

我们透过红色玻璃来观察纯红色的花，如天竺葵，它的花朵如同纯白色一样，特别明亮，而它的绿叶则是一片带有光泽的黑色。我们透过红色玻璃来观察蓝色的花，我们发现，它们的叶子和花朵都是黑色的，混在一起，让人难以分辨。包括黄色、粉色和淡紫色的花，我们透过红色的玻璃来观察，颜色都会有一定程度的变暗。

如果我们用绿色玻璃来观察，那么绿叶会显得非常明亮，与此同时，白色的花朵也显得更加耀眼；黄色和浅蓝色的花会稍显暗淡；红色的花则是一片漆黑；淡紫和淡粉色的花也会暗淡许多，因此我们会看到淡粉色的蔷薇花比它的叶子还要暗淡。

　　最后再用蓝色玻璃进行观察一番，我们会发现，红色的花变成了黑色；白色的花依旧明亮；黄色的花也变黑了；而浅蓝色和蓝色的花则和白色的花一样，非常明亮。

　　由此可以总结出规律，红花可以反射出更多的红光；黄花可以反射出同样程度的红光和绿光，但反射出的蓝光很少；粉色和紫色的花能反射出较多的红光和蓝光，而反射出的绿光很少。

第 68 节

红 色 信 号 灯

　　【问题】为什么铁路车站的信号灯要选红色的呢？

　　【回答】红光的波长较长，所以相对于其他颜色，红光不容易被空气中的微粒吸收分散。除此之外，红光的穿透力也很强。对于车站信号灯而言，最重要的就是在远距离有良好的能见度，为了让列车顺利停靠在站台，司机需要在很远的地方开始刹车，所以红光可以让司机更早看到信号灯，并提前做好刹车准备。

　　天文学家会用红外光过滤装置来拍摄星球图片，这个装置就是基于波长较长的光线能穿越更长的距离这一原理制成的。通过红外光过滤装置能拍摄到更加清晰细致的星球表面的图片，而一般的相机中只能拍到地球的大气层。

　　除了上述原因之外，信号灯选用红色还有一个原因，那就是相较于蓝光、绿光及其他颜色，我们的眼睛对红色更为敏感。